工程中的概率概念

——在土木与环境工程中的应用
（原著第二版）

〔美〕 洪华生　邓汉忠　著

陈建兵　彭勇波　刘　威　艾晓秋　译
李　杰　校

中国建筑工业出版社

著作权合同登记图字：01-2016-8963 号

图书在版编目（CIP）数据

工程中的概率概念——在土木与环境工程中的应用
（原著第二版）/（美）洪华生，（美）邓汉忠著；陈建兵等
译.—北京：中国建筑工业出版社，2016.12
ISBN 978-7-112-20049-8

Ⅰ.①工⋯　Ⅱ.①洪⋯ ②邓⋯ ③陈⋯　Ⅲ.①概
率统计-应用-土木工程-研究 ②概率统计-应用-环境工
程-研究　Ⅳ.①O211 ②TU ③X5

中国版本图书馆 CIP 数据核字（2016）第 260657 号

责任编辑：赵梦梅　董苏华
责任校对：王宇枢　李美娜

工程中的概率概念——在土木与环境工程中的应用（原著第二版）

［美］洪华生　邓汉忠　著
陈建兵　彭勇波　刘　威　艾晓秋　译
李　杰　校

*

中国建筑工业出版社出版、发行（北京海淀三里河路 9 号）
各地新华书店、建筑书店经销
北京佳捷真科技发展有限公司制版
北京圣夫亚美印刷有限公司印刷

*

开本：787×1092 毫米　1/16　印张：27　字数：669 千字
2017 年 8 月第一版　　2017 年 8 月第一次印刷
定价：**99.00** 元
ISBN 978-7-112-20049-8
（29523）

中译本前言

由中国同济大学的李杰教授和陈建兵教授两位结构可靠度与风险管理领域的国际著名学者领衔、已将我们的著作《工程中的概率概念——在土木与环境工程中的应用》第Ⅰ卷第2版翻译为中文，我和合著者对此深感荣幸。我们衷心感谢他们在翻译和校对过程中付出的辛勤努力。

很早以来，我和合著者邓汉忠（Wilson Tang）教授就相信，在具有不确定性的情况下，概率统计的基础知识在工程中的应用是重要且必不可少的。因此，本书将概率基本概念（不需要概率论的预备知识）与具有实际意义的工程应用结合起来，致力于工科学生教育并为执业工程师提供自学材料。事实上，工科学生理解和掌握概率概念的最好方式是通过首先向他们介绍有工程意义的应用示例。

随着该书中译本的出版，更多的未来工程师（和现在的执业工程师）可以学习和充分领悟概率概念与方法及其对具有不确定性的工程问题进行合理建模与分析的实际价值，这也是我们的夙愿。

最后，衷心感谢李教授和陈教授团队的努力，使得本书能够以中文呈现在读者面前。

A. H-S. Ang
洪华生

On behalf of my co-author and myself, we are honored that the 2ⁿᵈ edition of Volume I of our book, *Probability Concepts in Engineering: Emphasis on Applications to Civil and Environmental Engineering* has been translated into the Chinese language by Prof. Li Jie and Prof. Chen Jianbing, two world-renowned professors in reliability engineering and risk management at the Tongji University, Shanghai, China. It is with great pleasure to acknowledge their painstaking efforts in providing and checking the translation of the original English version of the book into the Chinese language.

Early on, my co-author Wilson Tang and I believed that the fundamentals of probability and statistics are important and essential for applications in engineering under conditions of uncertainty. For this reason, the book was intended to educate engineering students, and for self-study by practicing engineers, with the fundamentals of probability (without prior knowledge of probability theory) coupled with relevant and meaningful engineering applications. That is, the understanding and appreciation of the concepts of probability can best be introduced first to engineering students through illustrations of meaningful engineering applications.

It is, therefore, our continuing hope that with the translation of our book into the Chinese language, many more future engineers (and currently practicing engineers) can learn to comprehend the real value of probability concepts and methods for properly modeling and analysis of engineering problems under conditions of uncertainty.

Finally, it is with sincere thanks to Prof. Li and Prof. Chen for making our book available in the Chinese language.

A. H-S. Ang

前言

目标与途径

本书第一版（原书名"工程规划与设计中的概率概念，第1卷：基本原理"，1975年出版）以工程师与工科专业学生易于理解的方式阐述了概率与统计概念的基本知识。书中通过工程和物理科学，特别是土木与环境工程中的相关问题对基本原理进行阐述与示例，每章设计的习题则用以进一步加强对基本概念的理解、强化对概念和方法的应用能力。我们坚信，工程师学习一门像概率与统计这样的抽象理论、并掌握到能够在工程问题的建模与分析中加以应用的程度，最容易和最有效的方式是通过对这些原理的应用进行多方示例。此外，当工程师最初开始接触概率概念与方法时，应该采用物理意义明确的方式，这对合适地强调并促使人们认识到相关数学概念在工程中的重要意义与作用是十分必要的。

第二版的新内容

本书第二版继承了第一版的基本风格，但所有章节中的内容都进行了完善和大幅度修改、更新，有些甚至完全重写。特别是，对第一版中的几乎所有例题与习题都进行了更新。对来自实际数据的例题则更新了相应的数据，采用或添加了更近的数据或新数据。同时，增加或扩充了几个新的论题和章节，包括：

- 两类不确定性。在新版中，我们在第1章强调了区分两类不确定性，即固有不确定性与认知不确定性的重要性，以及在工程应用中对其影响进行分离处理的必要性。工程师与工科专业学生应该对此有所认识，在实际工程决策中这一点尤为重要。虽然如此，进行此类分析所需要的仍然是本书阐述的概率与统计学基本原理。

- 极值问题。第4章现在包括了极值分布，这对工程师分析处理自然灾害与极端事件是非常重要的。

- 假设检验。新增加了假设检验的内容作为第6章的一部分。

- Anderson-Darling方法。第7章现在包括了拟合优度检验的Anderson-Darling方法（适用于概率分布的尾部信息很重要的情形）。

- 回归分析的置信区间。第8章中线性回归的内容进行了扩充，以包括如何确定置信区间。

- 回归与相关分析。关于贝叶斯概率的第9章现在包括了贝叶斯回归与相关分析。

- 计算机数值与模拟方法。新的一章（第5章）"概率中的计算机数值与模拟方法"将使得本书第二版更适应当今时代的工程教育。该章中阐述的数值与模拟方法、特别是Monte Carlo方法，将概率概念与方法进一步拓展到传统的纯粹解析工具难以分析和解决的实际工程问题中去。由于现在计算机与商业软件随处可得，作为解析方法的扩展，这些数值方法功能尤其强大，进一步拓宽了概率与统计学在工程中的广泛适用性和有效性。

- 质量保障。关于"质量保障与验收抽样基础"的一章（第一版第9章）现在是第10章，但仅放在网上。本章内容超出了本书范围，本书仅阐述概率与统计学的基本概念。但本章对质量保障这一专业领域是有用的。该章内容可以在 Wiley 网上下载，网址是：www. wiley. com/college/ang。

读者范围

本书强调了概率建模与统计推断的基础知识，适合修习应用概率与统计学初等课程的工科专业二年级或三年级大学生，也适合自学。主要目的是促进对基本理论的深入理解，从而为在工程中进行正确应用奠定基础。仅需要微积分的基础知识，因此可对任意水平的本科生讲授。可用于工学系科开设的课程，也可用于数学系和统计系为工科学生开设的课程。

建议教学安排

一学期课程。对一学期（或半学期）课程，建议内容包括：第 1 章（作为教师指导下的阅读材料）到第 5 章，以强调概率问题的建模，加上第 6 章到第 8 章，以强调统计推断的基础知识。

半学期课程。对半学期课程，建议主要内容与前面相同，但对某些专门章节可以不必着重（例如，仅讨论较少类型的常用概率密度函数）并在每章中减少例题。

高级课程。高级课程可在一学期内讲授所有各章，包括第 9 章的第一部分。

各章后面的大量习题可以布置作业，读者也可以用来检验自己掌握的程度。

教师参考资料

教师参考资料可在网址 www. wiley. com/college/ang 下载。下述资料仅提供给以本书作为教材的教师：

- 习题答案：书中所有习题的答案。
- 图表：书中所有图和表的图片文件，可用于准备 Power Point 课件。
  上述资源需要密码。请参见上述网页上的说明进行注册。

数学严密性

在本书中，我们不强调数学上的严密性。这方面可参考概率论与统计学的数学理论方面的论著。我们主要关心概率概念在工程中的实际应用及其合理性。必要的数学概念是通过在工程问题或物理状态与现象的概率建模过程中引入或建立起来的。因此，本书中仅讨论了必不可少的数学理论基础，为了强调其在工程中的意义，这些原理是通过非抽象性的术语加以解释的。这对强化人们对概率概念的实际重要性的认识与认可是必要的,也是极为重要的。

动机

不确定性在工程系统的规划与设计中是不可避免的。因此,合适的工程分析工具应包含分析和评价不确定性对系统性能与设计重要性的方法和概念。就此而言,概率论(及其与统计和决策理论相关的领域)提供了进行不确定性建模并分析其对工程设计影响的数学基础。

概率与统计决策理论在工程规划与设计的各个方面都有特殊的重要性,包括:(1)在具有不确定性的条件下进行工程问题的建模与系统性态的分析;(2)系统地发展明确考虑不确定性的设计准则;(3)为与决策相关的定量风险评估和风险-效益权衡分析提供逻辑框架。我们的主要目的是强调概率与统计决策理论在工程中的更广泛的作用,特别关注在建设和工业管理、岩土、结构和机械设计、水利与水资源规划、能源与环境问题、海洋工程、交通运输工程和航空摄影测量与大地测量工程等方面的相关问题。

出版本书修订版的主要动力是我们的坚定信念:尽管本书中的例子主要来自土木工程与环境工程,但概率与统计原理对所有工程分支领域都具有基础性的重要地位。这些原理对风险评估中不确定性的定量分析与建模是必须的,而风险评估在考虑不确定性条件下的现代决策方法中具有中心地位。

本书阐述的概念与方法仅构成合理处理不确定性的必要基础。在具体应用中,这些基本原理可能需要与更高级的工具相结合。相关的高等论题请参见 Ang 和 Tang(1984)第 2 卷。

多年来,我们收到了来自从前的学生和同事们的很多赞誉,推许我们在第一版中阐明概念和方法的方式,特别是对希望学习与应用概率与统计原理的人来说尤为如此。在这一意义上,本书第一版为几代工科专业的学生和通过自学的专业工作者的教育作出了贡献,我们为此深受鼓舞。今天,由于更容易得到计算机和相关商业软件,概率和统计学在工程中的实际作用和重要意义更进一步加强了。我们希望本书能够继续为将来几代工科专业学生在此方面的教育做出贡献。这是激励我们修订并出版该书新版的动力。

第 2 卷

本教材的第一版包括两卷。本书第二版仅修订出版了第 1 卷。若读者想要第 2 卷,可通过 ahang2@aol.com,直接与洪华生教授联系。

致谢

最后,我们要感谢对本书原稿出版提出建设性意见与建议的评审人,包括:

C. H. Aikens,田纳西大学

B. Bhattacharya,特拉华大学

C. Cariapa,Marquette 大学

A. Der Kiureghian，加州大学伯克利分校

S. Ekwaro Osire，得克萨斯工业大学

B. Ellingwood，佐治亚理工学院[1]

T. S. Hale，俄亥俄大学

P. A. Johnson，宾夕法尼亚州立大学

J. Lee，路易斯安那大学

M. Maes，Calgary 大学

S. Mattingly，得克萨斯大学阿灵顿分校

P. O'Shaughnessy，艾奥瓦大学

C. Polito，Valparaiso 大学

J. R. Rowland，堪萨斯大学

Y. K. Wen，伊利诺伊大学香槟分校

以及多位其他匿名评审人。他们的许多建议有助于提高文稿的质量。我们也非常感谢几位评阅人的好评，包括认为"作者似乎理解了苏格拉底很久以前就知道的事情……'彻底理解了的工具得到应用的可能性更大'"，将本书与苏格拉底相联系当然是高度的赞誉。最后，当然也是很重要的，感谢 T. Hu，H. Lam，J. Zhang 和 L. Zhang 在部分例题的求解及准备本书的习题答案手册时提供的帮助。

洪华生　邓汉忠

1　Ellingwood 教授现已转任科罗拉多州立大学教授。——译者注

目录

第1章

概率与统计在工程中的作用

▶1.1 引言

在客观实际问题中，不确定性是不可避免的。作为工程师，洞察工程中不确定性的所有主要来源是至关重要的。工程中的不确定性来源可以分为两大类：一类与天然的随机性有关，另一类与对客观世界的预测与估计不精确性有关。前者可称为固有型不确定性，而后者则可称为认知型不确定性。无论对哪一种不确定性，概率与统计理论都提供了建模与分析的合理工具。在本书接下来各章中，我们将论述概率与统计理论的基本原理，并通过工程实例说明它们在工程问题中的应用。与一般着重统计数据分析的书不同，虽然本书中也包含统计学基础内容，但本书的主要目的是阐述在具有不确定性的工程问题建模与分析中概率统计的概念与方法。

毫无疑问，不确定性对工程系统规划与设计的影响是十分重要的。然而，定量化地把握不确定性及其对系统性态与设计的影响，则需要合理地引入概率统计的概念与方法。而且，在具有不确定性的情况下，工程系统的设计与规划中必须考虑风险、即概率及其相应后果，而相关决策则可能需要基于定量化的风险-效益分析，这当然也属于应用概率统计的范畴。因此，关于具有随机性与不确定性的问题，概率与统计概念和物理、化学及力学原理在工程问题的分析中具有同样的重要性。

从上述分析可见，从基本信息的描述到设计与决策的基本工具，概率与统计的作用在工程中是相当普遍的。在接下来的章节中，将考虑一些具有这样不完备信息的情形及概率统计在工程设计与决策问题中应用的例子。

▶1.2 工程中的不确定性

工程中的不确定性显然是不可避免的。可获取的数据通常不完备或不够，而且总是具有变异性。此外，工程规划与设计必须依赖于基于理想化模型的预测或估计，而这些理想化模型对客观实际反映的不完备性程度是未知的，因而带来额外的不确定性。在实际中，我们可以区分两大类不同性质的不确定性，即：（i）与内在现象随机性有关的不确定性，表现为观测信息的变异性；（ii）与模型不完备性有关的不确定性，是由于客观实际知识不完备或不足导致的。如前所述，这两类不确定性可以分别称为固有不确定性和认知不确定性。有关定义和处理这两类不确定性的基本理论框架详见 Ang (1970，2004)。这两类不确定性可以综合作为总的不确定性加以处理，也可以分别处理。无论何种情况，都要采用概率与统计的基本原理。

区分两类不确定性及其对工程的不同影响具有重要意义。首先，固有（基于数据的）不确定性与基本信息内在的变异性有关，这是客观世界的属性（在我们观察与描述的能力范围内）。土木工程中必须面对的许多固有不确定性是由内在属性决定的，因此，这些不确定性无法进一步减小或修正。而认知（或基于知识的）不确定性与对客观世界所具有的知识不完备性有关。通过采用更好的预测模型或提高实验手段，这些不确定性是可以降低的。其次，这两类不确定性造成的影响也可能不同：固有随机性导致分析结果是一个计算出来的概率或风险，而认知不确定性的影响则是刻画这一概率或风险本身的不确定性。在诸多工程应用领域与物理科学中，风险或概率分析结果的不确定性（或误差界）与风险分析结果本身具有同等重要性。例如，美国国家研究理事会（National Research Council）(1994) 强调了风险分析本身不确定性量化的重要性。这一风险分析的定量化方法不仅在英国（2000）、也在美国诸多政府机构获得了应用，如美国能源部(1996)、美国环境保护总署（1997）、美国航空航天局（2002）、美国国家卫生研究院（1994）。然而，在一些实际应用中，这两类不确定性是耦合的，因而分析结果是其综合效应。无论上述两种不确定性是综合考虑还是单独考虑，本书后续章节的概念和方法都是同样适用的。

最后强调，上述两类不确定性的区分应该是明确的——固有不确定性本质上是基于数据本身的，而认知不确定性则来自知识不完备性。当然，虽然认知不确定性在原则上包括了对概率分布形式及其所有参数的不精确性，但在实际中往往限于对均值或中值的估计。

1.2.1 与随机性相关的不确定性——固有不确定性

工程师关心或必须面对的诸多现象或过程都具有随机性，即预期结果是不可预测的（在一定程度上）。这些现象的现场或试验数据含有显著的变异性，表征了该现象的天然随机性，也就是说，即使在表面上相同的试验或观测条件下，每次不同试验（或不同观测）的结果也不同。换言之，观测或试验结果具有一个分布范围，而且在该范围内，某些值较之其他值出现的频度要高些。这些数据或信息内蕴的变异性本质上具有统计规律性，一个特定值（或分布范围）的实现具有一定的概率。观测数据中的内蕴变异性可通过直方图或频数图表示，如图 1.1～图 1.23 所示，其中演示了来自土木与环境工程中相关物理现象的数据信息。此外，如果需要考虑两个变量，其联合变异性可以类似地通过散点图表示。

直方图仅仅显示了单个变量的多次观测值的相对频度。例如，对于给定的实验数据集，可采用下述方式画出其直方图：

根据观测数据集的范围，可在横轴上（对于一个二维直方图）定出一个足够覆盖最大值与最小值的范围，并将该范围划分为若干合适的区间。纵轴可表示观测值在每一个区间内出现的次数，或该次数与总次数之比。例如，考察表 1.1 中所示的某流域内 29 年的年累计降雨量。可见，观测降雨量的范围在 39.91～67.72in 之间。因此，可在 38～70in 之间采用 4in 的均匀区间划分，各区间出现的观测值次数及其与总次数之比见表 1.2.

29 年的降雨量观测数据　　　　　　　　　　　　　　　　表 1.1

年份	降雨量（英寸）	年份	降雨量（英寸）	年份	降雨量（英寸）
1918	43.30	1928	54.49	1938	58.71
1919	53.02	1929	47.38	1939	42.96
1920	63.52	1930	40.78	1940	55.77
1921	45.93	1931	45.05	1941	41.31
1922	48.26	1932	50.37	1942	58.83
1923	50.51	1933	54.91	1943	48.21
1924	49.57	1934	51.28	1944	44.67
1925	43.93	1935	39.91	1945	67.72
1926	46.77	1936	53.29	1946	43.11
1927	59.12	1937	67.59		

各区间出现的观测值次数及其与总数目之比　　　　　　表 1.2

区间	观测值次数	观测值次数与总次数之比
38～42	3	0.1034
42～46	7	0.2415
46～50	5	0.1724
50～54	5	0.1724
54～58	3	0.1034
58～62	3	0.1034
62～66	1	0.0345
66～70	2	0.0690

　　表 1.2 中的均匀划分区间可表示在横轴上，相应的观测值次数（表 1.2 第 2 列）可沿纵轴画成直方条，如图 1.1a 所示。直方条也可以直接采用各区间内观测值次数与总数目之比（表 1.2 第 3 列），如图 1.1b 所示。人们有时会将经验频度图（如直方图）与理论频度图（如概率密度函数，将在第 3 章中讨论）进行对比。

　　经验频度图下的面积应为 1。为此，可将直方图的纵坐标除以其总面积。例如，经验频度函数可通过将图 1.1a 中各纵坐标值除以 29×4＝116 获得，亦可通过将图 1.1b 中的纵坐标除以 4×1＝4 获得。无论何种情况，得到的都是图 1.1c 中该流域年降雨量的经验频度函数。显然，经验频度函数的总面积为 1。因此，在给定范围内的面积可用来估计降雨量在该区间内的概率。

图 1.1～图 1.23 是大量物理现象的示例。这些专门收集的例子表明大多数工程信息中包含显著的变异性。例如，大多数建筑材料特性的变异范围很大。图 1.2 和图 1.3 分别是残积土的容重和混凝土试件的水灰比，而图 1.4 和图 1.5 则分别是钢筋屈服强度和钢材角焊缝抗剪极限强度的直方图。

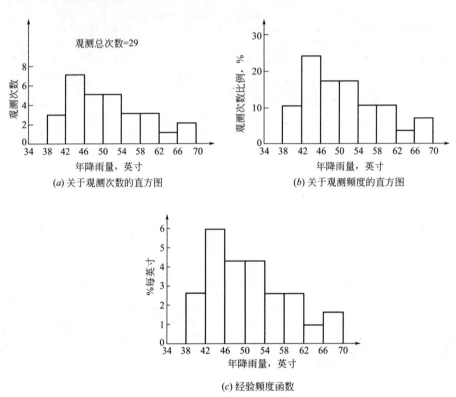

(a) 关于观测次数的直方图　　　　　　(b) 关于观测频度的直方图

(c) 经验频度函数

图 1.1 年降雨量直方图

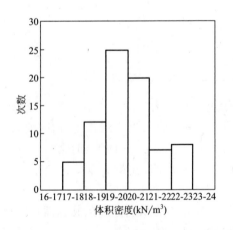

图 1.2 残积土的容重
（Winn 等，2001）

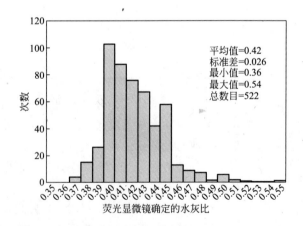

图 1.3 混凝土的水灰比（w/c）
（Thoft-Christensen，2003）

类似地，对于木材，从图 1.6 可见南方松和花旗松的弹性模量直方图，而图

1.7 则是由砂浆砌筑的砌体弹性模量直方图。木材是天然有机材料，而砌体是水泥和自然砂组成的高度不均匀杂合体。不出所料，这两种材料的弹性模量变异性都很大。

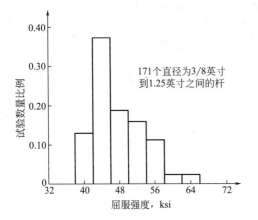

图 1.4　钢筋屈服强度

（Julian，1957）

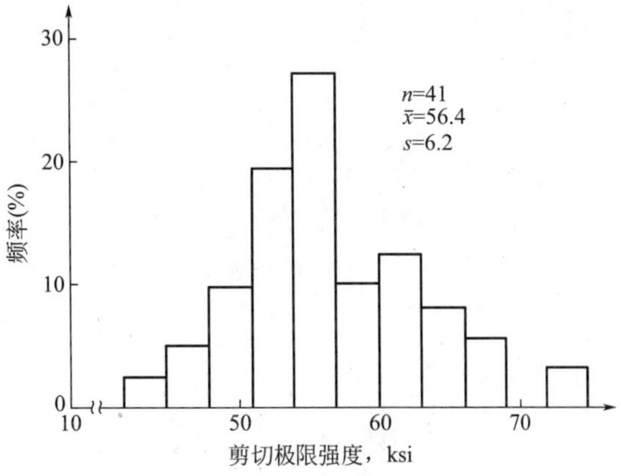

图 1.5　钢材角焊缝的抗剪极限强度

（Kulak，1972）

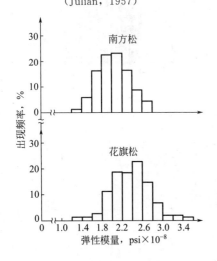

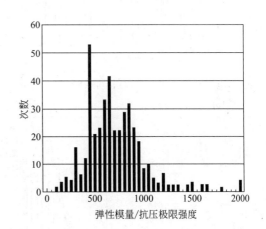

图 1.6　建筑木材的弹性模量

（Galligan &.Snodgrass，1970）

图 1.7　砌体的弹性模量

（Brandow 等，1997）

　　钢筋混凝土结构中钢筋的锈蚀是值得高度关注的。图 1.8 是混凝土结构中钢筋锈蚀活性的直方图（通过电流密度测量）。在岩石力学中，各向同性岩石块体中含有裂隙。从图 1.9 可见，岩石块体中不连续面迹长具有很大的离散性。

　　在岩土工程中，可以预期与土特性有关的信息将有很大的变异性。例如，图 1.10 是软泥岩残余摩擦角的直方图，而图 1.11 则显示了加拿大 Confederation 大桥基础下卧砂岩抗压强度的变异性。

　　此外，如图 1.12a 和 1.12b 所示，黏土和沙土中的群桩效应也具有高度的变异性。

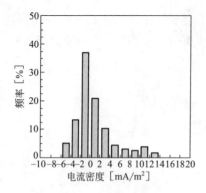

图 1.8 混凝土中钢的锈蚀活性

（Pruckner & Gjorv，2002）

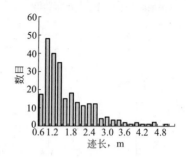

图 1.9 岩石块体的不连续面迹长

（Wu & Wang，2002）

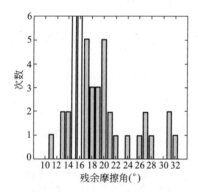

图 1.10 泥岩的残余摩擦角（Becker 等，1998）

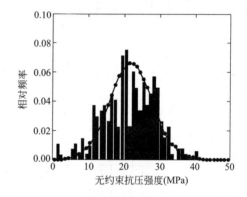

图 1.11 砂岩的抗压强度（Becker 等，1998）

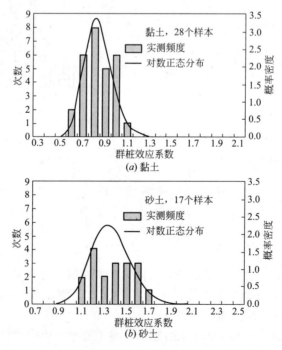

图 1.12 黏土和沙土中的群桩效应（Zhang 等，2001）

结构的荷载也表现出显著的变异性。图 1.13 所示是两次台风（飓风）中观测到的高层建筑风压的涨落，图 1.14 是地震导致的土中剪应力的变异性。上述两图均已采用各自标准差进行坐标归一化。

在环境工程中，水质依赖于河流水温和溶解氧亏量等特定参数。图 1.15 所示是俄亥俄河的溶解氧亏量的变异性，而图 1.16 则显示了美国缅因州、华盛顿州、明尼苏达州和俄克拉荷马州的 4 条河流的每周最高温度的变异性。

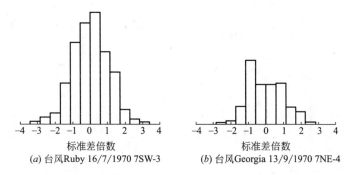

(a) 台风Ruby 16/7/1970 7SW-3   (b) 台风Georgia 13/9/1970 7NE-4

图 1.13 台风中高层建筑风压的涨落（Lam Put，1971）

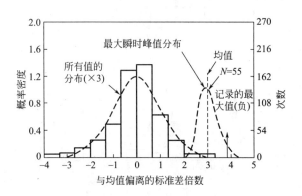

图 1.14 地震中的土剪应力

（Donovan，1972）

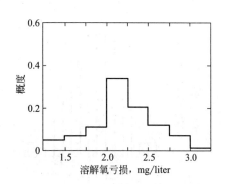

图 1.15 溶解氧亏量

（Kothandaraman & Ewing，1969）

在交通工程中，图 1.17 所示是南达科他州 Sioux Falls 市的起讫出行距离的经验频度分布函数，图 1.18 是小汽车事故中冲击速度估计的直方图。

在图 1.19 中，可见粗糙路面和光滑路面的实测路面粗糙度均方根值。可以预见，美国高速公路作业区事故造成的人员伤亡损失将差异甚大，这可从图 1.20 看出。

人们注意到，工程结构可能发生破坏并导致经济损失乃至人员伤亡。图 1.21 是美国大坝破坏数量关于建成时间（以年为单位）的函数。显然可见，大部分破坏发生于大坝建成后的一年内。

图 1.22 和 1.23 分别图示给出了施工和建设管理中信息的变异性，其中有英国的房屋建造完工时间和高速公路建设投标价格的变异性。

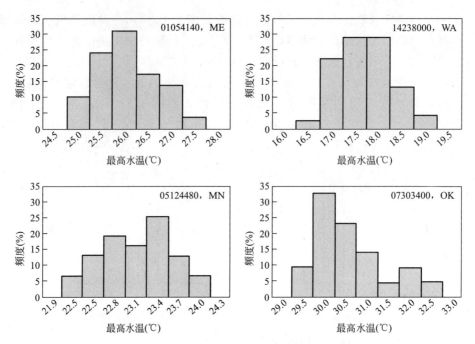

图 1.16 河流每周最高水温的直方图（Mohseni 等，2002）

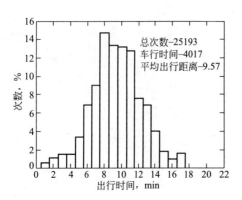

图 1.17 出行距离频度图

（美国交通部，1965）

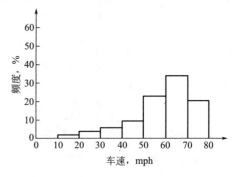

图 1.18 小汽车事故中的冲击速度

（Viner，1972）

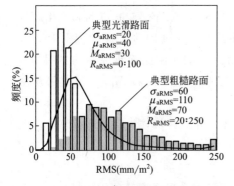

图 1.19 实测路面粗糙度

（Rouillard 等，2000）

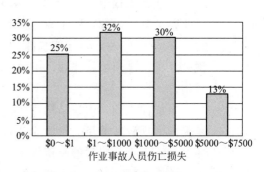

图 1.20 作业区事故人员伤亡损失

（Mohan & Gautam，2002）

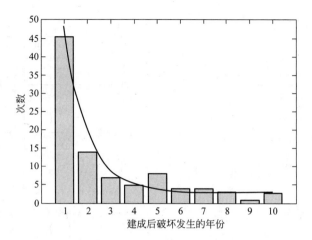

图 1.21 美国大坝破坏统计数据（van Gelder，2000）

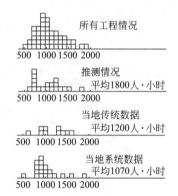

图 1.22 房屋建造完工时间直方图
（Forbes，1969）

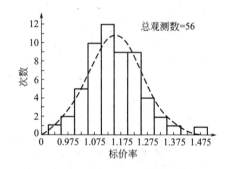

图 1.23 高速公路建设投标价格分布
（Cox，1969）

在某些图中，例如图 1.11、1.12、1.14、1.19、1.21 和 1.23，还画出了理论概率密度函数。第 3 章与第 7 章中将更深入地讨论这些理论函数的意义及其与相应试验频度图的关系。

如果同时有两个或多个变量，那么不仅每个变量都可能有各自的变异性，而且两个变量之间还可能有联合变异性。两个变量的观测数据对可以采用散点图的形式画在一张二维图上。例如，图 1.24 是花旗松的弹性模量与相应的强度，而图 1.25 则是混凝土抗拉强度与温度的散点图。

图 1.26 显示了火奴鲁鲁附近一条河流的年流量与相应的流域面积。图 1.27 是土的塑性指标与液限的散点图，这对岩土工程师是非常重要的。

图 1.28 是叶绿素浓度与磷浓度的散点图。这一信息对关心湖泊生产力的环境工程师来说是重要的。图 1.29 是房产地价与人口密度关系的典型散点图。

在估计最大风速时，由理论模型得出的计算风速可能并不完全精确，如图 1.30 所示，图中给出了计算风速与相应的实测最大风速散点图。而在交通工程中，交叉路口的日冲突量与入口总流量的关系见图 1.31。

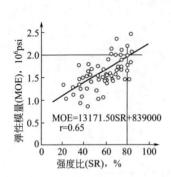

图 1.24 木材的弹性模量与强度

（Littleford，1967）

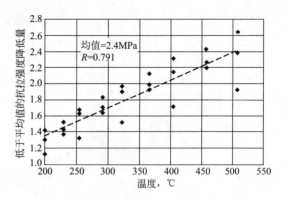

图 1.25 混凝土抗拉强度随温度的变化

（dos Santos 等，2002）

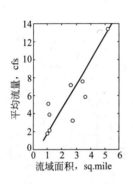

图 1.26 河流平均年流量与流域面积

（Todd & Meyer，1971）

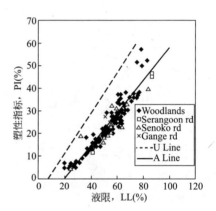

图 1.27 土的塑性指标与液限

（Winn 等，2001）

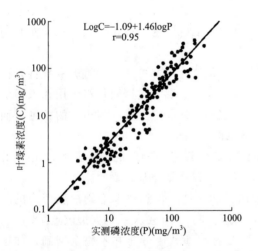

图 1.28 叶绿素与磷浓度

（Jones & Bachmann，1976）

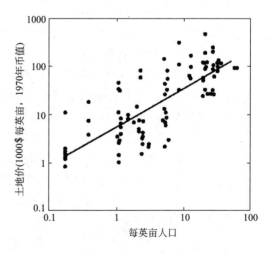

图 1.29 地价与人口密度

（Winn，1970）

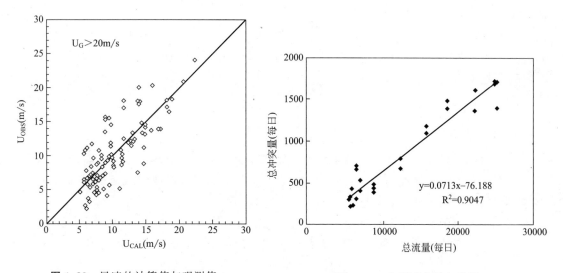

图 1.30 风速的计算值与观测值

（Matsui，et al，2002）

图 1.31 交通冲突量与流量

（Katamine，2000）

最后考虑冰川湖的例子。冰川湖溃决可能导致山区发生危险的山洪暴发与泥石流。湖的容积可通过冰川湖的面积与平均深度进行估计。图 1.32 显示了湖面积与平均深度的散点图。

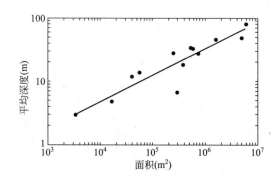

图 1.32 冰川湖的平均深度与面积（Huggel 等，2002）

以上显示了大量的直方图和散点图，目的是清晰地说明工程信息的变异性几乎总是存在，在许多工程应用领域中是不可避免的。

值得强调，上述直方图中表现的变异性是由于天然随机性导致的，因此是固有不确定性。以下的例子将说明在实际中如何处理这样的信息。

［例 1.1］

通常，若有观测数据的有限集合（称为样本），可以估计该样本的平均值（称为样本均值）及其变异性或分散性的度量指标（称为样本方差）；后者是数据集的固有不确定性的度量。例如，考察前述表 1.1a 中流域面积内的 29 个年降雨量数据。显然，可以容易地通过下式估计观测值的平均值

$$\overline{x} = \frac{1}{29}(43.3 + 53.02 + \cdots + 67.72 + 43.11) = 50.70 \text{in.}$$

而相应的样本方差是关于均值偏差的均方值（在第 6 章中将更完整地定义样本方差）

$$s_X^2 = \frac{1}{29}[(43.3 - 50.70)^2 + (53.02 - 50.70)^2 + \cdots + (67.72 - 50.70)^2$$
$$+ (43.11 - 50.70)^2] = 57.34$$

由此可得相应的样本标准差 $s_X = \sqrt{57.34} = 7.57 \text{in}$。因此，这一样本标准差是年降雨量分散性的一个度量指标，表征了相应的随机性或流域面积内降雨量的固有不确定性。

由于上述年平均降雨量是基于 29 个观测数据估计的，在估计的平均值中也存在认知不确定性，称为采样误差。在本例中，它是在平均年降雨量估计值 50.70in 中含有的不确定性。这一采样误差（在第 6 章中定义为样本大小的函数）是 $7.57/\sqrt{29} = 1.41 \text{in}$。

在该例中，我们看到观测数据中的变异性（或随机性）反映了固有不确定性，而均值估计中的认知不确定性则与采样误差有关。认知不确定性还有其他的来源，见下节的例 1.2 和例 1.3。

1.2.2 与知识不完备相关的不确定性——认知不确定性

为了进行决策、或规划工程系统并确定其设计准则，我们的分析必须依赖于客观世界的理想化模型。这些理想化模型可能是数学或仿真模型（例如数学公式、方程、数值算法、计算机程序）、甚至实验室模型，它们对客观世界的反映是不完备的。因此，基于这些模型进行分析、估计或预测的结果是不精确的（有程度未知的误差），因而，也含有不确定性。这样的不确定性是由于知识不完备导致的，因此是认知型不确定性。在很多情况下，这种认知不确定性甚至可能比固有不确定性更重要。

在采用理想化模型进行预测或估计时，目标总是获取所感兴趣的某一个特定量，例如可能是某个变量的均值或中值。因此，在考察认知不确定性时，可以合理地（在实际中）仅限于考虑计算或估计中心值、例如均值或中值时的不精确性。需要强调的是，可以预期在确定分布和估计其他参数时也将具有误差，因此在这些估计中也具有认知不确定性；但与中心值相比，这样的不确定性是次要的。

现在考察如下例子。

[例 1.2]

考察棱柱形悬臂梁在集中荷载 P 作用下的变形，如图 E1.2。在工程分析中，梁端 B 的挠度通常基于简化梁理论计算如下

$$\Delta_B = \frac{PL^3}{3EI} \tag{1.1}$$

其中，E＝材料弹性模量，

　　　I＝梁截面的惯性矩。

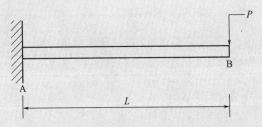

图 E1.2　端部集中荷载 P 作用下的悬臂梁

式（1.1）依赖于如下的理想化假定：

1. 材料是线弹性的；

2. 平截面假设成立；

3. A 端是理想刚接的。

事实上，上述任一假定都可能不是完全成立的。例如，根据梁的材料与荷载大小，梁的力学行为可能不是线弹性的。此外，在很大的荷载下，平截面假设不再成立。而且，A 端一般也很难做到理想刚接。因此，式（1.1）计算的挠度 Δ_B 将含有未定的误差，因而具有不确定性。除非特殊原因，一般可以合理地假定上述计算的挠度值是梁端挠度的平均值，这意味着认为式（1.1）的误差是关于平均挠度对称的。但如果必要，上述计算中的任何偏差都可以校正。

分析或估计式（1.1）误差的一种方式是在相同的条件下进行一系列具有相同材料的梁实验，同时精确测量 P，L，E 和 I 的值。实验结果将为我们评估上式的误差提供基础。例如，假设（数据是假设的）试验了 10 根木梁，实测值与计算值之比结果如下：

$$\frac{\text{实测 } \Delta_B}{\text{式(1.1) 计算的 } \Delta_B} = 1.05 \text{；} 0.95 \text{；} 1.10 \text{；} 0.98 \text{；} 1.15 \text{；}$$

$$0.97 \text{；} 1.20 \text{；} 1.00 \text{；} 1.08 \text{；} 1.12$$

由此可得 Δ_B 的实测值与计算值之比的样本均值与样本标准差（见第 6 章）

实测值与计算值之比的均值＝1.06

实测值与计算值之比的标准差＝0.25

根据上述试验结果，式（1.1）计算的挠度有低估真实挠度值的倾向，因此，需要进行 1.06 倍的校正，而反映认知不确定性的变异系数（定义为均值与标准差之比）则是 0.25/1.06＝0.24。

根据不同的材料，梁的 EI 可能也存在很大的变异性。例如，建筑用木材的弹性模量 E 的变异性示于图 1.6 中。这种变异性也将导致梁端挠度 Δ_B 计算值的固有不确定性。而且，如果梁的 EI 是来自取样观测，则在 EI 的均值估计中将有采样误差，这将给梁的挠度计算带来额外的认知不确定性。

[例 1.3]

表 E1.3 是 Viggiani（2001）文中的群桩沉降观测数据和相应的计算沉降值。计算沉降值是采用群桩沉降预测的非线性模型获得的。

群桩沉降观测值与计算值（Viggiani，2001）　　　表 E1.3

观测沉降值，y_i	计算沉降值，x_i	观测沉降值，y_i	计算沉降值，x_i	观测沉降值，y_i	计算沉降值，x_i
0.7	4.8	28.1	26.7	12.7	14.2
64	25.1	0.6	.6	46	42.1
5	3.8	29.2	31.5	3.8	1.58
25	26.4	32	31	4.9	5
29.5	27.8	5.4	3.7	11.7	11.8
3.8	3.5	3.6	4	1.83	3.39
5.9	6.5	35.9	25.9	9.43	3.24
38.1	2.6	11.6	11.3	6.6	4.3
185	174				

采用表 E1.3 中的数据，我们将在第 8 章的例 8.3 中获得实测与计算沉降值的所谓线性回归方程如下

$$E(Y \mid x) = 0.038 + 1.064x \text{ mm} \tag{1.2}$$

其中 $E(Y \mid x)$ 表示计算沉降值为 x 的条件下群桩的期望观测沉降 Y。在例 8.3 中，我们还给出了关于回归方程的条件标准差（即关于回归线的平均弥散程度）是 $s_{Y \mid x} = 7.784\text{mm}$。

式（1.2）的意义如下：该式可用来确定计算沉降为 x 的条件下实际沉降的均值 $E(Y \mid x)$。然而，条件标准差 $s_{Y \mid x} = 7.784\text{mm}$ 刻画了预测实际沉降的非线性模型的误差，因此反映了所建议计算方法的认知不确定性。

基于 Viggiani（2001）文中的非线性模型计算沉降值后，可采用上述式（1.2）进一步确定类似群桩的沉降期望值。然而，根据回归公式，计算沉降值具有偏低的趋势、因而必须乘以校正因子 1.064。此外，对于给定的 x，真实沉降将有平均标准差（弥散度）7.784mm。根据计算值 x，也可以估计相应的变异系数，即变异系数为 $7.784/E(Y \mid x)$。例如，如果对于特定的群桩 $x = 45\text{mm}$，我们可以预期实际沉降是 $45 \times 1.064 = 47.88\text{mm}$、而变异系数是 $7.784/47.88 = 0.16$，它反映了模型方程中的认知不确定性。

图 1.30 是对一个预测模型的认知不确定性进行评估的类似例子。所有的不确定性，无论是认知不确定性、还是固有不确定性，都可以采用统计方法进行分析。它们对工程规划与设计的影响，可以采用概率论的概念和方法进行合乎逻辑的系统分析。

▶ 1.3 不确定性条件下的设计与决策

前已指出，工程信息通常如图 1.1～图 1.32 那样，任何一个单个的观察或测量值都不具有完全的代表性，同时，任何分析或预测必须基于对客观世界反映的不完

备模型。也就是说，不确定性（固有的和/或认知的）在工程中是不可避免的。

在前述情况下，如何进行工程设计或如何进行关于设计与规划的决策？大概地说，我们可以考虑最不利条件（例如，确定最大可能洪水、实测材料的最短疲劳寿命）并在此基础上实现保守的设计。从系统性能与安全的角度看，这一途径可能是合适的，也的确是过去大量工程规划与设计的基础，并可预期在未来也将继续采用。然而，这一方法没有任何关于风险的信息，缺乏评估保守程度的严实基础。过于保守的设计可能造价过高，而保守程度不足的设计可能造价较低、但将以性能或安全性为代价。为了达到费用与系统性能之间的平衡，最优决策应基于费用与效益的权衡分析。由于可获得的信息和分析模型总是不完备或不足够的，因而含有不确定性，因此需要在概率与风险的框架下进行所需的权衡分析。

上述情形在许多工程问题中是常见的。下面我们将通过几个例子来说明这些问题。为了简洁起见，这些例子都进行了理想化。虽然如此，它们仍然凸显了不确定性条件下工程决策方面的本质。

1.3.1 交通基础设施系统的规划与设计

在规划城市的交通系统时，需要大量的决策过程。例如，考虑跨河桥梁的情况，可能有多种桥梁形式是可行的。每一种桥梁系统的设计与建设成本都含有不确定性；而且，依赖于政治形势变化，该城市提供资金的能力也是不确定性的。因此，选择桥梁的形式可能要基于给定桥梁形式造价的概率与实际资金水平的概率二者之间的相对关系。

在设计路面时，例如道路路面和机场跑道，主要的决策变量之一（还有其他变量）是由路基材料和路面组成的路面系统的厚度。通常，路面的使用寿命依赖于路面的厚度，路面愈厚，使用寿命愈长。当然，对于同样的材料和同样的施工质量，随着厚度的增长费用也增加。较薄的路面在初始阶段费用较低，但此后的维护和修补费会更高。因此，路面系统的最优厚度将基于路面的使用寿命中较高的初始费用与较低的后期维护和较低的初始费用与较高的后期维护及修补费用两者之间的权衡。为了进行上述权衡分析，需要路面系统寿命与其厚度的关系。但是，路面系统寿命本身也是其他变量的函数，例如排水条件、温度变化范围、基层密度和压实度等。如图1.33中的压实路基密度所示，所有这些因素都是随机的、含有变异性，因而无法完全确定地预测给定厚度路面的寿命。因此，也不能完全可信地估计给定厚度路面的总造价（包括初始费用与维护费用）；因而，任何有意义的权衡分析都应该合理地引入概率与统计概念。

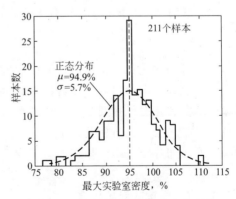

图 1.33 压实火山凝灰岩路基的密度
(Pettitt，1967)

1.3.2　结构与机械设计

结构材料与构件的强度是随机的，例如钢材和混凝土具有如图 1.4 和 1.5 中所示的变异性。因此，结构承载力的计算（几乎总是基于理想化模型）将同时包含固有不确定性和认知不确定性。另一方面，如同图 1.13 中高层建筑的风压所示，结构上作用的荷载也总是随机的。即使是在这种理想化的情形下，在结构设计、包括确定结构承载力的过程中，也必须考虑诸如"怎样才算足够安全?"这样的问题——这一问题的回答事实上必须考虑结构失效或破坏的风险和概率。

作为一个典型例子，考虑受到偶然飓风荷载作用的海洋钻井平台的设计。在此情况下，如图 1.13 所示，我们意识到除了一次飓风中的最大风和波浪效应是随机的，在给定洋面区域出现飓风的频率也是不可预测的。因此，为了确定平台设计的安全水准，除了需要考虑结构在寿命期内的预期最大风和波浪力作用下的生存概率，还需要考虑结构使用期内的强飓风出现的概率。因此，设计中需要考虑的飓风力的水平以及需要在飓风中保证足够安全的抗力需求水平，是需要考虑平台寿命期内的风险或失效概率以权衡所需费用与防护水平的决策问题。

类似地，考虑受到重复或周期荷载作用的结构或机械构件，我们知道构件的疲劳寿命（疲劳破坏前的荷载循环次数）也具有高度的变异性，即使在等幅应力循环情况下也是如此（如图 1.34 所示）。因此，构件无疲劳破坏的寿命是很难预测的，或许只能采用概率描述。因而，这类构件可以按照以规定的可靠度达到所需使用寿命（无疲劳破坏发生的概率）来进行设计。正如所预期的，疲劳寿命是应力幅的函数。从图 1.34 可见，通常疲劳寿命将随着应力幅的增加而减小。因此，如果规定了所需的无破坏使用寿命，则构件可以设计得很大，从而应力幅很低、因而以高可靠性保证达到所需寿命。这样的设计当然要求更多材料和更高费用。反之，如果构件设计得欠安全，将可能产生高应力、从而缩短疲劳寿命。此时，为了在使用寿命中保持所需的可靠度，需要更经常地维修或更换构件。在此情况下，最优使用寿命可以通过使得构件的生命周期期望总费用最小化来确定，包括构件的初始费用和维护及更换的期望费用（它们是给定可靠度的函数）以及与修理期间引起的收益损失相关的费用（这也是可靠度的函数）。一旦决定了使用寿命和给定的可靠度，即可相应地选定或设计构件。

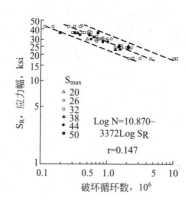

图 1.34　焊接梁的疲劳寿命与应力关系（Fisher 等，1970）

1.3.3　水利系统的规划与设计

假设为了保护一个大农场不受洪灾，需要在公路与河流交汇处建设一个主涵洞。为此，需要决定涵洞尺寸（即泄洪能力）。显然，这将取决于河流的洪峰流量，而它是流域降雨量和相应径流量的函数。我们已在图 1.1 中看到，年降雨量有很大变异性，而且可以预期，河流径流量的估计值也是不精确的。因此，对所关心时段（例如 10 年）内的最大河流洪峰流量将含有不确定性，它既包括固有不确定性也含有认知不确定性。假设给定涵洞尺寸的泄洪能力可以精确确定，那么涵洞尺寸将依赖于所关心时段内遭受洪灾的可接受概率。

显然，如果涵洞足够大、可以通行可能发生的最大洪峰流量，就可以免受洪灾。但建设涵洞的费用可能太高，甚至在最大降雨期间也可能仅达到了涵洞行洪能力的一小部分。也就是说，过于保守的设计可能是浪费而不经济的。反之，如果涵洞太小，其造价可能较低，但是每当暴雨时农场都可能遭受洪灾，导致农作物受损、水土流失；也就是说，欠安全设计可能导致很大的经济损失。

因此，涵洞的最优尺寸可以通过使得项目生命周期的总期望费用最小化来确定，包括涵洞的建设费用加上生命周期中的洪灾和水土流失导致的期望损失费用。由于期望损失是洪灾发生概率的函数，确定生命周期的期望总费用需要进行概率考量。

1.3.4　岩土工程系统的设计

土具有天然的非匀质性和高度的变异性。天然沉积土具有不同物质（例如黏土、淤泥质土、沙子、碎石或杂合物）不规则分层的特点，这些物质的密度、含水量及其他影响沉积物强度和可压缩性的土特性差异很大。类似地，岩石则具有地质断层与裂隙等严重影响岩石承载力的不规则发育（如图 1.19）。要在土体或岩石上设计支撑结构或装备的基础，必须确定场地下层土或岩石沉积的承载力。显然，这只能依赖于数量有限的土样结果或岩芯采样等现场勘探的地质信息或数据。

由于土壤与岩石沉积的天然非均质性和非规则性，工程场址下卧土层的承载力具有很大的变异性（参看图 1.10 和图 1.11）。而且，由于所需的基础或群桩承载力（如图 1.12）的估计值只能依赖于非常有限的现场数据，这样的估计必然具有很大的认知不确定性。因此，存在高估场地沉积土实际承载力的风险。在此情况下，除非在设计中留有足够的安全裕量，否则不能以足够的信心保证基于上述估计值设计的基础的安全性。另一方面，过大的安全裕量可能致使支撑系统花掉不必要的高昂费用。因此，确定设计中所需的最佳安全裕量可认为是费用与可接受失效概率之间的权衡问题。

上述权衡考量可以推广到场地土勘探与土样试验方案中去。显然，更多的场地钻孔勘探和更精细的试验手段将减少场地条件及场地土参数估计中的不确定性。但超过某个临界点后，从更多钻孔勘探和试验所获得的信息精细化程度的提升将不再能有效增加岩土工程系统性能的可靠性，因此再增加费用就不划算了。

1.3.5　施工规划与管理

施工项目规划与管理中的大量因素都具有很大的变异性与不确定性，而且可能不易控制。例如，施工项目中的大量工作所需的时间将依赖于资源（包括劳力和装备及其生产率）、天气条件和施工材料的供应。这些因素中没有一个是可以精确预测的，因而不但项目所需时间、而且施工网络中的单一工序所需时间也都不可能精确或确定性地预计（例如参见图 1.22），因此它们都必须处理为随机变量。

因此，在准备项目的标书时，如果假定了保守或不乐观的完成时间，标的价格就可能太高，从而降低中标机会。另一方面，如果标书基于对项目完成时间的乐观估计，该单合同就可能赔本或牺牲成功中标的收益。公司应采用怎样的保守程度来使得它的可能收益最大化？客观地说，由于大量因素的变异性和不确定性，回答是需要基于概率考量，即标的价格的确定需要基于与特定概率相应的项目完工时间（见图 1.23）。

1.3.6 航空摄影测量、大地测量与勘测工程

所有实际的工程测量都有误差，可以分为随机误差与系统误差。通过分析和适当的校正，可以消除系统误差。但测量中固有随机误差的大小和影响，则可能需要基于统计方法加以分析和确定。一旦测量精度超出了仪器性能水平，这种基于概率的统计方法就是评估测量精度唯一可靠的途径，其统计基础将在第 6 章中阐述。

1.3.7 在质量控制与保障中的应用

为了保障工程产品或系统最低限度的质量或性能，必须有验收与质量控制。显然，如果验收标准太严，可能会不必要地增加合规产品成本，而且这些标准可能也难以执行。另一方面，如果标准太松，那么产品质量可能太低。而且，如果控制变量或设计变量是随机的，那么怎样才算严格或不严格的标准就不是一目了然的。在此情况下，验收标准的确定应基于概率考量。

例如，在土堤施工中，合适的土密实度的实际标准应考虑压实土密度的变异性，如图 1.33 所示。相应地，抽样验收方案也应基于概率考量、并考虑压实土材料的固有变异性。

为了控制河流的水质，一个常用的污染量度参数是溶解氧浓度，而这一指标也具有高度的变异性，如图 1.15。环境工程师已经意识到了需要一个控制河流污染的概率标准。例如，Loucks 和 Lynn（1966）提出了如下河流水质的概率标准：

在 7d 连续观测中，河流中的溶解氧浓度必须满足如下条件：(i) 任意一天中低于 4mg/l 的概率小于 0.2；(ii) 任意一天中低于 2mg/l 的概率小于 0.1 且 2d 或连续多天低于 2gm/l 的概率小于 0.05。

为了保障钢筋混凝土结构中混凝土材料的质量，美国混凝土协会的建筑规范（ACI 318-93）要求如下：

如果所有每组三个连续试件强度测试结果的平均值等于或大于所要求的 f_c' 且没有任何试件强度比所要求的 f_c' 低 500psi，那么混凝土的强度水平就是满意的。每个强度试验结果应是同一样本中两个棱柱体的 28d 龄期或规定的更早龄期强度测试值的平均值。

上述要求显然意味着在混凝土材料质量保障中需要概率与统计工具。在其他建筑材料质量保障中也有类似的要求。

▶ 1.4　本章小结

在本书开篇的这一章中，我们强调了工程规划与设计决策中概率与统计的重要作用。为了领会它们的实际重要性，首先要认识到这些概率概念的作用。特别应该强调的是，统计信息的描述与统计量、例如均值和方差的估计，不是概率论的唯一作用。的确，对工程中的概率概念来说，更重要得多的作用是为不确定性的定量分析及评估其在系统性能中的重要性、以及为与决策、规划和设计相关的、基于风险的权衡分析提供统一的逻辑框架。

在1.2节和1.3节中列举的大量例子说明了工程规划与设计中概率概念的普遍性。其中许多例子通过实际数据与实际工程问题说明，实际现象的随机性与工程模型的不完备性是客观事实。因此，不确定性是不可避免的。与随机性有关的不确定性是内在的变异性，称为固有不确定性，而描述客观实际的不完备模型中蕴含的不确定性则是源于知识不完备性，称为认知不确定性。虽然上述两类不确定性都可以用统计概念表达，但其实际意义可能不同。而且，当预测模型获得改进时，认知不确定性可以降低。另一方面，内在变异性是自然属性，因此固有不确定性是不可降低的。

最后，有必要纠正一个误解，即认为应用概率概念需要大量的数据。事实上，无论数据充分性或信息质量如何，这种概念的有用性和合理性都是同样有意义的。特别是，数据量影响变异性（即固有不确定性）的定义。然而，与模型不完备性相关的认知不确定性则无论数据量如何，通常都要求判断性地评估。概率论与统计学是对不确定性进行建模和分析的概念和理论依据。数据的充足性和信息的质量将影响不确定性的程度，但不会降低概率论作为分析此类不确定性并评价其对工程性能和设计影响的合理工具的有效性。

为此，在接下来的各章中，将系统地阐述概率论与统计学中的重要基础性概念和方法。

▶ 参考文献

Ang, A. H-S., "Extended Reliability Basis of Structural Design under Uncertainties," *Annals of Reliability and Maintainability*, Vol. 9, AIAA, July 1970, pp. 642–649.

Ang, A. H-S., and DeLeon, D., "Modeling and Analysis of Uncertainties for Risk-Informed Decisions in Infrastructure, Engineering," *Structure and Infrastructure Engineering*, Vol. 1, No. 1, Taylor & Francis, March 2005, pp. 19–31.

Becker, D.E., Burwash, W.J., Montgomery, R.A., and Liu, Y., "Foundation Design Aspects of the Confederation Bridge," *Canadian Geotechnical Journal*, Vol. 35, October 1998.

Brandow, G.E., Hart, G., and Virdee, A., "1997 Design of Reinforced Masonry Structures," *Concrete and Masonry Association of California and Nevada*, 1997.

Cox, E.A., "Information Needs for Controlling Equipment Costs," *High-way Research Record*, No. 278, National Research Council, 1969, pp. 35–48.

Donovan, N.C., "A Stochastic Approach to the Seismic Liquefaction Problem," *Proc. 1st Int. Conf. on Application of Statistics and Probability*, Hong Kong University Press, 1972.

dos Santos, J.R., Branco, F.A., and de Brito, J., "Assessment of Concrete Structures Subjected to Fire—The FB Test," *Magazine of Concrete Research*, Vol. 54, Thomas Telford Publishers June 2002.

Environmental Protection Agency, "Policy for Use of Probabilistic Analysis in Risk Assessment: Guiding Principles for Monte Carlo Analysis," EPA/630/R-97/001, May 1997.

Fisher, J.W., Frank, K.H., Hirt, M.A., and McNamee, M., "Effects of Weldments on the Fatigue Strength of Steel Beams," NCHRP Rept. No. 102, National Research Council, 1970.

Forbes, W.S., "A Survey of Progress in House Building," *Building Technology and Management*, Vol. 7(4), April 1969, pp. 88–91.

Galligan, W.L., and Snodgrass, D.V., "Machine Stress Rated Lumber: Challenge to Design," *Journal of Structural Division*, ASCE, Vol. 96, December 1970.

Huggel, C., Kaab, A., Haeberli, W., Teysseire, P., and Paul, F., "Remote Sensing Based Assessment of Hazards from Glacier Lake Outbursts: A Case Study in the Swiss Alps," *Canadian Geotechnical Journal*, Vol. 39, March 2002.

Jones, J.R., and Bachmann, R.W., "Prediction of Phosphorous and Chlorophyll Levels in Lakes," *Journal of the Water Pollution Control Fereration*, Vol. 48, 1976.

Julian, O.G., "Synopsis of First Progress Report of Committee on Factors of Safety," *Journal of Structural Division*, ASCE, Vol. 83, July 1957, p. 1316.

Katamine, N.M., "Various Volume Definitions with Conflicts at Unsignalized Intersections," ASCE *Journal of Transportation Engineering*, Vol. 126, January/February 2000.

Kothandaraman, V., and Ewing, B.B., "A Probabilistic Analysis of Dissolved Oxygen-Biochemical Oxygen Demand Relationship in Streams," *Journal of Water Resources Control Federation*, Part 2, February 1969, pp. 73–90.

Kulak, G.L., "Statistical Aspects of Strength of Connection," *Proc. ASCE Specialty Conf. on Safety and Reliability of Metal Structures*, November 1972, pp. 83–105.

Lam Put, R., "Dynamic Response of a Tall Building to Random Wind Loads," *Proc., 3rd Int. Conf. on Wind Effects on Buildings and Structures*, Tokyo, September 1971.

Littleford, T.W., "A Comparison of Flexural Strength-Stiffness Relationships for Clear Wood and Structural Grades of Lumber," *Information Report VP-X-30*, Forest Products Lab., B.C., Canada, December 1967.

Loucks, D.P., and Lynn, W.R., "Probabilistic Models for Predicting Stream Quality," *Water Resources Research*, Vol. 2, No. 3, September 1966, pp. 593–605.

Matsui, M., Ishihara, I., and Hibi., K., "Directional Characteristics of Probability Distribution of Extreme Wind Speeds by Typhoon Simulation," *Journal of Wind Engineering and Industrial Aerodynamic*, Vol. 90, Elsevier Science, Ltd., 2002.

Mohan, S.B., and Gautam, P., "Cost of Highway Work Zone Injuries," *Practice Periodical on Structural Design and Construction*, Vol. 7, May 2002.

Mohseni, O., Erickson, T.R., and Stefan, H.G., "Upper Bounds for Stream Temperatures in the Contiguous United States," *Journal of Environmental Engineering*, Vol. 128, January 2002.

National Aeronautics and Space Administration, "Probabilistic Risk Assessment Procedures Guide for NASA Managers and Practitioners," August 2002.

National Institutes of Health, "Science and Judgment in Risk Assessment: Needs and Opportunities," Environmental Health Perspectives, Vol. 102, No. 11, November 1994.

National Research Council, "Science and Judgment in Risk Assessment," National Academy Press, Washington, DC, 1994.

Pettitt, J.H.D., "Statistical Analysis of Density Tests," *Journal Highway Div.*, ASCE, Vol. HW2, November 1967.

Pruckner, F., and Gjorv, O.E., "Patch Repair and Macrocell Activity in Concrete Structures," *ACE Materials Journal*, Vol. 99, March–April 2002.

Rouillard, V., "Classification of Road Surface Profiles," *Journal Transportation Engineering*, ASCE, Vol. 126, January/February, 2000, pp. 41–45.

Thoft-Christensen, P., "Stochastic Modeling of the Diffusion Coefficient for Concrete," *Reliability and Optimization of Structural Systems*, Swets & Zeitlinger, Lisse, 2003.

Todd, D.K., and Meyer, C.F., "Hydrology and Geology of the Honolulu Aquifer," *Journal of Hydraulics Div.*, ASCE, Vol. 97, February 1971.

United Kingdom Health and Safety Executive (HSE), "Use of Risk Assessment in Government Departments," U.K. Interdepartmental Liaison Group on Risk Assessment, 2000.

U.S. Department of Energy, "Characterization of Uncertainties in Risk Assessment with Special Reference to Probabilistic Uncertainty Analysis," EH-413-068/0496, April 1996.

van Gelder, P.H.A.J.M., "Statistical Methods for the Risk-Based Design of Civil Structures," *Communications on Hydraulic and Geotechnical Engineering*, Delft University of Technology, 2000.

Viggiani, C., "Analysis and Design of Piled Foundations," *Rivista Italiana di Geotecnica*, Vol. 35, 2001.

Viner, J.G., "Recent Developments in Roadside Crush Cushions," *Journal of Transportation Engineering*, ASCE, Vol. 98, February 1972, pp. 71–87.

Winn, K., Rahardjo, H., and Peng, S.C., "Characterization of Residual Soil in Singapore," *Journal of Southeast Asian Geotechnical Society*, Vol. 32, No. 1, April 2001.

Wu, F-Q., and Wang, S-J., "Statistical Model for Structure of Jointed Rock Mass," *Geotechnique*, Vol. 52, Thomas Telford Publishers 2002.

Wynn, F.H., "Shortcut Modal Split Formula," *Highway Research Record*, National Research Council, 1969.

Zhang, L., Tang, W. H., and Ng, C.W.W., "Reliability of Axially Loaded Driven Pile Groups," *ASCE Journal of Geotechnical and Environmental Engineering*, Vol. 127(12), December 2001.

第2章

概率模型的基本概念

2.1.1 概率问题的特点

显然，基于第1章的讨论，当我们谈及概率的时候，是指一个事件相对于其他事件发生的可能性。换句话说，是因为试验结果存在（至少是隐性地存在）多种可能性，否则问题将是确定性的。因此，为了进行定量化描述，可以认为概率是完备事件集合中某个事件发生可能性的数值测度。

相应地，描述一个概率问题首先需要确定所有的可能性（即可能性空间）和感兴趣的事件。概率则与特定的可能性空间中的给定事件相联系。需要重点强调的是，概率仅在给定的可能事件空间里有意义。为了阐明概率问题的上述特征，我们考虑以下的工程问题。

[例2.1]

某承包商计划购买施工设备，包括偏远地区的新项目所需的推土机。假设根据对类似推土机的已有经验，他估计每个推土机可正常工作至少6个月的可能性是50％。若他为该新项目购买了3台推土机，则6个月后只剩下1台推土机可正常工作的概率是多少？

首先，我们注意到在第6个月底，可正常工作推土机的台数可能为0、1、2或3。所以，这组数字即构成了6个月后可正常工作的推土机台数的可能性空间。但采用该可能性空间不能解决上述问题。为此，可能性空间必须根据6个月后每台推土机的可能状态来给出，如下所示：

首先定义6个月后每台推土机的状态，可正常工作记为O，不能正常工作记为N，则三台推土机的可能状态将为：

OOO-三台推土机全部可正常工作

OON-第一台和第二台推土机可正常工作，而第三台推土机不能正常工作

ONN

NNN-三台推土机全部不能正常工作

NOO

NNO

ONO

NON

因此，可能性空间由上述 8 个可能结果构成。我们还注意到，由于推土机的状态在 6 个月后为可正常工作和不能正常工作的可能性是相同的，因此 8 种结果发生的可能性是一样的。值得一提的是，这 8 个可能的结果中只有一个是在 6 个月后实际发生的；这意味着不同的结果是互斥的（关于这一点将在 2.2.2 节中进一步阐述）。

最后，在这 8 种可能的结果中，ONN，NON 或者 NNO 是感兴趣的事件，即"只有一台推土机能够正常工作"这一结果。由于每个可能结果发生的可能性是一样的，因此该事件在上述可能空间里发生的概率为 3/8。

[例 2.2]

为了设计某公路路口向东方向一个左转车道（如图 E2.2），需要知道在任意给定时刻有 5 辆及以上车辆等待左转的概率，以确定左转车道所需的长度。

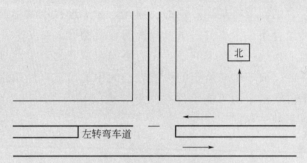

图 E2.2 左转车道设计图

为此目的，假设在一个星期中在固定时间间隔内观测（交通高峰期）往东的车辆在该十字路口等待左转弯的数量，共观测了 60 次，结果如下：

等待车辆数量	观测到的次数	相对频率
0	4	4/60
1	16	16/60
2	20	20/60
3	14	14/60
4	3	3/60
5	2	2/60
6	1	1/60
7	0	0
8	0	0

可以想象，等待左转车辆的数量在交通高峰期可以是任意整数数字；但是，根据以上监测数据，似乎在任何时刻都不太可能有 7 辆及以上车辆等待左转弯。

基于上述观测，所估计的相对频度（上表第 3 列）可近似作为特定数量的汽车等待左转弯的概率。例如，事件"5 辆及以上汽车等待左转弯"的概率近似是 2/60＋1/60＝3/60。由于有"采样误差"，基于相对频度估计的概率是近似的。当观测次数较少时，这种误差可能很大。这属于我们在第 1 章中讨论的认知不确定性。当观测次数（即样本大小）增多时，概率估计的精度也会增加，我们将在第 6 章中讨论。

[例 2.3]

图 E2.3 所示的简支梁 AB 承受的荷载为 100kg，荷载可能位于梁上任意位置。支点 A 的反力是 0 到 100kg 之间的任意值，其大小取决于加载位置。因此，0 到 100kg 之间的任意数值都是 R_A 的可能值，此即可能性空间。

假设感兴趣的事件是支座反力处于某些特定区间内：如（$10 \leqslant R_A \leqslant 20$kg）或（$R_A \geqslant 50$kg）。若 R_A 的某个给定值实现了，则意味着包含该 R_A 值的事件（定义为一个区间）发生了，这样就可以讨论 R_A 在或者不在某个指定区间的概率。例如，若假设 100kg 荷载沿梁跨任意位置布置的可能性是一样的，则 R_A 在给定区间的概率与区间长度成正比。如

$$P(10 \leqslant R_A \leqslant 20) = 10/100 = 0.10 \text{ 和 } P(R_A \geqslant 60) = 40/100 = 0.40.$$

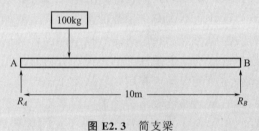

图 E2.3 简支梁

[例 2.4]

考虑一栋建筑的基础承载力。根据以往的经验，基础工程师认为该建筑场地的地基承载力至少为 4000psf（磅每平方英尺）的概率为 95%。如果需要 16 个独立基础，那么所有独立基础承载力都不小于 4000psf 的概率是多少？反过来，16 个独立基础中至少有 1 个基础的承载力小于 4000psf 的概率是多少？

在此情况下，可能性空间由 $2^{16}＝65,536$ 个样本点构成。如果每个基础承载力不少于 4000psf 的概率为 0.95，且不同基础承载力是统计独立的，那么所有基础承载力均不少于 4000psf 的概率为 $(0.95)^{16}＝0.440$。

对于第二个问题，"'至少有一个'是'一个都没有'的补事件"。因此，至少有一个基础承载力小于 4000psf 的概率是 $1－0.440＝0.560$。关于事件的补和事件统计独立性的概念将分别在 2.2 和 2.3 中讨论。

从上述例子中可以看到概率问题有如下特征：

1.每个问题是在特定可能性空间（包含多个可能的结果）上定义的，每个事

件由该可能性空间中一个或多个结果构成。

2.一个事件的概率是一个给定的可能性空间中的单个结果的概率的函数，并可能由这些基本结果的概率推导出来。

我们将在 2.2 节和 2.3 节中给出相关的有用数学工具。

2.1.2　概率的估计

从上面给出的例子可以看到，在估计某个事件的概率时，有必要针对不同的可能结果赋予概率测度。这种赋予可能基于某些前提条件（如根据给定的假设进行推导），或基于观测数据或主观判断。

在例 2.1 和例 2.3 中，所有可能结果的概率是基于先验的假定。在例 2.1 中，3 台推土机的可能状态被假定为等概率的，都等于 1/8（每台推土机在 6 个月后可正常工作和不可正常工作的可能性是一样的，这与先验信息一致）。在例 2.3 中，反力 R_A 在给定区间里的概率假定与区间长度成比例（与 100kg 荷载放置在梁跨任何地方的可能性相同的假定相符）。而在例 2.2 中，等待左转弯车辆数量的概率估计是基于观测获得的相对频度，而后者来自于经验观测。在例 2.4 中，基础承载力大于 4000psf 的概率则来自于基础工程师的经验和主观判断。

应该强调的是，为了解决存在不止一个可能结果或事件的工程问题（即非确定性问题），我们应将概率作为一种必要且有效的测度。特别是，正如我们利用安全系数进行工程设计而不管安全系数的真正含义，或如我们运用牛顿第二定律而不管质量和力的本质为何，我们将避开概率测度意义的哲学问题，而仅关心概率论和统计理论在进行不确定条件下的建模和分析时的实用意义。

然而，计算得到的概率是否有用，将取决于确定概率的基础是否恰当。在此方面，我们要强调的是，进行概率估计的先验基础的有效性取决于相应假定的合理性，而经验性的相对频度的有效性则取决于观测数据的容量。当数据有限时，那么相对频度可能给出真实概率的不精确估计，或者至多只是真实概率的近似估计。

进行概率估计的第三个基础是将直观或主观假设与经验观测相结合。贝叶斯定理为此提供了合适的工具（见 2.3.5 节），其结果一般称为贝叶斯概率（见第 9 章）。

▶ 2.2　集合论基础——定义事件的工具

严格地表述一个概率问题首先需要在一个特定的可能性空间中定义感兴趣的事件。实现这一目的的基本数学工具是集合论。在本节中我们介绍集合论的基本知识，随后将在 2.3 节阐述与工程概率问题有关的实用概率论基础。

2.2.1　重要基本概念

在集合论术语中，概率问题中所有可能情况的集合即为样本空间，而每种可能情况就是一个样本点。一个事件定义为样本空间的一个子集。

　　样本空间可以是离散的或连续的。在离散情况下，样本点是离散且可数的；在连续情况下，样本空间由连续的样本点构成。

　　一个离散的样本空间可能是有限的（由有限数量的样本点组成）或无限的（也即有无限数量的可数样本点）。在例 2.1 中，三台推土机状态的可能组合就是有限离散样本空间的一个例子，每种可能组合即为一个样本点，则 8 个可能组合在一起构成了相应的样本空间。下述例子均为有限样本空间：

　　• 在竞标某建设项目时，潜在的中标公司是参与了项目投标的公司之一。在这种情况下，样本空间通常是有限的，并由所有进行项目投标的公司构成；同时，每个公司都是一个样本点。

　　• 在西雅图，一年中可观测到有降雨量的天数是有限的。可以想象，其范围是从 0 到 365d。一年中的每一天都是一个样本点，每年的天数加上 1 就构成了样本空间。

　　• 在确定奥黑尔（O'Hare）国际机场到达航班晚点超过 15 分钟的百分比时，一天 24 小时内降落在奥黑尔的航班总数是有限样本空间，而每个航班是该样本空间的一个样本点。

　　下述例子则具有可数无限样本点的离散样本空间：

　　• 一段给定长度焊缝中的缺陷数量。可能没有或只有很少的缺陷，也可能缺陷的数量非常大。可以想象，焊缝中缺陷的实际数目可能是无限的。

　　• 一年中，直到在桥上发生下一次事故时通过某收费大桥的汽车数量。事故可能发生在第一辆车过桥时，也可能全年都没有发生任何事故。

　　连续样本空间的样本点数量总是无限的。例如：

　　• 在考虑某收费大桥可能发生交通事故的位置时，每个可能的地点都是一个样本点，样本空间就是桥上可能位置的连续体。

　　• 如果某黏质土的承载力为 1.5tsf 到 4.0tsf（吨每平方英尺），那么在 1.5 到 4.0 范围内的任何数值都是一个样本点，该区间内全部值的连续体构成样本空间。

　　不论样本空间是离散还是连续的，一个事件总是适当的样本空间中的一个子集。因此，一个事件总是包含一个或多个样本点（除非它是不可能事件，即空集），实现这些样本点中的任意点都意味着相应事件的发生。我们再一次强调，当谈及概率时，我们总是指在某特定样本空间中的一个事件。

　　以下例子用更明确和量化的术语阐明上述定义和概念。

[例 2.5]

　　再来考虑如图 E2.5a 所示的简支梁 AB。

　　(a) 如果 100kg 的集中荷载只能处于梁的任意 1m 长的间隔点上，则反力 R_A 的样本空间为：

$$(0, 10, 20, 30, 40, 50, 60, 70, 80, 90, 100kg)$$

　　(b) R_A 和 R_B 的样本空间：所有满足满足 $R_A + R_B = 100$ 的反力对 R_A 和 R_B 构成了样本空间，如图 E2.5b 所示。

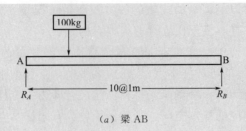

（a）梁 AB

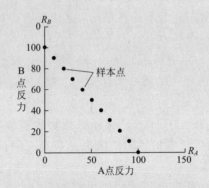

（b）R_A 和 R_B 的样本空间

（c）如果 100kg 荷载可以放在梁上的任何位置，在 R_A 的样本空间可以用 0 到 100 之间的直线来表示（图 E2.5c），而相应 R_A 和 R_B 的样本空间是如图 E2.5d 所示的斜线。在图 2.5c 中，一个事件可被定义为（$20 < R_A < 40$），而在图 2.5d 中，事件（R_A，R_B）可能在区间（20，80）和（40，60）之间。

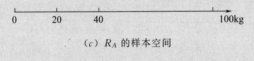

（c）R_A 的样本空间

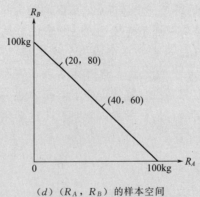

（d）（R_A，R_B）的样本空间

（d）接下来，设荷载可以为 100kg，200kg 或 300kg，加载位置可以是梁上任意位置。在这种情况下，R_A 或 R_B 的样本空间则包含所有位于 0 到 300kg 之间的数值，如图 E2.5e 中的直线所示，而（R_A，R_B）的样本空间则为如图 E2.5f 所示的三条直线。

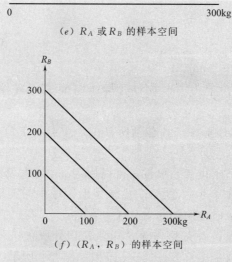

0   300kg

(e) R_A 或 R_B 的样本空间

(f) (R_A, R_B) 的样本空间

（e）最后，如果荷载可以是 100 到 300kg 之间的任何值并且可以放置在梁上任意位置，则 R_A 或 R_B 的样本空间仍然为图 E2.5e 中所示的直线，而 (R_A, R_B) 的样本空间为图 E2.5g 中所示的阴影部分。

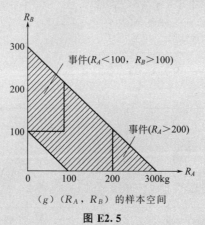

事件$(R_A<100, R_B>100)$

事件$(R_A>200)$

(g) (R_A, R_B) 的样本空间

图 E2.5

在图 E2.5g 所示的样本空间中，事件 $(R_A>200\text{kg})$ 是图中所示的三角形区域，而事件 $(R_A<100; R_B>100)$ 则为图中的梯形区域。

[例 2.6]

根据某河流的历史洪水数据，假定每年洪水水位的最大值高于平均值的范围是 1 到 5m 之间。如果年最高水位的测量是以 0.1m 增量为单位的，那么年河流最高水位的样本空间包含 51 个样本点 (1.0，1.1，1.2，…，4.8，4.9，5.0m)。若定义一个事件为每年河流最高水位超过 3.0m，则它包含 20 个样本点，即 (3.1，3.2，…，4.8，4.9，5.0m)。

另一方面，如果年最高水位可以是 1 到 5m 之间的任意值，那么年最高水位的样本空间是 1 到 5m 之间的无限值的连续体。类似地，事件"年最高水位高于 3m"是 3m 到 5m 之间数值的连续体。

特殊事件

定义以下特殊事件和相应符号：

• 不可能事件，记为 ϕ ，即没有样本点的事件。因此它是样本空间的一个空集。

• 必然事件，记为 S ，它包含样本空间中所有样本点，也即是样本空间本身。

• 事件 E 的补事件 $\overline{E}$ ，包括所有在 S 中但不在 E 中的样本点。

Venn 图

样本空间及其子集（或事件）可以用 Venn 图来表示。如图 2.1 所示，样本空间 S 由一个矩形表示，事件 E 由该矩形区域中的圆形（或任何封闭区域）表示，这个封闭区域以外的部分对应于补事件 $\overline{E}$ 。换句话说，事件 E 包含所有封闭区域内的样本点，而 $\overline{E}$ 则包含 S 中除 E 以外所有样本点。

包含两个（或更多）事件的 Venn 图如图 2.2 所示。

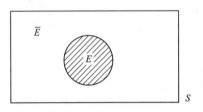

图 2.1　样本空间 S 的 Venn 图

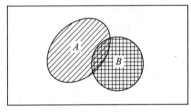
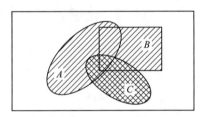

(a) 两个事件A和B的Venn图　　　　(b) 三个事件A、B和C的Venn图

图 2.2　事件 Venn 图

在许多实际问题中，感兴趣的事件可能是一些其他事件的组合。例如在例 2.1 中，感兴趣的事件可能是至少 2 台推土机在 6 个月后仍能正常工作。这个事件是 2 台或 3 台推土机能正常工作的组合。这样的事件涉及两个单独事件的并集。

事件之间只有两种方式可以进行组合，或者说一个事件只能通过两种方式从其他多个事件导出，即并和交。考虑两个事件 E_1 和 E_2 ，则 E_1 和 E_2 之并定义为 $E_1 \bigcup E_2$ ，表示 E_1 或 E_2 发生或两者同时发生。（在集合论中，"或"意味着"包含"，也就是"或/和"）。这说明 $E_1 \bigcup E_2$ 是另一个包含所有属于 E_1 或 E_2 样本点的事件。

事件 E_1 和 E_2 之并的 Venn 图为图 2.3 所示的阴影部分。因此，S 空间中阴影区域以外的区域即是补事件 $\overline{E_1 \bigcup E_2}$ ，即事件 $E_1 \bigcup E_2$ 之补。

三个或更多事件的并如图 2.2b 所示，这表明这些事件中至少有一个发生。该事件是三个单独事件 A、B 和 C 的阴影部分中的样本点构成的子集。

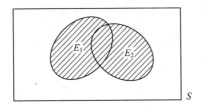

图 2.3 事件 $E_1 \cup E_2$ 的 Venn 图

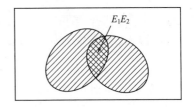

图 2.4 事件 $E_1 E_2$ 的 Venn 图

两个事件 E_1 和 E_2 之交，可表达为 $E_1 \cap E_2$ 或简单地表示为 $E_1 E_2$。它表示 E_1 和 E_2 同时发生这一事件。换句话说，$E_1 E_2$ 是同时属于 E_1 和 E_2 的样本点子集。$E_1 E_2$ 的 Venn 图为图 2.4 中所示的交叉阴影部分。

三个或以上事件之交是指全部事件同时发生，它是同时属于所有单个事件的样本点构成的子集。

事件之并的典型实例：

• 在描述建筑材料的供应状态时，如果 E_1 表示混凝土短缺、E_2 表示钢材短缺，那么并 $E_1 \cup E_2$ 即表示混凝土或钢材短缺或两者同时短缺。在此情况下，补事件 $\overline{E_1 \cup E_2}$ 意味着没有建筑材料短缺，即混凝土和钢材都供应充足。而 $\overline{E_1} \cup \overline{E_2}$ 则表示混凝土不短缺或者钢材不短缺（请注意其中的细微差异）。

• 芝加哥和纽约之间的物流方式包括航空、公路或铁路。如果这三种物流方式都可行并且分别表示为 A，H 和 R，那么芝加哥和纽约之间有可用的物流方式即为 $(A \cup H \cup R)$，也就是说货物可以通过航空、或公路或铁路进行运输。

事件之交的典型实例：

• 上面第一个例子中，事件 $E_1 E_2$ 表示混凝土和钢材都存在短缺，事件 $\overline{E_1} \overline{E_2}$ 表示两种材料都不短缺。

• 上面第二个例子中，事件 AHR 表示芝加哥和纽约之间的这三种运输方式都是畅通的，事件 $A \overline{H} \overline{R}$ 则表示只有航空运输可用。

[**例 2.7**]

假设从城市 A 到城市 B 有两条高速公路，如图 E2.7a 所示。事件 E_1 表示道路 1 是开放的，事件 E_2 表示道路 2 是开放的。则 $E_1 \cup E_2$ 表示道路 1 是开放的、或者道路 2 是开放的。换句话说，两条道路中至少有一条是开放的。

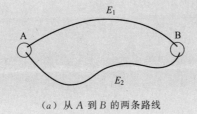

（a）从 A 到 B 的两条路线

交事件 $E_1 E_2$ 表示道路 1 和道路 2 都是开放的，而 $E_1 \overline{E_2}$ 表示道路 1 开放而道路 2 关闭，$\overline{E_1} \overline{E_2}$ 则表示可能因为暴雪导致两条道路都是关闭的。

接下来考虑三个城市 A、B 和 C，如图 E2.7b 所示，道路 1 连接 A 和 B，道路 2 连接 B 和 C。如果 $\overline{E_1}$ 和 $\overline{E_2}$ 分别表示道路 1 关闭和道路 2 关闭，那么并事件 $\overline{E_1} \bigcup \overline{E_2}$ 则表示道路 1 关闭或者道路 2 关闭，这也意味着从城市 A 到城市 C 是不可能的。

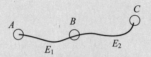

（b）从 A 到 B 的道路 1；从 B 到 C 的道路 2

最后，假设从城市 A 到城市 B 有两条可选道路，而从城市 B 到城市 C 只有唯一路径即道路 3，如图 E2.7c 所示。在此情况下，从城市 A 到城市 C 有两种可能路线，即 $E_1 E_3 \bigcup E_2 E_3$，也可以表达为事件 $(E_1 \bigcup E_2) E_3$。还可注意到，事件 $\overline{E_1} \overline{E_2} \bigcup \overline{E_3}$ 表示从城市 A 到城市 C 不可连通。

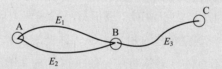

（c）从 A 到 B 的道路 1 和道路 2；从 B 到 C 的道路 3

图 E2.7

[例 2.8]

考虑例 2.5 的最后一种情况，其中，荷载范围是 100kg 至 300kg，两个反力（R_A，R_B）的样本空间如图 E2.5g 所示。设事件 A 是 $R_A >$ 100kg，事件 B 是 $R_B >$ 100kg，则事件 A 和 B 分别是图 E2.8a 和 E2.8b 中所示的子集。

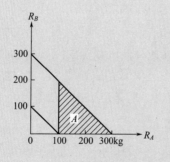

（a）事件 A 对应的子集

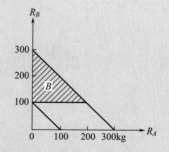

（b）事件 B 对应的子集

并事件 $A \bigcup B$ 是图 E2.8c 中所示的阴影区域，交事件 AB 则是图 E2.8d 中的阴影区域。

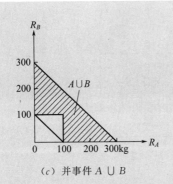
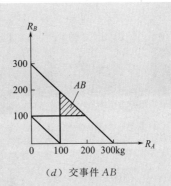

（c）并事件 $A \cup B$　　　　　　　（d）交事件 AB

图 E2.8

需要指出，在本例中，图 E2.8a 到 E2.8d 也是相应的 Venn 图。

互斥事件

两个事件中如果发生了一个事件就排除了另一事件的发生，就称为是互斥的。也就是说，这两个事件不可能同时发生。因此，样本点的相应子集，如图 2.5 所示的 Venn 图中不会有任何重叠。换句话说，这些子集是不相交的。

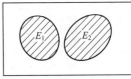

如果两个事件是互斥的，那么它们的交是一个不可能的事件，即 $E_1E_2 = \phi$。

图 2.5　互斥事件 E_1 和 E_2

以下事件自然是互斥的：

1.汽车在交叉路口右转和左转。

2.在给定的时间某河流发生洪水和出现干旱。

3.某建筑物在强烈地震作用下发生坍塌和没有发生损伤。

类似地，对于三个或更多个事件，如果一个事件的发生，就排除了所有其他事件的发生，它们即为互斥的。例如：

1.如果某个机场选址有三个可能地点，则该机场最终选址的三种选择是互斥的。

2.在例 2.1 中，六个月后仍保持可正常工作的推土机数量是互斥的。

3.在例 2.2 中，在交叉路口等待左转的车辆数量是互斥的。

但在例 2.7 中，不同道路的情况并不是互斥的，因为一条道路关闭并不一定排除另一条道路关闭。同样，在例 2.8 中，事件 A 和 B 也不是互斥的，因为如果荷载足够大，两个反力 R_A 和 R_B 可以同时超过 100kg，例如大于 200kg，同时交集 AB 不是空集。

完备事件

对于两个或多个事件，如果这些事件之并恰好构成了样本空间，则称为完备事件。例如，事件 E 和它的补集 $\overline{E}$ 即为完备事件，如图 2.1 所示。显然，$E \cup \overline{E} = S$。

[例 2.9]

两家建筑公司 a 和 b 进行项目竞标。定义事件 A 为 a 公司中标，事件 B 为 b 公司中标。画出下述样本空间中的 Venn 图：

1. 公司 a 为某项目提交了标书，公司 b 为另一个项目提交了标书。此时，Venn 图如图 E2.9a 所示。

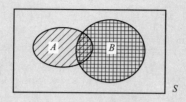

（a）A 和 B 的样本空间

在此情况下，两家公司可能各自中标自己的项目，由图中 A 和 B 的交集表示。

2. 公司 a 和公司 b 都竞标同一项目，同时还有其他公司竞标该项目。相应的 Venn 图如图 E2.9b 如示。

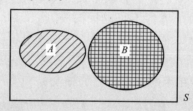

（b）互斥事件 A 和 B 的样本空间

在此情况下，公司 a 或公司 b 可能中标，也可能其他某个公司中标。如果公司 a 中标，那么其他公司、包括 b 公司都不可能中标。也就是说，A 的发生排除了 B 的发生。因此，事件 A 和 B 是互斥的，如图 E2.9b 所示，A 和 B 没有重合区域。此外，A ∪ B 之补 $\overline{A \cup B}$ 意味着其他某个公司中标。

3. 只有公司 a 和公司 b 对此项目进行竞标。此时，Venn 图如图 E2.9c 所示。

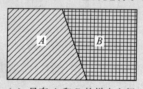

（c）只有 A 和 B 的样本空间

图 E2.9

在此特殊情况下，由于公司 a 和公司 b 是项目仅有的投标人，且只有一家公司能最后中标，因此事件 A 与 B 是互斥的，同时也是完备的，也即 A ∪ B ＝S 。因此，样本空间只包含两个集合 A 和 B，如图 E2.9c 所示。

[**例 2.10**]

为某大城市修建一个新机场有三种可能的选址，分别为地点 a、b 和 c。定义事件如下：

$$A = 机场选址为地点 a;$$
$$B = 机场选址为地点 b;$$
$$C = 机场选址为地点 c.$$

如果只有上述三个地点可用于建设机场，那么机场选址的可行范围为并 $A \cup B \cup C$。但如果选择了其中一个地点，那么另外两个地点将被排除。因此，事件 A、B 和 C 是互斥的。因此，其 Venn 图如图 E2.10 所示。

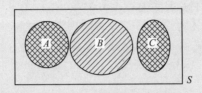

图 E2.10 事件 A，B 和 C 的样本空间

在此情况下，我们还可知：

$A \bar{B} \bar{C}$ 意味着选择地点 a 而不是地点 b 或地点 c。

$\overline{A \cup B \cup C}$ 意味着这三个地点最终都没有被选中为机场位置。

2.2.2 集合的数学运算

在 2.2.1 节中，我们注意到两个或更多集合或事件，仅可以通过两种方式组合，即取并或取交。这两个运算和求事件之补的过程，构成了集合的基本运算。我们定义集合及其运算的符号如下：

$$\cup = 事件之并$$
$$\cap = 事件之交$$
$$\supset = 包含$$
$$\subset = 属于或者被包含于$$
$$\bar{E} = E 之补$$

利用这些符号，集合的数学运算规则如下：

集合相等

当且仅当两个集合包含完全相同的样本点时，两个集合是相等的。在此基础上，可注意到

$$A \cup \phi = A$$

其中 ϕ 是空集。而且，

$$A \cap \phi = \phi$$

进而，

$$A \cup A = A$$
$$A \cap A = A$$

同时，对于样本空间 S，有

$$A \cup S = S$$
$$A \cap S = A$$

补集

对于事件 E 及其补事件，我们可以发现

$$E \cup \overline{E} = S \tag{2.1}$$
$$E \cap \overline{E} = \phi \tag{2.2}$$

且

$$\overline{\overline{E}} = E$$

即事件之补的补事件为事件本身。

交换律

并和交是可互换的。对于集合 A 和 B，有

$$A \cup B = B \cup A$$

和

$$A \cap B = B \cap A$$

结合律

并和交是可结合的。对于三个集合 A，B 和 C，有

$$(A \cup B) \cup C = A \cup (B \cup C)$$

和

$$(AB)C = A(BC)$$

分配律

集合的并和交是可分配的。对于三个集合 A，B 和 C，有

$$(A \cup B) \cap C = A \cap C \cup B \cap C \text{ 或 } AC \cup BC$$

和

$$(AB) \cup C = (A \cup C) \cap (B \cup C)$$

可以看到，上述这些集合的交换、结合和分配律类似于数的代数运算规则。尤其是并和交运算应用了代数的加法和乘法运算规则（有一定等价性）。若以并代替加、以交代替乘（即 $\cup \rightarrow +$，$\cap \rightarrow \times$），则常规代数规则可应用于集合或事件的运算。此外，与代数运算的优先级相应，集合的交运算优先于并运算，除非有括号。

值得强调，上述等价性仅在运算的层面上有意义，常规代数运算中的加和乘对集合或事件而言是没有意义的。而且，集合运算中没有与减法或除法等价的运算法则。另一方面，用于集合的运算和运算法则还包含常规代数运算中没有的规则。例如：对于集合 A，

$$A \cup A = A, \quad A \cap A = A$$

另一个例子是上述分配律的第二条，即

$$(A \cup C)(B \cup C) = AB \cup AC \cup BC \cup CC$$

但 $BC \cup CC = C$，类似地，$AC \cup C = C$。因此最终的结果是

$$(A \cup C)(B \cup C) = AB \cup C$$

然而在常规代数运算中则是

$$(a + c)(b + c) = ab + ac + bc + c^2 \neq ab + c$$

此外，另一个常规代数运算没有的集合运算法则是 de Morgan 定律，如下所述。

De Morgan 定律

该定律涉及集合及其补的关系。对于两个集合或事件，E_1 和 E_2，de Morgan 定律为

$$\overline{E_1 \bigcup E_2} = \overline{E_1} \bigcap \overline{E_2}$$

该关系式可从图 2.6 所示的 Venn 图加以验证。

图 2.6a 中非阴影的部分显然为 $\overline{E_1 \bigcup E_2}$。图 2.6b 所示的两个 Venn 图分别表示集合的补 $\overline{E_1}$ 和 $\overline{E_2}$，两者的交为图 2.6c 所示的双重阴影部分。由图 2.6a 和 2.6c，我们可以看到如下两个集合相等 $\overline{E_1 \bigcup E_2} = \overline{E_1} \bigcap \overline{E_2}$，由此验证了 de Morgan 定律。

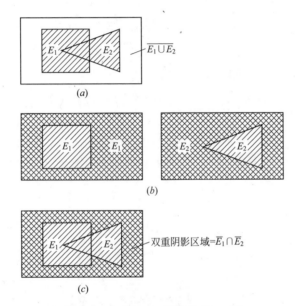

图 2.6 de Morgan 定律的 Venn 图

在更一般情况下，de Morgan 定律为

$$\overline{E_1 \bigcup E_2 \bigcup \cdots \bigcup E_n} = \overline{E_1} \bigcap \overline{E_2} \bigcap \cdots \bigcap \overline{E_n} \tag{2.3a}$$

将式（2.1a）代入 $\overline{E_1}$，$\overline{E_2}$，$\cdots$，$\overline{E_n}$ 的补，可以得到

$$\overline{\overline{E_1} \bigcup \overline{E_2} \bigcup \cdots \bigcup \overline{E_n}} = E_1 E_2 \cdots E_n$$

因此，对上述等式的两边取补，也可将 de Morgan 定律表述为

$$\overline{E_1 E_2 \cdots E_n} = \overline{E_1} \bigcup \overline{E_2} \bigcup \cdots \bigcup \overline{E_n} \tag{2.3b}$$

根据式（2.3a）和（2.3b），可以建立如下对偶关系：事件之并与交的补等于事件各自的补之交与并。

上述对偶关系示例如下：

$$\overline{A \bigcup BC} = \overline{A} \bigcap \overline{BC} = \overline{A}(\overline{B} \bigcup \overline{C})$$

$$\overline{(A \bigcup B)C} = \overline{(A \bigcup B)} \bigcup \overline{C} = \overline{A}\,\overline{B} \bigcup \overline{C}$$

$$\overline{(AB \bigcup C)(\overline{A} \bigcup \overline{C})} = \overline{AB\overline{C} \bigcup AC} = \overline{AB\overline{C}} \bigcap \overline{AC}$$

为了进一步说明 de Morgan 定律，考察下述工程实例。

[例 2.11]

考虑由两根链杆构成的简单链条，如图 E2.11 所示。显然，如果任一根链杆失效，该链条就将无法承载荷载 F。因此，如果定义

$$E_1 = 链杆 1 断裂$$
$$E_2 = 链杆 2 断裂$$

图 E2.11 双链杆链条

则

$$链条失效 = E_1 \cup E_2$$

因此，该链条不失效即为补事件 $\overline{E_1 \cup E_2}$。但链条不失效也同时意味着两根链杆都完好（没有断裂），即

$$链条不失效 = \overline{E_1} \cap \overline{E_2}$$

由此可得

$$\overline{E_1 \cup E_2} = \overline{E_1} \cap \overline{E_2}$$

这证明了 de Morgan 定律应用于工程问题的有效性。

[例 2.12]

有两个水源 A 和 B 为两个城市 C 和 D 供水，如图 E2.12 所示。水通过管道分支 1，2，3 和 4 输送。假定这两个水源中的任一个就足以为两个城市同时供水。定义：

$$E_1 = 分支 1 失效$$
$$E_2 = 分支 2 失效$$
$$E_3 = 分支 3 失效$$
$$E_4 = 分支 4 失效$$

分支管道失效意味着该分支管道有严重漏水或断裂。

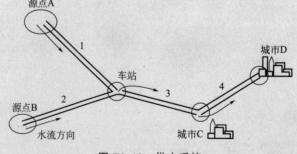

图 E2.12 供水系统

城市 C 供水短缺可以表示为 $E_1 \cap E_2 \cup E_3$，其补 $\overline{E_1 E_2 \cup E_3}$ 意味着城市 C 不会出现供水短缺。应用 de Morgan 定律可以得到

$$\overline{E_1 E_2 \bigcup E_3} = (\overline{E_1} \bigcup \overline{E_2})\overline{E_3}$$

上述等号右边的事件意味着分支 1 或分支 2 没有失效，同时分支 3 也没有失效。

类似地，城市 D 供水不足可表示为事件 $E_1 E_2 \bigcup E_3 \bigcup E_4$。因此，城市 D 不会出现供水不足即为

$$\overline{E_1 E_2 \bigcup E_3 \bigcup E_4} = (\overline{E_1} \bigcup \overline{E_2})\overline{E_3}\overline{E_4}$$

这意味着水源点供应充足，即 $(\overline{E_1} \bigcup \overline{E_2})$，并且分支 3 和分支 4 都没有失效，即 $\overline{E_3}\overline{E_4}$。

▶ 2.3　概率的数学计算

迄今为止我们所讨论的内容中，已经默认假设有一个称为概率的非负测度与特定样本空间中的每个事件相对应。我们还隐含假定了这种概率测度具有特定性质，并服从特定的运算规则。正式地说，这些特性和规则都体现为概率的数学理论。与数学的其他分支一样，概率论基于如下一些基本的假设或不需证明的公理（Feller，1957；Parzen，1960；Papoulis，1965）。

公理 1：对于样本空间 S 中的任一事件 E，存在概率：

$$P(E) \geqslant 0 \tag{2.4}$$

公理 2：必然事件 S 的概率是

$$P(S) = 1.0 \tag{2.5}$$

公理 3：对于两个互斥事件 E_1 和 E_2

$$P(E_1 \bigcup E_2) = P(E_1) + P(E_2) \tag{2.6}$$

式（2.4）到（2.6）构成了概率论的基本公理。这些是最基本的假设，因此不能违反。但这些公理和由此产生的理论必须与实际问题相一致、并对解决实际问题有用。针对后面一点，我们可以观察到以下几点：

• 一个事件的概率 $P(E)$ 是一个相对测度，是相对于同一样本空间中的其他事件而言的。为此目的，可以自然而方便地假定该测度是非负的，如式（2.4）所示。

• 因为一个事件 E 总是定义在某个特定样本空间 S 中，因此可以方便地将其概率相对于 S（必然事件）进行归一化，如式（2.5）所示。

因此，根据式（2.4）和（2.5），事件 E 的概率值在 0 到 1.0 之间，也即：

$$0 \leqslant P(E) \leqslant 1.0$$

根据式（2.6）对应的第三个公理，我们可以直观地观察到，从相对频度的角度来说，如果事件 E_1 在 n 次重复试验中发生了 n_1 次，同时另一个事件 E_2 在这 n 次试验中发生了 n_2 次。当 E_1 和 E_2 不能同时出现（它们是互斥的），则 E_1 或 E_2 在 n 次重复试验中会发生（$n_1 + n_2$）次。因此，基于相对频度，我们可以得到（n 很大时）：

$$P(E_1 \bigcup E_2) = \frac{n_1 + n_2}{n} = \frac{n_1}{n} + \frac{n_1}{n}$$
$$= P(E_1) + P(E_2)$$

应当强调的是，概率的数学理论为概率测度的运算关系提供了逻辑基础。正如所预期的，所有这样的关系或任何理论结果，都是基于式（2.4）至（2.6）所示的三个基本公理。

2.3.1　加法规则

由于事件 E 和其补 $\overline{E}$ 是互斥的，可由式（2.6）得到：
$$P(E \bigcup \overline{E}) = P(E) + P(\overline{E})$$
但因为 $E \bigcup \overline{E} = S$，根据式（2.5）可推出 $P(E \bigcup \overline{E}) = P(S) = 1.0$。因此，我们可以得到第一条有用的关系式
$$P(\overline{E}) = 1 - P(E) \tag{2.7}$$
更一般地，如果两个事件 E_1 和 E_2 不是互斥的，则加法规则为
$$P(E_1 \bigcup E_2) = P(E_1) + P(E_2) - P(E_1 E_2) \tag{2.8}$$
上述通用加法规则可由式（2.8）推导出来，如下所示。

首先，由图 2.7 可观察到 $E_1 \bigcup E_2 = E_1 \bigcup \overline{E_1} E_2$。

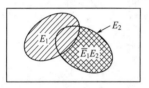

从图 2.7 还可见，E_1 和 $\overline{E_1} E_2$ 是互斥的。因此，由式（2.6）有
$$P(E_1 \bigcup \overline{E_1} E_2) = P(E_1) + P(\overline{E_1} E_2)$$
但 $\overline{E_1} E_2 \bigcup E_1 E_2 = (\overline{E_1} \bigcup E_1) E_2 = S E_2 = E_2$，同时，$E_1 E_2$ 和 $\overline{E_1} E_2$ 显然是互斥的。因此有，
$$P(\overline{E_1} E_2) = P(E_2) - P(E_1 E_2)$$

图 2.7　E_1 和 $\overline{E_1} E_2$ 的并

由此即可得到式（2.8）。

[例 2.13]

某承包商将开始两个新项目——项目 1 和项目 2。每个项目的完成进度存在不确定性。在一年结束时，每个项目的完成情况可定义如下：
$$A = 肯定能完成；$$
$$B = 完成情况不定；$$
$$C = 肯定不能完成。$$

问题如下：

1.描述两个项目完成情况的样本空间，也即根据上述定义，给出一年后项目 1 和项目 2 完成情况的所有可能组合。例如，AA 是指两个项目都将肯定在一年内完成。

相应的 Venn 图如图 E2.13 所示，所有的样本点都已包含在 S 中。如果事件 E_1 是项目 1 肯定在一年内完成，则
$$E_1 \supset (AA, AB, AC)$$

类似地，如果事件 E_2 定义为项目 2 肯定能在一年内完成，则有

$$E_2 \supset (AA，BA，CA)$$

2.假设在一年结束时，两个项目每种完成情况的可能性均相同（即每个样本点的概率是 1/9），则至少有一个项目肯定会在一年内完成的概率是多少？

在此情况下，感兴趣的事件是并 $E_1 \bigcup E_2$。首先注意到交事件 $E_1 E_2 \supset (AA)$。因此，由式（2.8）有

$$P(E_1 \bigcup E_2) = \frac{3}{9} + \frac{3}{9} - \frac{1}{9} = \frac{5}{9}$$

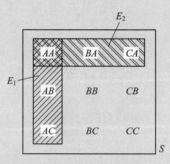

图 E2.13 E_1 和 E_2 的样本空间

从图 E2.13 也可以看到，$(E_1 \bigcup E_2) \supset (AA，AB，AC，BA，CA)$，其概率是 5/9，恰好验证了上述结果。

3.如果两个项目中只有一个在年底前肯定能完成，则该事件 E 包含以下样本点：

$$E \supset (AB，AC，BA，CA)$$

因此，其概率是 4/9。

[例 2.14]

在例 2.2 中，为了设计左转车道，对在路口等待左转车辆的数量进行了 60 次观测，观测结果如表 E2.14 所示。

等待左转车辆观测结果　　　　　　　　　　表 E2.14

等待车辆数量	观测数量	相对频率
0	4	4/60
1	16	16/60
2	20	20/60
3	14	14/60
4	3	3/60
5	2	2/60
6	1	1/60
7	0	0
8	0	0

定义：

E_1＝超过 2 辆车等待左转；

E_2＝至多 4 辆车等待左转。

在路口等待左转的车辆数量之间显然为互斥事件。因此，用表 E2.14 的相对频度来表示相应的概率，我们可以近似得到：

$$P(E_1) = \frac{14}{60} + \frac{3}{60} + \frac{2}{60} + \frac{1}{60} = \frac{20}{60}$$

$$P(E_2) = \frac{4}{60} + \frac{16}{60} + \frac{20}{60} + \frac{14}{60} + \frac{3}{60} = \frac{57}{60}$$

同时，交事件

$$E_1 E_2 \supset (3, 4)$$

相应的概率为

$$P(E_1 E_2) = \frac{14}{60} + \frac{3}{60} = \frac{17}{60}$$

根据式（2.8），有

$$P(E_1 \cup E_2) = \frac{20}{60} + \frac{57}{60} - \frac{17}{60} = \frac{60}{60} = 1.0$$

在该例中，我们可以看到并 $E_1 \cup E_2$ 包含了所有可能的等待左转车辆数量，也即整个样本空间。因此，它的概率是 1.0。

[例 2.15]

在例 2.8 中，与支座 A 和 B 的反力相关的两个事件可以定义为
$$A = (R_A > 100\text{kg})$$
$$B = (R_B > 100\text{kg})$$
它们可分别表示为图 E2.15 的样本空间中的相应子集。为简化计，可假定样本点出现的可能性相同。这意味着，该样本空间事件的概率与该事件对应的"面积"成比例。

样本空间的总面积 $= \frac{1}{2}\left[300^2 - 100^2\right] = 40000$。

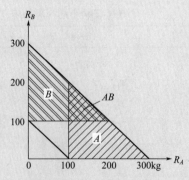

图 E2.15 事件的 Venn 图

根据图 E2.15 可以得到

$$P(A) = \frac{\frac{1}{2}(200)^2}{40,000} = \frac{1}{2}$$

类似地，$P(B) = \frac{1}{2}$，而

$$P(AB) = \frac{\frac{1}{2}(100)^2}{40,000} = \frac{1}{8}$$

因此，根据式（2.8），我们可以得到

$$P(A \bigcup B) = \frac{1}{2} + \frac{1}{2} - \frac{1}{8} = \frac{7}{8}$$

从图 E2.15 可以得到上述并事件的面积为

$$(A \bigcup B) = 40,000 - \frac{1}{2}(100)^2 = 35000$$

由此也可以得到 $P(A \bigcup B) = \frac{35000}{40000} = \frac{7}{8}$.

将加法规则式（2.8）推广到三个事件 E_1，E_2，E_3，可以得到

$$\begin{aligned}
P(E_1 \bigcup E_2 \bigcup E_3) &= P[(E_1 \bigcup E_2) \bigcup E_3] \\
&= P(E_1 \bigcup E_2) + P(E_3) - P(E_1 \bigcup E_2)E_3 \\
&= P(E_1) + P(E_2) + P(E_3) - P(E_1E_2) \\
&\quad - P(E_1E_3) - P(E_2E_3) + P(E_1E_2E_3)
\end{aligned} \tag{2.9}$$

上述加法规则的运算过程可以扩展到任意数量事件间的并。但对于 n 个事件之并的概率，采用 de Morgan 定律可能会更为便捷，如下所示：

$$\begin{aligned}
P(E_1 \bigcup E_2 \bigcup \cdots \bigcup E_n) &= 1 - P(\overline{E_1 \bigcup E_2 \bigcup \cdots \bigcup E_n}) \\
&= 1 - P(\overline{E_1}\,\overline{E_2}\cdots\overline{E_n})
\end{aligned} \tag{2.10}$$

如果 n 个事件是互斥的，将公理 3、即式（2.6）进行推广可以得到：

$$P(E_1 \bigcup E_2 \bigcup \cdots \bigcup E_n) = \sum_{i=1}^{n} P(E_i) \tag{2.6a}$$

[例 2.16]

　　大型航空公司会受到飞行员、机械师和乘务员罢工的影响，或者同时受到两个或更多劳工群体罢工的影响。采用下面的符号

$$A = 飞行员罢工$$
$$B = 机械师罢工$$
$$C = 乘务员罢工$$

试确定未来三年内大型航空公司发生罢工的可能性。假定三个劳工群体各自罢工的概率为：$P(A) = 0.03$，$P(B) = 0.05$，$P(C) = 0.05$。不同劳工组织的罢工是统计独立的（见 2.3.2 节），这意味着根据式（2.15）有：

$$P(AB) = P(A)P(B); P(AC) = P(A)P(C); P(BC) = P(B)P(C);$$
$$P(ABC) = P(A)P(B)P(C)$$

解： 在未来三年内如果三个劳工群体中的任何一个或多个举行罢工，那么该航空公司就发生了罢工。因此根据式（2.9），我们所感兴趣的 A、B 和 C 之并的发生概率为，

$$P(A \cup B \cup C) = 0.05 + 0.03 + 0.05 - (0.05 \times 0.03) - (0.05 \times 0.05)$$
$$- (0.03 \times 0.05) + (0.05 \times 0.03 \times 0.05)$$
$$= 0.1246$$

这一解答也可以根据式（2.10）更方便地推导如下：

$$P(A \cup B \cup C) = 1 - P(\overline{A}\,\overline{B}\,\overline{C})$$

注意到 $\overline{A}$、$\overline{B}$ 和 $\overline{C}$ 在是统计独立的，即 $P(\overline{A}\,\overline{B}\,\overline{C}) = P(\overline{A})P(\overline{B})P(\overline{C})$。因此，可以得到

$$P(A \cup B \cup C) = 1 - (0.05 \times 0.03 \times 0.05)$$
$$= 0.1246$$

2.3.2　条件概率

有些情况下一个事件的概率可以依赖于另一事件的发生（或不发生）。当这种依赖性存在时，相应的概率就是条件概率。为此，我们使用符号：

$P(E_1 | E_2) =$ 假定 E_2 发生时事件 E_1 发生的概率，或简单来说，给定 E_2 时 E_1 的概率

在图 2.8 所示的 Venn 图中，我们可以直观地看到以下几点。

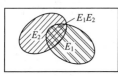

图 2.8　给定 E_2 时 E_1 的 Venn 图

条件概率 $P(E_1 | E_2)$ 可以解释为，E_1 的样本点在 E_2 中实现的可能性。换句话说，我们感兴趣的是在"重新构建的样本空间" E_2 中的事件 E_1。因此，条件概率是指 E_1 中那些相对于 E_2 的样本点，因此必须相对于 E_2 进行归一化。由此，通过适当的归一化，可以得到条件概率如下：

$$P(E_1 | E_2) = \frac{P(E_1 E_2)}{P(E_2)} \qquad (2.11)$$

可能还是要强调一下：式（2.11）所定义的条件概率，仅是一个事件的（非条件）概率的推广。当我们提到一个事件 E 的概率时，它其实隐含了是在样本空间 S 中这一条件。为了更明确，$P(E)$ 应表示为

$$P(E | S) = \frac{P(ES)}{P(S)}$$

但由于 $ES = E$，且 $P(S) = 1.0$，所以

$$P(E | S) = P(E)$$

换句话说，这可以理解为对样本空间 S 进行条件化。但是当一个事件的发生依赖于另一个事件的发生与否时，则需要明确给出重新构建的样本空间。

我们也注意到补事件的条件概率如下：

$$P(E_1 \mid E_2) + P(\overline{E_1} \mid E_2) = \frac{P(E_1 E_2)}{P(E_2)} + \frac{P(\overline{E_1} E_2)}{P(E_2)}$$

$$= \frac{1}{P(E_2)} \{ P [(E_1 \bigcup \overline{E_1}) E_2] \}$$

$$= \frac{P(E_2)}{P(E_2)} = 1.0$$

因此，

$$P(\overline{E_1} \mid E_2) = 1 - P(E_1 \mid E_2) \tag{2.12}$$

这是式（2.7）的推广。条件事件 E_2 在式（2.12）等式两边是同一个重新构建的样本空间，认识到这一点很重要。因此，在应用式（2.12）时，必须确保事件（例如 E_1）及其补事件对应的是同一个条件事件 E_2。

例如，不难看到：

$$P(E_1 \mid \overline{E_2}) \neq 1 - P(\overline{E_1} \mid E_2)$$

$$P(\overline{E_1} \mid E_2) \neq 1 - P(E_1 \mid \overline{E_2})$$

[例 2.17]

从城市 A 到城市 B 有两条公路，如图 E2.17 所示。

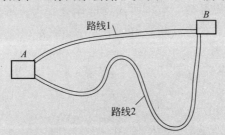

图 E2.17 由 A 到 B 的公路路线

路线 1 是在开阔平原上，而路线 2 是经过山区地形的景观道路。在严冬季节，由于大雪阻碍交通，上述一条或两条路线可能会被关闭。进行如下定义：

$$E_1 = 路线 1 开放$$
$$E_2 = 路线 2 开放$$

对这两条路线而言，与路线 1 相比、路线 2 显然在冬季更容易被关闭。此外，在严重雪灾的情况下，路线 1 的通行情况将可能取决于路线 2 是否开放。假设在严重暴风雪情况下，两条路线开放的概率分别为，

$$P(E_1) = 0.75, \quad P(E_2) = 0.50$$

且这两条路线同时开放的概率为

$$P(E_1 E_2) = 0.40$$

那么根据式（2.11），在暴风雪天气下路线 2 是开放的条件下，路线 1 也是开放的概率为：

$$P(E_1 \mid E_2) = \frac{P(E_1 E_2)}{P(E_2)} = \frac{0.40}{0.50} = 0.80$$

另一方面，如果在暴风雪天气下路线 2 关闭，那么路线 1 也关闭的概率为：

$$P(\overline{E}_1 \mid \overline{E}_2) = \frac{P(\overline{E}_1 \overline{E}_2)}{P(\overline{E}_2)}$$

其中，

$$P(\overline{E}_1 \overline{E}_2) = 1 - P(\overline{\overline{E}_1 \overline{E}_2}) = 1 - P(E_1 \bigcup E_2)$$
$$= 1 - [P(E_1) + P(E_2) - P(E_1 E_2)]$$
$$= 1 - (0.75 + 0.50 - 0.40)$$
$$= 1 - 0.85 = 0.15$$

由此可以得到

$$P(\overline{E}_1 \mid \overline{E}_2) = \frac{0.15}{0.50} = 0.30$$

同时，在路线 2 关闭的条件下，路线 1 开放的概率为：

$$P(E_1 \mid \overline{E}_2) = 1 - 0.30 = 0.70$$

[例 2.18]

假设车辆在接近某个路口时，将选择直走的可能性是右转可能性的两倍，而左转的可能性是右转可能性的一半。当一辆车接近该路口时，其可能的行驶方向定义为：

$$E_1 = 直走$$
$$E_2 = 右转$$
$$E_3 = 左转$$

上述事件的概率分别为：

$$P(E_1) = \frac{4}{7}; P(E_2) = \frac{2}{7}; P(E_3) = \frac{1}{7}$$

在路口，如果汽车肯定会转弯，那么将是右转的概率是（可以看到三种方向是相斥的），

$$P(E_2 \mid E_2 \bigcup E_3) = \frac{P[E_2(E_2 \bigcup E_3)]}{P(E_2 \bigcup E_3)} = \frac{P(E_2 \bigcup E_2 E_3)}{P(E_2 \bigcup E_3)}$$
$$= \frac{P(E_2)}{P(E_2) + P(E_3)} = \frac{2/7}{3/7} = \frac{2}{3}$$

另一方面，根据式（2.12），如果车辆在路口肯定要转弯，则不是右转的概率为：

$$P(\overline{E}_2 \mid E_2 \bigcup E_3) = 1 - P(E_2 \mid E_2 \bigcup E_3)$$
$$= 1 - \frac{2}{3} = \frac{1}{3}$$

统计独立性

如果一个事件的发生与否不会影响到另一事件发生的概率，那么这两个事件

就是统计独立的。换句话说，一个事件的发生不依赖于其他事件的发生与否。因此，如果两个事件 E_1 和 E_2 是统计独立的，则

$$P(E_1 | E_2) = P(E_1)$$

和

$$P(E_2 | E_1) = P(E_2) \tag{2.13}$$

在此需要指出事件统计独立和事件互斥的区别。这种区别极为重要，不应混淆。两个事件之间的统计独立性是指它们联合发生的概率而言，但两个事件是互斥的说明两者是不可能同时发生的，因为一个事件的发生已经排除了其他事件的发生。换句话说，如果 E_1 和 E_2 是互斥的，则 $P(E_2 | E_1) = 0$。此外，两个及以上事件统计独立性是针对联合事件的概率而言，而互斥则是针对事件的定义而言的。

2.3.3 乘法规则

根据式（2.11），联合事件 $E_1 E_2$ 的概率是

$$P(E_1 E_2) = P(E_1 | E_2) P(E_2)$$

或

$$P(E_1 E_2) = P(E_2 | E_1) P(E_1) \tag{2.14}$$

因此，由式（2.13）可知，如果 E_1 和 E_2 是统计独立的事件，上述乘法规则变为[*]：

$$P(E_1 E_2) = P(E_1) P(E_2) \tag{2.15}$$

对于三个事件，乘法规则为

$$P(E_1 E_2 E_3) = P(E_1 | E_2 E_3) P(E_2 E_3)$$
$$= P(E_1 | E_2 E_3) P(E_2 | E_3) P(E_3) \tag{2.14a}$$

如果这三个事件都是统计独立的，则

$$P(E_1 E_2 E_3) = P(E_1) P(E_2) P(E_3) \tag{2.15a}$$

可以预期，如果两个事件 E_1 和 E_2 是统计独立的，则它们的补事件也将是统计独立的，即

$$P(\overline{E_1} \overline{E_2}) = P(\overline{E_1}) P(\overline{E_2}) \tag{2.16}$$

事实上，可以根据如下两个事件的情况验证这一推断：

$$P(\overline{E_1} \overline{E_2}) = P(\overline{E_1 \cup E_2}) = 1 - P(E_1 \cup E_2)$$
$$= 1 - [P(E_1) + P(E_2) - P(E_1) P(E_2)]$$
$$= [1 - P(E_1)][1 - P(E_2)]$$
$$= P(\overline{E_1}) P(\overline{E_2})$$

需要强调的是，所有事件概率的数学运算规则、包括加法规则和乘法规则，都可以等价地应用到具有相同重构样本空间中事件的条件概率计算之中。特别地，还可得到：

$$P(E_1 \cup E_2 | A) = P(E_1 | A) + P(E_2 | A) - P(E_1 E_2 | A) \tag{2.17}$$

---

[*] 在数学上，统计独立性一般根据式（2.15）或（2.15a）定义。

$$P(E_1 E_2 | A) = P(E_1 | E_2 | A) P(E_2 | A) \tag{2.18}$$

且当给定事件 A 时，如果 E_1 和 E_2 是统计独立事件，则有

$$P(E_1 E_2 | A) = P(E_1 | A) P(E_2 | A)$$

[例 2.19]

再来看例 2.11 中有两根链杆的链条系统（如图 E2.19），其受到的荷载为 $F = 300\text{kg}$。

$F=300\text{kg} \longleftarrow \bigcirc \quad \text{链杆1} \quad \bigcirc \quad \text{链杆2} \quad \bigcirc \longrightarrow F=300\text{kg}$

图 **E2.19**　两链杆构成的链条

如果一根链杆的断裂强度小于 300kg，则该链杆将出现断裂破坏。假设任意一根链杆断裂的概率都是 0.05。显然，如果两根链杆中的一根或两根出现破坏，则该链条发生破坏。为了确定链条的失效概率，定义：

$$E_1 = \text{链杆 1 失效}$$
$$E_2 = \text{链杆 2 失效}$$

且 $P(E_1) = P(E_2) = 0.05$，则链条的失效概率为

$$\begin{aligned}
P(E_1 \bigcup E_2) &= P(E_1) + P(E_2) - P(E_1 E_2) \\
&= 0.05 + 0.05 - P(E_2 | E_1) P(E_1) \\
&= 0.10 - 0.05 P(E_2 | E_1)
\end{aligned}$$

这里需要条件概率 $P(E_2 | E_1)$。它是 E_1 和 E_2 之间相依性的函数。如果 E_1 和 E_2 之间不存在相依性，即它们是统计独立的，则 $P(E_2 | E_1) = P(E_2) = 0.05$。在此情况下，链条的失效概率是：

$$P(E_1 \bigcup E_2) = 0.10 - 0.05 \times 0.05 = 0.0975$$

反之，如果 E_1 和 E_2 之间是完全相关的，这意味着如果一根链杆断裂则另一根链杆也会断裂，则 $P(E_2 | E_1) = 1.0$。此时链条的失效概率为：

$$P(E_1 \bigcup E_2) = 0.10 - 0.05 \times 1.0 = 0.05$$

在后一种情况中，我们可以看到，链条系统的失效概率和单根链杆的失效概率相同。

由此可见，链条系统的失效概率的范围是 0.05 至 0.0975 之间。

[例 2.20]

高层建筑的基础可能由于承载能力不足或沉降过大而发生破坏。令 B 和 S 分别代表基础失效的上述两种不同模式，并假设 $P(B) = 0.001$，$P(S) = 0.008$，且在沉降过大时发生承载力不足而破坏的概率是 $P(B | S) = 0.10$。则基础的失效概率为：

$$\begin{aligned}
P(B \bigcup S) &= P(B) + P(S) - P(BS) \\
&= P(B) + P(S) - P(B | S) P(S) \\
&= 0.001 + 0.008 - (0.1)(0.008) \\
&= 0.0082
\end{aligned}$$

但该建筑仅仅是沉降过大而并未出现承载力不足时的破坏概率为：

$$P(S \cap \overline{B}) = P(\overline{B}|S)P(S)$$
$$= [1 - P(B|S)]P(S)$$
$$= (1.0 - 0.1)(0.008) = 0.0072$$

在该问题中，可以看到条件概率 $P(B|S)$ 不会超过 1/8，因为

$$P(B|S)P(S) = P(S|B)P(B)$$

$$P(B|S) = \frac{0.001}{0.008}P(S|B) = \frac{1}{8}P(S|B)$$

由于 $P(S|B) \leqslant 1.0$，因此 $P(B|S)$ 的最大值不超过 1/8。

[例 2.21]

两条河流 a 和 b 流经一个允许排放污水到河里的造纸厂附近。其水中的溶解氧（DO）浓度是衡量河流受到工厂排放污水导致污染程度的指标。令

$A =$ 河流 a 被污染到不能接受的程度

$B =$ 河流 b 被污染到不能接受的程度

根据两条河流在过去一年中各自检测的 DO 浓度记录，它们在某一天发生不可接受程度污染的概率为：

$$P(A) = 20\% , P(B) = 33\%$$

同时，这两条河流在同一天同时发生不可接受程度污染的概率是 0.10，即

$$P(AB) = 10\%$$

那么在某一天至少有一条河流发生不可接受程度污染的概率为：

$$P(A \cup B) = 0.20 + 0.33 - 0.10 = 0.43$$

如果河流 a 经检测发生不可接受程度污染，那么河流 b 也发生不可接受程度污染的概率为：

$$P(B|A) = \frac{P(AB)}{P(A)} = \frac{0.10}{0.20} = 0.50$$

假定河流 b 已检测出发生了不可接受程度污染，那么河流 a 也发生不可接受程度污染的概率为

$$P(A|B) = \frac{P(AB)}{P(B)} = \frac{0.10}{0.33} = 0.30$$

一个相关的问题是：在任何一天，两条河流中只有一条发生不可接受程度污染的概率是多少？

解： 这意味着两条河流中只有一条被污染，而另一条没有被污染。因此，其概率为：

$$P(A\overline{B} \cup \overline{A}B) = P(\overline{B}|A)P(A) + P(\overline{A}|B)P(B)$$
$$= 0.50 \times 0.20 + 0.70 \times 0.33 = 0.33$$

[例 2.22]

　　某城市的电力由 a 和 b 两个发电厂提供。每个电厂都有足够的能力提供整个城市的日常电力需求。但在每天高峰时段都需要两个电厂提供电力，否则在该市的某些地方会出现电力供应不足。定义以下事件：

$$A = 电厂\ a\ 失效$$
$$B = 电厂\ b\ 失效$$

并假定

$$P(A) = 0.05$$
$$P(B) = 0.07$$
$$P(AB) = 0.01$$

　　如果在某一天，这两家电厂中的一家出现故障，那么另一家在同一天也出现故障的概率是多少？

　　解：第二家电厂的失效概率将取决于首先发生故障的是哪一家电厂。例如，如果电厂 a 先出现故障，则：

$$P(B \mid A) = \frac{P(AB)}{P(A)} = \frac{0.01}{0.05} = 0.20$$

而如果电厂 b 先出现故障，则

$$P(A \mid B) = \frac{P(AB)}{P(B)} = \frac{0.01}{0.07} = 0.14$$

　　相关的问题及解答：在给定的某一天中该城市出现供电不足的概率是多少？当一个或两个电厂出现故障时，该城市将发生供电不足。因此，概率为：

$$P(A \cup B) = P(A) + P(B) - P(AB) = 0.05 + 0.07 - 0.01$$
$$= 0.11$$

如果在高峰时段，该城市出现电力不足仅是由于电厂 a 出现故障导致的概率为：

$$P(A\bar{B} \mid A \cup B) = \frac{P[A\bar{B}(A \cup B)]}{P(A \cup B)} = \frac{P(A\bar{B}A \cup A\bar{B}B)}{P(A \cup B)} = \frac{P(A\bar{B})}{P(A \cup B)}$$

$$= \frac{P(\bar{B} \mid A)P(A)}{P(A \cup B)} = \frac{(1 - 0.20)0.05}{0.11} = 0.36$$

同样，仅是由于电厂 b 出现故障导致供电不足的概率为：

$$P(B\bar{A} \mid A \cup B) = \frac{P(\bar{A}B)}{P(A \cup B)} = \frac{P(\bar{A} \mid B)P(B)}{P(A \cup B)}$$

$$= \frac{(1 - 0.14)0.07}{0.11} = 0.54$$

而由于两家电厂同时出现故障而导致供电不足的概率为：

$$P(AB \mid A \cup B) = \frac{P[AB(A \cup B)]}{P(A \cup B)} = \frac{P(ABA \cup ABB)}{P(A \cup B)} = \frac{P(AB)}{P(A \cup B)}$$

$$= \frac{0.01}{0.11} = 0.09$$

[例 2.23]

假设一条新建公路路面在通过公路管理局验收之前，需要采用超声波测试仪每隔 0.1km 检测其路面厚度是否达到 25cm，如图 E2.23 所示。如果测得的厚度至少为 23cm，则该 0.1km 路段是可接受的；否则，该路段将被判为不合格或要进行罚款。

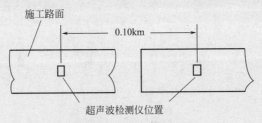

施工路面

0.10km

超声波检测仪位置

图 E2.23 施工路面检测

根据过去的经验，在由同一承包商完成的公路修建工程中，有 90% 是符合规范的。该超声波测试仪给出的厚度只有 80% 是可靠的，即基于上述超声测试的结论有 20% 可能是错误的。给出如下符号：

$$G = 路面厚度至少为 23cm$$
$$A = 超声检测厚度 \geqslant 23cm$$

"超声检测结果有 80% 可靠度" 意味着

$$P(G \mid A) = 0.80$$

同时

$$P(\overline{G} \mid \overline{A}) = 0.80$$

也可以解释为这意味着超声波读数存在 20% 可能的错误，即

$$P(\overline{G} \mid A) = P(G \mid \overline{A}) = 0.20$$

根据承包商以往的施工记录，可以假定 90% 由其施工的路面超声波检测都能达标。因而，$P(A) = 0.90$。

因此，该公路上某指定的 0.1km 路段的路面施工质量良好并且能被公路管理局验收通过的概率为：

$$P(GA) = P(G \mid A) P(A)$$
$$= (0.80)(0.90) = 0.72$$

下面是些更具现实意义的问题：

1.路面施工质量良好且能通过超声波检测而被公路管理局验收通过的概率是多少？

2.反之，路段施工质量不好且没有通过验收的概率是多少？

解：施工质量良好的路段能够通过验收的概率为：

$$P(A \mid G) = \frac{P(G \mid A) P(A)}{P(G)}$$

由于 $G = G(A \cup \overline{A}) = GA \cup G\overline{A}$，其中 GA 和 $G\overline{A}$ 是互斥的，有

$$P(G) = P(GA) + P(G\overline{A}) = P(G \mid A) P(A) + P(G \mid \overline{A}) P(\overline{A})$$
$$= 0.80 \times 0.90 + 0.20 \times 0.10 = 0.74$$

由此

$$P(A \mid G) = \frac{0.80 \times 0.90}{0.74} = 0.97$$

反过来，路段施工质量差且不能通过验收的概率为：

$$P(\overline{A} \mid \overline{G}) = \frac{P(\overline{G} \mid \overline{A}) P(\overline{A})}{P(\overline{G})}$$

$$= \frac{0.80 \times 0.10}{1 - 0.74} = 0.31$$

2.3.4 全概率定理

有时不能直接得到一个事件（如 A）的概率。该事件的发生取决于其他事件、如 E_i，$i = 1, 2, \cdots, n$ 是否发生，A 的概率将取决于 E_i 中发生了哪个事件。在这样的情况下，A 的概率包含条件概率（在各个 E_i 的条件下），相应的权重为各个 E_i 的概率。解决这样的问题需要全概率定理。

在正式给出数学定理之前，我们考察下面的例子以说明该定理的本质。

[**例 2.24**]

某河流在春季是否会发生洪水，取决于此前冬季在山上的积雪量。积雪量可以分为严重、一般和轻微。显然，如果山上积雪量为严重，那么春天发生洪水的概率就高；而如果积雪量为轻微，则该概率就会很低。当然洪水也可能是由于春季降雨造成的。定义下面的事件：

$$F = 河流发生洪灾$$
$$H = 严重积雪$$
$$N = 一般积雪$$
$$L = 轻微（包括没有）积雪$$

同时假定

$$P(F \mid H) = 0.90; P(F \mid N) = 0.40; P(F \mid L) = 0.10$$

而在给定的冬季中有

$$P(H) = 0.20; P(N) = 0.50; P(L) = 0.30$$

那么在接下来的春季，河流发生洪水的概率为：

$$P(F) = P(F \mid H) P(H) + P(F \mid N) P(N) + P(F \mid L) P(L)$$
$$= 0.90 \times 0.20 + 0.40 \times 0.50 + 0.10 \times 0.30$$
$$= 0.41$$

根据例 2.24，我们可以看到：

1. 上一个冬季积雪程度分为严重、一般和轻微，这些事件是互斥的。

2. 三种积雪程度、即 H，N 和 L 发生概率之和为 1.0。

因此，三个事件 H，N 和 L 是互斥且完备的。

正式地说，考虑 n 个事件是互斥且完备的，并记为 E_1，E_2，$\cdots$，E_n ，即

$E_1 \bigcup E_2 \bigcup \cdots \bigcup E_n = S$。那么，如果 A 是同一个样本空间 S 中的一个事件，如图 2.9 所示，可导出如下全概率定理：

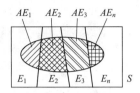

图 2.9 样本空间 S 中 A 与 E_1，E_2，$\cdots$，E_n 的交

$$A = AS = A(E_1 \bigcup E_2 \bigcup \cdots \bigcup E_n)$$
$$= AE_1 \bigcup AE_2 \bigcup \cdots \bigcup AE_n$$

其中，AE_1，AE_2，$\cdots$，AE_n 也都是互斥的，如图 2.9 的 Venn 图所示。因此，有

$$P(A) = P(AE_1) + P(AE_2) + \cdots + P(AE_n)$$

根据式（2.14）给出的乘法规则，可得到全概率定理

$$P(A) = P(A|E_1)P(E_1) + P(A|E_2)P(E_2) + \cdots + P(A|E_n)P(E_n)$$

$$(2.19)$$

再次强调指出，应用上述全概率定理时，需要注意到条件事件 E_1，E_2，$\cdots E_n$ 必须是互斥且完备的，这一点至关重要。

[例 2.25]

墨西哥湾和美国的东部海域每年都会发生飓风，大多是发生在夏季和秋季。风速不小于 75mph（每小时 75 英里，120km/小时）时被定义为飓风，飓风可分为从 C1 到 C5 五个类别。显然，随着级别增加，飓风的发生频度是减少的。例如，持续风速达到大于等于 150mph（240km/hr）的 C5 类飓风事实上很少发生。

首先注意到 C1、C2、C3、C4、C5 这五类飓风是互斥的，因为可以合理地假定任何两个类别都不会同时发生。因此，这五类飓风加上非飓风类的风（用 C0 表示）就构成了完备事件集合。

假设每年至多只有一次飓风袭击沿墨西哥湾的美国路易斯安那州南部海岸的某给定地区。不同类别飓风的年发生概率为：

$$P(C1) = 0.35; P(C2) = 0.25; P(C3) = 0.14; P(C4) = 0.05; P(C5) = 0.01$$

在该区域，某建筑是否发生结构破坏，取决于该建筑可能遭受的飓风类别。假设该建筑发生破坏的条件概率为：

$$P(D|C1) = 0.05; P(D|C2) = 0.10; P(D|C3) = 0.25; P(D|C4) = 0.60;$$
$$P(D|C5) = 1.00 ; P(D|C0) = 0$$

那么该建筑遭受风灾破坏的年概率为：

$$P(D) = P(D|C1)P(C1) + P(D|C2)P(C2) + P(D|C3)P(C3)$$
$$+ P(D|C4)P(C4) + P(D|C5)P(C5)$$

$$=0.05 \times 0.35 + 0.10 \times 0.25 + 0.25 \times 0.14 + 0.60$$
$$\times 0.05 + 1.00 \times 0.01 = 0.1175$$

所以，该建筑遭受飓风破坏的年概率大约为 12%。由上述计算可见，对年破坏概率的主要贡献来自于 3 类飓风和 4 类飓风，$P(D|C3)P(C3)=0.035$；$P(D|C4)P(C4)=0.03$。同时，还可以看到，即使 5 类飓风必然会损坏建筑物，即 $P(D|C5)=1.00$，但此类飓风非常罕见，年出现概率 $P(C5)=0.01$，这意味着平均每 100 年才会发生一次。

[例 2.26]

图 E2.26 显示向东的两条公路 I_1 和 I_2 会合并到另一条公路 I_3 上去。

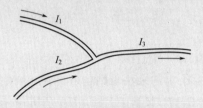

图 E2.26　东部州际公路

虽然公路 I_1 和 I_2 具有相同的通行能力，但是在高峰时段，I_2 的交通流量大约是 I_1 的两倍。因此，在高峰时段两条路出现交通拥堵（分别记为 E_1 和 E_2）的概率如下：

$$P(E_1)=0.10; P(E_2)=0.20$$

此外，当一条公路出现交通拥堵时，另外一条公路出现拥堵的概率会增加。假定这些条件概率为：

$P(E_1|E_2)=0.40$，同时，根据贝叶斯定理，我们必然有 $P(E_2|E_1)=0.80$。

我们希望确定第三条道路 I_3 交通拥堵的概率 $P(E_3)$。

1. 首先，假设 I_3 的通行能力与 I_1 或 I_2 相同。当 I_1 和 I_2 都还没有达到各自饱和交通量时，I_3 出现饱和交通量的概率为 20%，即 $P(E_3|\overline{E_1}\,\overline{E_2})=0.20$。

可以估计到，待求的概率将取决于 I_1 和 I_2 的交通状况，可能是 E_1E_2，$E_1\overline{E_2}$，$\overline{E_1}E_2$ 或 $\overline{E_1}\,\overline{E_2}$。注意到这四个联合事件间是互斥和完备的，其概率分别为：

$$P(E_1E_2)=P(E_1|E_2)P(E_2)=0.40 \times 0.20 = 0.080$$
$$P(E_1\overline{E_2})=P(\overline{E_2}|E_1)P(E_1)=(1-0.80)0.10=0.020$$
$$P(\overline{E_1}E_2)=P(\overline{E_1}|E_2)P(E_2)=(1-0.40)0.20=0.120$$
$$P(\overline{E_1}\,\overline{E_2})=1-0.08-0.02-0.12=0.780$$

显然，当 I_1 或 I_2 都出现饱和交通量时，I_3 必然是拥堵的。故可得到 I_3 交通拥堵的概率为：

$$P(E_3) = P(E_3|E_1E_2)P(E_1E_2) + P(E_3|E_1\overline{E_2})P(E_1\overline{E_2}) + P(E_3|\overline{E_1}E_2)P(\overline{E_1}E_2)$$
$$+ P(E_3|\overline{E_1}\,\overline{E_2})P(\overline{E_1}\,\overline{E_2})$$
$$= 1.00 \times 0.08 + 1.00 \times 0.02 + 1.00 \times 0.12 + 0.20 \times 0.78$$
$$= 0.08 + 0.02 + 0.12 + 0.156$$
$$= 0.376$$

2. 接下来，假定 I_3 交通容量是 I_1 或 I_2 的两倍。在此情况下，如果 I_1 和 I_2 中只有一条出现饱和交通量时，I_3 发生拥堵的概率为 25%，也即 $P(E_3|E_1\overline{E_2}) = P(E_3|\overline{E_1}E_2) = 0.25$。而如果这两条道路都出现饱和交通量时，则 I_3 发生拥堵的概率是 95%，即 $P(E_3|E_1E_2) = 0.95$

在此情况下，I_3 发生交通拥堵的概率为，

$$P(E_3) = 0.95 \times 0.08 + 0.25 \times 0.02 + 0.25 \times 0.12 + 0 \times 0.78$$
$$= 0.111$$

在以下例子中，我们将应用全概率定理来解决双重条件事件下的问题。

[例 2.27]

伊利诺伊州香槟（Champaign）市的厄巴纳（Urbana）镇位于美国中西部平原地区，该地区的风暴最大风速可能超过 60 英里每小时（96kph）。这些风暴有时甚至导致更高风速的龙卷风。

假设我们希望对该镇的居民住宅进行年破坏概率的评估。基于历史数据，可以得到以下信息：

香槟市每隔一年都会发生一次风暴。伴随该风暴发生同时出现龙卷风的概率是 0.25。发生在香槟市的龙卷风袭击厄巴纳镇的概率则为 0.15。

根据工程分析计算，还可以知道：

厄巴纳镇在风暴中（没有龙卷风）房屋遭受到严重破坏的概率为 0.05；但当龙卷风袭击香槟市而没有袭击厄巴纳镇时，厄巴纳镇发生房屋严重损坏的概率为 0.10；如果龙卷风袭击厄巴纳镇，则必然有至少一栋以上的房屋遭受严重破坏。

根据上述信息，给出如下事件的定义：

F = 厄巴纳镇发生严重房屋破坏

S = 香槟市发生风暴

T = 香槟市在发生风暴时出现龙卷风

H = 龙卷风袭击厄巴纳镇

因此

$$P(S) = 0.50; P(T|S) = 0.25; P(H|ST) = 0.15$$

Venn 图如图 E2.27 所示。

在此情况下，以下事件是互斥和完备的

$$STH,\ ST\overline{H},\ S\overline{T},\ \overline{S}\,\overline{T},\ \text{而}\ \overline{S}T = \phi\ \text{为空集}$$

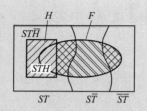

图 E2.27 S，T，H 和 F 的 Venn 图

相应的概率为：

$$P(STH) = P(H \mid ST)P(ST) = P(H \mid ST)P(T \mid S)P(S)$$
$$= 0.15 \times 0.25 \times 0.50 = 0.01875$$
$$P(ST\overline{H}) = P(\overline{H} \mid ST)P(ST) = P(\overline{H} \mid ST)P(T \mid S)P(S)$$
$$= 0.85 \times 0.25 \times 0.50 = 0.10625$$
$$P(S\overline{T}) = P(\overline{T} \mid S)P(S) = (1 - 0.25)(0.50) = 0.3750$$
$$P(\overline{S}\,\overline{T}) = 1 - 0.01875 - 0.10625 - 0.3750 = 0.5000$$

根据上述不同条件，房屋破坏概率为

$$P(F \mid S\overline{T}) = 0.05; P(F \mid STH) = 1.00; P(F \mid ST\overline{H}) = 0.10$$

因此，每年厄巴纳镇因为风暴造成房屋破坏的概率是

$$P(F) = P(F \mid STH)P(STH) + P(F \mid ST\overline{H})P(ST\overline{H})$$
$$+ P(F \mid S\overline{T})P(S\overline{T}) + P(F \mid \overline{S}\,\overline{T})P(\overline{S}\,\overline{T})$$
$$= 1.00 \times 0.01875 + 0.10 \times 0.10625 + 0.05 \times 0.3750 + 0 \times 0.500$$
$$= 0.048$$

[例 2.28]

某座塔可能遭受高烈度地震（事件 H）或长持时（事件 L）的地震作用。据估计，如果地震作用持时较长，其烈度也很高的概率为 0.7。另外，当烈度很高时，持时不长的概率为 20%。发生持时较长地震作用的概率是 0.3。

经结构设计师分析，当该塔遭受持时短但烈度高的地震时，其破坏概率为 0.05。但如果遭受持时长而烈度低的地震，其破坏概率将加倍。此外，他还肯定，如果遭受持时长且烈度高的地震，该塔必然会破坏；如果遭受持时短且烈度低的地震，该塔将是完好的。

感兴趣的问题是：

（a）事件 H 和 L 是互斥的吗？

（b）事件 H 和 L 是统计独立的吗？

（c）事件 H 和 L 是完备的吗？

并计算该塔在遭受地震时的破坏概率。

解：根据上述描述，可以得出以下概率：$P(H \mid L) = 0.7 \Rightarrow P(\overline{H} \mid L) = 0.3$；$P(\overline{L} \mid H) = 0.2$ 和 $P(L \mid H) = 0.8$。进而，$P(L) = 0.3$ 且 $P(\overline{L}) = 0.7$，

注意 $P(H)$ 未知，但可由下式给出：

$$P(H)=P(LH)/P(L|H)$$
$$=P(H|L)P(L)/P(L|H)$$
$$=0.7\times0.3/0.8$$
$$=0.2625$$

同时，条件破坏概率为

$$P(F|\overline{HL})=0.05, P(F|\overline{H}L)=0.1, P(F|HL)=1 \text{ 和 } P(F|\overline{H}\overline{L})=0$$

(a) 由于 $P(H|L)=0.7\neq0$，即 H 可在 L 发生时发生，因此 H 和 L 不是互斥的。

(b) $P(L|H)=1-P(\overline{L}|H)=1-0.20=0.80$，但非条件概率 $P(L)=0.3\neq P(L|H)$。因此，当 H 发生时，L 则更可能发生，故 H 和 L 不是统计独立的。

(c)
$$P(H\cup L)=P(H)+P(L)-P(HL)$$
$$=P(H)+P(L)-P(L|H)P(H)$$
$$=0.2625+0.3-0.8\times0.2625$$
$$\cong0.353$$

其值小于 1.0。因此，H 和 L 也不是完备的。

(d) 令 F 表示该塔破坏。F 的概率可以根据下述四个完备事件 HL，$H\overline{L}$，$\overline{H}L$，$\overline{H}\overline{L}$ 的贡献进行求和得到。因此，应用全概率定理，有

$$P(F)=P(F|HL)P(HL)+P(F|H\overline{L})P(H\overline{L})$$
$$+P(F|\overline{H}L)P(\overline{H}L)+P(F|\overline{H}\overline{L})P(\overline{H}\overline{L})$$
$$=P(F|HL)P(H|L)P(L)+P(F|H\overline{L})P(\overline{L}|H)P(H)$$
$$+P(F|\overline{H}L)P(\overline{H}|L)P(L)+0\times P(\overline{H}\overline{L})$$
$$=1\times0.7\times0.3+0.05\times(1-0.8)\times0.2625+0.1\times0.3\times0.3$$
$$\cong0.222$$

2.3.5 贝叶斯定理

在推导全概率定理公式（2.19）时，事件 A 的概率取决于其条件事件 E_i，$i=1$，2，$\cdots$，n 的发生。另一方面，我们可能感兴趣的是导致 A 发生的某给定事件 E_i 的概率。在某种意义上这是一个"逆"概率，其结果可由贝叶斯定理给出。

对联合事件 AE_i 应用式（2.14），可以得到：

$$P(A|E_i)P(E_i)=P(E_i|A)P(A)$$

由此可得"逆"概率：

$$P(E_i|A)=\frac{P(A|E_i)P(E_i)}{P(A)} \tag{2.20}$$

这就是贝叶斯定理。在式（2.20）中，如果利用全概率定理展开 $P(A)$，则式

(2.20) 变为:

$$P(E_i \mid A) = \frac{P(A \mid E_i)P(E_i)}{\sum\limits_{j=1}^{n} P(A \mid E_j)P(E_j)} \tag{2.20a}$$

[例 2.29]

　　某钢筋混凝土建筑施工的骨料由两家公司 a 和 b 供应,由公司 a 每天供应 600 卡车,由公司 b 每天供应 400 卡车。根据以往经验,预计公司 a 的材料有 3% 不合格,而公司 b 的材料有 1% 不合格。定义下述事件:

$$A = 公司 a 供应的骨料$$
$$B = 公司 b 供应的骨料$$
$$E = 骨料不合格$$

则有

$$P(A) = \frac{600}{600 + 400} = 0.60 , \quad P(B) = \frac{400}{600 + 400} = 0.40$$

同时,

$$P(E \mid A) = 0.03 , P(E \mid B) = 0.01$$

　　因此,材料不合格的概率为

$$P(E) = P(E \mid A)P(A) + P(E \mid B)P(B)$$
$$= 0.03 \times 0.60 + 0.01 \times 0.40 = 0.022$$

　　然而,如果发现供应的材料不合格,则根据贝叶斯定理 (2.20a),它是由公司 a 供应的概率是

$$P(A \mid E) = \frac{P(E \mid A)P(A)}{P(E \mid A)P(A) + P(E \mid B)P(B)}$$
$$= \frac{0.03 \times 0.60}{0.03 \times 0.60 + 0.01 \times 0.40} = 0.82$$

可以看到, $P(E \mid A)$ 和 $P(A \mid E)$ 有明显区别。前者是由公司 a 供应的材料不合格的比例,而后者表示不合格材料是来自公司 a 的概率,这两者的区别很明显。

　　当可以得到更多数据或信息时,贝叶斯定理为修正或更新概率计算的结果提供了有价值也很有用的工具。以下例子将进一步阐明这个概念,包括如何将先验信息(可能是基于主观判断)与实验结果进行组合来更新所计算的概率。

[例 2.30]

　　为了保证某钢筋混凝土建筑施工所用混凝土材料的质量,从混凝土搅拌站送来的混凝土中随机抽取制作混凝土试块。该厂以往混凝土的纪录显示,80% 的混凝土材料是质量合格的。

　　但是,为了进一步确保运送到现场的混凝土质量,工程师要求每天抽取一个棱柱体试块(养护七天)测试其最小抗压强度。但该测试方法不完善——其

可靠性只有90%，这意味着优质的混凝土试块通过测试的概率为0.90，或者说不合格的试块通过测试的概率是0.10。定义下述事件：

$$G = 混凝土质量好$$

$$T = 混凝土试块通过了测试$$

根据上述信息，可知

$$P(G) = 0.80 ; P(T|G) = 0.90 ; P(T|\overline{G}) = 0.10$$

因此，如果一个混凝土试块通过了测试，那么运送到现场的混凝土质量合格的概率可更新如下：

$$P(G|T) = \frac{P(T|G)P(G)}{P(T|G)P(G) + P(T|\overline{G})P(\overline{G})} = \frac{0.90 \times 0.80}{0.90 \times 0.80 + 0.10 \times 0.20} = 0.973$$

因此，基于这个正面的测试结果，施工中混凝土质量合格的概率从80%提高到97.3%。

现在，假设工程师并不满足于只测试一个试块，而是需要再测试第二个试块。如果第二个试块的测试也通过了，则混凝土质量合格的概率变为

$$P(G|T_2) = \frac{P(T_2|G)P(G)}{P(T_2|G)P(G) + P(T_2|\overline{G})P(\overline{G})}$$

$$= \frac{0.90 \times 0.973}{0.90 \times 0.973 + 0.10 \times 0.027} = 0.997$$

以上概率是逐次更新的。也可以同时使用两个测试结果。此时，可引入记号

$$T_1 = 第一个试块测试合格$$

$$T_2 = 第二个试块测试合格$$

我们将得到相同的结果，其计算如下：

$$P(G|T_1T_2) = \frac{P(T_1T_2|G)P(G)}{P(T_1T_2|G)P(G) + P(T_1T_2|\overline{G})P(\overline{G})}$$

$$= \frac{0.90 \times 0.90 \times 0.80}{0.90 \times 0.90 \times 0.80 + 0.10 \times 0.10 \times 0.20} = 0.997$$

在第二种情况下，我们隐含地假定这两个试块测试是统计独立的，即

$$P(T_1T_2|G) = P(T_1|G)P(T_2|G)$$

但如果两个试块中任一个的测试结果是不合格的，则混凝土质量合格的概率将变为：

$$P(G|T_1\overline{T_2}) = \frac{P(T_1\overline{T_2}|G)P(G)}{P(T_1\overline{T_2}|G)P(G) + P(T_1\overline{T_2}|\overline{G})P(\overline{G})}$$

$$= \frac{0.90 \times 0.10 \times 0.80}{0.90 \times 0.10 \times 0.80 + 0.10 \times 0.90 \times 0.20} = 0.80$$

▶ 2.4 本章小结

本章通过一系列与工程相关的物理问题建模过程的实例，介绍了概率的数学基本

原理。

特别地，我们从中知道，在梳理和求解相关概率问题时，如下两个问题至关重要：(1) 定义可能性空间并确定该空间中的事件；(2) 计算事件的概率。集合论基础和概率论的基本理论是相关的数学基础和工具。本章以工程师和物理科学工作者易于理解和把握的形象方式介绍了上述理论。

采用集合论定义了事件及其补，通过集合与子集的运算规则考察了事件的组合，即通过两个或多个事件的并和交来形成一个新事件。类似地，基于三个基本假定（或公理），给出了给定可能性空间中不同事件概率之间的逻辑关系运算规则，主要是加法规则、乘法规则、全概率定理和贝叶斯定理。

本章介绍的概念和工具构成了在工程中正确运用概率论必不可少的基础。在随后的章节中，特别是在第 3 章和第 4 章，将基于本章建立的基本概念进一步介绍其他重要的分析工具。

▶习题

2.1 假设两个大城市 A 和 B 之间，飞机直飞时间是 6 小时或 7 小时。如果是一站经停，则飞行时间将是 9、10 或 11 小时。A 和 B 之间的直飞价格是 1200 美元，而经停一站的价格只有 550 美元。同时，在城市 B 和 C 之间，所有航班都是直飞的，飞行时间为 2 小时或 3 小时，价格是 300 美元。某乘客想要从城市 A 到城市 C 旅行，那么：

(a) 从 A 到 B 旅行时间的可能性空间或样本空间是什么？从 A 到 C 呢？

(b) 从 A 到 C 旅行成本的样本空间又是如何？

(c) 如果 $T=$ 从城市 A 到城市 C 的旅行时间，$S=$ 从城市 A 到城市 C 的旅行成本，那么（T，S）的样本空间是什么？

2.2 某桥墩（桥墩 1）的沉降估计在 2～5cm 之间。同时，附近桥墩 2 的沉降估计是 4～10cm 之间。因此，这两个相邻的桥墩之间存在不均匀沉降的可能性。

(a) 不均匀沉降的样本空间是什么？

(b) 如果在上述样本空间中，发生不均匀沉降的可能性是一样的，那么不均匀沉降为 3～5cm 之间的概率是多少？

2.3 某建筑工地的主导风向是东（$\theta=0°$）偏北（$\theta=90°$），风速 V 的数值为 0 到 ∞。

(a) 画出风速和风向的样本空间。

(b) 定义如下事件：
$$E_1=(V>35\text{km/hr})$$
$$E_2=(15\text{km/hr}<V\leqslant 45\text{km/hr})$$
$$E_3=(\theta\leqslant 30°)$$

在 (a) 的样本空间中表示出事件 E_1，E_2，E_3 和 $\overline{E_1}$；

(c) 在样本空间中表示出下列事件：
$$A=E_1\bigcap E_3；B=E_1\bigcup E_2；C=E_1\bigcap E_2\bigcap E_3$$
事件 A 和 B 是互斥的吗？事件 A 和 C 呢？

2.4 一个圆柱形水箱用于存储某小镇需要的水，如下图所示。水箱每天都会补充 6、7 或 8 英尺的水。该镇每天水的需求量或消耗量会使得水箱中的水位降低 5、6 或 7 英尺。

(a) 水箱每天流入和流出的可能组合都是什么？

(b) 如果每天开始时，水箱水位从底部算起是 7 英尺，那么水箱水位在一天结束的时候可能是多少？

(c) 假如水流入和流出水箱中各种组合的可能性都是一样的，那么在一天结束时水箱里水位至少有 9 英尺的概率是多少？

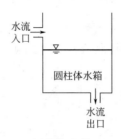

圆柱体水箱

2.5 某 20 英尺长的悬臂梁如下图所示。荷载 $W_1 = 200$ 磅，或 $W_2 = 500$ 磅，两者可能加载在中点 B 或梁端 C。因此在固端 A 处的弯矩 M_A 将取决于加载在 B 和 C 的荷载大小。

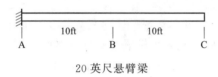

20 英尺悬臂梁

(a) 确定 M_A 的样本空间。

(b) 定义下述事件：

$$E_1 = (M_A > 5000 \text{ 英尺·磅})$$
$$E_2 = (1000 \leqslant M_A < 12000 \text{ 英尺·磅})$$
$$E_3 = (2000, 7000 \text{ 英尺·磅})$$

事件 E_1 和 E_2 是互斥的吗？请解释原因。

(c) 假定两个荷载在不同位置的概率分别为：

$$P(W_1 \text{ 在 } B) = 0.25$$
$$P(W_1 \text{ 在 } C) = 0.60$$
$$P(W_2 \text{ 在 } B) = 0.30$$
$$P(W_2 \text{ 在 } C) = 0.50$$

假设 W_1、W_2 的位置是统计独立的，那么 M_A 的每个可能值对应的发生概率分别是多少？

(d) 确定下述事件的概率：

$$E_1, E_2, E_3, E_1 \bigcap E_2, E_1 \bigcup E_2 \text{ 和 } \overline{E_2}$$

2.6 两个城市 1 和 2 由道路 A 连接，城市 2 和 3 由道路 B 连接，如下图所示。定义向东车道分别为 A_1 和 B_1，向西车道分别为 A_2 和 B_2。

假设道路 A 的两条车道中的任一条在两年内不需要大修的概率是 95%，而道路 B 对应的概率仅为 85%。

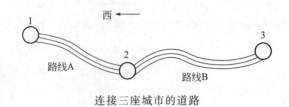

连接三座城市的道路

(a) 道路 A 在未来两年内将需要大修的概率为多少？道路 B 呢？假设，如果一条道路的一个车道需要大修，那么同一道路的另一根车道也需要大修的概率是其初始概率的 3 倍。

(b) 假设道路 A 和 B 需要大修是统计独立的，那么城市 1 和城市 3 之间的道路在两年内需要大修的概率是什么？

2.7 根据以往经验，某焊接工完成的焊接中平均有 10％的焊缝是有缺陷的。如果该焊接工每天需要做 3 个焊接，那么：

(a) 所有焊接都没有缺陷的概率是多少？

(b) 两个焊接存在缺陷的概率是多少？

(c) 每天所有焊接都有缺陷的概率是多少？

假设每个焊接相对于其他焊接都是独立的。

2.8 一个工程项目某天是否浇筑混凝土构件，取决于能否能得到相关材料。所需材料可能在施工现场生产或由搅拌混凝土供应商提供。然而，这些材料来源是不确定的。此外，现场下雨时也不能进行混凝土浇筑。定义以下事件：

$$E_1 = 不会下雨$$
$$E_2 = 可以在现场制作混凝土材料$$
$$E_3 = 可以供应搅拌混凝土$$

其概率分别是：

$$P(E_1) = 0.8; P(E_2) = 0.7; P(E_3) = 0.95 \text{ 和 } P(E_3 | \overline{E_2}) = 0.6$$

其中，E_2、E_3 统计独立于 E_1。

(a) 针对 E_1，E_2 和 E_3，定义下述事件：

(i) A = 某天可以浇筑混凝土构件；

(ii) B = 某天不可以浇筑混凝土构件。

(b) 确定事件 B 的概率。

(c) 如果某天不能在现场制作混凝土材料，但仍然可以进行混凝土构件浇筑的概率是多少？

2.9 一家建筑公司从某公司购买 3 台拖拉机。在第 5 年末，令 E_1、E_2、E_3 分别表示第 1、2、3 台拖拉机仍运行良好这一事件。

(a) 在第 5 年末，利用 E_1、E_2 和 E_3 及其补来定义下述事件：

A = 只有第 1 台拖拉机运行良好；

B = 只有一台拖拉机运行良好；

C = 至少有一台拖拉机运行良好。

(b) 以往经验表明，该公司生产的拖拉机使用年限超过 5 年（即在第 5 年末仍能运行良好）的概率为 60%。如果有一台拖拉机需要在第 5 年底更换（运行状态不佳），则另外两台拖拉机中的一台也需要更换的概率为 60%。如果两台拖拉机需要更换，则剩下一台也需要更换的概率是 80%。

给出事件 A，B 和 C 的概率。

2.10 某承包商的一个挖掘项目有两个分包商。经验表明，分包商 A 有时间做项目的概率为 60%，而分包商 B 有时间做项目的概率为 80%。此外，这两个分包商中至少有一个有时间的概率是 90%。

(a) 两个分包商都有时间去做下一个项目的概率是多少？

(b) 如果承包商了解到分包商 A 没时间完成这个项目，那么另外一家分包商有时间的概率是多少？

(c) 假设 E_A 表示分包商 A 有时间，E_B 表示分包商 B 有时间。

(i) 事件 E_A 和 E_B 是统计独立的吗？

(ii) 事件 E_A 和 E_B 是互斥的吗？

(iii) 事件 E_A 和 E_B 是完备的吗？

2.11 某地下空间被用来贮存有害废物。在接下来的 100 年中，有害物质渗漏到储存容器外的概率为 1%。两个邻近的小镇 A 和 B 依靠地下水作为水源。如果废弃物存储容器发生泄露且在存储容器和城镇之间存在连续的砂带，则小镇的水源将会被污染，因为连续砂带的存在会使污染物迁移并迅速到达目标区域。

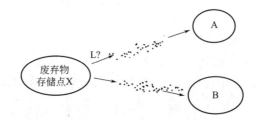

假设在 A 镇和存储容器之间存在连续砂带的概率为 2%，B 镇和存储容器之间存在连续砂带的概率稍高，为 3%。但如果存储容器 X 和 A 镇之间存在连续砂带，则 X 和 B 镇之间存在连续砂带的概率增加至 20%。假定废弃物泄漏和存在连续砂带这两个事件是相互独立的，那么在未来 100 年中：

(a) A 镇的水被污染的概率是多少？

(b) 两个镇的水至少有一个将被污染的概率是多少？

2.12 城镇 A、B 和 C 都位于如下图所示的河流沿岸，因此可能会遭受洪水。城镇 A、B 和 C 每年发生洪水的概率分别是 0.2，0.3 和 0.1。每个城镇 A、B 和 C 发生洪水这一事件并不是统计独立的。如果在某一年 C 镇发生洪水，那么这一年 B 镇也发生洪水的概率增加到 0.6。如果 B 镇和 C 镇在某一年都发生洪水，那么 A 镇在这一年也将发生洪水的概率将增加到 0.8。但是，如果 C 镇在某一年没有发生洪水，那么 A 镇和 B 镇在这一年也不会发生洪水的概率都是 0.9。在某一年，如果所有三镇都发生洪水，那么即为"灾年"。假设任意两年之间是否发生洪水是统计独立的。回答如下问题：

(a) 该地区在某一年为"灾年"的概率是多少？

(b) 若 B 镇在某一年发生洪水，则 C 镇也发生洪水的概率？

（c） 在某一年至少有一个小镇发生洪水的概率是多少？

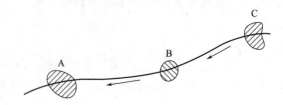

2.13 成功完成工程项目取决于原材料供应、劳动力供应以及天气情况。对于某项目，如果可以实现下列任一项，那么该项目即可顺利完成：

（a） 天气良好，且劳动力和材料至少有一项是充足的。

（b） 天气恶劣，但劳动力和材料都是充足的。

定义：

$$G = 好天气$$
$$G' = 恶劣天气$$
$$L = 有充足劳动力供应$$
$$M = 有充足材料供应$$
$$C = 顺利完成$$

假定 $P(L)=0.7$，$P(G)=0.6$，L 相对于 M 和 G 都是独立的。如果天气好，则可保证材料供应也是充足的；而如果天气不好，材料供应充足的概率只有 50%。

（a） 用 G，L 和 M 表述顺利完工这一事件。

（b） 计算顺利完工的概率。（答案：0.74）

（c） 如果项目顺利完工，那么劳动力供应不足的概率是多少？（答案：0.243）

2.14 对某省在过去 10 年铁路道口事故进行总结和分类如下：

		事故类型	
		（R）撞上火车	（S）被火车撞
发生时间	白天（D）	30	60
	晚上（N）	20	20

假设 XY 省有 1000 个铁路道口，那么：

（a） 在下一年某道口发生事故的概率是多少？（答案：0.013）

（b） 若根据报道，事故发生在白天，那么事故为"被火车撞"的概率是多少？（答案：2/3）

（c） 假设"撞上火车"事故中有 50% 会发生人员死亡，而"被火车撞"事故中有 80% 是会发生人员死亡，那么下一个事故会发生人员死亡的概率有多大？（答案：0.685）

（d） 设 D ＝事件"下一个事故发生在白天"

R ＝事件"下一个事故为撞上火车"

（i）事件 D 和 R 是互斥的吗？请说明。

（ii）事件 D 和 R 是统计独立的吗？请说明。（答案：不是）

2.15 目前正在开发有前景的替代能源，包括燃料电池技术和大规模太阳能。这两类能源在未来 15 年能研发成功并投入商业应用的概率分别是 0.70 和 0.85，它们能否研发成功是统计独立的。请给出：

(a) 在未来 15 年将有可替代能源投入使用的概率。

(b) 在未来 15 年，这两种替代能源中只有一种能投入商业应用的概率。

2.16 从某镇 10 年内雨天的记录可以发现：

(1) 有 30％的日子是雨天。

(2) 有 50％情况是一个雨天之后还是雨天。

(3) 有 20％情况是在两个连续雨天之后，第三天还是雨天。

某栋房子定于下周一开始为期三天的粉刷。

(a) 令 E_1＝星期一是雨天

E_2＝星期二是雨天

E_3＝星期三是雨天

列出对应于上述三个事件的概率。即根据（1），（2）和（3）的描述给出 E_1，E_2，E_3 的概率。

(b) 周一和周二都会下雨的概率有多大？

(c) 在粉刷期间，周三是唯一不下雨的一天的概率有多大？

(d) 在三天的粉刷期间，至少有一个雨天的概率是多少？

2.17 在办公楼 D 工作的 X 先生被选中作为大学校园停车问题研究的观察对象。假定 X 先生将根据如下图所示的顺序查看停车场 A、B 和 C 的情况，如果他发现一个空位将会很快停好车。同时假定，只有这三个停车场能提供停车位而任何路边停车都是不允许的。三个停车场中，A 和 B 是免费的而 C 是收费的。

假设根据之前的统计观测结果，每个工作日早上 A、B 和 C 有空位的概率分别是 0.20，0.15 和 0.80。但是如果 A 已满，X 先生在 B 能够找到空位的概率仅为 0.05。另外，如果 A 和 B 都是满的，那么 X 先生在 C 能够找到空位的概率只有 40％。请给出：

(a) X 先生在某个工作日早上找不到车位的概率。

(b) X 先生在工作日早上能在校园停车场停车的概率。

(c) 如果 X 先生在工作日早上能成功地将车停在校园里，那么能免费停车的概率是多少？

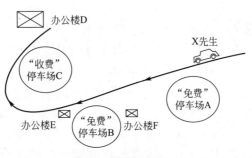

关于校园泊车研究

2.18 某建筑物发生破坏的原因可能是地基沉降过大或上部结构倒塌。在建筑物使用期间，地基沉降过大的概率估计为 0.10，而上部结构倒塌的概率为 0.05。另外，如果出现地基沉降过大，那么上部结构倒塌的可能性将增加至 0.20。

(a) 在其使用期内，该建筑发生破坏的概率是多少？

(b) 如果建筑物在其使用期内发生了破坏，两种破坏模式同时发生的概率是多少？

(c) 在其使用期内只发生一种破坏模式的概率是多少？

2.19 汽车制动系统由以下部件组成：制动总泵、车轮制动分泵和刹车片。这些组件中的任一个或多个发生故障将造成制动系统故障。如果四年时间没有保养、或行驶了50000 英里没有保养，则制动总泵、车轮制动分泵和刹车片出现故障的概率分别是 0.02、0.05 和 0.50。制动总泵和车轮制动分泵在同一周期或里程内同时出现故障的概率为 0.01。刹车片故障与制动总泵、车轮制动分泵故障之间是统计独立的。

(a) 在四年内或 50000 英里内，只有车轮制动分泵发生故障的概率是多少？

(b) 在四年内或 50000 英里内，制动系统发生故障的概率是多少？

(c) 如果刹车系统发生故障时，三个组件中只有一个发生故障的概率是多少？

2.20 令 E_1，E_2 和 E_3 分别代表事件"从这个秋天之后开始出现第一、第二和第三个严重降雪的冬季"。降雪的统计记录表明，在任何一个冬季发生严重降雪的概率是 0.10。但是，如果在上一个冬季已经发生了严重降雪，那么在接下来这个冬季发生严重降雪的概率将增加至 0.40。而如果前面的两个冬天都遭受严重降雪，那么在接下来这个冬季发生严重降雪的概率将是 0.20。

(a) 根据上述信息，确定以下概率：

$$P(E_1), P(E_2), P(E_2 \mid E_1), P(E_3 \mid E_1 E_2), P(E_3 \mid E_2)$$

(b) 在未来两个冬天中至少一个发生严重降雪的概率是多少？

(c) 在接下来的三个冬天都发生严重降雪的概率有多大？

(d) 如果上一个冬季没有经历严重降雪，那么接下来这个冬季不会出现严重降雪概率是多少？换句话说，请确定 $P(\overline{E_2} \mid \overline{E_1})$。

提示：可利用下述关系式：

$$P(\overline{E_1} \bigcup \overline{E_2}) = 1 - P(\overline{\overline{E_1} \bigcup \overline{E_2}}) = 1 - P(E_1 E_2)$$

2.21 某区域的气象记录表明，该区域有连续出现两个炎热夏季的倾向。根据该区域统计得到以下信息：(i) 任一个夏季天气炎热的概率为 0.20；(ii) 如果一个夏季天气炎热，那么在接下来的夏季也天气炎热的概率是 0.40；(iii) 任一年中的天气只取决于前一年的天气。

(a) 在该区域将出现连续三个炎热夏季的概率是多少？

(b) 如果今年夏季不热，那么明年夏季也不热的概率是多少？

(c) 在未来三年中至少有一个夏季天气炎热的概率是多少？

2.22 某大城市由三个发电厂 A、B 和 C 供电，每个电厂发电能力是 50 兆瓦。在任一星期，三个发电厂关闭（定期维护或由于过载、事故等）的概率分别为 5%、5% 和 10%。电厂 A 和 B 之间存在如下关联：如果其中一个电厂关闭，那么另一个电厂由于过载也将关闭的概率是 50%。但电厂 C 的运行相对于其他两个电厂是独立的。

(a) 在一次强烈风暴中，雷电袭击了电厂 A，修复其线路将至少需要一个星期。那么该市在遭受风暴袭击的那一周发生完全断电的概率是多少？

(b) 在任一星期，该市将发生完全断电的概率是多少？

(c) 在任一星期，该市可用电力不超过 100 兆瓦的概率是多少？

2.23 某结构遭受强烈地震而破坏的概率估计为 0.02。

(a) 该结构能抵抗三次这样强烈地震的概率是多少？

(b) 该结构在第二次地震中破坏的概率是多少？

可以假设连续地震造成的结构破坏之间是统计独立的。

2.24 某团队的 2 名工程师 A 和 B 被分配去检查一组计算。每个人的工作同时进行、但是分开且独立的。工程师 A 能找出给定错误的概率是 0.8，而工程师 B 的概率为 0.9。

(a) 假设只有一个计算错误，那么这个错误会被该团队发现的概率是多少？（答案：0.98）

(b) 如果发现了（a）中的错误，则它是由工程师 A 独自发现的概率是多少？（答案：0.082）

(c) 假设另外一个团队由三个工程师 C_1，C_2 和 C_3 组成，每个人独立找出错误的概率均为 0.75。如果目标是以最大可能性找出错误，那么应该更换为这三个工程师吗？请判断。（答案：是）

(d) 在（a）中，假设在计算中存在两个错误，那么这两个错误会被该团队两名工程师发现的概率是多少？假定查找出这两个错误在统计上是独立的。（答案：0.960）

2.25 某自立圆盘式天线是通过格构结构锚固在基础上的。在风暴中，该圆盘发生破坏的原因可能是锚固破坏也可能是格构结构破坏。假设已知下面信息：

1. 在风暴中锚固失效的概率是 0.006；

2. 如果锚固发生失效，则格构结构也发生破坏的概率是 0.40。但在格构发生破坏的情况下，锚固也发生破坏的概率是 0.30。

试给出下面问题的解答：

(a) 该天线圆盘在风暴中发生破坏的概率。

(b) 在风暴中两种可能破坏模式中只有一种发生的概率。

(c) 如果该天线圆盘在风暴中破坏了，那么该破坏仅仅是由锚固失效造成的概率是多少？

2.26 一所新医院发生严重火灾（事件 F）的概率可以认为是很低的。保险公司估计每年发生火灾的概率为 $P(F) = 0.01$。为了进一步增加安全性，该医院安装了一个非常灵敏的火灾报警系统。只要发生火灾该系统都会发出警报声（事件 A）。但由于其高灵敏度，也可能会导致误报的概率为 $P(A|\overline{F}) = 0.1$。假定一年之内发生火灾不会超过一次。

(a) 列出互斥和完备的事件集。

(b) 计算（a）中所列出的事件概率。

(c) 该报警系统在一年内被触发的概率是多少？

(d) 在发出警报的情况下确实有火灾发生的概率是多少？

2.27 人一生中患上某种疾病（事件 D）的概率是非常小的，其概率为 $P(D) = 0.001$。但如果不进行治疗，该疾病总是致命的。幸运的是，现代医学已发展了诊断测试方法 T 来检测该疾病的存在，但该测试方法并不总是正确的。如果某人患上该疾病，该测试为阳性的概率只有 85%，即 $P(T|D) = 0.85$。此外，即使某人没有感染该疾病，测试结果为阳性的概率仍有 2%，即 $P(T|\overline{D}) = 0.02$。

(a) 确定互斥和完备事件。

(b) 计算（a）中所有事件的概率。

(c) 测试结果为阳性的概率是多少？

(d) 如果一个人的测试结果是阳性的，他/她确实患上该疾病的概率是多少？

2.28 一辆汽车按照如下图所示的路线从 M 开行到 Q。该车必须经过三个十字路口，即 A、B 和 C，这些地方都安装了交通信号灯。

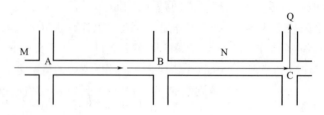

与驾驶相关的信号灯信息如下：

1. A 处是红灯或绿灯的可能性相同。

2. B 处是红灯或绿灯的可能性也相同。但如果驾驶员在 A 遇到的是绿灯，他在 B 处也遇到绿灯的概率为 0.80。

3. 驾驶员在 C 处会遇到红灯、绿灯或左转灯。在 C 处遇到左转灯的概率是 0.20. C 处信号灯与 A 和 B 处信号灯在统计上是独立的。在 C 处只有当左转信号灯亮时才能左转。

(a) 记：G_A＝A 处是绿灯；G_B＝B 处是绿灯；G_{LT}＝C 处是左转灯。定义如下事件：

1 E_1＝在 M 和 N 之间遇到红灯停下；

2 E_2＝从 M 到 Q 时在 C 处根据信号灯停下；

3 E_3＝在 M 和 N 之间遇到红灯停下 1 次。

(b) 计算在从 M 到 Q 期间，该驾驶员至少一次被交通信号灯拦住的概率。

(c) 计算在从 M 到 Q 期间，该驾驶员最多只有一次被交通信号灯拦住停车的概率。

2.29 根据某小镇冬季天气记录，该镇在任意指定的一天下雪的概率是 0.2。记录还表明，有 5% 的日子会出现低温（例如小于 0°F），而出现大风的日子为 10%。如果出现低温，则这天下雪的概率增至 30%。令 S、C 和 W 分别表示某天出现下雪、低温和大风事件。可以假设事件 W 与 S 和 C 统计独立。

(a) 出现"坏天气"（即雪、低温和大风在同一天发生）的概率是多少？（答案：0.0015）

(b) 假设施工项目如果遇到大风或者低温将无法开工，但下雪没有影响。那么项目在某天停工的概率是多少？（答案：0.145）

(c) 如果在某天不下雪，该项目无法开工的概率是多少？（答案：0.139）

(d) 出现"好天气"的概率是多少（即没有雪、大风和低温）？

(e) 假设 U 表示某天出现令人不适的寒冷天气。如果出现 C 或 W（但不是同时发生）时，U 的概率为 50%；如果 C 和 W 同时发生，U 的概率为 100%；而如果 C 和 W 都不发生，U 将不会发生。那么事件 U 在给定的某个冬日发生的概率是多少？

2.30 铅和细菌是供水系统中两种常见的污染来源。假设 4% 的供水系统被铅污染，而被细菌污染的供水系统只有 2%。假定受到铅和细菌污染的事件是统计独立的。

(a) 给出对供水系统进行随机抽样结果为被污染的概率。（答案：0.0592）

(b) 若供水系统确实被污染了，那么仅由铅污染导致的概率是多少？（答案：0.662）

2.31 下图所示的 15 英尺直径水箱建在一个混凝土基座上。当水箱中有水时，水位可能为 10 英尺或 20 英尺，两者的概率均为 0.40。水箱重量是 100000 磅，并且每一英尺高度水重为 11000 磅。抵抗水平力的摩擦力等于水箱和储水重量之和乘以摩擦系数，即：

$$F = CW$$

其中 C 为摩擦系数，W 为水箱和储水重量之和。

(a) 如果 C 为 0.10 或 0.20 的可能性相同，试确定抵抗水箱水平滑动摩擦力的样本空间。

(b) 如果在某次风暴期间，最大水平力是 15000 磅，那么该水箱在风暴期间出现（滑动）水平位移的概率是什么？C 值与总重量统计独立。

(c) 假设在风暴期间，最大水平力（可能引起滑动）可能是 15000 磅或 20000 磅，其相应出现概率分别为 60% 和 40%。在此情况下，该水箱出现滑动的概率是多少？假设最大风荷载与摩擦力统计独立。

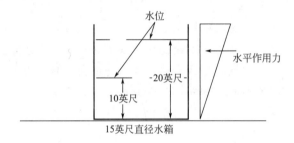

15 英尺直径水箱

2.32 某填埋系统如下图所示。一厚层黏土（一类高度不透水性材料）置于填埋场和周边土壤层之间，以防止由于雨水渗透造成填埋区的污染物渗漏到周边土层中。一层称为土工膜的合成材料放置在黏土材料上方来为避免污染物泄漏提供更多的保护。然而，施工质量可能不完全令人满意。首先，黏土可能没有很好地压实；其次，土工膜可能被验收时没有检测出来的锋利石头刺破。此外，填埋过程中可能出现极端强降水，这可能导致土工膜和黏土层中孔隙水压力过大。

在此情况下，工程师认为当发生"极端强降雨，且黏土没有得到很好的压实或土工膜存在破洞"（事件Ⅰ）时，会发生泄露。而当发生"正常降雨（即不是极端强降雨），但黏土没有完全夯实并且土工膜存在破洞"（事件Ⅱ）时，也会发生泄露。

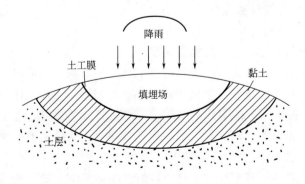

令 W＝事件"黏土完全夯实"，发生概率为 90%。

H＝事件"土工膜有破洞"，发生概率为 30％。

E＝事件"极端强降雨"，发生概率为 20％。

施工质量对未来的降雨量没有影响。但如果土工膜有破洞，则黏土完全夯实的概率降低至 60％。

(a) 根据上面定义的符号描述事件Ⅰ和事件Ⅱ。

(b) 确定事件Ⅰ的概率；确定事件Ⅱ的概率。（答案：0.056，0.096）

(c1) W 和 H 是互斥的吗？是统计独立的吗？请解释你的答案。（答案：否，否）

(c2) 事件Ⅰ和Ⅱ是互斥的吗？是完备的吗？（答案：是，否）

(c3) 确定填埋系统出现泄露的概率。（答案：0.152）

2.33 某社区关注即将到来的冬季能源供应情况。假设该社区有三种主要能源，分别是电力、天然气和石油。设 E、G 和 O 分别表示在即将来临的冬季这些能源将出现短缺。此外，据估计这些能源出现短缺的相应概率为：$P(E)=0.15$；$P(G)=0.10$ 和 $P(O)=0.20$。而且，如果出现石油短缺，那么电力也将出现短缺的概率将增加一倍。可假定天然气短缺为与石油和电力短缺统计独立。

(a) 在即将来临的冬天，三种能源都会出现短缺的概率是多少？

(b) 在即将来临的冬天，天然气和电力中至少有一种会出现短缺的概率是多少？

(c) 如果冬天出现电力短缺，那么天然气和石油也会同时出现短缺的概率是多少？

(d) 三种能源中至少有两种能源将出现短缺的概率是多少？

2.34 某空中侦察系统包括 3 个遥感部件 A、B 和 C，其中任何一个部件出现故障都将导致该系统失效。

如果在正常高度飞行，上述部件使用 10 年时发生故障的概率分别为 0.05、0.03 和 0.02。而在超高海拔作业时，相应的失效概率将是 0.07、0.08 和 0.03。该侦察系统将有 60％ 的时间是在正常高度工作，而在超高海拔工作的时间为 40％。

该系统中如果部件 A 失效，那么部件 B 失效的概率是原来失效概率的两倍。另一方面，部件 C 失效与 A 或 B 失效统计独立。

如果该侦察系统在 10 年内失效，那么是由部件 B 故障引起失效的概率是多少？

2.35 某中西部城市的任何一年冬天都可能是寒冷（C）和潮湿（W）的。平均而言，在该城市 50％ 的冬天是寒冷的，30％ 的冬天是潮湿的。此外，40％ 寒冷的冬天也是潮湿的。某年冬季不舒适（U）是指天气寒冷或者潮湿，或两种兼而有之。

(a) 事件 C 和 W 是统计独立的吗？请说明。

(b) 某一年出现不舒适的冬天的概率是多少？

(c) 某一年冬天寒冷但不潮湿的概率是多少？

(d) 如果某一年出现不舒适的冬天，那么它既寒冷又潮湿的概率是多少？

2.36 某城市上班族上班有三条可能路线 A、B 和 C。在某工作日早高峰时段，路线 A、B 和 C 出现交通拥堵（事件 H）的概率分别为 60％、60％ 和 40％。路线 A 和 B 离得比较近，因此如果一条路线拥堵，那么另一条路线也会发生拥堵的概率将增加至 85％，而路线 C 的状态则不受路线 A 和 B 交通情况的影响（即独立的）。此外，如果所有三条路线都拥堵，那么上班族将会上班迟到（事件 L）的概率是 90％，否则将是 30％。

(a) 三条路线中只有一条会在工作日早上拥堵的概率是多少？

(b) 上班族在工作日早晨上班迟到的概率是多少？

(c) 如果已知路线 A 交通拥堵，那么（b）的概率将变为多少？

2.37 地震后一个结构的损伤状态可归类为无损伤（N）、轻微损伤（L）或严重破坏（H）。对于一个新的完好结构，它在地震后遭受轻微和严重破坏的概率分别为 0.2 和 0.05。但如果一个结构已经存在轻微损坏，则下一次地震后该结构受到严重破坏的概率将增大到 0.5。

(a) 对于一个新结构，经过两次地震后出现严重破坏的概率是多少？假定第一次地震后没有进行维修。（答案：0.188）

(b) 如果一个结构经过两次地震后确实发生了严重破坏，那么该结构在第二次地震前无损或发生轻微破坏的概率是多少？（答案：0.733）

(c) 如果结构在每次地震后都修复到完好状态，那么在三次地震中，该结构曾经遭受严重破坏的概率是多少？（答案：0.143）

2.38 在一个典型的月份，某城市的水泥材料需求量可能是少（L）、平均（A）或高（H），其各自对应概率分别是 0.60、0.30 和 0.10。如果需求少（L），那么该城市的水泥供应商即可满足供货需求，但如果需求量是平均（A）或高（H），则出现供应不足的概率分别为 0.10 和 0.50。

(a) 在某给定月份水泥材料出现短缺的概率有多大？

(b) 若某月发生短缺，那么需求量是平均水平的概率是多少？

(c) 在 2 个月内至少有一个月出现水泥短缺的概率是多少？假设连续几个月水泥材料需求和供给是统计独立的。

2.39 预制墙板将要运送到项目施工现场。假设每天装运一批到现场。由于制造误差，估计每批装运墙板中有缺陷墙板数目为 0、1 或 2 的概率分别为 0.2、0.5 和 0.3。

当墙板运到后，将由现场施工监理进行检查。如果最多只有一个墙板被发现是有缺陷的，施工监理将接受整批货；否则，该批货物将被拒收。

(a) 确定在给定的某天货物被接受的概率。

(b) 在一周五个工作日内，只有一批货物被拒收的概率是多少？

(c) 然而，检查程序并不是绝对完善的，有缺陷的板被正确识别出来的概率只有 80%。假定任意两个有缺陷板的识别是统计独立的，确定货物将在某天被接受的概率。

2.40 某建设项目距离原定竣工日期只有两个月了。根据项目目前的进度，承包商估计如果在未来两个月内天气状况保持良好的话，那么该项目将可如期完成。但如果在未来两个月天气正常，则按时完成的概率为 90%。如果经常碰到坏天气，按时完成的概率将降低到 20%。针对这种情况，他有应急方案可以将完成概率提高至 80%。但由于劳动力市场存在不确定性，他只有 50% 的机会能成功启用应急方案。假定天气情况良好或正常时没有必要启用应急方案。同时假定，根据气象局预测，在未来两个月，天气条件是良好、正常和恶劣的相对可能性分别是 1∶2∶2。

(a) 该建设项目如期完成的概率是多少？

(b) 如果该项目未按计划完成，那么天气情况一直正常的概率是多少？

2.41 某国家正在研究未来十年的能源形势。假设该国家以石油和天然气为主要能源。该国能源专家估计在未来十年，天然气供应水平较低的概率是 40%，而石油供应水平较低的概率是 20%。但如果石油供应量较低，则天然气供应也较低的概率提高到 50%。

对未来十年的能源需求也进行了分析。专家估计在未来十年能源需求量为低、正常和高的概率分别是 0.3、0.6 和 0.1。根据未来十年能源需求和石油、天然气供应，可能发生"能源危机"的情况，如下表所示：

能源需求	石油和天然气供应	出现能源危机
低	都低	是
正常	至少一个低	是
高	无论何种供应状态	是

(a) 如果在未来十年内能源需求正常，出现"能源危机"的概率有多大？

(b) 未来十年出现"能源危机"的概率有多大？

2.42 墨西哥湾沿岸地区在一年中遭受一次或两次飓风袭击的概率分别为 20% 和 5%。一年中发生两个以上飓风的概率是可忽略的。该地区的一个石油平台包括两个子结构：桁架和甲板。如果在一年中飓风只发生一次，这两个子结构都不会受到任何破坏的年概率为 99%。如果发生了两次飓风，该概率下降到 80%。

(a) 如果该区域某一年遭受一次飓风，该塔（即至少一个子结构）发生破坏的概率是多少？假定两个子结构破坏是统计独立的。如果在某一年发生两次飓风，这个概率又是多少？

(b) 该塔将在下一年内遭受飓风破坏的概率是多少？

(c) 如果该塔在今年年底前都没有发现破坏，那么当年没有发生飓风的概率是多少？

2.43 某桥梁被选来进行结构检测与测试。该桥梁上通行的车辆主要是普通五轴半挂重型卡车。为简单起见，重型车辆被分类为空（E）、半满（H）或满载（F）。在任意时刻桥上只有一辆卡车，但它可以在两条车道 A 和 B 中的任意一条上。卡车在车道 A 上的可能性比在车道 B 上的可能性大 5 倍。卡车经过桥梁的哪条车道与其负载量独立。

我们关心车道 A 下方大梁上的应力。如果一辆满载卡车 F 通过车道 A，将必然产生临界疲劳应力。而如果同一卡车通过车道 B，则该大梁出现临界疲劳应力的可能性将减少到 60%。对于半载货车 H，它通过车道 A 时该大梁产生临界应力的可能性是 40%，而通过车道 B 时该大梁出现临界应力的概率只有 10%。对于该大梁而言，不存在其他导致临界疲劳应力的荷载。

(a) 确定与大梁疲劳应力相关的桥梁荷载的样本空间，即车辆负荷和车道位置的组合情况。

(b) 如果车辆在车道 B，那么该车辆是满载（事件 F）的概率是多少？

(c) 大梁中产生临界疲劳应力的概率是多少？

(d) 如果出现了临界应力，那么车辆是在车道 A 上行驶的概率是多少？

2.44 钢筋混凝土（RC）梁存在两种可能破坏模式，即无预警的剪切破坏和伴随着很大变形的弯曲破坏。经验表明 RC 梁的破坏有 5% 是剪切破坏，其余都是弯曲破坏。试验研究表明，80% 的剪切破坏在破坏前，梁的端部会出现斜裂缝，而只有 10% 的弯曲破坏前会出现斜裂缝。

(a) 一根钢筋混凝土梁在破坏前出现斜裂缝的概率有多大？

(b) 一次强烈地震后，工程师对某幢钢筋混凝土建筑进行了检查，发现一根梁端部出现裂纹。如果业主的要求是仅当剪切破坏可能出现或失效概率超过 75% 时需要立即修复，他应该建议立即修复吗？

2.45 在两条单行道的交叉口安装了交通信号灯。假设看到黄灯时，有 85% 车辆将减速，10% 将加速，而 5% "犹豫"并继续以相同速度行驶。加速车辆中有 5% 最终闯红灯，而"犹豫"司机中仅有 2% 将闯红灯。所有减速的车辆都能够在红灯前停下来。

(a) 车辆在该路口遇到黄灯时，该车辆将闯红灯的概率是多少？

(b) 如果某车辆闯了红灯，该车辆此前选择了加速的概率是多少？

(c) 对由闯红灯车辆（称为问题车辆）造成事故的可能性研究如下。假设有 60% 的时间另一条街道的车辆在绿灯周期开始时在等候并准备穿越十字路口。大多数司机、比如说 80%、在进入路口前是很小心的，其余的则不是。当路口有问题车辆时，绿灯方向小心的驾驶员有 95% 的概率能够避免撞上上述问题车辆，而粗心的驾驶员中有 20% 的概率将与问题车辆发生碰撞。那么由于问题车辆导致事故的概率是多少？

(d) 假设一条单行道的年车流量为 10 万辆，其中 5% 的车辆会遇到黄灯。试估计每年在该路口由于车辆闯红灯导致发生的事故数量。

2.46 某大型建筑公司在全国不同地区有三个分公司 A、B 和 C。在任何一年，这些分公司盈利的概率分别是 70%、70% 和 60%。分公司 A 和 B 的运营是相关的，因此，如果一个分公司盈利，则另一个分公司也盈利的概率将增加至 90%。而分公司 C 则与 A 和 B 两者均独立。在每年末，如果至少有两个分公司盈利的，那么员工获得奖金的机会是 80%，否则只有 20%。

(a) 在给定的某年恰好有两个分公司盈利的概率是多少？

(b) 确定该公司员工在该年获得奖金的概率。

(c) 如果已知分公司 A 将在今年末出现赤字（即没有盈利），那么（b）对应的概率将如何变化？

2.47 某承包商发现他承包的部分建设项目中地基处理困难，而其余则较容易。目前他的项目在伊利诺伊州的三个城市，即香槟、福特（Ford）和易洛魁（Iroquois）。根据该承包商以前在这些城市的项目情况统计，他有如下结论：

1. 随机抽取的一个建筑项目地基处理困难的概率是 2/3。

2. 有 1/3 的项目在福特市。

3. 有 2/5 的项目在易洛魁市，且地基处理困难。

4. 在福特市的所有项目中，有 50% 地基处理困难。

5. 在香槟市的项目和地基情况是统计独立的。

(a) 试问在福特市的下一个项目地基处理容易的概率是多少？

(b) 在香槟市的下一个项目地基处理容易概率是多少？

(c) 如果我们仅知道下一个项目地基处理容易，那么该项目在易洛魁市的概率是多少？

2.48 核电站的安全性要考虑三类主要致灾荷载：严重地震（E）、冷却剂事故（L）和热瞬变（T）。对于一个典型的核电站，在某一年发生 E、L 和 T 的概率分别是 0.0001、0.0002 和 0.00015。此外，严重地震有时会引发管道破裂从而导致出现 L。如果发生了严重地震，则该年中 L 发生的概率将增加至 10%。T 可认为与 E 和 L 独立。

(a) 在某一年，将同时发生三种类型致灾荷载的概率有多大？

(b) 若三种类型致灾荷载至少发生了一类，核电站都需要关闭一段时间，而由于停电，公用事业公司将遭受收入损失。在某一年出现这种损失的概率是多少？

(c) 如果公用事业公司在某一年遭受了这种收入损失，那么当年发生了严重地震的概率是多少？

2.49 在某建筑项目中，每天施工所需材料数量可能是 100 个单位或 200 个单位，其概率分别为 0.60 和 0.40。当某天材料需求量为 100 个单位时，材料短缺的概率为 0.10；而如果所需材料量为 200 个单位，则材料短缺的概率是 0.30。

(a) 在给定的某天发生材料短缺的概率是多少？（答案：0.18）

(b) 如果某天发生材料短缺，那么这天材料所需量为 100 个单位的概率是多少？（答案：1/3）

2.50 设计用于登陆火星的太空车。假设火星地面条件要么坚硬要么很软。如果火星车在坚硬地面着陆，其成功着陆的概率为 0.9。而如果火星车在软地面着陆，则其成功登陆的概率仅为 0.5。根据现有信息，可以判断遇到坚硬地面的机会是软基地面的三倍。

(a) 火星车成功着陆的概率有多大？（答案：0.8）

(b) 假设在落地之前先扔出一根棍子以测试地面条件。它插入软土的概率为 0.9，而插入硬土的概率仅为 0.2。如果观察到棍子插入地面，那么地面是坚硬的概率是多少？（答案：0.4）

(c) 如果棍子插入地面，火星车成功登陆的概率是多少？（答案：0.66）

2.51 水泥和钢筋是建造钢筋混凝土建筑必不可少的材料。在施工期间，遇到这些材料短缺的概率（例如由于工人罢工）分别是 0.10 和 0.05。但如果水泥不短缺，则钢筋短缺的概率降低到原概率的二分之一。

(a) 至少有一种（或两种）建筑材料短缺的概率是多少？

(b) 两种材料中仅有一种供应充足的概率是多少？

(c) 假如施工期间出现材料短缺，则短缺的材料是钢筋的概率是多少？

上述建筑材料必须通过卡车或火车从工厂运输到施工现场。过去的记录显示，该材料 60% 是由卡车运输，其余 40% 由火车运输。此外，卡车能按时配送的概率是 0.75，而火车相应的概率为 0.90。

(d) 材料将如期运输到施工现场的概率是多少？

(e) 如果建筑材料的运输出现延迟，那么是由卡车运输引起的概率是多少？

2.52 某城市有两个供水水源，即水源 A 和水源 B。在夏季，水源 A 的供水量低于正常值的概率是 0.30，水源 B 对应的概率为 0.15。但如果水源 A 供水量低于正常值，那么在同一个夏季水源 B 也低于正常值的概率将提高到 0.30。

该城市缺水的概率显然依赖于两个水源的供水情况。特别地，如果仅水源 A 供水量低于正常值，该市发生供水短缺的概率是 0.20；而如果仅水源 B 的供水量低于正常值，该市发生供水短缺的概率为 0.25。当然，如果两个水源都是正常供应就不会出现供水短缺。但如果在夏季两个水源供水都低于正常值，该城市缺水的概率是 0.80。

在夏季，确定以下内容：

(a) 任一个或两个的水源供水低于正常值的概率。

(b) 两个水源中仅有一个的供水低于正常值的概率。

(c) 在夏季，该城市发生缺水的概率。

(d) 如果该城市发生缺水，那么是由于两个水源供水都不足导致的概率是多少？

(e) 如果该城市在夏季不存在缺水，那么水源 A 供水正常的概率是多少？

2.53 某咨询工程师在最后期限前要完成一个由两个独立任务构成的项目：

（1）现场工作：如果天气条件有利，该现场工作将如期完成的概率是 0.90。否则，按时完成的概率减小到 0.50。同时，出现不利天气的概率是 0.60。

（2）计算：有两台独立的计算机用于完成所需计算。每台计算机的可靠性为 70%（即能正常工作的概率是 0.70）。如果只有一台计算机在工作，按时完成计算任务的概率是 0.60；如果两台计算机同时工作，该概率将增大到 0.90。同时，如果两台计算机都不能正常工作，工程师可以用台式计算器来完成计算。该计算器可靠性为 100%，但是能按时完成计算的概率仅为 0.40。

(a) 现场工作部分将如期完成的概率是多少？

(b) 计算部分将如期完成的概率是多少？

(c) 工程师在最后期限前完成该项目的概率是多少？

2.54 在某采石场，装载岩石碎块到卡车上所需要的时间可能是 2 分钟或 3 分钟，两种时间的可能性是一样的。此外，等待装运的卡车数量变异性很大。根据之前观测的 40 组数据，等待装运的卡车数量如下：

排队卡车数量	观测到的次数	相对频率
0	7	0.175
1	5	0.125
2	12	0.3
3	11	0.275
4	4	0.1
5	1	0.025
6	0	0
合计＝40		

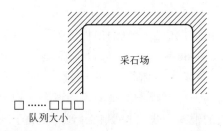

每辆卡车装载所需要的时间是统计独立的。

(a) 如果当某卡车到达采石场时，已有两辆卡车在等待，那么该辆卡车的"等待时间"少于 5 分钟的概率是多少？

(b) 在到达采石场前不知道到达时排队卡车的数量，那么该辆卡车"等待时间"少于

5 分钟的概率是多少？

2.55 某老旧小型桥梁可能受到重型卡车作用而发生损伤。假设该桥梁可以容纳最多两辆卡车，每条车道一辆。当同时存在两辆车辆时，考察桥梁可能发生的损伤：

假设有 10% 的卡车超载（即高于法定承载极限），且卡车超载事件之间是统计独立的。当两辆货车都超载时，该桥将发生损伤的概率是 30%；如果只有一辆卡车超载，上述概率为 5%；如果两辆卡车都不超载，上述概率为 0.1%。

(a) 当同时有两辆卡车时，该桥会发生损伤的概率是多少？

(b) 如果该桥梁发生损伤，那么是由卡车超载引起的概率是多少？（提示：首先确定该损伤不是由超载卡车导致的概率。）

(c) 回到问题（a）。假设该县可拨出一笔钱用于加固桥梁，从而可以将桥梁发生损伤的概率降低一半。或者也可以将该经费用于增加对卡车的检查频率，使得进入该桥的超载卡车由 10% 下降到 6%。如果目标是在有两辆卡车通过时，桥梁发生损伤的概率最小，那么上述哪种方案更好？

2.56 如果某场地存在不均匀下卧土层，当不均匀下卧层的范围足够大并且土质不佳时，可能会导致地基失效。假设根据该地区的地质情况，工程师估计该场地存在不均匀下卧层的可能性是 30%。通过勘探可以在现场确认不均匀下卧层是否存在。

一种方法是应用地球物理技术。如果确实存在不均匀下卧层，该技术能成功探测的概率是 50%，否则，将不会有信号记录。

(a) 如果应用该地球物理技术没有发现任何异常，那么该场地确实存在不均匀下卧层的概率是多少？（答案：0.176）

(b) 采用另一种精度更高的方法来探测，该方法的准确率高达 80%，假定这种新方法也没有发现任何异常。

(i) 工程师认为该区域不存在不均匀土层，这一认识的可信度如何？（答案：0.959）

(ii) 在该场地进行基础系统施工。工程师估计，如果该场地不存在不均匀下卧层，该基础安全的概率有 99.99%。但如果存在不均匀下卧层，该基础的可靠性将降低为 80%。那么该基础系统的失效概率是多少？（答案：0.008）

(iii) 假定该基础系统失效将会导致一百万美元损失，而该基础系统完好则不会发生任何经济损失。该基础失效的期望损失是多少？如果能确认该场地不存在不均匀下卧层，那么上述期望损失将能节省多少？（提示：期望损失＝失效概率×失效损失）（答案：8300美元，8200 美元）

2.57 以往记录表明，由某供应商提供的搅拌混凝土质量可能是优（G）、中（A）和差（B）的概率分别为 0.30、0.60 和 0.10。假设当混凝土的质量是优（G）、中（A）和差（B）时，某钢筋混凝土构件发生破坏的概率分别是 0.001、0.01、0.1。

(a) 由该供应商提供的同一批混凝土浇筑的钢筋混凝土构件发生破坏的概率是多少？

(b) 可以对供应商提供的混凝土进行检测并得到更多关于质量的信息。混凝土质量为优、中、差时，能够通过混凝土检测的概率分别是 0.90、0.70 和 0.20。如果对一批混凝土进行了检测。

(i) 这批混凝土质量为优的概率是多少？

(ii) 如果该批混凝土通过了检测，那么浇筑得到的钢筋混凝土构件发生破坏的概率是多少？

2.58 某城市未来遭受地震的最大烈度可以被分类（简单起见）为低（L）、中（M）和高（H），其可能性之比为 15：4：1。假定建筑物可被分为两种类型：施工质量差（P）和施工质量好（W）。对于抗震性能而言，该市所有的建筑中有 20% 施工质量差。

据估计，施工质量差的建筑物在遭受低、中、高烈度地震时，发生破坏的概率分别为 0.10、0.50 和 0.90。施工质量好的建筑能够抵御低烈度地震，但当遭受中等或高烈度地震时，其破坏概率分别为 0.05 或 0.20。

(a) 某施工质量好的建筑在未来地震中发生破坏的概率是多少？

(b) 该城市的建筑物在未来地震中将破坏的比例是多少？

(c) 如果该城市的某建筑物在地震中发生了破坏，那么该栋建筑的施工质量差的概率是多少？

2.59 某公共交通系统由四个车站之间单向行驶的火车组成，如下图所示。站与站之间的距离如图中所示。乘客出行的起点和终点对应的概率归纳如下表所示的矩阵。

起点	终点			
	1	2	3	4
1	0	0.1	0.3	0.6
2	0.6	0	0.3	0.1
3	0.5	0.1	0	0.4
4	0.8	0.1	0.1	0

例如，一名乘客从车站 1 出发，在车站 2、3 和 4 下车的概率分别为 0.1、0.3 和 0.6。此外，从车站 1、2、3 和 4 出发的概率分别是 0.25、0.15、0.35 和 0.25。

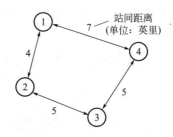

(a) 乘客会在车站 3 下车的概率有多大？（答案：0.145）

(b) 如果一个乘客在车站 1 上车，其旅行距离的期望值是多少？（注："期望值 X" $= \sum_i x_i p_i$，其中 p_i 为 x_i 的概率）（答案：11.5 英里）

(c) 乘客旅程超过 10 英里的比例是多少？（答案：0.5）

(d) 在车站 1 上车的乘客，在车站 3 下车的比例是多少？（答案：0.517）

2.60 三台机器 A、B 和 C 分别生产某工厂产品的 60%（译注：原文为 6%）、30% 和 10%。以往记录表明，这些机器对应的次品率分别为 2%、3% 和 4%。现随机抽样取出一个产品，并且发现其为次品。

(a) 该次品是由机器 A 生产的概率是多少？（答案：0.48）

(b) 该次品是由机器 A 或机器 B 生产的概率是多少？（答案：0.84）

2.61　某工程公司 E 投标两个项目 A 和 B，估计中标的概率为分别 0.50 和 0.30。此外，如果该公司中标一个项目，它同时中标另一个项目的机会将减少为初始概率的一半。

(a) E 公司至少中标一个项目的概率是多少？

(b) 如果 E 公司已中标至少一个项目，它中标的是项目 A 而不是项目 B 的概率是多少？

(c) 如果 E 公司只中标一个项目，它中标的是项目 A 的概率是多少？

此外，基于过去的业绩，E 公司在规定时间内完成项目 A 的概率为 0.75。而如果另一家公司中标该项目，它按时完成项目 A 的概率仅为 0.50。

(d) 项目 A 能按时完成的概率是多少？

(e) 如果项目 A 能按时完成，那么是由 E 公司完成的概率有多大？

2.62　建筑项目中混凝土的缺陷可能是因为骨料质量差或工艺质量差（如材料选择和级配、浇筑、养护）而导致的，或者同时存在上述两种原因。骨料质量也受到工艺质量的影响，反之也一样。

对于某项目，骨料质量差的概率是 0.20。如果骨料质量差，那么工艺质量差的概率是 0.30。而如果工艺质量差，那么骨料质量差的概率是 0.15。

(a) 该项目存在工艺质量差的概率是多少？

(b) 该项目存在至少一种导致混凝土质量缺陷因素的概率是多少？

(c) 确定两种可能导致质量的问题中只有一种发生的概率。

(d) 在该项目中，如果只是骨料质量差但工艺质量不差，那么混凝土有缺陷的概率是 0.15。而如果仅仅是工艺质量差，但骨料质量良好，相应概率则为 0.20。然而如果这两个原因都存在，那么混凝土发生缺陷的概率将是 0.80，如果不存在上述原因，则相应概率为 0.05。请确定该项目发生混凝土缺陷的概率。

(e) 如果该项目存在有缺陷的混凝土，那么同时存在骨料质量差和工艺质量差的概率是多少？

2.63　一下图所示的结构可能会发生沉降问题。发生沉降问题（事件 A）的可能性取决于土层条件，特别是下卧层是否存在软弱层。如果软弱层区域较小（事件 S），A 的概率为 0.2。如果软弱层区域较大（事件 L），A 的概率变为 0.6。而如果不存在软弱土区域（事件 N），则 A 的概率仅为 0.05。根据工程师对附近场地地质情况的经验以及现场初步勘探情况，工程师认为在该结构下部土层不存在软弱土的可能性为 70%。但如果存在软弱土区，则其区域较小的可能性是区域较大的可能性的两倍。

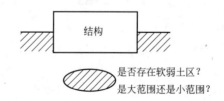

(a) 该结构将发生沉降的概率是多少？（答案：0.135）

(b) 假设可增加一次现场钻孔检测来获得是否存在软弱土的更多信息。工程师判断，如果存在大范围软弱土，此次钻将有 80% 的可能性发现软弱土。如果只存在小范围软弱土，那么该钻孔发现软弱土的概率降为 30%。显然，如果软弱土区根本不存在，那么此次

钻孔也不能发现软弱土。假定这次钻孔检测没有检出任何软弱土，

(i) 存在大范围软弱土区的概率是多少？（答案：0.023）

(ii) 存在小范围软弱土区的概率是多少？（答案：0.163）

(iii) 在这种情况下，该结构将发生沉降的概率是多少？（答案：0.087）

2.64 如下图所示的某个地震活跃区域内拟建一个大坝。

大坝附近的两个区域 A 和 B 任一区域发生地震都将导致拟建大坝破坏。这两个区域 A 和 B 之间发生地震是相互独立的。假设区域 A 和 B 每年发生地震的概率分别为 0.01 和 0.02。此外，在每个区域发生两次或更多地震的可能性可忽略不计。

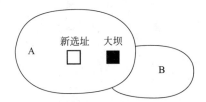

(a) 某一年在水坝附近发生地震的概率是多少？（答案：0.03）

(b) 如果 A 处发生地震（但 B 处不发生地震），大坝破坏的可能性为 0.3。但如果 B 处发生地震（但 A 处不发生地震），大坝破坏的可能性仅为 0.1。此外，如果地震同时发生在这两个区域，该大坝将有 50/50 的可能性破坏。那么在给定某年中该大坝将发生破坏的概率是多少？（答案：0.00502）

(c) 假设大坝可改置于 A 区中心，这样 B 区发生的地震将不会对大坝造成任何破坏。但是，由 A 区地震导致大坝破坏的可能性将增加至 0.4。如果目标是尽可能降低大坝发生破坏的概率，那么该大坝能建在这个新位置吗？请进行论证。

(d) 如果新址容易受到下述因素影响，上面（C）的答案会不一样吗？（i）每年发生强降雨导致滑坡的概率是 0.002；（ii）由于下层土支撑差而沉降的年概率是 0.001。假设大坝遇到滑坡或沉降将会发生破坏。由于地震、滑坡和沉降造成破坏之间是统计独立的。

2.65 三家石油公司 A、B 和 C 在某地区勘探石油。它们能发现石油的概率分别为 0.40、0.60 和 0.20。如果 B 发现了石油，那么 A 也能发现石油的概率将增加 20%，但对 C 是否发现石油无影响（即 C 是独立于 B 的）。此外，假设 C 也独立于 A。

(a) 三家公司中的一个或多个在该地区发现石油的概率是多少？

(b) 若在该地区发现了石油，那么是由 C 公司发现的概率是多少？

(c) 三家公司中只有一家能够在该地区发现石油的概率是多少？

2.66 航空旅客在机场延误是常遇现象。发生延误的可能性往往取决于当天的天气条件和具体时间。某机场相关信息如下：

1. 在上午（AM），如果天气良好，航班总是准时的。但如果天气不好，有一半的航班将会出现延误。

2. 对于一天其余时间（PM），在天气良好和天气不好时发生延误的概率分别是 0.3 和 0.9。

3. 30% 的航班是在上午（AM），而 70% 的航班是在下午（PM）。

4. 上午更容易出现恶劣天气。事实上，有 20% 的上午天气不好，但仅 10% 的下午天

气不好。

5. 假设只有两种天气，即良好和不好。

定义下述事件：

$$A=AM（早上）$$
$$P=PM（一天其余时间）$$
$$D=延误$$
$$G=天气良好$$
$$B=天气不好$$

回答下列问题：

(a) 该机场航班延误的比例是多少？注意到该比例与某给定航班延误的概率相同。（答案：0.282）

(b) 如果某航班延误，则该航班延误是由于天气不好导致的概率是多少？　（答案：0.330）

(c) 该机场上午的航班发生延误的比例是多少？（答案：10%）

2.67 某公司生产的产品的缺陷可能是由下述相互独立因素导致的：

1. 机器故障，有 5% 的生产时间出现此情况；

2. 工人粗心大意，有 8% 的生产时间出现此情况。

仅有这两个原因导致产品有缺陷。另外，如果只发生机器故障，则产品有缺陷的概率是 0.10，而如果只是工人粗心大意，产品有缺陷的概率是 0.20。但如果这两个原因同时发生，产品有缺陷的概率是 0.80。

(a) 该公司生产产品有缺陷的概率是多少？

(b) 如果发现产品有缺陷，那么这是由于工人粗心大意所导致的概率是多少？

2.68 某填埋场疑有污染物泄漏，故采用监测井监测是否发生泄漏。A 和 B 两口井的位置如下图所示。

如果发生泄漏，能够被 A 监测井监测到的概率是 80%，而 B 井监测到的概率是 90%。假定如果填埋场没有发生泄漏，任一个监测井都不会检出污染物。在安装这些监测井之前，工程师认为有 70% 的可能性发生了泄漏。

(a) 假设已安装 A 井，但没有发现污染物。那么现在工程师认为已发生泄漏的可能性是多少？（答案：0.318）

(b) 假设两口井都已经安装。假定两口井检测出泄漏的事件是统计独立的。

(i) 至少一个井能够检测出污染物的概率是多少？（答案：0.686）

(ii) 如果监测井没有检测出污染物，那么工程师可以有多少可信度说没有发生泄漏？（答案：0.955）

(c) 如果安装 A 的成本和 B 一样，而预算资金只能安装一个监测井，应该装哪一个？

请说明原因。（答案：B）

2.69 饮用水可能被两种污染物污染。在某社区，饮用水含有过量污染物 A 的概率是 0.1，而含有过量污染物 B 的概率为 0.2。如果污染物 A 超标，肯定会导致健康问题。但如果污染物 B 超标，仅会导致 20% 对其抵抗力不足的人出现健康问题。此外，许多类似社区数据表明，饮用水中这两种污染物的存在不是独立的。50% 的饮用水污染物 A 超标的社区中污染物 B 也超标。

假设在该社区随机选取居民，那么他/她将遭受由于饮用水导致的健康问题的概率是多少？假定一个人对污染物 B 的抵抗力是天生的，且与饮用水污染物超标这一事件独立。

2.70 承包商投标 3 项高速公路项目和 2 项建筑项目，每项中标的概率为 0.6。假设各项目中标是统计独立的。

(a) 该承包商最多中标一个项目的概率是多少？（答案：0.087）

(b) 该承包商至少中标两个项目的概率是多少？（答案：0.913）

(c) 该承包商只中标了 1 项高速公路项目且没有中标任何建筑项目的概率是多少？（答案：0.046）

▶ 参考文献

Feller, W., *An Introduction to Probability Theory and Its Applications*, Vol. 1, 2nd ed., John Wiley and Sons, New York, 1957.

Papoulis, A., *Probability, Random Variables, and Stochastic Processes*, McGraw-Hill Book Co., New York, 1965.

Parzen, E., *Modern Probability Theory and Its Applications*, J. Wiley & Sons, Inc, New York, 1960.

第3章

随机现象的分析模型

▶ 3.1 随机变量与概率分布

在第 2 章中，我们已经建立了定义随机现象的发生和确定相应概率的基本概念和工具。在本章中，我们将介绍这些概念的分析方法，包括随机变量和概率分布。

3.1.1 随机事件与随机变量

随机变量是以解析方式表示一个事件的数学工具。与确定性变量可以给定一个确定的数值不同，一个随机变量可以取某个范围内的可能值。如果 X 是一个随机变量，那么 $X=x$、$X<x$ 或 $X>x$ 分别代表一个事件，其中 $a<x<b$ 为 X 可能值的范围。直观地说，随机变量可以在数学上定义为一个映射函数，它将可能性空间中的事件变换（或映射）为数值（实线）。

在工程和物理科学中，许多感兴趣的随机现象与某些物理量的数值结果有关。在第 2 章所举的例子中，6 个月后仍能正常工作的推土机数量、完成一个项目所需的时间、洪水时的河水水位高于平均水位的值等都是采用数值表达。也有些例子中可能的结果不是以数值形式描述的。例如，链条失效或完好、一个项目的完成程度以及公路的开放和关闭。在此情况下，也可以人为地对可能结果进行赋值。例如，可将链条失效赋值为 0，而链条完好赋值为 1。

因此，可以用自然的或人为赋予的数值来表示随机现象的可能结果。无论何种情况下，一个结果或事件可通过一个函数的值或范围来加以确定，该函数称为"随机变量"。通常用大写字母表示随机变量，小写字母表示它的可能值。随机变量的不同数值或数值范围代表不同的事件。例如，如果 X 的值表示洪水水位超过平均水位的值，那么 $X>2\text{m}$ 代表出现洪水水位高于平均水位 2m 这一事件。如果 X 表示链条的可能状态（如上一段中所述），那么 $X=0$ 表示链条失效。换句话说，随机变量是用数值来分辨事件的数学工具。因此，利用随机变量，我们可以描述一个事件为 $(X=a)$ 或 $(X \leqslant a)$ 或 $(a < X \leqslant b)$。

更正式地说，一个随机变量可以认为是一个数学函数或规则，它将样本空间中的事件映射（或变换）到数值系统（即实线）。这种映射是唯一的，互斥事件对应于实线上不重叠区间，而相交事件则映射为实线上有重叠的区间。在图 3.1

中，事件 E_1 和 E_2 通过随机变量 X 映射到实线区域，可分别表示为：

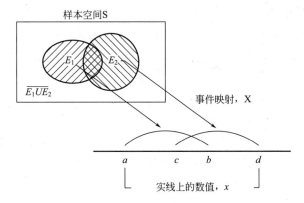

图 3.1 样本空间 S 中的事件映射为实线 x

$$E_1 = (a < X \leqslant b)$$
$$E_2 = (c < X \leqslant d)$$
$$\overline{E_1 \bigcup E_2} = (X \leqslant a) + (X > d)$$

和

$$E_1 E_2 = (c < X \leqslant b)$$

正如样本空间可能是由离散的样本点构成、也可能由样本点的连续体构成，一个随机变量也可以是离散的或连续的。

用数值方式来表达事件的优势和目的是显而易见的，这将使我们不仅能够用图来表示这些事件及其概率，也可以方便地用解析方式来进行事件描述。

3.1.2 随机变量的概率分布

因为随机变量的数值或数值范围代表了事件，因此随机变量的数值与特定概率或概率测度相联系。这些概率测度可由给定的规则赋予，称之概率分布或"概率法则"。

如果 X 是一个随机变量，其概率分布总是可以通过概率分布函数来表示。

$$F_X \equiv P(X \leqslant x), \text{对于所有} x \qquad (3.1)$$

在式（3.1）中，x 仅在离散值处具有正概率时，X 是一个离散型随机变量。反之，当在所有 x 值处都具有概率测度时，X 是一个连续型随机变量。X 还可以是一个混合型随机变量，此时其概率分布是一个包含 x 的离散值和一定范围内 x 连续值上概率测度的组合。

对于离散型随机变量 X，其概率信息还可以通过其概率分布来表示†，即 $p_X(x_i) \equiv P(X = x_i)$，它无非是一个表示所有不同 x_i 所对应的概率 $P(X = x_i)$ 的函数。在此情况下，其概率分布函数是：

﹡我们用大写字母来表示一个随机变量,用对应的小写字母表示随机变量的可能值。

†译者注: 此处原文术语为 probability mass function（PMF），直译为"概率质量函数"，中文中基本不用这一术语，而通常直接用"概率分布"。

$$F_X(x) = \sum_{x_i \leqslant x} P(X = x_i) = \sum_{x_i \leqslant x} p_X(x_i) \tag{3.2}$$

但如果 X 是连续的，则其概率与 x 的区间相关联，因为事件被定义为实线 x 上的区间。因此，对于 x 的某个特定值，如 $X = x$，仅能定义其概率密度，而不存在概率，也即 $P(X = x) = 0$。因此，一个连续随机变量 X 是用概率密度函数，即 $f_X(x)$ 来进行描述的。X 在区间 $(a, b]$ 上的概率为：

$$P(a < X \leqslant b) = \int_a^b f_X(x)\mathrm{d}x \tag{3.3}$$

相应的概率分布函数是：

$$F_X(x) = P(X \leqslant x) = \int_{-\infty}^x f_X(\tau)\mathrm{d}\tau \tag{3.4}$$

因此，如果 $F_X(x)$ 存在一阶导数，根据式（3.4），其概率密度函数为：

$$f_X(x) = \frac{\mathrm{d}F_X(x)}{\mathrm{d}x} \tag{3.5}$$

这里再次强调，概率密度函数 $f_X(x)$ 不是概率而是概率密度，这与质量密度不同于质量相似。但

$$f_X(x)\mathrm{d}x = P(x < X \leqslant x + \mathrm{d}x)$$

是 X 在 $(x, x + \mathrm{d}x]$ 区间上的概率。

上述三种类型的概率分布如图 3.2a-c 所示。

需要强调的是，任何用来表示随机变量概率分布的函数必须满足前述 2.3.1 节中的概率论公理。因此，该函数必须非负，且与随机变量所有可能值相关联的概率之和必须为 1.0。换句话说，如果 $F_X(x)$ 为 X 的分布函数，那么它必须满足以下条件：

(i) $F_X(-\infty) = 0$，$F_X(\infty) = 1.0$；

(ii) 对于所有的 x，$F_X(x) \geq 0$，且 $F_X(x)$ 是 x 的非减函数；

(iii) $F_X(x)$ 关于 x 是右连续的。

反之，任何具有上述所有特性的函数都可以成为一个真实的分布函数。根据这些特性以及式（3.2）-（3.5），概率分布和概率密度函数都是 x 的非负函数，且概率分布的所有概率值加起来为 1.0，而概率密度函数所覆盖的总面积等于 1.0。

图 3.2 所示为合理的概率分布图，分别描述离散型、连续型和混合型随机变量的概率分布特性。

不难注意到，式（3.3）可改写为：

$$P(a < X \leqslant b) = \int_{-\infty}^b f_X(x)\mathrm{d}x - \int_{-\infty}^a f_X(x)\mathrm{d}x$$

类似地，对于离散的 X，我们有：

$$P(a < X \leqslant b) = \sum_{x_i \leqslant b} p_X(x_i) - \sum_{x_i \leqslant a} p_X(x_i)$$

因此，由式（3.2）和（3.4）可得：

$$P(a < X \leqslant b) = F_X(b) - F_X(a) \tag{3.6}$$

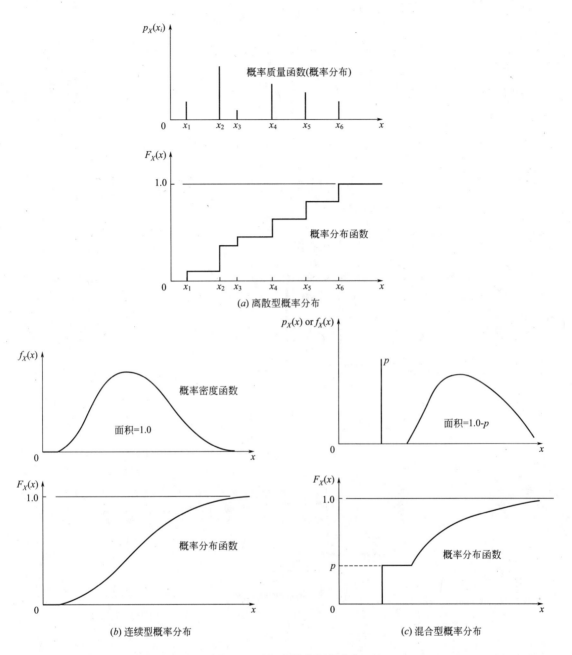

图 3.2 随机变量的概率分布

[例 3.1]

  进一步考察涉及离散型随机变量的例 2.1。将随机变量记为 X，其值代表推土机在 6 个月后仍能正常工作的数量，感兴趣的事件可映射到图 E3.1a 中的实线。因此，$(X=0)$、$(X=1)$、$(X=2)$ 和 $(X=3)$ 代表了感兴趣的相应事件。

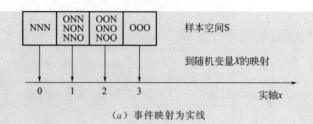

（a）事件映射为实线

再次假定三台推土机在 6 个月后可正常工作或不能正常工作的可能性都一样，即可正常工作的概率为 0.5。推土机之间是统计独立的，则 X 的概率分布如图 E3.1b 所示。

相应的概率分布函数如图 E3.1c。

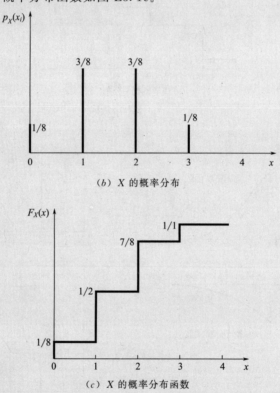

（b）X 的概率分布

（c）X 的概率分布函数

E3. 1

[例 3.2]

对于连续型随机变量，考虑例 2.5 中的 100kg 荷载。如果荷载等可能地置于沿该梁 10m 跨度任何位置，则荷载位置 X 的概率密度函数是在 $0 < x \leqslant 10$ 之间均匀分布的，即

$$f_X(x) = \begin{cases} c, 0 < x \leqslant 10 \\ 0, 其他 \end{cases}$$

其中 c 为常数。由于概率密度函数覆盖的面积必须等于 1.0，故常数 $c = 1/10$。其概率密度函数如图 E3.2a 所示。

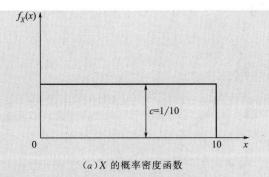

(a) X 的概率密度函数

X 对应的概率分布函数为

$$F_X = \begin{cases} \int_0^x c\,\mathrm{d}x = cx = \dfrac{x}{10}, 0 < x \leqslant 10; \\ 1.0, x > 10; \\ 0, x < 0 \end{cases}$$

上述概率分布函数的图像如图 E3.2b。

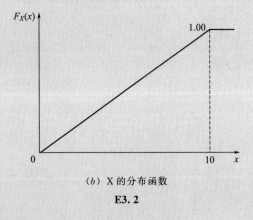

(b) X 的分布函数

E3.2

荷载在梁的 2 至 5m 跨度范围的概率为

$$P(2 < X \leqslant 5) = \int_2^5 \frac{1}{10}\mathrm{d}x = 0.30$$

另外,通过式 (3.6) 也可以得到

$$P(2 < X \leqslant 5) = F_X(5) - F_X(2) = \frac{5}{10} - \frac{2}{10} = 0.30$$

[例 3.3]

焊接机的使用寿命 T(以小时计)难以精确预测,但可以用指数分布来描述,其概率密度函数如下

$$f_T(t) = \begin{cases} \lambda e^{-\lambda t}, t \geqslant 0 \\ 0, t < 0 \end{cases}$$

其中 λ 是一个常数。该概率密度函数如图 E3.3a 所示。

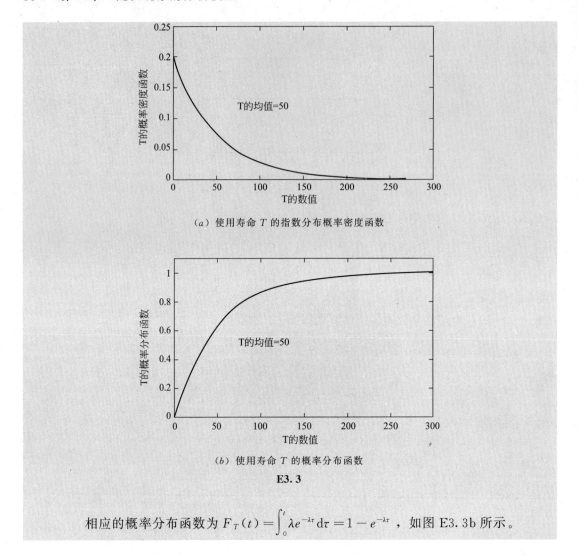

（a）使用寿命 T 的指数分布概率密度函数

（b）使用寿命 T 的概率分布函数

E3.3

相应的概率分布函数为 $F_T(t) = \int_0^t \lambda e^{-\lambda \tau} \mathrm{d}\tau = 1 - e^{-\lambda \tau}$ ，如图 E3.3b 所示。

3.1.3　随机变量的数值特征

如果一个随机变量的分布函数、即概率分布函数或概率密度函数（对于连续型随机变量）或者概率分布（对于离散型随机变量）及其相关参数都已给定，则该随机变量的概率性质就完全确定了。但在实际中，概率分布函数的确切形式可能是未知的。在此情况下，用其特征值来近似描述随机变量是有用的，有时甚至是必须的。

此外，即使概率函数已知，数值特征描述仍然是有用的，因为它们包含了在许多实际应用中所需的最重要的随机变量特性。而且，概率分布函数的参数可以通过这些数值特征导出，在某些情况下这些数值特征本身可能就是概率分布的重要参数（见第 6 章）。

中心值

因为随机变量有一个可能值的范围，因此在该范围内的一些中间值、例如其平均值，自然是很值得关注的。特别是，由于随机变量的不同值对应于不同的概率或概率密度，其"加权平均"（即以相应概率测度为权重）是尤为重要的。该加权平均值即随机变量的均值或期望值。

因此，若 X 是离散型随机变量，其概率分布为 $p_X(x_i)$，则其均值 $E(X)$ 为：

$$E(X) = \sum_{x_i} x_i p_X(x_i) \tag{3.7a}$$

但如果 X 是连续型随机变量，其概率密度函数为 $f_X(x)$，则其均值是：

$$E(X) = \int_{-\infty}^{\infty} x f_X(x) \mathrm{d}x \tag{3.7b}$$

也可用其他量描述随机变量的中心值，包括众值和中位数。众值可记为 $\tilde{x}$，是一个随机变量的最可能值，也即随机变量具有最大概率或最高概率密度的值。随机变量 X 的中位数可表示为 x_m，它对应的概率分布函数为 50%。因此大于该值或小于该值的可能性是一样的，即：

$$F_X(x_m) = 0.50 \tag{3.8}$$

一般情况下，一个随机变量的均值、众值和中位数是不同的，尤其是当概率密度函数是偏斜（非对称）的情况下是如此。但如果概率密度函数是对称且单峰的，上述三个量将是相同的。

数学期望

在式（3.7）中，期望值或加权平均的概念可以推广到 X 的函数。给定一个函数 $g(X)$，其期望值为 $E[g(X)]$。如果 X 是离散的，推广式（3.7）可给出

$$E[g(X)] = \sum_{x_i} g(x_i) p_X(x_i) \tag{3.9a}$$

如果 X 是连续的，则有：

$$E[g(X)] = \int_{-\infty}^{\infty} g(x) f_X(x) \mathrm{d}x \tag{3.9b}$$

在上述两种情况下，$E[g(X)]$ 都称为 $g(X)$ 的数学期望，并且是函数 $g(X)$ 的加权平均值。

离散性度量

同样，由于一个随机变量的可能值在一个范围内变化，且对应不同的概率或概率测度 $p_X(x_i)$ 或 $f_X(x)$，因此需要某种离散性度量来表示随机变量的离散程度是宽还是窄。尤其值得关注的量是一个随机变量的可能值围绕在中心值周围聚集紧密程度的度量。直观地说，这样一个量必须是相对于中心值的偏差的函数。但这种偏差是高于或低于中心值是无关紧要的。因此，该函数应该是偏差的偶函数。

如果偏差是相对于均值定义的，那么可以合理地用方差来度量。对于一个离散型随机变量 X，其概率分布为 $p_X(x_i)$，则 X 的方差为：

$$Var(X) = \sum (x_i - \mu_X)^2 p_X(x_i) \tag{3.10a}$$

其中：$\mu_X \equiv E(X)$。不难看到，这是相对于均值偏差平方的加权平均，或者由式（3.9）可见，它是函数 $g(X) = (X - \mu_X)^2$ 的数学期望值。因此，根据式（3.9b），对于概率密度函数为 $f_X(x)$ 的连续型随机变量 X，其方差为：

$$Var(X) = \int_{-\infty}^{\infty} (x - \mu_X)^2 f_X(r) \mathrm{d}x \tag{3.10b}$$

将式（3.10b）中的积分展开，得到

$$Var(X) = \int_{-\infty}^{\infty} (x^2 - 2\mu_X x + \mu_X^2) f_X(x) \mathrm{d}x$$
$$= E(X^2) - 2\mu_X E(X) + \mu_X^2 = E(X^2) - 2\mu_X^2 + \mu_X^2$$

将式（3.10a）展开也可得到同样的结果。因此，关于方差的一个很有用的关系式是：

$$Var(X) = E(X^2) - \mu_X^2 \tag{3.11}$$

在式（3.11）中，$E(X^2)$ 就是 X 的均方值。

从量纲上看，关于离散性更方便的度量值是方差的平方根，即标准差 σ_X：

$$\sigma_X = \sqrt{Var(X)} \tag{3.12}$$

我们可能注意到，仅基于方差或标准差可能难以说明离散的程度。因此，用离散值相对于中心值来描述将更为合理。换言之，相对于中心值的离散程度是大还是小是更有意义的。因此，当 $\mu_X > 0$ 时，人们更倾向于用变异系数

$$\delta_X = \frac{\sigma_X}{\mu_X} \tag{3.13}$$

来作为更方便地描述离散或变异程度的无量纲测度。

[例 3.4]

在例 3.1 中，6 个月后可正常工作的推土机数量的概率分布如图 E3.1b 所示。此基础上，可得到 6 个月后可正常工作推土机数量的期望值：

$$\mu_X = E(X) = 0(1/8) + 1(3/8) + 2(3/8) + 3(1/8)$$
$$= 1.50$$

由于该随机变量是离散的，平均值 1.5 不必是一个真实可能的值。在此情况下，我们可能只是给出论断说 6 个月以后可正常工作推土机的平均台数在 1 和 2 之间。

相应的方差是，

$$Var(X) = (0 - 1.5)^2(1/8) + (1 - 1.5)^2(3/8) + (2 - 1.5)^2(3/8)$$
$$+ (3 - 1.5)^2(1/8) = 0.75$$

也可以由式（3.11）计算方差如下：

$$Var(X) = [0^2(1/8) + 1^2(3/8) + 2^2(3/8) + 3^2(1/8)] - (1.5)^2$$
$$= 0.75$$

因此，相应的标准差为：

$$\sigma_X = \sqrt{0.75} = 0.866$$

变异系数则为：

$$\delta_X = \frac{0.866}{1.50} = 0.577$$

这意味着离散程度超过均值的 50% 以上，具有较大离散性。

[例 3.5]

　　在例 3.3 中，焊接机使用寿命期间 T 是具有指数概率分布的随机变量，其概率密度函数和概率分布函数分别为：

$$f_T(t) = \lambda e^{-\lambda t} \qquad \text{和} \qquad F_T(t) = 1 - e^{-\lambda t} ; t \geqslant 0$$

其图像示于图 E3.3a 和 E3.3b。

　　焊接机的平均寿命为：

$$\mu_T = E(T) = \int_0^\infty t \cdot \lambda e^{-\lambda t} \, dt$$

对上式进行分部积分，可得到 $\mu_T = 1/\lambda$ 。

　　因此，指数分布的参数 λ 是其均值的倒数，即：$\lambda = 1/E(T)$。

　　在此情况下，众值是零，而寿命的中位数 t_m 根据下式计算

$$\int_0^{t_m} \lambda e^{-\lambda t} \, dt = 0.50$$

由此可得寿命的中位数，

$$t_m = \frac{-\ln 0.50}{\lambda} = \frac{0.693}{\lambda}$$

因此，

$$t_m = 0.693 \mu_T$$

T 的方差为：

$$Var(T) = \int_0^\infty (t - 1/\lambda)^2 \lambda e^{-\lambda t} \, dt$$

采用分部积分可得：

$$Var(T) = \frac{1}{\lambda^2}$$

由此可得 T 的标准差为：

$$\sigma_T = \frac{1}{\lambda} = \mu_T$$

　　这意味指数分布的变异系数是 1.0。

[例 3.6]

　　假设某建筑公司的记录显示其项目能按时完成的占 60%。如果继续保持这个纪录，那么未来 6 个项目中能按时完成的数量的概率可以用二项分布来描述（见第 3.2.3 节），如下所示。

　　如果用 X 表示未来 6 个项目中能按时完成的数量，则（根据式（3.30））

$$P(X = x) = \begin{bmatrix} 6 \\ x \end{bmatrix} (0.6)^x (0.4)^{6-x}, x = 0, 1, 2, \cdots, 6$$

$$= 0 \qquad \qquad \text{其他}$$

因子 $\begin{bmatrix} n \\ r \end{bmatrix} = \dfrac{n!}{r!\,(n-r)!}$ 就是二项式系数。在本例中，$n=6$ 且 $r=x$。

上述概率分布如图 E3.6 所示。

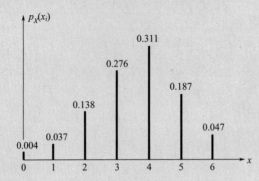

图 E3.6 按时完成项目数 X 的概率分布

如期完成的项目数量的均值为：

$$E(X) = \sum x \frac{6!}{x!\,(6-x)!}(0.6)^x(0.4)^{6-x}$$

$$= (1)\frac{6!}{1!\,(6-1)!}(0.6)(0.4)^5 + (2)\frac{6!}{2!\,(6-2)!}(0.6)^2(0.4)^4$$

$$+ (3)\frac{6!}{3!\,(6-3)!}(0.6)^3(0.4)^3$$

$$+ (4)\frac{6!}{4!\,(6-4)!}(0.6)^4(0.4)^2 + (5)\frac{6}{5!\,(6-5)!}(0.6)^5(0.4)$$

$$+ (6)\frac{6!}{6!\,(6-6)!}(0.6)^6(0.4)^0$$

$$= 0.03686 + 2(0.13830) + 3(0.27640) + 4(0.31110) + 5(0.18660)$$

$$+ 6(0.04666) = 3.60$$

因此，该公司 6 个项目中预计可如期完成数量的期望值在 3 和 4 之间。相应的方差是：

$$Var(X) = \sum_{x=0}^{6}(x-3.60)^2\frac{6!}{x!\,(6-x)!}(0.6)^x(0.4)^{6-x}$$

$$= (-3.60)^2\frac{6!}{0!\,(6-0)!}(0.6)^0(0.4)^6$$

$$+ (1-3.60)^2\frac{6!}{1!\,(6-1)!}(0.6)(0.4)^5$$

$$+ (2-3.60)^2\frac{6!}{2!\,(6-2)!}(0.6)^2(0.4)^4$$

$$+ (3-3.60)^2\frac{6!}{3!\,(6-3)!}(0.6)^3(0.4)^3$$

$$+ (4-3.60)^2\frac{6!}{4!\,(6-4)!}(0.6)^4(0.4)^2$$

$$+ (5-3.60)^2\frac{6!}{5!\,(6-5)!}(0.6)^5(0.4)$$

$$+ (6 - 3.60)^2 \frac{6!}{6!\,(6-6)!}(0.6)^6(0.4)^0$$

$$= 0.0531 + 0.2492 + 0.3539 + 0.0995 + 0.0498 + 0.3658 + 0.2684$$

$$= 1.44$$

因此，标准差为

$$\sigma_X = \sqrt{1.44} = 1.2$$

变异系数为

$$\delta_X = \frac{1.11}{3.60} = 0.308$$

在此情况下，如图 3.6 所示，$X = 4$ 时有最大概率 0.311。因此，能按时完成的项目数的最可能值为 4。

偏度

随机变量的另一个有用而重要的特征是概率密度函数或概率分布是否对称以及不对称的程度和方向。描述不对称性或偏度的量为三阶中心矩，即

$$E(X - \mu_X)^3 = \sum_{x_i}(x_i - \mu_X)^3 p_X(x_i)，当 X 为离散型随机变量$$

$$E(X - \mu_X)^3 = \int_{-\infty}^{\infty}(x - \mu_X)^3 f_X(x)\mathrm{d}x，当 X 为连续型随机变量$$

如果随机变量的概率密度函数或概率分布相对于均值 μ_X 是对称的，则上述三阶矩为零。否则，该值可能为正也可能为负。如果 X 大于 μ_X 的数值比小于 μ_X 的数值范围更加离散，则该值为正。反之，如果离散程度颠倒过来，则该三阶矩为负。

因此，根据三阶矩 $E(X - \mu_X)^3$ 的符号，随机变量的概率密度函数或概率分布的偏度可以称为正或负，三阶矩的数值大小还表示偏斜的程度，这些特性如图 3.3 所示。

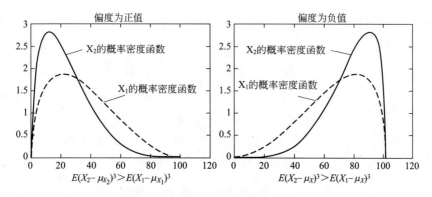

图 3.3 不对称概率密度函数的特性

偏度还可以用一个方便的无量纲值来描述，即偏度系数

$$\theta = \frac{E(X - \mu_X)^3}{\sigma^3} \tag{3.14}$$

峰度

随机变量的另一个有用的特征值是四阶中心矩，也即峰度。将前述二阶和三阶中心矩推广可得到峰度为：

$$E(X - \mu_X)^4 = \sum_{x_i} (x_i - \mu_X)^4 p_X(x_i)，当 X 为离散型随机变量$$

$$E(X - \mu_X)^4 = \int_{-\infty}^{\infty} (x - \mu_X)^4 f_X(x) dx，当 X 为连续型随机变量$$

峰度的物理意义是 X 的概率密度函数峰值附近的尖锐程度。

几何性质类比

随机变量的均值和方差可分别与单位面积的形心距和惯性中心矩相类似。为直观起见，考虑由函数 $y = f(x)$ 定义的一个不规则单位面积区域，如图 3.4 所示。

该面积区域的形心距 x_o 为，

$$x_o = \frac{\int_{-\infty}^{\infty} x f(x) dx}{area} = \int_{-\infty}^{\infty} x f(x) dx \tag{3.15}$$

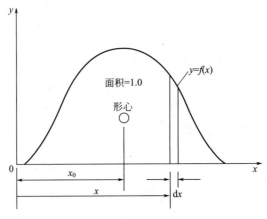

图 3.4　不规则单位面积

此即为该不规则单位面积的一阶矩（相对于原点）。它相对于通过形心垂直轴线的惯性矩为

$$I_y = \int_{-\infty}^{\infty} (x - x_o)^2 f(x) dx \tag{3.16}$$

比较式 (3.7b) 和 (3.15)、式 (3.10b) 和 (3.16)，可见期望值等价于形心的距离，而方差相当于单位面积的惯性矩。

因此，我们也可以将随机变量的均值称为一阶矩，方差称为二阶中心矩。将这一术语推广，可以定义随机变量 X 的 n 阶矩为

$$E(X^n) = \int_{-\infty}^{\infty} x^n f_X(x) dx \tag{3.17}$$

［例 3.7］

让我们来计算例 3.6 中概率分布的偏度。这是一个离散随机变量，其偏度

计算如下：

在例 3.6 中，有 $\mu_X = 3.60$ 和 $\sigma_X = 1.11$，因此有

$$E(X - \mu_X)^3 = \sum_{i=0}^{6} (x_i - 3.60)^3 p_X(x_i)$$

$$= (0 - 3.60)^3(0.004) + (1 - 3.60)^3(0.037) + (2 - 3.60)^3(0.138)$$

$$+ (3 - 3.60)^3(0.276) + (4 - 3.60)^3(0.311)$$

$$+ (5 - 3.60)^3(0.187) + (6 - 3.60)^3(0.047)$$

$$= -0.279$$

因此，由式（3.14），X 分布的偏态系数为负数

$$\theta = -\frac{0.279}{1.11} = -0.204$$

[例 3.8]

例 3.5 中焊接机的使用寿命 T 为指数分布，机器的平均寿命是 m_T。则其概率密度函数的三阶矩是（用 m 代替 m_T）：

$$E(T - \mu)^3 = \int_0^\infty (t - \mu)^3 \left[\frac{1}{\mu} e^{-t/\mu} \right] \mathrm{d}t$$

$$= \frac{1}{\mu} \int_0^\infty (t^3 - 3t^2\mu + 3t\mu^2 - \mu^3) e^{-t/\mu} \mathrm{d}t$$

$$= \mu^3 e^{-t/\mu} \left\{ - \left[\left[\frac{t}{\mu} \right]^3 + 3 \left[\frac{t}{\mu} \right]^2 + 6 \left[\frac{t}{\mu} \right] + 6 \right] + 3 \left[\left[\frac{t}{\mu} \right]^2 \right. \right.$$

$$\left. + 2 \left[\frac{t}{\mu} \right] + 2 \right] - 3 \left[\left[\frac{t}{\mu} \right] + 1 \right] + 1 \right\}_0^\infty$$

$$- \mu^3 e^{-t/\mu} \left[\left[\frac{t}{\mu} \right]^3 + \left[\frac{t}{\mu} \right] + 2 \right]_0^\infty = 2\mu^3$$

由例 3.5 可知指数分布的标准差 $\sigma_T = \mu_T$。因此根据式（3.14），该分布的偏态系数 $\theta = 2.0$。

▶ 3.2 常用概率分布

理论上，任何具备前面 3.1.1 节所述特性的函数都可以用来表示随机变量的概率分布。然而实际上，由于以下一个或多个原因有一些特定的离散和连续的分布函数是特别有用的：

1.该函数是某内在物理过程的"结果"，它可基于某些合理的物理假定导出。

2.该函数是某些极限过程的结果。

3.该函数广为人知，且其概率和统计信息（包括概率表）很容易得到。

在本节中，将描述一些这类概率分布函数及其特性。

3.2.1 高斯（或正态）分布

高斯分布无疑是最有名和使用最广泛的概率分布，它也称为正态分布。高斯分布的连续型随机变量 X 的概率密度函数为

$$f_X(x) = \frac{1}{\sigma\sqrt{2\pi}} \exp\left[-\frac{1}{2}\left[\frac{x-\mu}{\sigma}\right]^2\right], \quad -\infty < x < \infty \tag{3.18}$$

其中 μ 和 σ 是分布参数。对于高斯分布来说，这些参数刚好分别为随机变量 X 的均值和标准差。正态分布的常用简写记号是 $N(\mu, \sigma)$。

两个参数 μ 和 σ 的含义可从图 3.5 中看到。在图 3.5a 中，μ 为常数 60，σ 分别为 10、20 和 30，而在图 3.5b 中，μ 分别为 30、45 和 60 而 $\sigma = 10$ 为常数。

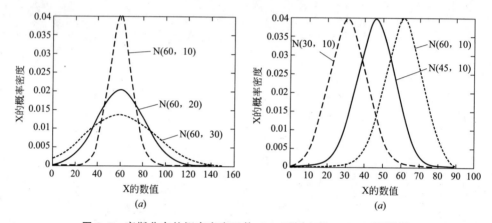

图 3.5　高斯分布的概率密度函数 （a）不同方差；（b）不同均值

标准正态分布

如果高斯概率分布的参数 $\mu = 0$ 和 $\sigma = 1.0$，则它被称为标准正态分布，并可表示为 $N(0, 1)$。相应的概率密度函数为：

$$f_X(x) = \frac{1}{\sqrt{2\pi}} e^{-(1/2)x^2}, \quad -\infty < x < \infty \tag{3.18a}$$

由于应用广泛，常用特定符号 $\Phi(s)$ 定义标准正态变量 S 的分布函数，即

$$\Phi(s) = F_S(s)$$

在图 3.6 中，概率密度函数曲线下面的面积 p 为即为 $\Phi(s_p)$。

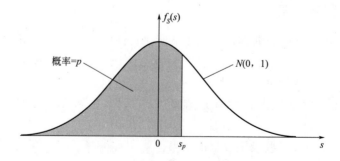

图 3.6　$N(0, 1)$ 的概率密度函数

反过来，标准正态变量的概率分布函数值为 p 的对应点可表示为：

$$s_p = \Phi^{-1}(p)$$

在本书全书中都将采用上述符号。

从图 3.7 中可见，在 $\pm 1\sigma$、$\pm 2\sigma$ 和 $\pm 3\sigma$，也即标准正态分布曲线在 $\mu = 0 \pm$ 相应倍数标准差覆盖的面积（或概率）分别等于 68.3%、95.4% 和 99.7%。对于一般的正态分布 $N(\mu, \sigma)$，上述数值、即在均值 $\pm$ 相应倍数标准差范围内的概率也是一样的。

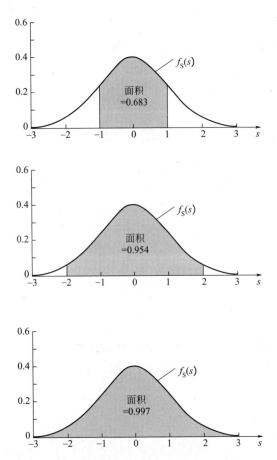

图 3.7 $N(0, 1)$ 的概率密度函数，面积分别对应于 $1\sigma, 2\sigma, 3\sigma$

$N(0, 1)$ 的概率分布函数值、即 $\Phi(s)$ 通常采用列表给出，称为正态概率表，见附录 A 的表 A.1。值得注意的是，表 A.1 中的值是从 $x = 0$ 开始，并且仅给出了随机变量的正值对应的概率。根据标准正态概率密度函数关于零的对称性，可得到变量为负时的相应概率

$$\Phi(-s) = 1 - \Phi(s) \tag{3.19}$$

此外，对应于概率 $p < 0.5$ 时的 s 为负值，并可通过表 A.1 得到如下

$$s = \Phi^{-1}(p) = -\Phi^{-1}(1-p) \tag{3.20}$$

附录 A.1 给出的 $\Phi(s)$，其真正作用在于计算任意高斯分布的概率。也就是说，任意正态分布的概率可以方便地通过 $\Phi(s)$ 进行计算。假设正态变量 X 的分

布为 $N(\mu, \sigma)$，则 $(a \leqslant x \leqslant b)$ 的概率为：

$$P(a < X \leqslant b) - \frac{1}{\sigma\sqrt{2\pi}} \int_a^b \exp\left[-\frac{1}{2}\left(\frac{x-\mu}{\sigma}\right)^2\right] \mathrm{d}x$$

显然，这正是图 3.8 所示的一般正态分布概率密度曲线下在 a 和 b 区间范围内的面积。理论上，上述概率可以通过直接积分获得。但利用表 A.1 中给出的 $\Phi(s)$ 列表可更为简便地进行计算。为此，对变量进行如下变换：

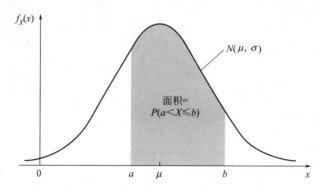

图 3.8 a 到 b 区间内 $N(\mu, \sigma)$ 的面积

$$s = \frac{x-\mu}{\sigma} \text{ 和 } \mathrm{d}x = \sigma\mathrm{d}s$$

由此，上述积分变为：

$$P(a < X \leqslant b) = \frac{1}{\sigma\sqrt{2\pi}} \int_{(a-\mu)/\sigma}^{(b-\mu)/\sigma} e^{-(1/2)s^2} \sigma\mathrm{d}s$$

$$= \frac{1}{\sqrt{2\pi}} \int_{(a-\mu)/\sigma}^{(b-\mu)/\sigma} e^{-(1/2)s^2} \mathrm{d}s$$

不难发现，此即 $N(0, 1)$ 分布的概率密度函数曲线在 $(a-\mu)/\sigma$ 和 $(b-\mu)/\sigma$ 之间区域上的面积。因此，由式（3.6），上述概率也计算如下：

$$P(a < X \leqslant b) = \Phi\left(\frac{b-\mu}{\sigma}\right) - \Phi\left(\frac{a-\mu}{\sigma}\right) \tag{3.21}$$

[例 3.9]

某居民区在风暴期间的排水量为一个正态分布的随机变量，其均值为每天 1.2 百万加仑（mgd）、标准差为 0.4mgd，即 $N(1.2, 0.4)$ mgd。如果排水系统设计最大排水能力是 1.5mgd，那么在排水系统的设计中设定在风暴期间可能遭受洪水的概率是多少？

当排水负荷超过排水系统的能力时，该居民区将发生洪水，因此发生洪水的概率是：

$$P(X > 1.5) = 1 - P(X \leqslant 1.5) = 1 - \Phi\left(\frac{1.5-1.2}{0.4}\right) = 1 - \Phi(0.75)$$

$$= 1 - 0.7734 = 0.227$$

在上式中，我们从附录 A 中的表 A.1 查得 $\Phi(0.75)=0.7734$。

还可以得到如下有意思的结果：（i）在风暴期间，排水量在 1.0mgd 和 1.6mgd 之间的概率是

$$P(1.0 < X \leqslant 1.6) = \Phi\left[\frac{1.6-1.2}{0.4}\right] - \Phi\left[\frac{1.0-1.2}{0.4}\right] = \Phi(1.0) - \Phi(-0.5)$$
$$= 0.8413 - [1 - \Phi(0.5)] = 0.8413 - (1 - 0.6915)$$
$$= 0.533$$

（ii）在风暴中该居民区的 90% 排水负荷。此即当随机变量的概率分布函数等于 0.90 时对应的值，由此可得

$$P(X \leqslant x_{0.90}) = \Phi\left[\frac{x_{0.90}-1.2}{0.40}\right] = 0.90$$

故

$$\frac{x_{0.90}-1.2}{0.40} = \Phi^{-1}(0.90)$$

查表 A.1 可得 $\Phi^{-1}(0.90)=1.28$。因此，

$$x_{0.90} = 1.28(0.40) + 1.2 = 1.71 \text{ mgd}$$

[例 3.10]

车辆事故的统计数据表明，每辆车在发生两次交通事故间的行驶里程（即每年每车的英里数）可以通过一个正态随机变量来表示，其均值为 15000 英里/年，变异系数为 25%。

标准差是 $\sigma = 0.25(15000) = 3750$ 英里/年。因此，两次事故间的行驶里程的分布为 $N(15000, 3750)$ 英里/年。

那么，对于一个每年行驶 10000 英里的驾驶员，他/她在一年中发生一次事故的概率是

$$P(X < 10,000) = \Phi\left[\frac{10000-15000}{3759}\right] = \Phi(-1.33) = 1 - \Phi(1.33)$$
$$= 1 - 0.9082$$
$$= 0.092$$

这意味着，每个驾驶员发生事故的概率大约为每年 9%，或不发生事故的概率为 91%。如果驾驶员在某一年已经行驶了 8000 英里还没有出现任何事故，那么他/她在今年剩余时间内发生一次事故的概率是多少？此时，该条件概率如下：

$$P(X < 10000 \mid X > 8000) = \frac{P(8000 < X < 10000)}{P(X > 8000)}$$
$$= \frac{0.092 - \Phi\left[\frac{8000-15000}{3750}\right]}{1 - \Phi\left[\frac{8000-15000}{3759}\right]}$$

$$= \frac{0.092 - \Phi(-1.87)}{[1 - \Phi(-1.87)]} = \frac{0.092 - (1 - 0.9692)}{1 - (1 - 0.9692)} = \frac{0.061}{0.9692}$$

$$= 0.063$$

因此, 在今年剩余时间内不出现事故的概率为 94% 左右。

[**例 3.11**]

某制造商生产的钢梁和钢柱不可避免地存在尺寸误差 (例如长度误差)。假定在建筑施工中建筑物框架的梁和柱要求长度的误差在 ±5mm 以内的概率或可靠度为 99.7%。那么在制造过程中所需要的精度、即允许标准差 σ 是多少?

钢梁生产的变异性可以假定为一个均值为零 (表明在生产过程中没有系统误差) 的正态分布, 其标准差 σ 代表生产过程中的精度。在该例中, 从图 3.7 所示的正态分布概率密度函数可见, 99.7% 的可靠度相当于 ±3σ。因此, 为满足所需的可靠度, 容差 E 应为:

$$P(-5 \leqslant E \leqslant 5) = \Phi\left[\frac{5-0}{\sigma}\right] - \Phi\left[\frac{-5-0}{\sigma}\right] = 2\Phi\left[\frac{5}{\sigma}\right] - 1 = 0.997$$

或

$$\frac{5}{\sigma} = \Phi^{-1}(0.9985) = 2.97$$

由此即可得到 $\sigma = 1.68$mm。因此, 生产过程中的所需精度 σ 确定为 1.68mm。这就是质量控制中著名的 6-σ 法则。

3.2.2 对数正态分布

对数正态分布也是常用的概率分布。如果一个随机变量 X 服从对数正态分布, 则其概率密度函数是

$$f_X(x) = \frac{1}{\sqrt{2\pi}(\zeta x)} \exp\left[-\frac{1}{2}\left(\frac{\ln x - \lambda}{\zeta}\right)^2\right] \quad x \geqslant 0 \qquad (3.22)$$

其中 $\lambda = E(\ln X)$ 和 $\zeta = \sqrt{Var(\ln X)}$ 是分布参数, 这些参数其实分别对应 $\ln X$ 的均值和标准差。不同参数 ζ 时的概率密度函数如图 3.9 所示。注意到该分布仅对严格正数区域有意义。

由图 3.9 可见, 当参数 ζ 增大时, 概率密度函数的正偏度也增加。

在第 4 章的例 4.2 中, 我们将证明, 如果 X 是参数为 λ 和 ζ 的对数正态变量, 那么 $\ln X$ 服从正态分布, 且其均值为 λ, 标准差为 ζ, 即 $N(\lambda, \zeta)$。由于与正态分布之间的对数关系, 对数正态分布的相关概率也可以方便地根据表 A.1 的标准正态概率表来确定。事实上, 基于式 (3.3) 和 (3.22), X 在区间 $(a, b]$ 上取值的概率是

$$P(a < X \leqslant b) = \int_a^b \frac{1}{\sqrt{2\pi}\zeta x} \exp\left[-\frac{1}{2}\left(\frac{\ln x - \lambda}{\zeta}\right)^2\right] dx$$

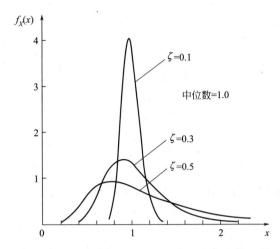

图 3.9 不同 ζ 值下对数正态分布的概率密度函数

令 $s = \dfrac{\ln x - \lambda}{\zeta}$ ，有 $\mathrm{d}x = \zeta x\, \mathrm{d}s$ ，则上述积分可以变为

$$P(a < X \leqslant b) = \frac{1}{\sqrt{2\pi}} \int_{(\ln a - \lambda)/\zeta}^{(\ln b - \lambda)/\zeta} e^{-(1/2)s^2}\, \mathrm{d}s$$

$$= \Phi\left[\frac{\ln b - \lambda}{\zeta}\right] - \Phi\left[\frac{\ln a - \lambda}{\zeta}\right] \tag{3.23}$$

这与式（3.21）类似，因此可以类似地通过查表 A.1 进行计算。

由于对数正态随机变量的概率计算比较方便，如式（3.23）所示，同时，该随机变量的值必须为正数（定义域 $x > 0$），因此对数正态分布对于从物理本质来看其值必须为严格正的随机变量非常有用。例如，材料的强度和疲劳寿命、降雨强度、空中交通流量等等均属此类。

对数正态分布的参数 λ 和 ζ，与随机变量 X 的均值和标准差的关系如下：

$$\mu_X = E(X) = \frac{1}{\sqrt{2\pi}\,\zeta} \int_0^\infty \exp\left[-\frac{1}{2}\left(\frac{\ln x - \lambda}{\zeta}\right)^2\right] \mathrm{d}x$$

令 $Y = \ln X$，$\mathrm{d}x = x\,\mathrm{d}y$，则：

$$\mu_X = \frac{1}{\sqrt{2\pi}\,\zeta} \int_{-\infty}^\infty e^y \exp\left[-\frac{1}{2}\left(\frac{y - \lambda}{\zeta}\right)^2\right] \mathrm{d}y$$

$$= \frac{1}{\sqrt{2\pi}\,\zeta} \int_{-\infty}^\infty \exp\left[y - \frac{1}{2}\left(\frac{y - \lambda}{\zeta}\right)^2\right] \mathrm{d}y$$

展开指数中的平方项可得到：

$$\mu_X = \left\{\frac{1}{\sqrt{2\pi}\,\zeta} \int_{-\infty}^\infty \exp\left[-\frac{1}{2}\left(\frac{y - (\lambda + \zeta^2)}{\zeta}\right)^2\right] \mathrm{d}y\right\} \exp\left(\lambda + \frac{1}{2}\zeta^2\right)$$

可以注意到，大括号内的积分即为高斯分布 $N(\lambda + \zeta^2, \zeta)$ 的概率密度函数下的总面积，等于 1.0。因此，

$$\mu_X = \exp\left(\lambda + \frac{1}{2}\zeta^2\right) \tag{3.24a}$$

由此可以得到参数

$$\lambda = \ln\mu_X - \frac{1}{2}\zeta^2 \qquad (3.24b)$$

类似地，可以得到 X 的方差为

$$E(X^2) = \frac{1}{\sqrt{2\pi}\,\zeta}\int_{-\infty}^{\infty} e^{2y}\exp\left[-\frac{1}{2}\left(\frac{y-\lambda}{\zeta}\right)^2\right]\mathrm{d}y$$

$$= \frac{1}{\sqrt{2\pi}\,\zeta}\int_{-\infty}^{\infty}\exp\left\{-\frac{1}{2\zeta^2}\left[y^2 - 2(\lambda+2\zeta^2)y + \lambda^2\right]\right\}\mathrm{d}y$$

合并指数里的平方项，上述的积分可变为

$$E(X^2) = \left\{\frac{1}{\sqrt{2\pi}\,\zeta}\int_{-\infty}^{\infty}\exp\left[-\frac{1}{2}\left(\frac{y-(\lambda+2\zeta^2)}{\zeta}\right)^2\mathrm{d}y\right]\right\}\exp[2(\lambda+\zeta^2)]$$

同样，注意到大括号对应的是 $N(\lambda+2\zeta^2, \zeta)$ 在概率密度函数曲线下的总面积，等于 1.0。因此可得到：

$$E(X^2) = \exp[2(\lambda+\zeta^2)] = \exp\left[2(\lambda+\frac{1}{2}\zeta^2)+\zeta^2\right] = \mu_X^2 \cdot e^{\zeta^2}$$

由式（3.11）及式（3.24a），我们可得到 X 的方差为

$$Var(X) = E(X^2) - \mu_X^2 = \mu_X^2(e^{\zeta^2}-1)$$

从而得到第二个参数：

$$\zeta^2 = \ln\left[1 + \left(\frac{\sigma_X}{\mu_X}\right)^2\right] = \ln(1+\delta_X^2) \qquad (3.25)$$

我们注意到，如果 X 的变异系数 δ_X 不是很大，例如 $\leqslant 0.30$，则 $\ln(1+\delta_X^2) \approx \delta_X^2$。此时，

$$\zeta \approx \delta_X \qquad (3.26)$$

对数正态随机变量的中心值常用中位数来表示。由式（3.8）的定义，中位数 x_m 满足 $P(X \leqslant x_m) = 0.50$。对于对数正态分布，这意味着

$$\Phi\left(\frac{\ln x_m - \lambda}{\zeta}\right) = 0.50$$

因此，

$$\frac{\ln x_m - \lambda}{\zeta} = \Phi^{-1}(0.50) = 0$$

故利用 X 的中位数，参数 λ 为

$$\lambda = \ln x_m \qquad (3.27)$$

反之，

$$x_m = e^{\lambda} \qquad (3.28)$$

令式（3.24b）和式（3.27）右边相等，并考虑式（3.25），可得到对数正态随机变量的均值和中位数之间的关系为

$$\mu_X = x_m\sqrt{1+\delta_X^2} \qquad (3.29)$$

这意味着，对数正态随机变量的均值总是比相应的中位数大，即 $\mu_X > x_m$。

[例 3.12]

在例 3.9 中，如果居民区的雨水排放量为服从对数正态分布、而不是正态分布的随机变量，但具有相同的均值和标准差，那么风暴期间发生洪水的概率分析如下。

首先，根据式（3.25），可得到对数正态分布的参数 λ 和 ζ，即

$$\zeta^2 = \ln\left[1 + \left(\frac{0.4}{1.2}\right)^2\right] = \ln(1.111) = 0.105$$

因此

$$\zeta = 0.324$$

由式（3.24b）可得

$$\lambda = \ln 1.20 - \frac{1}{2}(0.324)^2 = 0.130$$

因此，发生洪水的概率为

$$P(X > 1.50) = 1 - P(X \leqslant 1.50) = 1 - \Phi\left(\frac{\ln 1.5 - 0.130}{0.324}\right)$$
$$= 1 - \Phi(0.85)$$
$$= 1 - 0.8023 = 0.198$$

与例 3.9 计算的概率值 0.227 进行比较表明，计算结果依赖于随机变量的分布类型。

此外，采用对数正态分布，我们得到排水量在 1.0mgd 和 1.6mgd 之间的概率为

$$P(1.0 < X \leqslant 1.6) = \Phi\left(\frac{\ln 1.6 - 0.130}{0.324}\right) - \Phi\left(\frac{\ln 1.0 - 0.130}{0.324}\right)$$
$$= \Phi(1.049) - \Phi(-0.401)$$
$$= 0.8531 - [1 - \Phi(0.401)]$$
$$= 0.8531 - (1 - 0.6554) = 0.509$$

而例 3.9 的对应结果是 0.533。最后，基于该对数正态分布，可得到该居民区排水量的 90% 负荷为

$$P(X \leqslant x_{0.90}) = \Phi\left(\frac{\ln x_{0.90} - 0.130}{0.324}\right) = 0.90$$

其中

$$\frac{\ln x_{0.90} - 0.130}{0.324} = \Phi^{-1}(0.90) = 1.28$$

因此，具有 90% 保证率的排水量为

$$x_{0.90} = e^{0.545} = 1.72 \text{mgd}。$$

在例 3.9 的正态分布情况下，具有 90% 保证率的排水量为是 1.71mgd。

[例 3.13]

某石油平台的一个主要设备发生故障的时间间隔服从对数正态分布，其中位数为 6 个月、变异系数为 0.30。为了确保该设备在任何时间都能运行的概率为 95%，检查和修理时间间隔可以确定如下。

此时，对数正态分布的参数为：$\lambda = \ln 6 = 1.792$ 和 $\zeta \approx 0.30$。假设 $t_o =$ 检查和维修的时间间隔，则我们要求

$$P(T > t_o) = 1 - P(T \leqslant t_o) = 0.95$$

或者

$$\Phi\left(\frac{\ln t_o - 1.792}{0.30}\right) = 0.05$$

从而可以得到

$$\ln t_o - 1.792 = 0.30\Phi^{-1}(0.05) = 0.30[-\Phi^{-1}(0.95)] = 0.30(-1.65) = -0.495$$

因此，需要的检查时间间隔为：

$$t_o = e^{1.297} = 3.66 \text{ 月}$$

如果设备在预定按期检修保养时是可正常工作的，那么它在接下来的 2 个月仍然不会发生故障的概率是

$$P(T > 5.66 | T > 3.66) = \frac{P\{(T > 5.66) \bigcap (T > 3.66)\}}{P(T > 3.66)}$$

$$= \frac{P(T > 5.66)}{P(T > 3.66)} = \frac{1 - \Phi\left(\frac{\ln 5.66 - 1.792}{0.30}\right)}{0.95}$$

$$= \frac{1 - \Phi(-0.195)}{0.95} = \frac{1 - (1 - 0.577)}{0.95}$$

$$= 0.61$$

因此，该设备在超过其定期检修保养 2 个月后仍然能继续正常工作而不会发生故障的概率为 61%（超过 50%）。同时可以注意到，该设备从开始可正常运行 5.66 个月的概率为 $P(T > 5.66) = 0.577$。

3.2.3　伯努利序列和二项分布

在许多工程应用中，经常会涉及一个离散"试验"序列中的事件不可预测地发生或重复发生的问题。例如，在为一个项目安排施工设备时，每台设备在项目实施期间的预期运行状况决定了所需设备的数量。再比如，在为某河流流域防洪系统进行防汛水位设计时，根据多年数据得到的年最大流量是很重要的。在上述情况中，每一台设备的运行状况和对应于防汛水位的河流最大年流量，构成了相应的"试验"。我们要指出的是，在这些问题中，每个试验只有两种可能的结果，即事件发生和不发生。例如，每一件设备在项目实施期间发生或不发生故障；每年河流的最大流量可能会也可能不会超过指定水位。

上述类型的问题可以采用伯努利序列来描述。它基于下述假定：

1. 在每次试验中，只有两种可能性——事件发生和不发生。
2. 在每次试验中事件发生的概率是不变的。
3. 各次试验在统计上是相互独立的。

上述两个例子的问题均可以模型化为伯努利序列：

· 在该项目的实施期间，各设备运行状态之间是统计独立的，每件设备发生

故障的概率是相同的，因此，所有设备的运行状态构成一个伯努利序列。

· 如果在任意两年间河流年最高水位是统计独立的，且每年河水超过一定水位的概率是不变的，那么一系列年份中的年最高水位也构成伯努利序列。

二项分布

在伯努利序列中，如果 X 是 n 次试验中某事件发生的随机次数，每次试验中该事件发生的概率为 p，相应不发生的概率为 $1-p$，那么 n 次试验中恰好出现 x 次的概率是由下述二项分布给出

$$P(X=x)=\begin{bmatrix} n \\ x \end{bmatrix} p^x(1-p)^{n-x}, x=0,1,2,\cdots,n \tag{3.30}$$

其中 n 和 p 为参数，

$$\begin{bmatrix} n \\ x \end{bmatrix}=\frac{n!}{x!\ (n-x)!}$$

即为二项式系数。

相应的概率分布函数为

$$F_X(x)=\sum_{k=0}^{x}\begin{bmatrix} n \\ k \end{bmatrix} p^k(1-p)^{n-k} \tag{3.30a}$$

对于给定整数值 n 和给定概率 p，式（3.30a）中的概率分布如表 A.2 所示。

通过如下观察可以更好地理解式（3.30）：由于统计独立性，在 n 次试验中某事件发生 x 次、另（$n-x$）次中该事件不发生的一个特定序列的概率是 $p^x(1-p)^{n-x}$。但 x 次事件的发生是可以在 n 次试验中交换位置的，因此该事件发生 x 次的序列数目是 $\begin{bmatrix} n \\ x \end{bmatrix}$。例如，如果在 n 台设备中发生故障的设备数目为 x，那么在 n 台设备中有 $\begin{bmatrix} n \\ x \end{bmatrix}$ 种不同组合对应发生 x 次故障。由此即可得到式（3.30）。

[例 3.14]

在某公路建设中使用了 5 台压路机。每台压路机的使用寿命 T 服从对数正态分布，其平均使用寿命为 1500 小时，变异系数为 30%（见下图 E3.14 所示）。假设机器的运行状态是统计独立的，那么 5 台机器中有 2 台在不到 900 小时就出现故障的概率分析如下：

对数正态分布的参数为：$\zeta\approx 0.30$ 和 $\lambda=\ln 1500-\frac{1}{2}(0.3)^2=7.27$。那么，一台机器将在 900 小时内出现故障的概率为（见图 E3.14）：

$$p=P(T<900)=\Phi\left[\frac{\ln 900-7.27}{0.30}\right]=\Phi(-1.56)=0.0594$$

对于所选的 5 台机器，不同机器的实际运行寿命可能为如图 E3.14 所示的情形，即 1 号机器和 4 号机器的运行寿命小于 900 小时，而 2 号、3 号和 5 号机器的运行寿命超过 900 小时。这个序列的发生概率为 $p^2(1-p)^3$。但在 5 台

机器中的任意 2 台机器都可能发生故障，因此 5 台机器中有 2 台机器发生故障的序列数量是 $\dfrac{5!}{2!\ 3!}=10$。因此，如果 X 是在 900 小时发生故障的机器数量，那么

$$P(X=2)=10(0.0594)^2(1-0.0594)^3=0.0294$$

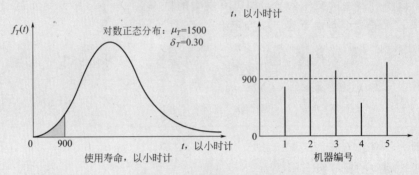

图 E3.14　压路机的运行寿命

同时，在 5 台机器中有机器会发生故障的概率（即一个或多台机器出现故障）为：

$$P(X\geqslant 1)=1-P(X=0)=1-(0.9406)^5=0.264$$

在 900 小时内，5 台机器中不超过两台机器发生故障的概率为：

$$\begin{aligned}
P(X\leqslant 2)&=\sum_{k=0}^{2}\binom{5}{k}0.0594^k(0.9406)^{5-k}\\
&=(0.9406)^5+5(0.0594)(0.9406)^4\\
&\quad+10(0.0594)^2(0.9406)^3\\
&=0.7362+0.2325+0.0294=0.9981
\end{aligned}$$

上述结果涉及二项分布的概率分布函数，在某些参数情况下的值列于表 A.2 中。利用表 A.2 可以得到，当 $n=5$、$x=2$ 和 $p=0.05$ 时，该值为 0.9988。*

　　尽管很简单，但伯努利模型在许多工程应用中非常有用。有许多工程问题只涉及两种可供选择的可能性。除上述例子外，很多其他问题都可以归为伯努利序列模型，包括：

　　·将桩打入土层时，每个桩都有可能遇到或者不遇到砾石或岩层。

　　·在工厂下游监测河流每天的水质，每日水质检测都有可能符合或者不符合污染控制标准。

　　·在生产线上生产的产品都有可能通过或者通不过质量检查。

　　·在地震活跃区域，一栋建筑物每年都可能发生或者不发生破坏。

---

　　* 表 A.2 仅限于某些特定的 n 与 p，在一般情况下，可以用计算机更方便地计算得到所需的概率（参看第五章中的例 5.2 和 5.11）。

在上述例子中，如果状态是可重复的，那么得到的一系列结果即可构成一个伯努利序列。

需要强调的是，在伯努利序列模型中，单个试验必须是离散且统计独立的。虽然如此，某些连续问题也可以（至少是近似）模型化为伯努利序列。例如，关于时间和空间的问题虽然通常是连续的，但可以将时间（或空间）离散为适当的时间间隔，且假定在每个间隔内只有两种可能性。在每个时间（或空间）间隔所发生的事件对应于一次试验，则有限数量的间隔序列构成一个伯努利序列。我们用下述实例对此进行说明。

[例 3.15]

每年在加利福尼亚州的 Orange 县，年降雨量（主要来自冬季和春季累计）是服从高斯分布的随机变量，其均值为 15in、标准差为 4in，即 N（15，4）。假设该县当前的供水措施是这样的，如果某年的降雨量少于 7in，那么当年的夏天和秋天的供水需要进行配给。

假设 X 为年降雨量，在任意给定年份 Orange 县需要配给供水的概率是：

$$P(X < 7) = \Phi\left[\frac{7-15}{4}\right] = \Phi(-2.0) = 1 - \Phi(2.0)$$
$$= 1 - 0.9772 = 0.0228$$

但是，如果该县希望将当前配给供水的概率降低一半，那么需要配给供水的年降雨量由下式确定：

$$P(X < x_r) = \Phi\left[\frac{x_r - 15}{4}\right] = \frac{1}{2}(0.0228) = 0.0114$$

由此可得，

$$\frac{x_r - 15}{4} = \Phi^{-1}(0.0114) = -\Phi^{-1}(0.9885) = -2.28$$

因此，根据新政策规定，需要配给供水的降雨量下限调整为：

$$x_r = 15 - (4)(2.28) = 5.88in$$

根据目前的水务政策，并假设每年的年降雨量是统计独立的，那么在未来 5 年内将至少有一年需要配给供水的概率可确定如下。

令 N 表示需要进行配给供水的年数，则概率为：

$$P(N \geqslant 1) = 1 - P(N = 0) = 1 - \begin{bmatrix} 5 \\ 0 \end{bmatrix}(0.0228)^0(0.9772)^5$$
$$= 0.109$$

只要任何一年的年降雨量小于 7in，则该县农作物受损的概率为 30%。假设干旱年份（即降雨量少于 7in）之间的农作物损失是统计独立的，考虑在未来三年内农作物受损（记为 D）的概率。在此情况下，农作物受损的概率将取决于年降雨量小于 7in 的年份数（介于 0 和 3）。因此，求解这一问题需要利用全概率定理，具体如下：

$$P(D) = 1 - P(\overline{D}) = 1 - \left[1.00(0.9772)^3 + (0.70)\begin{bmatrix}3\\1\end{bmatrix}(0.0228)(0.9772)^2 \right.$$

$$\left. + (0.70)2\begin{bmatrix}3\\2\end{bmatrix}(0.0228)2(0.9772) + (0.70)^3\begin{bmatrix}3\\3\end{bmatrix}(0.0228)^3 \right]$$

$$= 1 - (0.9331 + 0.0457 + 0.0007 + 0) = 1 - (0.9795)$$

$$= 0.020$$

因此，农作物在未来三年内将受损的概率仅为 2%。

3.2.4　几何分布

在伯努利序列中，直到某给定事件第一次发生时的实验次数服从几何分布。显然，如果在第 n 次试验时该事件第一次发生，那么在此之前的 $(n-1)$ 次试验中该事件必然不发生。因此，如果 N 为表示直到该事件发生时的试验次数的随机变量，则

$$P(N=n) = pq^{n-1}, n = 1, 2, \cdots\cdots \tag{3.31}$$

其中 $q = (1-p)$。式（3.31）就是几何分布。

再现时间和重现期

在一个时间（或空间）合理地离散为时间（或空间）间隔的问题中，$T = N$，该问题可用伯努利序列来建模，直到某事件第一次出现的时间间隔称为首次发生时间。

我们注意到，如果序列中的离散时间间隔是统计独立的，那么直到某事件第一次出现的时间必然和任意两次相继发生同一事件的时间间隔是一样的。因此，再现时间的概率分布与首次发生时间的分布相同。因而，伯努利序列中的再现时间也服从式（3.31）的几何分布。平均再现时间在工程中常称为（平均）重现期，它等于

$$\overline{T} = E(T) = \sum_{t=1}^{\infty} t \cdot pq^{t-1} = p(1 + 2q + 3q^2 + \cdots)$$

因为 $q = (1-p) < 1.0$，所以上述括号内的无穷级数给出 $\dfrac{1}{(1-q)^2} = \dfrac{1}{p^2}$。由此可得到重现期为

$$\overline{T} = \frac{1}{p} \tag{3.32}$$

这意味着，事件连续两次发生之间的平均再现时间等于该事件在单个时间间隔内发生概率的倒数。

需要强调的是，重现期只是某事件相继发生两次之间的平均持续时间，不应认为是该事件相继发生两次之间的实际时间。实际时间 T 是一个随机变量。

[例 3.16]

假定沿海地区建筑物规范规定了 50 年风速作为"设计风速"。也就是说，风速重现期为 50 年，或者平均来说，该设计风速可能会每 50 年发生一次。

在此情况下，在任何一年遭遇 50 年风速的概率为 $p=1/50=0.02$。那么该地区的某栋新建建筑在建成后的第 5 年第一次遭遇到设计风速的概率是

$$P(T=5)=(0.02)(0.98)^4=0.018$$

同时，该新建建筑在建成后的 5 年内会第一次遭遇到设计风速的概率是

$$P(T\leqslant 5)=\sum_{t=1}^{5}(0.02)(0.98)^{t-1}$$
$$=0.02+0.0196+0.0192+0.0188+0.0184$$
$$=0.096$$

值得指出，后一种情况（5 年内首次出现设计风速）和在 5 年中至少发生一次 50 年一遇风速是一样的，即 5 年中没有发生过一次 50 年一遇风速的补事件。因此，其概率也可以根据 $1-(0.98)^5=0.096$ 计算得到。但上述情况与在 5 年内恰好经历过一次 50 年一遇风速是完全不同的，此时其概率由二项分布得到，即 $\binom{5}{1}(0.02)(0.98)^4=0.092$。

[例 3.17]

如图 E3.17 所示的某固定式海洋平台，其设计波高为高于平均海平面 8m。该数值对应于年超越概率为 5%，因此设计浪高的重现期为

$$\overline{T}=\frac{1}{0.05}=20\text{ yr}$$

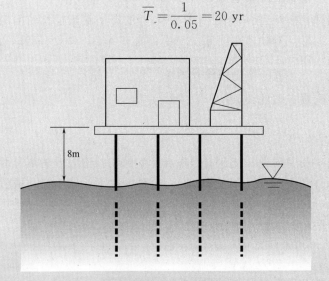

图 E3.17 某海洋平台

因此，该平台在重现期内将经受设计浪高的概率为

$$P(H>8,20\text{ 年内})=1-P(H\leqslant 8,20\text{ 年内})=1-(0.95)^{20}$$
$$=0.3585$$

根据几何分布，在第 3 年后才发生首次超过设计浪高的概率为

$$P(T > 3) = 1 - P(T \leqslant 3) = 1 - [0.05(0.95)^{1-1} + 0.05(0.95)^{2-1}$$
$$+ 0.05(0.95)^{3-1}]$$
$$= 1 - (0.05 + 0.0475 + 0.0451) = 1 - 0.1426$$
$$= 0.8574$$

如果首次超越设计波高的时间在第 3 年之后，那么该首次事件发生在第 5 年的概率为

$$P(T = 5 \mid T > 3) = \frac{P(T = 5 \bigcap T > 3)}{P(T > 3)} = \frac{P(T = 5)}{P(T > 3)} = \frac{0.05(0.95)^4}{0.8574} = 0.048$$

接下来考察，在其重现期 $\overline{T}$ 内该事件没有发生的概率是

$$P(\overline{T} \text{ 内没有发生}) = (1 - p)^{\overline{T}}$$

其中 $p = 1/\overline{T}$。根据二项式定理对上式进行展开得到

$$(1 - p)^{\overline{T}} = 1 - \overline{T}p + \frac{\overline{T}(\overline{T} - 1)}{2!} p^2 - \frac{\overline{T}(\overline{T} - 1)(\overline{T} - 2)}{3!} p^3 + \cdots$$

此外，若 $\overline{T}$ 较大或者 p 较小，我们可以注意到上式的右侧约等于 $e^{-\overline{T}p}$。因此，对于 $\overline{T}$ 较大的情况有

$$P(\overline{T} \text{ 内没有发生}) \approx e^{-\overline{T}p} = e^{-1} = 0.3679$$

而

$$P(\overline{T} \text{ 内发生了}) \approx 1 - 0.3679 = 0.6321$$

换句话说，如果一个罕遇事件定义为具有较长重现期 $\overline{T}$，那么在其重现期内该事件发生的概率始终为 0.632。即使对于重现期不是很长的问题，该结果也具有很好的近似性。例如，在例 E3.17 中，有 $\overline{T} = 20$ 个时间间隔，该概率为

$$P(\overline{T} \text{ 内没有发生}) \approx \left(1 - \frac{1}{20}\right)^{20} = 0.359$$

可见上述指数近似的误差小于 1.5%。

3.2.5 负二项分布

在伯努利序列中，直到事件首次发生的试验次数或者离散时间单元数量服从几何概率分布。而直到多次发生同一事件的离散时间单元（或试验）的数目则服从负二项分布。也就是说，如果 T_k 是在伯努利试验中，直到同一事件第 k 次发生时的时间单元数量，则有

$$P(T_k = n) = \begin{cases} \begin{bmatrix} n - 1 \\ k - 1 \end{bmatrix} p^k q^{n-k} & \text{对于 } n = k, k+1, \cdots \\ 0 & \text{对于 } n < k \end{cases} \tag{3.33}$$

式（3.33）的推导如下：如果在第 n 次试验中，某事件第 k 次发生，那么意味着在此之前的 $(n-1)$ 次试验中，事件必然发生了 $(k-1)$ 次，并且在第 n 次试验时，该事件也要发生。因此，根据二项式公式，可得到其概率为

$$P(T_k = n) = \begin{bmatrix} n - 1 \\ k - 1 \end{bmatrix} p^{k-1} q^{n-k} \cdot p$$

由此得出式 (3.33)。

[例 3.18]

在例 3.16 中,根据式 (3.33) 可得,该地区的建筑在第 10 年经受第 3 次设计风速的概率是

$$P(T_3 = 10) = \begin{bmatrix} 10-1 \\ 3-1 \end{bmatrix} (0.02)^3 (0.98)^{10-3} = \begin{bmatrix} 9 \\ 2 \end{bmatrix} (0.02)^3 (0.98)^7$$
$$= 36(8 \times 10^{-6})(0.8681) = 0.00025$$

而在 5 年内经受了第 3 次设计风速的概率是

$$P(T_3 \leqslant 5) = \sum_{n=3}^{5} \begin{bmatrix} n-1 \\ 3-1 \end{bmatrix} (0.02)^3 (0.98)^{n-3}$$
$$= \begin{bmatrix} 2 \\ 2 \end{bmatrix} (0.02)^3 (0.98)^0 + \begin{bmatrix} 3 \\ 2 \end{bmatrix} (0.02)^3 (0.98)$$
$$+ \begin{bmatrix} 4 \\ 2 \end{bmatrix} (0.02)^3 (0.98)^2$$
$$= (0.000008) + 3(0.000008)(0.98) + 12(0.000008)(0.96040)$$
$$= 0.00012$$

[例 3.19]

某钢缆由一簇相互独立的钢丝组成,如图 E3.19 所示。该钢缆将偶尔出现很大的过载。在此情况下,一根钢丝断裂的概率是 0.05。在一次过载过程中,不大可能发生 2 根或更多钢丝同时断裂的情况。

图 E3.19 某钢缆

如果当发生第三次钢丝断裂时必须更换钢缆,那么该钢缆能承受至少 5 次过载的概率可分析如下:

首先注意到,第三次钢丝断裂必须发生在第 6 次或更多次过载以后,因此利用式 (3.33) 可得所需概率为

$$P(T_3 \geqslant 6) = 1 - P(T_3 < 6) = 1 - \sum_{n=3}^{5} P(T_3 = n)$$
$$= 1 - \begin{bmatrix} 2 \\ 2 \end{bmatrix} (0.05)^3 (0.95)^0 - \begin{bmatrix} 3 \\ 2 \end{bmatrix} (0.05)^3 (0.95) - \begin{bmatrix} 4 \\ 2 \end{bmatrix} (0.05)^3 (0.95)^2$$
$$= 1 - 0.00116 = 0.9988$$

3.2.6   泊松过程与泊松分布

在工程师和科学家感兴趣的许多物理问题中，事件可在时间和/或空间中的任何一点发生。例如，地震可能会在任何时间，在世界范围内的地震活动区内的任意地点发生；疲劳裂纹可能会在连续焊缝的任意地方发生；在某条公路上交通事故可能在任何时间发生。可以想象，这样的空间－时间问题也可利用伯努利序列来建模。通过将时间或空间分成适当的小间隔，并且假定事件在每个间隔内或者发生或者不发生（只有两种可能），从而构成一个伯努利试验。然而，如果事件可以在任何时刻（或在空间中的任何点）随机发生，那么在任意给定的时间或空间间隔内都可能发生一次以上。在此情况下，事件的发生更适合采用泊松过程或泊松序列来描述。

正式地说，泊松过程基于如下假设：

1.事件可以随机发生在任何时刻或空间中的任何一点。

2.在给定时间（或空间）间隔中与发生在其他任何不重叠间隔内的事件是统计独立的。

3.事件在一个较小间隔 Δt 发生的概率与 Δt 成正比，并且可以表示为 $\nu \Delta t$，其中 ν 为事件的平均发生率（假定为常数）。

4.在 Δt 中同时发生两个或更多个事件的概率可忽略不计（是 Δt 的高阶小量）。

基于这些假定，在 t 内（时间或空间）发生统计独立事件的次数服从泊松分布。也即如果 X_t 是在时间（或空间）间隔（0，t）内发生的次数，则

$$P(X_t = x) = \frac{(\nu t)^x}{x!} e^{-\nu t}, x = 0, 1, 2, \cdots. \qquad (3.34)$$

其中 ν 是平均发生率，即单位时间（或空间）间隔中事件发生的平均数。在 t 时间内事件发生的平均数是 $E(X_t) = \nu t$。进一步可以证明，X_t 的方差也是 νt。式（3.34）的数学推导见附录C。值得强调的是，式（3.34）描述的过程是参数 ν 为正常值的计数过程。

伯努利序列和泊松过程之间既有相似又存在差异。首先，如果一个问题涉及离散量，如例 3.13 中道路平整中正常工作的压路机数量，那么合适的模型是伯努利序列。但对于空间－时间问题，上述两种模型都可能适用。事实上，我们将在下面说明，当时间（或空间）间隔减小时，伯努利序列逼近于泊松过程。为此，考察如下问题。

根据以前的交通统计数据可知，在某给定路口平均每小时有 60 辆车左转。那么假定我们感兴趣的是，在 10 分钟内该路口正好有 10 辆汽车左转的概率。

作为近似，我们先将一个小时划分为以 30 秒为区间的 120 个时间间隔。那么，在任何 30 秒时间间隔内有汽车左转的概率将是 $p = 60/120 = 0.5$。如果在任何 30 秒时间间隔内不会发生超过 1 次左转，那么问题就简化为在 10 分钟内，也即最多可能发生 20 次左转的情况下发生了 10 次左转的二项分布问题，其中每 30s 时间间隔发生一次左转的概率为 0.5。因此，

$$P(10 \text{ 分钟内发生 } 10 \text{ 次左转}) = \begin{bmatrix} 20 \\ 10 \end{bmatrix} (0.5)^{10} (0.5)^{20-10} = 0.1762$$

上述解答是一种很粗略的近似,因为它假设在 30 秒间隔内只有不超过一辆汽车将左转,显然,2 个或更多左转实际上都是可能的。

如果我们选择更短的时间间隔,例如 10 秒,结果的精度将得到改进。此时,在每个时间间隔发生一次左转的概率为 $p=60/360=0.1667$,则

$$P(10 \text{ 分钟内发生 } 10 \text{ 次左转}) = \binom{60}{10}(0.1667)^{10}(0.8333)^{60-10} = 0.1370$$

可以进一步通过划分更短时间间隔来改善计算结果。如果时间 t 被细分成 n 个相等的时间间隔,那么根据二项分布,有:

$$P(t \text{ 内发生 } x \text{ 次}) = \binom{n}{x}\left(\frac{\lambda}{n}\right)^x\left(1-\frac{\lambda}{n}\right)^{n-x}$$

其中 λ 是在时间 t 内事件的平均发生次数。如果该事件可以在任何时间发生(如在交通左转问题中即是如此),时间 t 将需要细分成大量的间隔,即 $n \to \infty$,那么,

$$
\begin{aligned}
P(t \text{ 内发生 } x \text{ 次}) &= \lim_{n\to\infty}\binom{n}{x}\left(\frac{\lambda}{n}\right)^x\left(1-\frac{\lambda}{n}\right)^{n-x} \\
&= \lim_{n\to\infty}\frac{n!}{x!(n-x)!}\left(\frac{\lambda}{n}\right)^x\left(1-\frac{\lambda}{n}\right)^{n-x} \\
&= \lim_{n\to\infty}\frac{n}{n}\frac{(n-1)}{n}\cdots\frac{(n-x+1)}{n}\cdot\frac{\lambda^x}{x!}\left(1-\frac{\lambda}{n}\right)^n\left(1-\frac{\lambda}{n}\right)^{-x}
\end{aligned}
$$

我们可以发现

$$\lim_{n\to\infty}\left(1-\frac{\lambda}{n}\right)^n = 1-\lambda+\frac{\lambda^2}{2!}-\frac{\lambda^3}{3!}+\cdots = e^{-\lambda}$$

当 $n \to \infty$ 时,除了 $\lambda^x/x!$ 外,其他各项均趋于 1.0。因此考虑极限情况,当 $n \to \infty$ 或 $t \to 0$ 时,可得

$$P(t \text{ 内发生 } x \text{ 次}) = \frac{\lambda^x}{x!}e^{-\lambda}$$

此即式(3.34)中的泊松分布,其中且 $\lambda = \nu t$。在此基础上,当 $\nu = 1$ 次左转/分钟时,在 10 分钟内发生 10 次左转的概率为

$$P(X_{10}=10) = \frac{(1\times10)^{10}}{10!}e^{-1\times10} = 0.125$$

[例 3.20]

某小镇过去 20 年的历史记录表明,该镇每年平均遭遇 4 次暴雨。假设暴雨的发生可用泊松过程来描述,那么在下一年不会发生暴雨的概率是

$$P(X_t=0) = \frac{(4\cdot1)^0}{0!}e^{-4} = 0.018$$

而下一年将遭遇 4 次暴雨的概率是

$$P(X_t=4) = \frac{(4\cdot1)^4}{4!}e^{-4} = 0.195$$

从这一结果我们注意到，虽然平均每年出现暴雨的数量为 4 次，但实际上在一年中真正遭受 4 次暴雨的概率小于 20%。在下一年中将遭受 2 次及以上暴雨的概率是

$$(X_1 \geqslant 2) = \sum_{x=2}^{\infty} \frac{(4 \cdot 1)^x}{x!} e^{-4 \cdot 1} = 1 - \sum_{x=0}^{1} \frac{4^x}{x!} e^{-4} = 1 - 0.018 - 0.074 = 0.908$$

在一年中遭受不同暴雨次数的概率列表如下：

暴雨次数 x	x 的概率	暴雨次数 x	x 的概率
0	0.018	7	0.060
1	0.074	8	0.030
2	0.146	9	0.013
3	0.195	10	0.005
4	0.195	11	0.002
5	0.156	12	0.001
6	0.104	13	0.000

对应的概率分布如图 E3.20 所示。

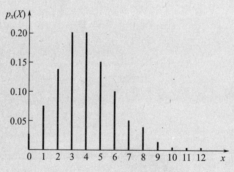

图 E3.20　一年中暴雨次数的概率分布

[例 3.21]

在设计公路交叉路口的左转道时，在路口左转的车辆可以用泊松过程来模拟。如果左转交通灯时间为 1 分钟，设计准则要求左转道在 96% 的时间内足够用（这是美国某些州的标准），使得能够允许每小时平均达到 100 次左转，则左转道关于汽车的长度可确定如下：

如上所述，汽车在路口左转的平均次数是 $\nu = 100/60$ 次/分钟。假定左转车道的设计长度为 k 辆车的长度。那么在 1 分钟左转灯期间，设计准则要求不超过 k 辆车等待左转的概率至少为 96%。因此，有

$$P(X_{t=1} \leqslant k) = \sum_{x=0}^{k} \frac{1}{x!} \left(\frac{100}{60} \times 1 \right)^x e^{-100/60} = 0.96$$

通过试算可得以下结果：如果 $k=3$，

$$P(X_t \leqslant 3) = \sum_{x=0}^{3} \frac{1}{x!} \left(\frac{100}{60} \right)^x e^{-100/60} = 0.91$$

而如果 $k=4$，则

$$P(X_t \leqslant 4) = 0.968$$

因此，交叉路口的左转道长度为 4 辆车的长度是可以满足设计要求的。

[例 3.22]

　　某地区的结构设计时必须考虑龙卷风力。假设根据近 20 年来的龙卷风记录，该地区龙卷风的平均发生率为每 10 年 1 次。假定龙卷风的发生可以用泊松过程来描述。

　　如果该结构的设计使得抵抗龙卷风力时的容许破坏概率为 20%，那么在未来的 50 年内，该结构将会发生破坏的概率是

$$P(D) = 1 - P(\overline{D}) = 1 - \left[\sum_{n=0}^{\infty} (1 - 0.20)^n \frac{(0.1 \times 50)^n}{n!} e^{-(0.1 \times 50)} \right]$$

$$= 1 - \left[e^{-5.0} + (0.80) \frac{5.0}{1!} e^{-5.0} + (0.80)^2 \frac{(5.0)^2}{2!} e^{-5.0} + (0.80)^3 \frac{(5.0)^3}{3!} e^{-5.0} + \cdots \right]$$

$$= 1 - e^{-5.0} \left[1 + (0.80) \frac{5.0}{1!} + (0.80)^2 \frac{(5.0)^2}{2!} + (0.80)^3 \frac{(5.0)^3}{3!} \cdots \right]$$

不难注意到，括号中的无穷级数是指数 $e^{0.80 \times 5.0}$。因此，在 50 年内将发生破坏的概率是

$$P(D) = 1 - e^{-5.0} \cdot e^{0.80 \times 5.0} = 1 - e^{-5.0 \times 0.20} = 1 - 0.368 = 0.632$$

　　显然，上述破坏概率太高了。如果要改进结构设计使得 50 年的破坏概率降低到 5%，那么龙卷风袭击时的容许破坏概率应该是多少？此时，我们有

$$P(D) = 0.05$$

这意味着

$$1 - \sum_{n=0}^{\infty} (1-p)^n \frac{(0.1 \times 50)^n}{n!} e^{-(0.1 \times 50)} = 1 - e^{-5.0} e^{5.0(1-p)} = 0.05$$

因此

$$1 - e^{-5p} = 0.05$$

从而

$$p = 0.010$$

这意味着原结构应改进到龙卷风袭击时的容许破坏概率降低为 0.010 或者 1%。

　　现在，假设地方政府计划按照上述标准对 10 个类似的结构进行改造，即要求每个结构在 50 年内因龙卷风袭击破坏的概率不超过 0.05。那么这 10 个结构中最多有 1 个结构将在未来 50 年发生破坏的概率分析如下：

　　假设结构之间的破坏是统计独立的，上述概率涉及每个结构的 50 年破坏概率为 0.05 时的二项分布。令 X 表示在 50 年内发生破坏的结构数量，则有

$$P(X \leqslant 1) = \begin{bmatrix} 10 \\ 0 \end{bmatrix} (0.05)0(0.95)^{10} + \begin{bmatrix} 10 \\ 1 \end{bmatrix} (0.05)^1 (0.95)^9 = 0.914$$

另一方面，在上述 10 个结构中至少有一个结构在未来 50 年将因龙卷风袭击发生破坏的概率是

$$P(X \geqslant 1) = 1 - P(X = 0) = 1 - \begin{bmatrix} 10 \\ 0 \end{bmatrix} (0.05)^0 (0.95)^{10} = 0.401$$

在下述例子中，我们阐述用泊松过程来模拟空间问题。

[例 3.23]

一条钢制主干管道用于从石油生产平台输送原油到 100km 外的炼油厂。即使整个管道每年都检修一次并进行所需的维修，但钢材仍然会发生腐蚀。假设根据过去的检修记录，腐蚀点之间的平均距离为 0.15km。在此情况下，如果沿管线发生的腐蚀用泊松过程来模拟，则其平均发生率为 $\nu = 0.15/\text{km}$，那么在两次检修间将会出现 10 处腐蚀的概率为

$$P(X_{100} = 10) = \frac{(0.15 \times 100)^{10}}{10!} e^{-0.15 \times 100} = 0.049$$

而在两次检修间至少出现 5 处腐蚀的概率为：

$$P(X_{100} \geqslant 5) = 1 - P(X_{100} < 5) = 1 - \sum_{n=0}^{4} \frac{(0.15 \times 100)^n}{n!} e^{-0.15 \times 100}$$

$$= 1 - \left[\frac{(15)^0}{0!} e^{-15} + \frac{(15)^1}{1!} e^{-15} + \frac{(15)^2}{2!} e^{-15} \right.$$

$$\left. + \frac{(15)^3}{3!} e^{-15} + \frac{(15)^4}{4!} e^{-15} \right]$$

$$= 1 - e^{-15} (1 + 15 + 112.5 + 562.5 + 2109.4)$$

$$= 1 - 0.0009$$

$$= 0.9991$$

在任一腐蚀点都有可能出现一条或多条裂缝而导致断裂破坏。如果在腐蚀部位发生这一事件的概率为 0.001，那么在两次检修间沿整条 100km 管道将可能发生断裂破坏的概率为（令 F 表示断裂破坏）：

$$P(F) = 1 - P(\overline{F}) = 1 - P(\overline{F} \bigcap X_{100} \geqslant 0) = 1 - \sum_{n=0}^{\infty} P(\overline{F} \mid X_{100} = n) P(X_{100} = n)$$

$$= 1 - \sum_{n=0}^{\infty} (1 - 0.001)^n \frac{(0.15 \times 100)^n}{n!} e^{-15}$$

$$= 1 - e^{-15} \left[1 + (0.999) \frac{15}{1!} + (0.999)^2 \frac{(15)^2}{2!} + (0.999)^3 \frac{(15)^3}{3!} + \cdots \right]$$

$$= 1 - e^{-15} e^{0.999 \times 15} = 1 - e^{-0.001 \times 15} = 1 - 0.985 = 0.015$$

[例 3.24]

在过去的 50 年中，假设在南加州发生了两次大地震（震级 $M \geqslant 6$）。如果我们将大地震的发生用伯努利序列来描述，那么南加州在未来 15 年将再次发生此类大地震的概率分析如下：

首先注意到，大地震发生的年概率为 $p = \frac{2}{50} = 0.04$。因此有

$$P(X \geqslant 1) = 1 - P(X = 0) = 1 - \binom{15}{0} (0.04)^0 (0.96)^{15} = 0.458$$

如果将南加州发生的大地震用泊松过程来模拟，我们可以首先确定平均发生率为 $\nu = 2/50 = 0.04/$年，那么在未来 15 年发生此类大地震的概率是

$$P(X_{15} \geqslant 1) = 1 - P(X_{15} = 0) = 1 - \frac{(0.04 \times 15)^0}{0!} e^{-0.04 \times 15} = 0.451$$

某场地震动的最大强度可以用 g 来表示（g 为重力加速度 $= 980\text{cm/s}^2$）。假设在一次震级 $M \geqslant 6$ 的地震中，某建筑物所在场地的地震动强度 Y 为对数正态分布，其中位数为 $0.20g$、变异系数为 0.25。如果某建筑物的抗震承载力为 $0.30g$，那么该建筑物在遭受震级 $M \geqslant 6$ 的地震时将会发生破坏的概率为

$$P(D \mid M \geqslant 6) = P(Y > 0.30g) = 1 - P(Y \leqslant 0.30g)$$

$$= 1 - \Phi\left(\frac{\ln 0.3g - \ln 0.2g}{0.25}\right) = 1 - \Phi\left(\frac{\ln \frac{0.3g}{0.2g}}{0.25}\right)$$

$$= 1 - \Phi\left(\frac{\ln 1.5}{0.25}\right) = 1 - 0.947 = 0.053$$

那么，在未来 20 年内，该建筑物在遭受大地震时不会破坏的概率为（假设大地震的发生为泊松过程）：

$$P(\overline{D} \text{ 在 20 年内}) = \sum_{n=0}^{\infty} (0.947)^n \frac{(0.04 \times 20)^n}{n!} e^{-0.04 \times 20}$$

$$= e^{-0.80}\left[1 + (0.947)\frac{0.80}{1!} + (0.947)^2 \frac{(0.80)^2}{2!}\right.$$

$$\left. + (0.947)^3 \frac{(0.80)^3}{3!} + \cdots\right]$$

$$= e^{-0.80} e^{0.947 \times 0.80} = e^{-0.0424} = 0.958$$

应该强调的是，无论是在伯努利序列还是泊松过程中，试验（针对伯努利模型）和不同区间（针对泊松模型）中事件的发生在统计上是独立的。在更一般的情况下，在一个试验（或区间）中发生了给定事件，可能会影响随后试验（或间隔）中相同事件的发生与否。换言之，在给定试验中某事件发生的概率可能依赖于前面的试验，因此可能涉及到条件概率。如果此条件概率仅取决于紧邻的上一次试验（或区间），这一模型就是马尔科夫链（或马尔科夫过程）。马尔科夫链的基本原理详见 Ang and Tang 著作的第 2 卷 (1984)。

3.2.7 指数分布

我们此前已经看到，在伯努利序列的情况下，事件之间再现时间的概率可以用几何分布加以描述（见 3.2.4 节）。另一方面，如果一个事件的发生构成泊松过程，那么其再现时间可由指数分布描述。

在泊松过程中，如果 T_1 是事件第一次发生的时间，则（$T_1 > t$）指在（0，t）内该事件没有发生。因此，根据式（3.34）可知

$$P(T_1 > t) = P(X_t = 0) = e^{-\nu t}$$

因为在不重叠时间区间内事件的发生是统计独立的，T_1 也就是连续发生两次相同事件之间的再现时间。

因此，T_1 服从指数分布，其概率分布函数为：

$$F_{T_1}(t) = P(T_1 \leqslant t) = 1 - e^{-\nu t} \tag{3.35}$$

相应的概率密度函数为：

$$f_{T_1}(t) = \frac{dF}{dt} = \nu e^{-\nu t} \tag{3.36}$$

如果平均发生率 ν 是常数，那么泊松过程的平均再现时间 $E(T_1)$ 或重现期是

$$E(T_1) = 1/\nu \tag{3.37}$$

可将其与伯努利序列相应的重现期 $1/p$（式（3.32））进行比较。但如果事件发生率 ν 比较小，则有 $1/\nu \approx 1/p$。事实上，考察一个发生率为 ν 的泊松过程，在单位时间区间（即 $t=1$）中事件发生的概率是

$$p = P(X_1 = 1) = \nu e^{-\nu} = \nu \left(1 - \nu + \frac{1}{2}\nu^2 + \cdots \right)$$

因此对于较小的 ν，有 $p \approx \nu$。

由此可见，对于罕遇事件，即平均发生率很小或重现期很长的事件，伯努利模型和泊松模型将给出相近的结果。

[例 3.25]

根据 Benjamin（1968）的研究，旧金山在 1836～1961 年间发生地震的历史纪录表明有 16 次地震的 MM 烈度为 Ⅵ 度或更高。如果在旧金山湾区这样的高烈度地震的发生可以假定为泊松过程，那么在未来 2 年内发生下一次高烈度地震的概率分析如下：

在该地区高烈度地震的平均发生率为

$$\nu = \frac{16}{125} = 0.128 \text{ 次 / 年}$$

那么，根据式（3.35）有

$$P(T_1 \leqslant 2) = 1 - e^{-0.128 \times 2} = 0.226$$

上式等价于在未来 2 年内发生高烈度地震（一次或多次）的概率。利用泊松模型，后者的概率为

$$P(X_2 \geqslant 1) = 1 - P(X_2 < 1) = 1 - P(X_2 = 0)$$

$$= 1 - \frac{(0.128 \times 2)^0}{0!} e^{-0.128 \times 2} = 1 - e^{-0.128 \times 2} = 0.226$$

在未来 10 年不会发生这类高烈度地震的概率是

$$P(T_1 > 10) = e^{-0.128 \times 10} = 0.278$$

同样，该概率也可以用泊松分布得到

$$P(X_{10} = 0) = \frac{(0.128 \times 10)^0}{0!} e^{-0.128 \times 10} = 0.278$$

根据式（3.37），旧金山发生烈度为 VI 度地震的重现期为

$$\overline{T_1} = \frac{1}{0.128} = 7.8\ 年$$

一般情况下，在给定时间 t 内发生高烈度地震的概率取决于 T_1 的概率分布函数。在此情况下为

$$P(T_1 \leqslant t) = 1 - e^{-0.128t}$$

上述分布函数如图 E3.25 所示。

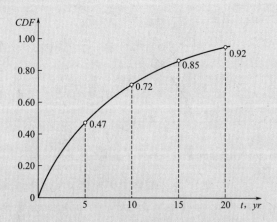

图 E3.25　旧金山发生大地震时间的概率分布函数

特别是，旧金山地区在 7.8 年重现期内发生高烈度地震的概率为

$$P(T_1 \leqslant 7.8) = 1 - e^{-0.128 \times 7.8} = 1 - e^{-1.0} = 0.632$$

事实上，如前所示，对于一个泊松过程，在其重现期内事件发生（一次或多次）的概率总是等于 $1 - e^{-1.0} = 0.632$。将其与伯努利模型中的重现期很长时事件发生的概率进行比较是有意思的，这已在 3.2.3 节中加以论述。

当然，指数分布也可作为通用概率函数，例如我们已在前述例 3.3 中用来描述焊接机的使用寿命。通常，指数分布的概率密度函数是

$$f_X(x) = \begin{cases} \lambda e^{-\lambda x}, & x \geqslant 0 \\ 0, & x < 0 \end{cases} \tag{3.38}$$

其中参数 λ 为常数。相应的概率分布函数是

$$F_X(x) = \begin{cases} 1 - e^{-\lambda x}, & x \geqslant 0 \\ 0, & x < 0 \end{cases} \tag{3.39}$$

X 的均值和方差分别为

$$\mu_x = 1/\lambda\ \ 和\ \sigma_x^2 = 1/\lambda^2$$

平移指数分布

在式（3.38）和（3.39）中，指数分布的概率密度函数和概率分布函数是从 $x = 0$ 开始的。一般情况下，该分布可以开始于 x 的任意正值，由此所得的分布称为平移指数分布。对应起始点为 a 的概率密度函数和概率分布函数如下：

$$f_X(x) = \begin{cases} \lambda e^{-\lambda(x-a)}, & x \geqslant a \\ 0, & x < a \end{cases} \tag{3.40}$$

$$F_X(x) = \begin{cases} 1 - e^{-\lambda(x-a)}, & x \geqslant a \\ 0, & x < 0 \end{cases} \tag{3.41}$$

上述概率密度函数和概率分布函数如图 3.10 所示。

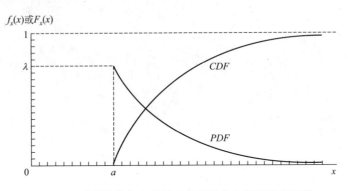

图 3.10 平移指数分布的概率密度函数和概率分布函数

指数分布一般适于描述具有恒定失效率的系统的运行寿命或"直到故障发生的时间"分布。基于这一点,参数 λ 与平均寿命或平均失效时间 $E(T)$ 有关,即

$$\lambda = \frac{1}{E(T)}$$

而对于一个起点为 $x = a$ 的平移指数分布的随机变量 X,其均值将是

$$E(X) = a + \frac{1}{\lambda} \text{ 或 } E(X-a) = \frac{1}{\lambda}$$

其标准差为 $\sigma_x = 1/\lambda$ 。

[例 3.26]

假设四台相同的柴油发动机被用于核电站的紧急控制系统的备用电力系统。假定所需应急电力至少需要两台柴油发动机提供。换句话说,四台发动机中至少有两台必须在外部突然断电的情况下自动启动。每台柴油发动机的工作寿命 T 可用平移指数分布来描述,其平均额定使用寿命为 15 年,最低运行寿命为 2 年。

在此情况下,人们显然十分关注紧急备用系统的可靠性。例如,在 4 台柴油发动机中至少有两台在前四年内遇到紧急情况时能够自动启用的概率分析如下。

首先,在四年内所有发动机都没有发生故障的概率是

$$P(T > 5) = e^{\frac{-1}{(15-2)}(4-2)} = 0.8574$$

然后,定义 N 为紧急情况下自动启动发动机的数量,五年内该备用系统的可靠性为

$$P(N \geqslant 2) = \sum_{n=2}^{4} \binom{4}{n} (0.8574)^n (0.1426)^{4-n}$$

$$= 1 - \sum_{n=0}^{1} \binom{4}{n} (0.8574)^n (0.1426)^{4-n}$$

$$= 1 - \binom{4}{0} (0.1426)^4 - \binom{4}{1} (0.8574)(0.1426)^3$$

$$= 1 - 0.0004 - 0.0099$$

$$= 0.990$$

因此，虽然每台发动机的可靠性只有 86%，但备用系统在 4 年内的可靠性达到 99%。

3.2.8 Gamma 分布

一般情况下，服从 Gamma 分布的随机变量 X 的概率密度函数如下：

$$f_X(x) = \begin{cases} \dfrac{\nu(\nu x)^{k-1}}{\Gamma(k)} e^{-\nu x}, & x \geqslant 0 \\ 0, & x < 0 \end{cases} \tag{3.42}$$

其中 ν 和 k 是分布参数，$\Gamma(k)$ 是 Gamma 函数

$$\Gamma(k) = \int_0^\infty x^{k-1} e^{-x} \mathrm{d}x, k > 1.0 \tag{3.43}$$

我们或许记得 Gamma 函数是非整数的阶乘。特别地，对于 $k > 1.0$，利用分部积分可给出：

$$\Gamma(k) = (k-1)\Gamma(k-1) = (k-1)(k-2)\cdots(k-i)\Gamma(k-i)$$

式（3.42）中 Gamma 分布的均值和方差分别是：

$$\mu_X = k/\nu \text{ 和 } \sigma_X^2 = k/\nu^2$$

Gamma 分布概率的计算可利用不完全 Gamma 函数表，通常用如下比率给出（Harter，1963）

$$I(u,k) = \frac{\int_0^u y^{k-1} e^{-y} \mathrm{d}y}{\Gamma(k)}$$

由此，$(a < X \leqslant b)$ 的概率为：

$$P(a < X \leqslant b) = \frac{\nu^k}{\Gamma(k)} \int_a^b x^{k-1} e^{-\nu x} \mathrm{d}x$$

如果令 $y = \nu x$，上述积分变为

$$P(a < X \leqslant b) = \frac{1}{\Gamma(k)} \left[\int_0^{\nu b} y^{k-1} e^{-y} \mathrm{d}y - \int_0^{\nu a} y^{k-1} e^{-y} \mathrm{d}y \right]$$

$$= I(\nu b, k) - I(\nu a, k) \tag{3.43a}$$

因此，不完全 Gamma 函数比率事实上就是 Gamma 分布的分布函数。

[例 3.27]

Gamma 分布可以用来描述建筑物上的等效均布荷载的分布。对于一个特定的建筑物，如果等效均布荷载的均值为 15psf（磅/平方英尺），变异系数为 25%，相应的 Gamma 分布参数为

$$\delta = \frac{\sigma}{\mu} = \frac{\sqrt{k}/\nu}{k/\nu} = \frac{1}{\sqrt{k}} \text{，因此 } k = \frac{1}{\delta^2} = \frac{1}{(0.25)^2} = 16$$

且

$$\nu = \frac{k}{\mu} = \frac{16}{15} = 1.067$$

设计活荷载一般是偏高（保守）的。例如，如果设计等效均布荷载为 25psf，那么根据式（3.43a），该设计荷载被超过的概率是

$$P(L > 25) = 1 - P(L \leqslant 25) = 1 - I(25 \times 1.067, 16) = 1 - I(26.67, 16)$$
$$= 1 - 0.671 = 0.329$$

Gamma 分布和泊松过程

需要指出的是，Gamma 分布与泊松过程是相关的。如果一个事件的发生在时间上构成一个泊松过程，则第 k 个事件发生的时间服从 Gamma 分布。此前从 3.2.7 节中我们已经知道事件第一次发生的时间服从指数分布。

令 T_k 表示第 k 个事件发生的时间，那么 $(T_k \leqslant t)$ 意味着在时间 t，事件已发生 k 次或更多次。因此，在式（3.34）的基础上，我们得到 T_k 的分布函数为：

$$F_{T_k}(t) = \sum_{x=k}^{\infty} P(X_t = x) = 1 - \sum_{x=0}^{k-1} \frac{(\nu t)^x}{x!} e^{-\nu t}$$

$$= 1 - \left[1 + \frac{(\nu t)}{1!} + \frac{(\nu t)^2}{2!} + \cdots + \frac{(\nu t)^{k-2}}{(k-2)!} + \frac{(\nu t)^{k-1}}{(k-1)!} \right] e^{-\nu t}$$

对上述分布函数求导，可得 T_k 的概率密度函数如下：

$$f_{T_k}(t) = \frac{\nu(\nu t)^{k-1}}{(k-1)!} e^{-\nu t} \quad \text{当 } t \geqslant 0 \tag{3.44}$$

如果 k 为整数，则上述 Gamma 分布也称为 Erlang 分布。在此情况下，直到事件第 k 次发生的平均时间是：

$$E(T_k) = k/\nu$$

其方差为

$$Var(T_k) = k/\nu^2$$

不难看到，当 $k = 1$ 时，即对于事件第一次发生的时间，式（3.44）退化为式（3.36）的指数分布。

[例 3.28]

假设某公路大约平均每 6 个月发生一次有人死亡的重大交通事故。如果我们假定该公路交通事故的发生为一个泊松过程，平均发生率为 $\nu = 1/6$ 每月，那么第一次事故发生（或两个连续事故之间）的时间为指数分布，其概率密度

函数具体如下：

$$f_{T_1}(t) = \frac{1}{6} e^{-t/6}$$

在同一公路发生第二次事故的时间（或每隔 2 次事故之间的时间）可由 Gamma 分布来描述，其概率密度函数为：

$$f_{T_2}(t) = \frac{1}{6}(t/6) e^{-t/6}$$

同样，第三次事故发生的时间也服从 Gamma 分布，其概率密度函数为：

$$f_{T_3}(t) = \frac{1}{6} \frac{(t/6)^2}{2!} e^{-t/6}$$

上述概率密度函数如图 E3.28 所示。T_1、T_2 和 T_3 对应的平均发生时间分别为 6、12 和 18 个月。

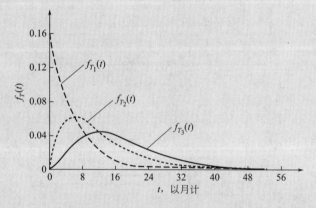

图 E3.28 公路上发生第 1 次、第 2 次和第 3 次事故时间的概率密度函数

不难注意到，指数分布和 Gamma 分布分别类似于连续的几何分布和负二项分布。也就是说，几何分布和负二项分布决定了伯努利序列的第 1 次和第 k 次发生时间，而指数分布和 Gamma 分布决定了一个泊松过程的相应发生时间。

平移 Gamma 分布

大多数概率分布可用两个参数甚至只用一个参数描述，如指数分布。平移 Gamma 分布则是为数不多的例外，它有三个参数。三参数分布在拟合偏度（涉及三阶距）比较显著的统计数据时具有重要意义。特别是当需要明确包括统计数据的偏度信息时，第三个参数将是必要的。

推广式（3.42），可得三参数平移 Gamma 分布随机变量 X 的概率密度函数为

$$f_X(x) = \frac{\nu[\nu(x-\gamma)]^{k-1}}{\Gamma(k)} \exp[-\nu(x-\gamma)] ; x \geqslant \gamma \qquad (3.45)$$

其中 ν，$k \geqslant 1.0$ 和 γ 为该分布的三个参数。不难注意到，当 $\gamma=0$ 时，式（3.45）就退化为式（3.42）。

X 的均值和方差分别是

$$\mu_X = \frac{k}{\nu} + \gamma \ , \ \sigma_X^2 = \frac{k}{\nu^2}$$

[例 3.29]

三参数 Gamma 分布可更好地拟合观测数据中存在显著偏度的统计数据。例如，图 E3.29 所示为 H 型钢翼缘实测残余应力的直方图。实测残余应力与屈服应力之比的均值、标准差和偏度系数分别是 0.3561、0.1927 和 0.8230。

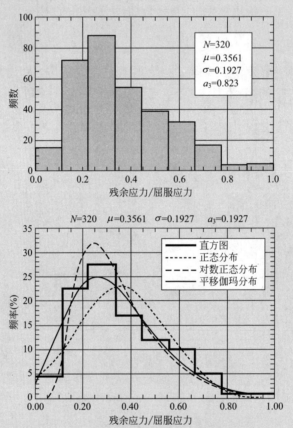

图 E3.29 残余应力直方图的拟合分布（Zhao & Ang，2003）

显然，由于数据具有显著的偏度，为了考虑这一偏度以更好地拟合实测残余应力直方图，采用三参数分布是必要的。如图 E3.29 所示，偏度为 0.8230 的三参数 Gamma 分布（实线）显然比两参数的正态分布和对数正态分布对直方图具有更好的拟合效果。在后面的例 7.10 中将通过 K—S 拟合优度检验给出进一步验证。

3.2.9 超几何分布

当样本来自有限总体并且只包含两种要素（例如"好"与"坏"）时，将导致超几何分布。该分布是验收和质量控制中的多种抽样方案的基础。

考虑总共 N 项，其中 m 项不合格、其余（$N-m$）项是合格的。如果从 N 中随机抽取 n 项，那么其中有 x 个不合格的概率服从如下超几何分布：

$$P(X=x) = \frac{\binom{m}{x}\binom{N-m}{n-x}}{\binom{N}{n}}, x=1,2,\cdots,m \tag{3.46}$$

上述分布可推导如下：在总共 N 项中，抽样数为 n 的样本数为 $\binom{N}{n}$，其中 x 项不合格的样本数为 $\binom{m}{x}\binom{N-m}{n-x}$。假设样本被抽中的可能性是一样的，即可得到式（3.46）的超几何分布。

[例 3.30]

盒子里有 100 个应变片，假定我们怀疑可能有 4 个是坏的。如果从盒中取出 6 个应变片做实验，那么其中有 1 个已坏的概率可计算如下（在此情况下，我们有 $N=100$、$m=4$ 和 $n=6$）：

$$P(X=1) = \frac{\binom{4}{1}\binom{100-4}{6-1}}{\binom{100}{6}} = 0.205$$

试验所用的应变片都没有坏的概率是

$$P(X=0) = \frac{\binom{4}{0}\binom{100-4}{6}}{\binom{100}{6}} = 0.778$$

而试验所用的应变片至少有一个已坏的概率为：

$$P(X \geqslant 1) = 1 - P(X=0) = 1 - 0.778 = 0.222$$

[例 3.31]

在一个大型钢筋混凝土建筑项目中，每天从混凝土搅拌站送往施工现场的混凝土中抽取 100 个混凝土圆柱体。此外，为了确保材料的质量，验收标准要求在养护一周后从中选取（随机抽样）10 个圆柱体进行抗压强度试验，其中需要有 9 个达到最低强度要求。请问该验收标准是否足够严格？

验收标准太严格或者不够严格，取决于劣质混凝土未被检测到的难易程度。例如，如果劣质混凝土占 $d\%$，那么基于给定的验收标准，每天混凝土拌合物将被拒收的概率是（令 X 表示测试不合格数量）：

$$P(X > 1) = 1 - P(X \leqslant 1) = 1 - \left[\frac{\binom{100d}{0}\binom{100(1-d)}{10}}{\binom{100}{10}} + \frac{\binom{100d}{1}\binom{100(1-d)}{9}}{\binom{100}{10}} \right]$$

例如，如果每天混凝土中劣质混凝土占 10%，即 $d = 10\%$，则

$$P(拒绝) = 1 - \left[\frac{\binom{90}{10}}{\binom{100}{10}} + \frac{\binom{10}{1}\binom{90}{9}}{\binom{100}{10}} \right] = 1 - (0.3305 + 0.4080) = 0.2615$$

但如果 $d = 2\%$，则

$$P(拒绝) = 1 - \left[\frac{\binom{98}{10}}{\binom{100}{10}} + \frac{\binom{2}{1}\binom{98}{9}}{\binom{100}{10}} \right] = 1 - (0.8091 + 0.1818) = 0.009$$

因此，如果混凝土有 10% 是不合格的，那么根据验收标准很有可能（概率为 26%）发现不合格材料。但如果混凝土只有 2% 是不合格的，那么每天混凝土通不过验收测试的概率是非常低的（概率为 0.009）。

因此，如果合同要求混凝土的不合格率小于 2%，那么该验收标准是不够严格的。但如果可接受 10% 的材料不合格率，那么该验收标准是令人满意的。

3.2.10　Beta 分布

大多数随机变量的概率分布范围在一端或两端是无界的。的确，迄今为止我们所见的（除了均匀分布概率密度函数的）所有连续型概率分布都有这一特性。但在一些工程应用中，随机变量的数值可能具有下限和上限。在此情况下，采用具有上限和下限的概率分布才是合适的。

如果随机变量的可能值范围是有界的，如在 a 和 b 之间，那么 Beta 分布是为数不多的合适分布之一，其概率密度函数由下式给出：

$$f_X(x) = \begin{cases} \dfrac{1}{B(q,r)} \dfrac{(x-a)^{q-1}(b-x)^{r-1}}{(b-a)^{q+r-1}}, & a \leqslant x \leqslant b \\ 0, & 其他 \end{cases} \tag{3.47}$$

其中 q 和 r 是分布参数，$B(q,r)$ 是 Beta 函数

$$B(q,r) = \int_0^1 x^{q-1}(1-x)^{r-1}\mathrm{d}x \tag{3.48}$$

它与 Gamma 函数（3.43）的关系如下：

$$B(q,r) = \frac{\Gamma(q)\Gamma(r)}{\Gamma(q+r)} \tag{3.49}$$

根据参数 q 和 r 的不同值，Beta 分布的概率密度函数具有不同的形状。图 3.11 所示为 $2 < x < 12$ 范围内 $q = 2.0$ 和 $r = 6.0$ 时 Beta 分布的概率密度函数。

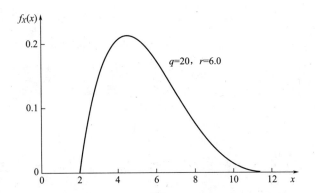

图 3.11 当 q＝2.0、r＝6.0 时 $2 \leqslant x \leqslant 12$ 内的 Beta 分布

如果变量的上下限在 0 到 1.0 之间，即 $a＝0$、$b＝1.0$，式（3.47）变为

$$f_X(x) = \begin{cases} \dfrac{1}{B(q,r)} x^{q-1}(1-x)^{r-1} & 0 \leqslant x \leqslant 1.0 \\ 0, & \text{其他} \end{cases} \tag{3.47a}$$

可称之为标准 Beta 分布。

图 3.12 显示了不同 q 和 r 时标准 Beta 分布的概率密度函数。从图中可见，Beta 分布的概率密度函数随着两个参数 q 和 r 值的不同而变化。特别地，不难注意到，当 $q < r$ 时，概率密度函数为正偏态，当 $q > r$ 时为负偏态，而当 $q = r$ 时是对称的。由于这些特征，Beta 分布用途很广，它适用于拟合很多情况下的观测数据直方图。

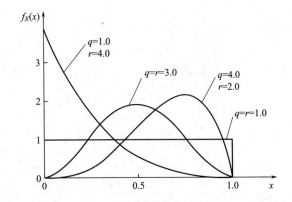

图 3.12 不同 q 值和 r 值下的标准 Beta 分布的概率密度函数

Beta 分布的概率可以利用不完全 Beta 函数进行计算，其函数定义如下

$$B_x(q,r) = \int_0^x y^{q-1}(1-y)^{r-1}\mathrm{d}y, \, 0 < x < 1.0 \tag{3.50}$$

不完全 Beta 函数比 $\dfrac{B_x(q,\,r)}{B(q,\,r)}$ 的结果已制成表格，可参见 Pearson（1934）、Pearson 和 Johnson（1968）的研究。特别要指出，标准 Beta 分布的概率分布函数为：

$$F_X(x) = \frac{1}{B(q,r)} \int_0^x x^{q-1}(1-x)^{r-1}\,\mathrm{d}x = \frac{B_x(q,r)}{B(q,r)}$$

因此，不完全 Beta 函数比就是标准 Beta 分布的概率分布函数，可记为：

$$\beta(x \mid q,r) = \frac{B_x(q,r)}{B(q,r)} \qquad (3.51)$$

需要指出的是，不完全 Beta 函数比对应于 $q \geqslant r$ 的情况。当 $q < r$ 时，该比值为

$$\beta(x \mid q,r) = 1 - \beta(x \mid r,q)$$

对于式（3.47）中的一般 Beta 函数，在 $x = x_1$ 和 $x = x_2$ 之间的概率可计算如下：

$$P(x_1 < X \leqslant x_2) = \frac{1}{B(q,r)} \int_{x_1}^{x_2} \frac{(x-a)^{q-1}(b-x)^{r-1}}{(b-a)^{q+r-1}}\,\mathrm{d}x$$

如果代入

$$y = \frac{x-a}{b-a}$$

则可得

$$1 - y = \frac{b-x}{b-a} \text{ 和 } \mathrm{d}y = \frac{\mathrm{d}x}{b-a}$$

由此，上述积分变为：

$$P(x_1 < X \leqslant x_2) = \frac{1}{B(q,r)} \left[\int_0^{(x_2-a)/(b-a)} y^{q-1}(1-y)^{r-1}\,\mathrm{d}y \right.$$
$$\left. - \int_0^{(x_1-a)/(b-a)} y^{q-1}(1-y)^{r-1}\,\mathrm{d}y \right]$$

因此，记 $u = (x_2-a)/(b-a)$ 和 $v = (x_1-a)/(b-a)$，上述概率可以利用式（3.51）所示的标准 Beta 分布的概率分布函数计算如下

$$P(x_1 < X \leqslant x_2) = \beta(u \mid q,r) - \beta(v \mid q,r) \qquad (3.52)$$

服从 a 与 b 之间 Beta 分布的随机变量 X 的均值和方差分别为：

$$\mu_X = a + \frac{q}{q+r}(b-a) \qquad (3.53)$$

$$\sigma_X^2 = \frac{qr}{(q+r)^2(q+r+1)}(b-a)^2 \qquad (3.53a)$$

偏度系数为

$$\theta_X = \frac{2(r-q)}{(q+r)(q+r+2)} \frac{(b-a)}{\sigma_X} \qquad (3.54)$$

X 的众值为

$$\tilde{x} = a + \frac{1-q}{2-q-r}(b-a) \qquad (3.55)$$

[例 3.32]

分包商估计完成建筑工程的某道工序所需时间如下：

最短时间＝5d

最大时间＝10d

期望时间＝7d

完成工期的变异系数估计为 10%。

在此情况下，采用 $a = 5d$、$b = 10d$ 的 Beta 分布更合适。根据式（3.52），其分布参数可确定如下：

$$5 + \frac{q}{q+r}(10-5) = 7$$

由此给出

$$q = \frac{2}{3}r$$

将上式代入方差的表达式（3.53a）可得

$$\frac{qr}{(q+r)^2(q+r+1)}(10-5)^2 = (0.1 \times 7)^2$$

因此，

$$q = 3.26 , r = 4.89$$

该工序将可在 9d 内完成的概率为

$$P(T \leqslant 9) = \beta_u(3.26, 4.89)$$

其中，$u = (9-5) / (10-5) = 0.8$。根据不完全 Beta 函数比率表（Pearson 和 Johnson，1968），通过插值可得

$$P(T \leqslant 9) = \beta_{0.8}(3.26, 4.89) = 0.993$$

[例 3.33]

对钢桥构件进行疲劳损伤的可靠性分析，每个循环的应力幅（即应力的最大值减去最小值）是主要的荷载参数。显然，有理由假定该应力幅应具有下限和上限值。

考虑一个具体的例子，伊利诺伊某州际公路桥在交通繁忙时监测的应变范围如图 E3.33 所示。相应的应力幅（单位 psi）可由图 E3.33 的应变（单位为微应变）乘以 30000psi/1000＝30psi 得到。在此基础上，可以对该公路桥的应力幅 S 用 Beta 分布建模，其参数为 $q = 2.83$ 和 $r = 4.39$，下界值为 0，上界值为 10000psi。

假设桥梁的某宽翼缘钢梁的应力幅服从如图 E3.33 所示的 Beta 分布。钢结构的疲劳寿命可由包含两个参数 c 和 m 的所谓 SN 关系进行确定。针对此宽翼缘钢梁，其 SN 参数为

$$c = 3.98 \times 10^8 \text{ 次循环和 } m = 2.75$$

当受随机应力幅值加载时，其平均疲劳寿命由下式给出：

$$\bar{n} = \frac{c}{E(S^m)}$$

其中 $E(S^m)$ 为 S 的第 m 阶距，当 S 是最大值为 s_0 的 Beta 分布时，对应 $E(S^m)$ 为（Ang，1977）

$$E(S^m) = s_o^m \frac{\Gamma(m+q)\Gamma(q+r)}{\Gamma(q)\Gamma(m+q+r)}$$

针对上述宽翼缘梁

$$E(S^m) = 10^{2.75} \left[\frac{\Gamma(5.58)\Gamma(7.22)}{\Gamma(2.83)\Gamma(9.97)} \right] = 89.486$$

因此，该梁的平均疲劳寿命为：

$$\bar{n} = \frac{3.98 \times 10^8}{89.486} = 4.45 \times 10^6 \text{ 次循环}$$

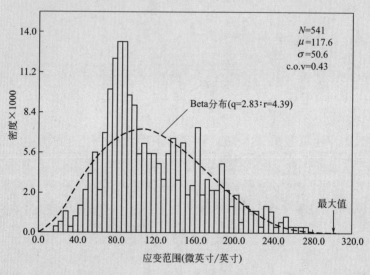

图 E3.33 在繁忙交通流量下伊利诺伊州 ShaffeR Creek 桥梁应变测量直方图 （Ruhl and Walker，1975）

3.2.11 其他常用分布

前述概率分布是目前在实际工程应用中最常用的重要分布。当然这远不是全部的分布。针对一些特定的应用，其他分布例如均匀分布和三角形分布可能更合适、更有用。此外，还有在许多实际工程问题中与极值（最大值或最小值）相关的一类重要分布，将在第4章专门讨论。同时，还有一些在统计分析中特别重要的特定分布，包括 t 分布、χ^2 分布、F 分布和 Pearson 系统（Elderton，1953）。例如，t 分布在确定方差未知时的总体均值置信区间时非常有用，而 χ^2 分布则在进行总体方差的区间估计时很有用（见第6章）。

▶3.3 多个随机变量

随机变量及其概率分布的基本概念可以推广到两个或多个随机变量及其联合概率分布。为了用数值描述由两个或更多物理过程导致的事件，样本空间中的事件可映射到二维（或多维）实数空间中。这意味着需要两个或多个随机变量。例如，考虑观测站的降雨强度和由此导致的河水径流量，可以用两个随机变量，其中一个随机变量 X 的值 x 表示可能的降雨强度，而另一个随机变量 Y 的值 y 表示河流的可能径流量。相应地，我们可以用（$X=x$，$Y=y$）和（$X\leqslant x$，$Y\leqslant y$）表示 xy 样本空间中的随机变量定义的联合事件（$X=x\bigcap Y=y$）和（$X\leqslant x\bigcap Y\leqslant y$）。显然，这一概念也可以推广到多个随机变量的情形。

3.3.1 联合概率分布和条件概率分布

由于随机变量 X 和 Y 的任意一对值代表相应的事件，因此，对于给定的 x 和 y 值有相应的概率。相应地，对于所有可能的成对 x 和 y 的概率，可以用随机变量 X 和 Y 的联合分布函数进行描述，即

$$F_{X,Y}(x,y)=P(X\leqslant x,Y\leqslant y) \tag{3.56}$$

这是 $X\leqslant x$ 和 $Y\leqslant y$ 确定的联合事件对应的概率分布函数。根据概率论的基本公理，上述分布函数必须满足以下条件：

1. $F_{X,Y}(-\infty,-\infty)=0$；$F_{X,Y}(\infty,\infty)=1.0$

2. $F_{X,Y}(-\infty,y)=0$；$F_{X,Y}(\infty,y)=F_Y(y)$
   $F_{X,Y}(x,-\infty)=0$；$F_{X,Y}(x,\infty)=F_X(x)$

3. $F_{X,Y}(x,y)$ 是非负的，且为 x 和 y 的非减函数。

对于离散的 X 和 Y，其概率分布也可以用联合概率分布简单表示为

$$p_{X,Y}(x_i,y_j)=P(X=x_i,Y=y_j) \tag{3.57}$$

其分布函数为：

$$F_{X,Y}(x,y)=\sum_{\{x_i\leqslant x,y_j\leqslant y\}}p_{X,Y}(x_i,y_j) \tag{3.58}$$

如果随机变量 X 和 Y 是连续的，其联合概率分布也可以由联合概率密度函数 $f_{X,Y}(x,y)$ 进行描述，定义如下：

$$f_{X,Y}(x,y)\mathrm{d}x\mathrm{d}y=P(x<X\leqslant x+\mathrm{d}x,y<Y\leqslant y+\mathrm{d}y)$$

因此

$$F_{X,Y}(x,y)=\int_{-\infty}^{x}\int_{-\infty}^{y}f_{X,Y}(u,v)dvdu \tag{3.59}$$

反之，如果偏导数存在，则有：

$$f_{X,Y}(x,y)=\frac{\partial^2 F_{X,Y}(x,y)}{\partial x\partial y} \tag{3.60}$$

同时，我们注意到如下概率：

$$P(a<X\leqslant b,c<Y\leqslant d)=\int_{a}^{b}\int_{c}^{d}f_{X,Y}(u,v)dvdu$$

此即图 3.13 中 $f_{X,Y}(x,y)$ 曲面下的体积。

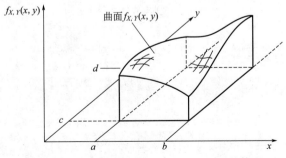

图 3.13 概率密度函数 $f_{X,Y}(x,y)$ 下的体积

条件分布和边缘分布

对于离散变量 X 和 Y 而言，$(X=x_i)$ 的概率可能依赖于 Y 的值，反之亦然。因此，根据式（2.11），我们可以得到条件概率分布：当 $p_Y(y_j) \neq 0$ 时，有

$$p_{X|Y}(x_i \mid y_j) \equiv P(X=x_i \mid Y=y_j) = \frac{p_{X,Y}(x_i, y_j)}{p_Y(y_j)} \tag{3.61}$$

类似地，当 $p_X(x_i) \neq 0$ 时，有

$$p_{Y|X}(y_j \mid x_i) = \frac{p_{X,Y}(x_i, y_j)}{p_X(x_i)} \tag{3.61a}$$

单个随机变量的概率分布可以从联合概率分布获得。利用全概率定理（式（2.19）），可以得到 X 的边缘概率分布为

$$p_X(x_i) = \sum_{y_j} P(X=x_i \mid Y=y_j) P(Y=y_j)$$
$$= \sum_{y_j} P(X=x_i, Y=y_j) = \sum_{y_j} p_{X,Y}(x_i, y_j) \tag{3.62}$$

类似地，Y 的边缘概率分布为：

$$p_Y(y_j) = \sum_{x_i} p_{X,Y}(x_i, y_j) \tag{3.62a}$$

如果随机变量 X 和 Y 是统计独立的，即事件 $X=x_i$ 和 $Y=y_j$ 是统计独立的，那么

$$p_{X|Y}(x_i \mid y_j) = p_X(x_i) ， p_{Y|X}(y_j \mid x_i) = p_{Y(y_j)}$$

则式（3.57）变为

$$p_{X,Y}(x_i, y_j) = p_X(x_i) p_Y(y_j) \tag{3.63}$$

如果随机变量 X 和 Y 是连续的，那么在给定 Y 条件下 X 的条件概率密度函数为

$$f_{X|Y}(x \mid y) = \frac{f_{X,Y}(x, y)}{f_Y(y)} \tag{3.64}$$

由此可得：

$$f_{X,Y}(x, y) = f_{X|Y}(x \mid y) f_Y(y) \tag{3.65}$$

或

$$f_{X,Y}(x, y) = f_{Y|X}(y \mid x) f_X(x)$$

但如果 X 和 Y 是统计独立的，即 $f_{X|Y}(x \mid y) = f_X(x)$ 和 $f_{Y|X}(y \mid x) = f_Y(y)$，则联合概率密度函数变为：

$$f_{X,Y}(x, y) = f_X(x) f_Y(y) \tag{3.66}$$

通过全概率定理，我们可得到边缘概率密度函数

$$f_X(x) = \int_{-\infty}^{\infty} f_{X|Y}(x \mid y) f_Y(y) \mathrm{d}y = \int_{-\infty}^{\infty} f_{X,Y}(x, y) \mathrm{d}y \tag{3.67}$$

类似地，

$$f_Y(y) = \int_{-\infty}^{\infty} f_{X,Y}(x, y) \mathrm{d}x \tag{3.68}$$

两个随机变量 X 和 Y 的联合概率密度函数和边缘概率密度函数的图形特点

如图 3.14 所示。

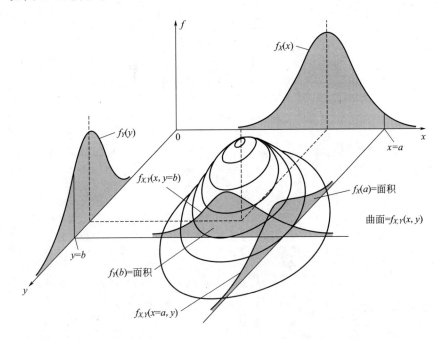

图 3.14 两个连续随机变量的联合概率密度函数和边缘概率密度函数

[**例 3.34**]
　　对建筑工人和生产率的调查得到的工作时间（每天小时数）和平均生产率（效率百分比）如下表所示。为简单起见，工作时间的数据记录为 6、8、10 和 12 小时，而平均生产率记录为 50%、70% 和 90%。记 $X=$ 工作时间、$Y=$ 产量，相关记录数据如下：

工作时间和生产率 (x,y)	出现次数	相对频率
6,50	2	0.014
6,70	5	0.036
6,90	10	0.072
8,50	5	0.036
8,70	30	0.216
10,50	8	0.058
10,70	25	0.180
10,90	11	0.079
12,50	10	0.072
12,70	6	0.043
12,90	2	0.014
总计 = 139		

上述数据可以绘制成如图 E3.34a 所示的联合概率分布。

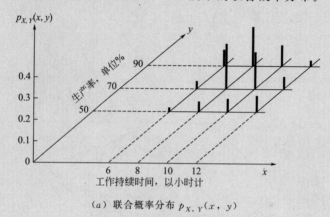

(a) 联合概率分布 $p_{X,Y}(x, y)$

工作时间 X 的边缘概率分布是：

$$p_X(x) = \sum_{(y_j = 50,70,90)} p_{X,Y}(x, y)$$

如图 E3.34b 所示。

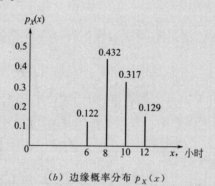

(b) 边缘概率分布 $p_X(x)$

例如，对应坐标 $X = 8$，有：

$$p_X(8) = 0.036 + 0.216 + 0.180 = 0.432$$

类似地，生产率 Y 的边缘概率分布如图 E3.34c 所示。

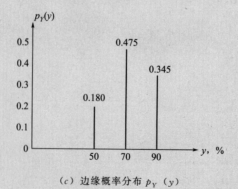

(c) 边缘概率分布 $p_Y(y)$

如果工作时间为 8 小时/天，那么根据条件概率式（E.3.61a），其平均生产率为 90% 的概率为：

$$p_{Y|X}(90\% \mid 8 \text{ 小时}) = \frac{p_{X,Y}(8,90)}{p_X(8)} = \frac{0.180}{0.432} = 0.417$$

因此，当工作时间为 8 小时/天时，生产率达到 90% 的概率小于 42%。当工作时间为 8 小时/天时，其他不同生产率水平对应的条件概率分布如图 E3.34d 所示。

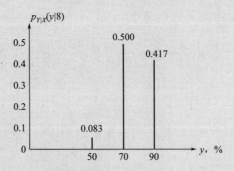

（d）条件概率分布 $p_{Y|X}(y \mid 8)$

图 E3.34d

[例 3.35]

如下的二元正态分布概率密度函数是两个连续随机变量 X 和 Y 的联合概率密度函数的一个例子：

$$f_{X,Y}(x,y)$$
$$= \frac{1}{2\pi\sigma_X\sigma_Y\sqrt{1-\rho^2}} \exp\left[\frac{-1}{2(1-\rho^2)}\left\{\left(\frac{x-\mu_X}{\sigma_X}\right)^2 - 2\rho\left(\frac{x-\mu_X}{\sigma_X}\right)\left(\frac{y-\mu_Y}{\sigma_Y}\right) + \left(\frac{y-\mu_Y}{\sigma_Y}\right)^2\right\}\right]$$
$$-\infty < x < \infty; \; -\infty < y < \infty$$

其中 ρ 是 X 和 Y 的相关系数（见 3.3.2 节定义）。上述联合概率密度函数亦可写为：

$$f_{X,Y}(x,y) = \frac{1}{\sqrt{2\pi}\sigma_X}\exp\left[-\frac{1}{2}\left(\frac{x-\mu_X}{\sigma_X}\right)^2\right]\frac{1}{\sqrt{2\pi}\sigma_Y\sqrt{1-\rho^2}}$$
$$\exp\left[-\frac{1}{2}\left(\frac{y-\mu_Y-\rho(\sigma_Y/\sigma_X)(x-\mu_X)}{\sigma_Y\sqrt{1-\rho^2}}\right)^2\right]$$

根据式（3.64），可知在 $X=x$ 条件下，Y 的条件概率密度函数是

$$f_{Y|X}(y \mid x) = \frac{1}{\sqrt{2\pi}\sigma_Y\sqrt{1-\rho^2}}\exp\left[-\frac{1}{2}\left(\frac{y-\mu_Y-\rho(\sigma_Y/\sigma_X)(x-\mu_X)}{\sigma_Y\sqrt{1-\rho^2}}\right)^2\right]$$

而 X 的边缘概率密度函数为

$$f_X(x) = \frac{1}{\sqrt{2\pi}\sigma_X}\exp\left[-\frac{1}{2}\left(\frac{x-\mu_X}{\sigma_X}\right)^2\right]$$

这两者都是高斯分布。特别地，条件正态概率密度函数的均值为

$$E(Y \mid X = x) = \mu_Y + \rho(\sigma_Y/\sigma_X)(x - \mu_X)$$

方差是

$$Var(Y \mid X = x) = \sigma_Y^2 (1 - \rho^2)$$

同样，可以给出 $Y = y$ 时 X 的概率密度函数

$$f_{X \mid Y}(x \mid y) = \frac{1}{\sqrt{2\pi}\sigma_X \sqrt{1 - \rho^2}} \exp\left[-\frac{1}{2} \left(\frac{x - \mu_X - \rho(\sigma_X/\sigma_Y)(y - \mu_Y)}{\sigma_X \sqrt{1 - \rho^2}} \right)^2 \right]$$

而 Y 的边缘概率密度函数则是

$$f_Y(y) = \frac{1}{\sqrt{2\pi}\sigma_Y} \exp\left[-\frac{1}{2} \left(\frac{y - \mu_Y}{\sigma_Y} \right)^2 \right]$$

3.3.2 协方差和相关性

当有两个随机变量 X 和 Y 时，变量之间可能存在关联。特别地，是否存在线性统计关系可确定如下。首先，给出 X 和 Y 的联合二阶矩为：

$$E(XY) = \int_{-\infty}^{\infty} \int_{-\infty}^{\infty} xy f_{X,Y}(x, y) \mathrm{d}x\,\mathrm{d}y \tag{3.69}$$

如果 X 和 Y 是统计独立的，式（3.69）变为：

$$E(XY) = \int_{-\infty}^{\infty} \int_{-\infty}^{\infty} xy f_X(x) f_Y(y) \mathrm{d}x\,\mathrm{d}y = \int_{-\infty}^{\infty} x f_X(x) \mathrm{d}x \int_{-\infty}^{\infty} y f_Y(y) \mathrm{d}y$$

$$= E(X)E(Y) \tag{3.70}$$

联合二阶中心矩即为 X 和 Y 的协方差：

$$\mathrm{Cov}(X,Y) = E[(X - \mu_X)(Y - \mu_Y)] = E(XY) - E(X)E(Y) \tag{3.71}$$

因此，根据式（3.70），如果 X 和 Y 为统计独立的，$\mathrm{Cov}(X,Y) = 0$。

协方差的物理意义可以由式（3.71）看出来。如果 $\mathrm{Cov}(X,Y)$ 的值较大且为正值，那么 X 和 Y 的值相对于其各自的均值应同时为较大或较小。如果 $\mathrm{Cov}(X,Y)$ 的值较大且为负值，那么相对于各自均值，当 Y 的值较小时 X 的值趋向于较大，反之亦然。而如果 $\mathrm{Cov}(X,Y)$ 的值较小或为零，那么 X 和 Y 值之间仅有很弱甚至没有（线性）关系，或者为非线性关系。因此，$\mathrm{Cov}(X,Y)$ 是两个随机变量 X 和 Y 之间线性相关程度的度量。但在实际应用中常采用归一化协方差或相关系数，其定义为

$$\rho = \frac{\mathrm{Cov}(X,Y)}{\sigma_X \sigma_Y} \tag{3.72}$$

不难注意到 ρ 是无量纲值，其值在 -1.0 和 1.0 之间，即

$$-1 \leqslant \rho \leqslant +1 \tag{3.73}$$

上式可证明如下：根据 Schwarz 不等式（Kaplan，1953；Hardy，Littlewood 和 Polya，1959）有：

$$\left[\int_{-\infty}^{\infty} \int_{-\infty}^{\infty} (x - \mu_X)(y - \mu_Y) f_{X,Y}(x, y) \mathrm{d}x\,\mathrm{d}y \right]^2$$

$$\leqslant \int_{-\infty}^{\infty} \int_{-\infty}^{\infty} (x - \mu_X)^2 f_{X,Y}(x, y) \mathrm{d}x\,\mathrm{d}y \int_{-\infty}^{\infty} \int_{-\infty}^{\infty} (y - \mu_Y)^2 f_{X,Y}(x, y) \mathrm{d}x\,\mathrm{d}y$$

不难看到等式左边为 $[\mathrm{Cov}(X,Y)]^2$，而上面右边的两个双重积分分别是：

$$\int_{-\infty}^{\infty}(x-\mu_X)^2 f_X(x)\mathrm{d}x = \sigma_X^2$$

和

$$\int_{-\infty}^{\infty}(y-\mu_Y)^2 f_Y(y)\mathrm{d}y = \sigma_Y^2$$

由此可得

$$[\mathrm{Cov}(X,Y)]^2 \leqslant \sigma_X^2\sigma_Y^2$$

或

$$\rho^2 \leqslant 1.0$$

从而证明了式（3.73）。

相关系数 ρ 的意义如图 3.15 所示。从中可以看到，当 $\rho=\pm1.0$ 时，随机变量 X 和 Y 是线性相关的，分别如图 3.15（a）和 3.15（b）所示。而当 $\rho=0$ 时，（X，Y）数对的值如图 3.15（c）所示。当 ρ 取中间值时，（X，Y）数对的值如图 3.15（d）所示，随着 ρ 的增大，数据点的离散程度会随之降低。从图 3.15（e）和 3.15（f）还可以看到，当 X 和 Y 是非线性关系时，即使在变量之间存在某种精确函数关系，仍然可能有 $\rho=0$。

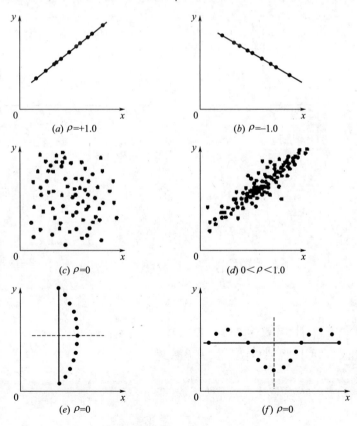

图 3.15 相关系数 ρ 的特性

因此，相关系数 ρ 的大小（在 0 和 1 之间）是一种用于度量两个随机变量之间线性关系程度的统计测度。

注：需要指出的是，虽然 ρ 可以衡量两个变量之间的线性关系程度，这并不一定意味着变量间存在因果关系。两个随机变量 X 和 Y 可能都依赖于另一个变量（或一些变量），从而导致 X 和 Y 的值可能高度相关，但其中一个变量的值可能不会直接影响另一个变量的值。例如，一条河的洪流量和建筑工人的生产率可能因为都依赖于天气条件而是相关的。但是，洪流量并不会直接影响建筑工人的生产率，反之亦然。下述例 3.36 中则将从力学角度阐述这一问题。

[例 3.36]

如图 E3.36 所示，悬臂梁受到两个随机荷载 S_1 和 S_2 作用，二者是统计独立的，其均值和标准差分别为 μ_1、σ_1 和 μ_2、σ_2。支座处的剪力 Q 和弯矩 M 都是这两个荷载的函数，分别给出如下：

$$Q = S_1 + S_2$$

和

$$M = aS_1 + 2aS_2$$

它们也都为随机变量，其均值和方差分别为（见 4.3.2 节）：

$$\mu_Q = \mu_1 + \mu_2 \qquad \sigma_Q^2 = \sigma_1^2 + \sigma_2^2$$
$$\mu_M = a\mu_1 + 2a\mu_2 \qquad \sigma_M^2 = a^2\sigma_1^2 + 4a^2\sigma_2^2$$

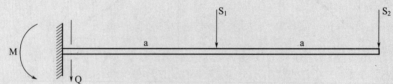

图 E3.36　受到两个荷载作用的悬臂梁

虽然两个荷载 S_1 和 S_2 是统计独立的，Q 和 M 却是相关的，其相关性可分析如下：

$$E(QM) = E[(S_1 + S_2)(aS_1 + 2aS_2)] = aE(S_1^2) + 3aE(S_1 S_2) + 2aE(S_2^2)$$

但是，$E(S_1 S_2) = E(S_1)E(S_2)$；$E(S_1^2) = \sigma_1^2 + \mu_1^2$；$E(S_2^2) = \sigma_2^2 + \mu_2^2$。因此，

$$E(QM) = a(\sigma_1^2 + \mu_1^2) + 2a(\sigma_2^2 + \mu_2^2) + 3a\mu_1\mu_2 = a(\sigma_1^2 + 2\sigma_2^2) + \mu_Q\mu_M$$

故有

$$\text{Cov}(Q,M) = E(QM) - \mu_Q\mu_M = a(\sigma_1^2 + 2\sigma_2^2)$$

由此，可以得到相应的相关系数为：

$$\rho_{Q,M} = \frac{\text{Cov}(Q,M)}{\sigma_Q\sigma_M} = \frac{\sigma_1^2 + 2\sigma_2^2}{\sqrt{(\sigma_1^2 + \sigma_2^2)(\sigma_1^2 + 4\sigma_2^2)}}$$

当 $\sigma_1 = \sigma_2$ 时，

$$\rho_{Q,M} = \frac{3}{\sqrt{10}} = 0.948$$

这说明支座处的剪力 Q 和弯矩 M 之间有很强的相关性。这种相关性产生原因是 Q 和 M 都分别是相同荷载 S_1 和 S_2 的函数，但 Q 和 M 之间不存在因果关系。

▶ 3.4 本章小结

本章介绍的主要概念包括随机变量及其相应的概率分布。对一些非常有用的概率分布函数及其特性进行了说明和示例。其中，正态分布（或高斯分布）和对数正态分布在实际中得到了广泛的应用。与极值相关的概率分布及其渐进分布在许多工程领域、特别是自然灾害问题中具有特殊的重要性，将在接下来的第 4 章专门介绍。

一个随机变量可以通过给定其概率分布进行完备描述，包括概率密度函数或概率分布函数及其参数。但一个随机变量也可以通过它的矩来进行近似描述，例如均值和方差（或标准差），通常也称之为随机变量的数值特征。针对两个（或更多）随机变量，其数值特征还必须包括变量之间的协方差或相关系数。

迄今为止，我们讨论的都是理想化理论模型，直到第 5 章依然如此。特别是，我们假定或者至少默认随机变量的概率分布及其参数或其数值特征是已知的。当然，对于一个真实问题，这些假设需要验证，而参数则需要基于真实数据和信息来估计。针对后面这些问题，我们将在第 6 章到第 8 章阐述其主要概念和方法。

▶ 习题

3.1 某建筑施工工程的两道工序项目 A 和 B 的完成天数表示为 T_A 和 T_B，其概率分布如下：

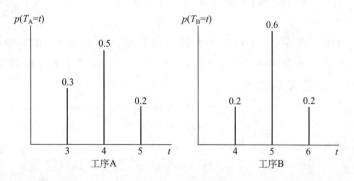

假设 T_A 和 T_B 是统计独立的。当项目 A 完成时，项目 B 就立即开始。确定并绘制出完成两道工序所需总时间 T 的概率分布。

3.2 某施工项目的利润（以千美元计）可由以下概率密度函数描述：

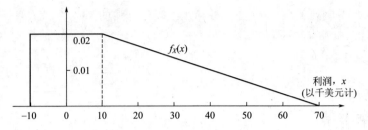

(a) 承包商完成该项工作会赔本的概率有多大？（答案：0.2）

(b) 假设承包商宣称其在该项目中赚了钱，那么利润超过 4 万美元的概率是多少？（答案：0.1875）

3.3 河流支流的暴雨径流量 X（单位为立方米/秒）可以用随机变量来描述，其概率密度函数为：

$$f_X(x) = c\left[x - \frac{x^2}{6}\right] \quad 0 \leqslant x \leqslant 6$$
$$= 0 \qquad \text{其他}$$

(a) 确定常数 c，并画出概率密度函数。（答案：1/6）

(b) 径流由排水量为 $4\text{m}^3/\text{s}$ 的排水管排出。当径流超过排水量时将会发生内涝。如果在风暴发生后有内涝，那么该风暴造成的径流小于 $5\text{m}^3/\text{s}$ 的概率是多少？（答案：0.714）

(c) 工程师考虑用排水量为 $5\text{m}^3/\text{s}$ 的较大管道替换当前管道。假设在下次风暴前完成管道更换的概率为 60%，那么在下次风暴时发生内涝的概率是多少？（答案：0.1）

3.4 降雪量超过 10in 的大雪称为大暴雪。设 X 是发生大暴雪时的降雪量。某镇的 X 的概率分布函数为：

$$F_X(x) = 1 - \left[\frac{10}{x}\right]^4 \quad x \geqslant 10$$
$$= 0 \qquad x < 10$$

(a) 确定 X 的中位数（答案：11.9）

(b) 该镇发生大暴雪时，降雪量的期望值是多少？（答案：13.3）

(c) 假设降雪量超过 15in 的大暴雪称为雪灾。那么出现大暴雪时，发生雪灾的概率是多少？（答案：0.2）

(d) 假设该镇每年遭受 0、1 和 2 次大暴雪的概率分别是 0.5、0.4 和 0.1。试给出该镇在一年中将不会遭受雪灾的概率。假定不同大暴雪中的降雪量是统计独立的。

3.5 假定随机变量 X 定义为：

$$X = \frac{\text{工程决算费用}}{\text{工程预算费用}}$$

其概率密度函数如下：

$$f_X(x) = \begin{cases} 0 & x < 1 \\ 3/x^2 & 1 \leqslant x \leqslant a \\ 0 & x > 1.5 \end{cases}$$

(a) 确定 a 的值（答案：1.5）

(b) 项目决算费用将超过其预算费用 25% 的概率是多少？（答案：0.4）

(c) 确定 X 的均值和标准差。（答案：1.216，0.143）

3.6 某地区降雨的持续时间可用以下概率密度函数描述：

$$f_X(x) = \begin{cases} x/8 & 0 < x \leqslant 2 \\ 2/x^2 & 2 < x < 8 \\ 0 & 其他 \end{cases}$$

(a) 确定暴雨的平均持续时间。（答案：3.106）

(b) 如果当前这场暴雨开始于两小时前，那么将在一个小时之内结束的概率是多少？（答案：4/9）

3.7 美国北部某地区平屋顶建筑的年最大雪荷载 X（磅/英尺^2）为一个随机变量，其概率分布函数如下：

$$\begin{aligned} F_X(x) &= 0 & x \leqslant 0 \\ &= 1 - \left[\frac{10}{x}\right]^4 & x > 0 \end{aligned}$$

(a) 工程师建议建筑的雪荷载设计值为 30 磅/英尺^2。那么在某一年内发生屋面破坏（超过设计荷载）的概率是多少？第一次破坏发生在第 5 年的概率又是多少？

(b) 如果在未来 10 年中，有 2 年及以上发生了屋面破坏，设计工程师将会受到处罚。那么他在未来 10 年内不会受到处罚的概率是多少？

3.8 某隧道掘进项目每天进度的概率分布函数可由下图描述

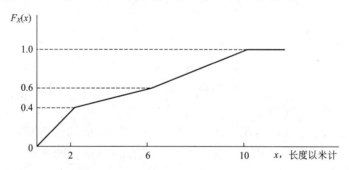

(a) 在给定的某天，隧道开挖进度为 2～8m 的概率是多少？

(b) 确定每天隧道开挖进度的中位数。

(c) 作图表示每天隧道开挖进度的概率密度函数。

(d) 确定每天隧道开挖进度的平均值。

3.9 将结构最大荷载 S（单位：t）用一个连续随机变量 S 来描述，其概率分布函数如下：

$$F_S(s) = \begin{cases} 0 & s \leqslant 0 \\ -\dfrac{s^3}{864} + \dfrac{s^2}{48} & 0 < s \leqslant 12 \\ 1 & s > 12 \end{cases}$$

(a) 确定 S 的众值和均值；

(b) 结构强度 R 可表示为一个离散随机变量，并具有下图所示的概率分布。试计算结构的失效概率，即荷载 S 大于强度 R 的概率。

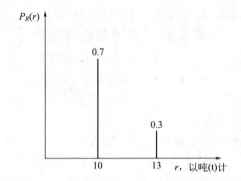

3.10 某河流在指定位置测量的年最高洪水位具有以下概率分布函数：

$$F_X(x) = \begin{cases} 0 & x \leqslant 0 \\ -0.0025x^2 + 0.1x & 0 < x \leqslant 20 \\ 1 & x > 20 \end{cases}$$

(a) 确定并画出概率密度函数 $f_X(x)$。

(b) 年最高洪水位中位数是多少？

3.11 结构焊缝中裂纹的尺寸 X（单位：mm）为随机变量并具有以下概率密度函数：

$$f_X(x) = \begin{cases} x/8 & 0 < x \leqslant 2 \\ 1/4 & 2 < x \leqslant 5 \\ 0 & 其他 \end{cases}$$

(a) 画出概率密度函数和分布函数。

(b) 计算平均裂纹尺寸。

(c) 裂纹长度小于 4mm 的概率是多少？

(d) 确定裂纹尺寸的中位数。

(e) 假设焊缝有 4 条裂纹，那么其中只有 1 条大于 4mm 的概率为多少？

3.12 某建筑的屋面总荷载 X（单位：t）具有如下概率密度函数：

$$f_X(x) = \begin{cases} 24/x^3, & 3 \leqslant x \leqslant 6 \\ 0, & 其他 \end{cases}$$

(a) 给出并绘制 X 的概率分布函数 $F_X(x)$。

(b) 总荷载的期望值是多少？

(c) 确定总荷载的变异系数。

(d) 假设屋面只能承受 5.5t 荷载，否则将坍塌。那么该屋面发生坍塌的概率是多少？

3.13 假设某海上平台的设计标准为抵抗 200 年一遇的海浪（即波高对应的重现期为 200 年），但其运行年限仅为 30 年。

(a) 该平台在运行第一年就遭受到超过其设计值大小的海浪的概率是多少？（答案：0.005）

(b) 该平台在其 30 年寿命期内不遭受超过其设计值大小的海浪的概率是多少？（答案：0.860）

3.14 某结构的设计寿命为 50 年，所在场地发生高烈度地震的重现期为 100 年。要求保证该结构在其设计寿命期将不会遭受损伤的概率为 0.99。不同地震造成损伤是统计独立的。

(a) 如果在该场地发生的高烈度地震可用伯努利序列来模拟，那么该结构在单次地震下发生损伤的概率是多少？

(b) 根据上述（a）计算得到的单次地震概率，假设地震的发生为泊松过程，则该结构在未来 20 年由于地震导致损伤的概率是多少？

3.15 某种类型飞机的机械故障为泊松过程。根据以往的记录，飞机平均每 5000h 的飞行将发生一次故障。

(a) 如果该类飞机计划每 2500 飞行小时后进行检查和维修，那么飞机在两次检修之间发生机械故障的概率是多少？

(b) 在由 10 架同类型飞机构成的飞行编组中，在上述检修周期内不会有两架及以上飞机出现故障的概率是多少？假定不同飞机之间发生故障是统计独立的。

(c) 作为负责飞机安全的工程师，如果你希望确保每架飞机的故障率不超过 5%，那么（a）中检修计划该如何改进？也就是说，检修周期（飞行小时）该调整为多少？

3.16 在钢梁制作中，可能会发生两种类型的缺陷：（1）含有少量异物（"熔渣"）；（2）存在微裂纹。通过细致的实验室研究发现，对于某制造商提供的特定尺寸工字钢梁，沿梁长度方向的微裂纹之间的平均距离为 40ft，而熔渣杂物为平均每 100ft 有 4 处。每种类型缺陷都是泊松过程。

(a) 对于一根由该制造商提供的 20ft 长的工字钢梁，刚好找到两处微裂纹的概率是多少？（答案：0.076）

(b) 对于同一根 20ft 长的梁，发现一个或多个掺杂熔渣的概率是多少？（答案：0.551）

(c) 如果一根 20ft 长的梁被发现有 2 个以上的缺陷时，将会被拒收。那么一根 20ft 长的梁被拒收的概率是多少？（答案：0.143）

(d) 去年该制造商供应了 4 根 20ft 的工字钢给承包商。假设各梁发生缺陷之间是统计独立的。那么其中只有一根梁被拒收的概率是多少？（答案：0.360）

3.17 某工业城市的空气质量有时不合格（差），这取决于天气状况和工厂产量。假设发生空气质量欠佳的事件为泊松过程，平均发生率为 1 次/月。在空气质量不合格期间，其污染物浓度可能达到危险水平的概率为 10%。假设任意两个空气质量为差期间的污染物浓度是统计独立的。

(a) 在接下来的四个半月内，最多出现 2 次空气质量欠佳的概率是多少？（答案：0.174）

(b) 在未来三个月内，空气质量将出现危险水平的概率是多少？（答案：0.259）

3.18 一个国家可能遭受自然灾害，如洪水、地震和飓风。假设地震发生为泊松过程，平均发生率为 10 年 1 次；飓风的发生也为泊松过程，平均发生率为每年 0.3 次。每年可能发生一次或不发生洪水，每年洪水是否发生服从伯努利序列，其平均重现期为 5 年。假设洪水、地震和飓风的发生是相互独立的。

(a) 如果在某一年没有发生灾害，则被称为"好年"。那么某一年是"好年"的概率是多少？（答案：0.536）

（b） 未来五年内将有两年为"好年"的概率是多少？（答案：0.287）

（c） 在某一年只发生一次自然灾害的概率是多少？（答案：0.349）

3.19 在某路口发生的交通事故可用泊松过程描述。根据历史记录，事故率为平均每 3 年 1 次。

（a） 在五年内该路口不会发生事故的概率是多少？

（b） 假设在该路口发生的交通事故中出现人员死亡的概率为 5%。根据上述泊松模型，在 3 年内该路口将发生交通死亡事故的概率是多少？

3.20 某公路在暴风雪期间的路况非常危险。假定在暴风雪天平均每 50 英里发生 1 次交通事故。假设该公路上发生的事故可用泊松过程描述，对于 20 英里长的公路区段，回答下列问题：

（a） 在某暴风雪天至少发生一次事故的概率是多少？（答案：0.33）

（b） 假设今年冬天有 5 个暴风雪天，那么在这 5d 中有 2d 没有事故发生的概率是多少？假设在不同暴风雪天发生的事故之间是统计独立的。（答案：0.16）

3.21 在某繁忙的十字路口，交通事故的发生可用泊松过程描述，平均事故率为每年 3 次。

（a） 确定在两个月内恰好发生一次事故的概率。它和 4 个月内恰好发生两次事故的概率一样吗？请给出解释。

（b） 如果发生的事故中有 20% 会致人死亡，那么该路口在 2 个月内发生致人死亡事故的概率是多少？假定发生致人死亡事故是统计独立的。

3.22 某镇和两条河接壤，如图所示。为了防止水位过高，该镇修建了防洪堤 A 和 B。防洪堤 A 和 B 设计的洪水重现期分别为 5 年和 10 年。假定两条河流发生洪水事件在统计上是独立的。

（a） 确定该镇在某一年会遭遇洪水的概率。（答案：0.28）

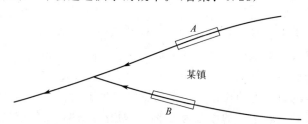

（b） 该镇在未来 5 年内至少有 2 年会遭遇洪水的概率是多少？（答案：0.43）

（c） 假设该镇居民希望将每年遭遇洪水的概率减少到最多 15%。将防洪堤 A 的设计洪水重现期提高到 10 或 20 年需要的投资分别为 500 和 2000 万美元；而将防洪堤 B 的设计洪水重现期提高到 20 年或 30 年需要的投资分别为 1000 和 2000 万美元。那么最佳投资计划是什么？（答案：A 到 10 年，B 到 20 年）

3.23 某建筑物的外墙由 100 个 3m×5m 的玻璃面板组成。已有记录显示，该类型的玻璃面板中平均每 50m² 会有一个缺陷。如果一块面板含有两个或更多的缺陷，那么将最终导致破裂、因而需要更换。缺陷的发生可假定为泊松过程。

（a） 某一块面板将被更换的概率是多少？（答案：0.037）

（b） 更换玻璃面板的成本通常很高。如果每块更换成本为 5000 美元，那么该建筑更

换玻璃的预期成本是多少？（答案：18500 美元）

（c）有一种档次较高的玻璃面板，每块的售价多 100 美元，但平均每 $80m^2$ 才出现一个缺陷。如果想要玻璃面板的期望总成本（初始成本加上更换成本）最小，你是否建议使用更高档的玻璃面板？

3.24　某公路上的卡车流量可以用泊松过程描述，其平均到达率为每分钟 1 辆。每辆卡车的重量是随机的，且一辆卡车超载的概率为 10%。

（a）在 5 分钟内至少有 2 辆卡车通过该公路称重站的概率是多少？（答案：0.96）

（b）停在称重站的 5 辆卡车中，至多只有一辆超载的概率是多少？（答案：0.92）

（c）假设该称重站在午餐时间关闭 30min，那么午餐时间有超载货车经过的概率是多少？（答案：0.95）

3.25　某县发生的飓风可以看作泊松过程。在过去 20 年内，该县已发生 20 次飓风。如果在一年中至少发生了一次飓风，则这一年被称为"飓风年"。

（a）下一年将是"飓风年"的概率是多少？（答案：0.632）

（b）在未来 3 年内会有 2 个"飓风年"的概率是多少？（答案：0.441）

（c）平均而言，在 10 年内，

（i）预期发生多少次飓风？

（ii）预期有多少个"飓风年"？

3.26　强烈地震的发生可用泊松过程来描述，某大都会地区平均在 50 年内遭遇一次强烈地震。在该大都会地区有三座桥梁。当发生强烈地震时，桥梁发生垮塌的概率是 0.3。假设在一次强烈地震中不同桥梁发生垮塌是统计独立的，且不同地震之间桥梁发生垮塌也是统计独立的。

（a）该大都会地区在未来 20 年内最多发生一次强烈地震的概率是多少？　（答案：0.938）

（b）当发生强烈地震时，三座桥梁中恰有一座将发生垮塌的概率是多少？　（答案：0.441）

（c）在未来 20 年内，"没有桥梁因地震而垮塌"的概率是多少？（答案：0.769）

3.27　现有地下管道的潜在风险之一是不适当地开挖。考虑一条 100 英里长的管道系统。假设在未来一年中，沿该管道的开挖服从泊松过程，其平均发生率为每 50 英里 1 次。有 40% 的开挖会导致管道破坏。假设不同开挖导致破坏是统计独立的。

（a）下一年沿该管道将至少发生两次开挖活动的概率是多少？

（b）假设这两次开挖确实实施了，该管道将发生破坏的概率是多少？

（c）下一年该管道将不会发生因开挖导致破坏的概率是多少？

3.28　焊缝上出现缺陷可假设为泊松过程，平均发生率为 0.1 个/ft。

（a）假设某典型结构连接需要 30in 长的焊缝，且该连接的焊缝必须是无缺陷的才算合格。那么该焊接连接合格的概率是多少？（答案：0.779）

（b）某焊接工作包括三个类似的结构连接，那么至少有 2 个连接是合格的概率是多少？（答案：0.875）

（c）这三个结构连接中总共只有一个缺陷的概率是多少？（答案：0.354）

3.29　以下是 A 镇在 1994 年至 2003 年的 10 年间发生洪水的记录。

年　　份	洪水次数	年　　份	洪水次数
1994	1	1999	0
1995	0	2000	2
1996	1	2001	0
1997	1	2002	0
1998	0	2003	1

该镇洪水的发生可以用泊松过程来模拟。

(a) 基于上述历史洪水数据，确定在未来 3 年内 A 镇会发生 1 到 3 次洪水的概率。

(b) 某污水处理厂位于该镇的高海拔位置，当发生洪水时它被淹没的概率为 0.02。那么该厂在 5 年内都不会被淹没的概率是多少？

3.30 公路交通意外事故可分为两类：有人员受伤（Ⅰ）或无人员受伤（N）事故。在一年中一条公路上这两类公路事故的发生率分别为每英里 0.01 次和 0.05 次。假设公路上上述两类事故的发生均遵循泊松过程。考虑距离为 50 英里的两个城市之间的公路。

(a) 确定在某一年正好发生 2 次无受伤事故的概率。

(b) 确定在某一年至少发生 3 次事故的概率。

(c) 假定上一年正好发生 2 次事故，那么这两次都有人员受伤的概率是多少？

3.31 在伊利诺伊州的 Peoria，在每年两个季节中发生的雷暴可以用泊松过程描述。这两个季节为：

Ⅰ. 冬季（10 月至 3 月）

Ⅱ. 夏季（4 月至 9 月）

根据 21 年的统计记录显示，共有 173 次雷暴在冬季发生，而 840 次雷暴在夏季发生。

(a) 确定（ⅰ）冬季、（ⅱ）夏季每个月的雷暴平均发生率。（答案：（ⅰ）1.37，（ⅱ）6.67）

(b) 在明年的 3 月到 4 月这两个月期间，将一共发生 4 次雷暴的概率是多少？（答案：0.056）

(c) 在未来 5 年内，有 2 年在 12 月不会发生雷暴的概率是多少？（答案：0.267）

3.32 土工膜可以提供有效的不渗透屏障，经常用于垃圾填埋衬里系统。由于土工膜必须缝合在一起以覆盖整个场地，因此有可能在接缝处发生缺陷。考虑一个垃圾填埋场建设项目，假设需要 3000m 长的接缝，沿接缝长度平均每 200m 会出现一个缺陷。对安装后的土工膜层进行检测，并对查出的缺陷进行修复。但仍有部分缺陷可能在检测中未能发现，因而可能导致填埋衬里系统的性能不够理想。假设当前的检测程序中有 20% 的缺陷未能检测出来。

(a) 进行一次检测后沿接缝的平均缺陷率是多少？

(b) 假设未被检测发现的缺陷可用泊松过程描述，那么该衬里系统有两个以上缺陷的概率是多少？

(c) 考虑一个类似但规模较小，只有 1000m 接缝的项目。但在该项工程中，对土工膜接缝缺陷限制很严，要求该土工膜衬套系统在检测后为无缺陷的概率达到 95%。假定接缝制作质量和未检测接缝一样（即在检查之前的平均缺陷率一样），但将改善检测方法以降低未检出缺陷的比率。那么这种改进检测方法允许缺陷未被检测出的比率应该为多少？

3.33 航班飞行延误时间为指数分布，其均值为 0.5h。这一航班中有 10 位乘客后续需要搭乘中转航班。根据不同的最终目的地情况，预计转机时间可能为 1h 或 2h。假设分别有 3 位和 7 位乘客对应上述转机时间。

(a) 假设约翰是 10 名需要转机的乘客之一，那么他将误机的概率是多少？（答案：0.053）

(b) 假设他在飞机上遇到了迈克。迈克也需要转机但是去另一个目的地，因而和约翰的转机时间不同。那么约翰和迈克都会误机的概率是多少？（答案：0.018）

(c) 约翰的一个朋友玛丽恰好住在约翰转机的机场附近。她想借此机会和约翰在机场碰面。假设与约翰预计到达时间相比她已经等了超过 30min。那么约翰将会误机，从而使得他们有机会能悠闲地一起吃晚饭的概率是多少？假设约翰原定转机时间为 1h。（答案：0.368）

3.34 假定某供应商的钢筋有 2% 达不到标准。该供应商为某钢筋混凝土建筑项目供应了 1000 根钢筋。为了保证钢筋的质量，建筑公司从中随机抽取了 20 根进行了测试看是否达标。基于 2% 的钢筋不合格率，试回答下列问题：

(a) 所有 20 根钢筋都能通过测试的概率是多少？

(b) 用于测试的钢筋中至少有 2 根不合格的概率是多少？

(c) 如果建筑公司希望有 90% 的概率确保该供应商提供的钢筋质量，那么要求每根测试钢筋都合格时应从中抽取多少根进行测试？

3.35 一条单行主干道如下图所示，其交通流可用泊松过程描述，平均到达率 $\gamma = 10$ 辆车/min。某驾驶员（方框显示）正在等待穿过这条主干道，若他发现有 15s 时间间隙则他将尽快通过。

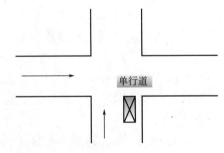

单行道

(a) 确定该时间间隙将超过 15s 的概率 p。

(b) 该驾驶员将在第 4 次间隙时通过的概率是多少？

(c) 确定他穿过该主干道需要等待的平均时间间隙数。

(d) 他将在前 4 次时间间隙中通过的概率有多大？

3.36 假设某种材料存在裂纹，随机选择一条裂纹，其长度（单位为 μm）服从正态分布，均值为 71、方差为 6.25。

(a) 裂纹长度超过 $74\mu m$ 的百分比是多少？

(b) 长度超过 $72\mu m$ 的裂纹中超过 $77\mu m$ 的比例是多少？

3.37 某项目可表示为下图所示的简单施工网络，由表示工序的有向分支和表示工序开始/终止的节点构成。

A 和 B 是独立的工序、并且都计划于第 0d 同时开始。节点 a 表示工序 A 和 B 都完成了，节点 b 表示整个项目的完成。工序 C 仅当 A 和 B 都完成后才能启动。所有工序需要的持续时间（以天为单位）均为服从正态分布的随机变量，如图所示。

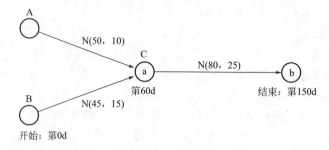

在节点 "a"，工序 C 计划于第 60d 开始。但如果存在拖延，它将比预定开工时间晚 15d 开始（例如可能由于需要重新分配资源给其他项目）。

(a) 工序 C 将按计划开始、即项目开始 60d 后开工的概率是多少？

(b) 该项目将按期完成、即项目开始后 150d 内完成的概率是多少？

3.38 某机场目前每天的高峰时段流量（起飞和降落数）为正态分布的随机变量，其均值为 200 架、标准差为 60 架。

(a) 如果当前跑道容量（用于着陆和起飞）为每小时 350 架飞机，那么目前该机场发生拥堵的概率是多少？假定每天有一小时高峰时间。（答案：0.0062）

(b) 若平均流量每年按 10％线性增加，但变异系数保持不变，那么 10 年后该机场将发生拥堵的概率是多少？

(c) 如果预期的流量增长率是准确的，那么为了保持目前的服务条件、即保持当前的可能拥堵概率，10 年后机场容量需要达到什么水平？

3.39 某机场有 2 条跑道，一条是南北跑道，另一条是东西跑道。由于主导风向的原因，80％的时间使用南北跑道，其余时间则使用东西跑道。某天选择使用那一条跑道，是基于这一天开始时的风向，并且一旦选定了整天都不再改变。该机场每天有一个高峰期，是下午 4：00 到 5：00 之间。在该高峰时段，每天空中流量变化可以用正态变量 N（100，10）描述。如果在高峰时间有超过 120 架飞机使用，则南北跑道将拥挤；而如果每天有超过 115 架飞机使用，则东西跑道将拥挤。

(a) 如果某天一开始就选用南北跑道，那么该跑道在这天将出现拥挤的概率是多少？

(b) 如果某天一开始就选用东西跑道，那么该跑道在这天将出现拥挤的概率是多少？

(c) 如果某天事先不知道哪条跑道将会被选用，那么该机场在这天将出现拥挤的概率是多少？

3.40 某基础工程师估计一个待建结构的沉降不超过 2in 的概率为 95％。根据建造在类似土壤条件上许多类似结构的数据，他发现沉降的变异系数为 20％左右。如果假定该待建结构的沉降为正态分布，那么该结构的沉降将超过 2.5in 的概率是多少？ （答案：0.00047）

3.41 某学生向工程开放之家（Engineering Open House）组织的"强度竞赛"提交了一件混凝土圆柱体。假设她的混凝土圆柱体的强度为正态分布 $N(80,20)$ kips。她被安排在最后进行加载测试。在她的试件测试前，比赛中已有的两个最高强度为 100 和 70kips。

(a) 她将获得第二名的概率是多少?

(b) 假设她的试件正在测试,成功加载到 90kips 已经无任何悬念。那么她将会赢得第一名的概率是多少?

(c) 假设她提交了一件类似试件到另一个比赛。她的男友用另一种方法制作的混凝土圆柱体强度预计会比她的高出 1%,而变异系数要高 50%。谁更可能在比赛中获得更高的强度成绩?请判断说明。

3.42 某海洋平台需要承受来自海浪的波浪力。

(a) 海浪的年最大波高(大于平均海平面的高度)为服从高斯分布的随机变量,其均值为 4.0m、变异系数为 0.80。那么在某一给定年份波高将超过 6m 的概率是多少?

(b) 如果该平台高度设计为 3 年内甲板不上浪的概率为 80% 的波高(大于平均海平面的高度),那么该平台高于平均海平面的高度应该是多少?不同年份之间的波高是统计独立的。

(c) 假设海浪波高超过 6m 的事件服从泊松过程,并且每个这样的波高将导致该平台发生破坏的概率为 0.40。那么该平台在 3 年内不会发生破坏的概率是多少?假定不同海浪造成的平台破坏是统计独立的。

3.43 某城市每日空气中的 SO_2 浓度为正态分布,其平均值为 0.03ppm、变异系数为 40%。假设任意 2d 的 SO_2 浓度是统计独立的。假设空气清洁的标准为:

1.每周平均 SO_2 浓度不得超过 0.04ppm。

2.一周内 SO_2 浓度超过 0.075ppm 的天数不得多于 1d。

请确定该城市更可能不满足这两个标准中的哪一个?请通过概率计算证实你的结论。

3.44 来自某工厂的每日污染物排放量可用一个正态分布随机变量来描述,其均值为 10 个单位,变异系数为 20%。当某天污染物排放量超过 14 个单位时,即被认定为超标。假定任意 2d 之间的污染物排放量在统计上是独立的。

(a) 在某天污染物排放量超标的概率是多少?(答案:0.02275)

(b) 法规要求对污染物排放量进行为期三天的检测。如果在三天中发生污染物排放量超标,则该工厂将被控违规。那么该工厂将不会被控违规的概率是多少?(答案:0.933)

(c) 假定有个改进的检测方案。污染物排放量将检测 5d,如果在 5d 中有多于一天被检测为超标则该厂将被控违规。那么这种方案对工厂更为有利吗?请说明。(答案:是)

(d) 回到问题(b)。虽然该厂不能降低每日污染物排放量的标准差,但是可以通过改进其化学过程来降低其每日平均排放量。假设该厂被控违规的概率限制为 1%,那么其污染物日平均排放量应该是多少?(答案:8.58)

3.45 某地区发生强烈地震的时间间隔服从对数正态分布,其变异系数为 40%。强烈地震时间间隔的期望值为 80 年。

(a) 确定该对数正态分布重现期 T 的参数。(答案:4.308,0.385)

(b) 计算在上一次强烈地震后的 20 年内再发生一次强烈地震的概率。 (答案:0.00033)

(c) 假设该地区上一次强烈地震发生在 100 年前,那么在明年将发生一次强烈地震的概率是多少?(答案:0.034)

3.46 某条河流每天的污染物平均浓度服从对数正态分布,平均值为 60 毫克/升、变异系数为 20%。

(a) 某一天中该河流中污染物平均浓度超过 100 毫克/升（临界值）的概率是多少？（答案：0.00398）

(b) 假设每天的污染物浓度是统计独立的。那么给定的一周内污染物浓度都不会达到临界值的概率是多少？（答案：0.972）。

3.47 因为空间不规则性，从地面到基岩的深度 H 可视为对数正态随机变量，其平均深度为 20m、变异系数为 30%。为了提供足够的支撑，每根钢桩必须打入基岩表面以下 0.5m 的深度，如下图所示。

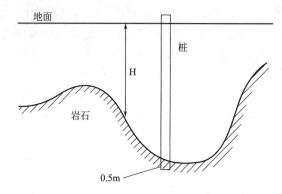

(a) 一根 25m 长的桩不能很好锚固在该基岩处的概率是多少？

(b) 如果一根 25m 的桩已经打入 24m 但还没有遇到岩层，那么在原来长度上另外焊接一根 2m 的桩后，就足够锚固在基岩层的概率是多少？

3.48 输电塔的桩基承载力为一个对数正态分布的随机变量，其均值为 100t、变异系数为 20%。

(a) 该桩基能承载 100t 的概率是多少？

(b) 在桩基安装中，桩加载试验表明该桩至少能承载 75t，那么该桩将能承载 100t 荷载的概率是多少？

(c) 如果该桩基成功抵抗了最近的一次飓风，在该飓风中传到桩基的荷载估计为 90t，那么该桩基能承载 100t 荷载的概率是多少？

3.49 某城市遭遇飓风的最大风速服从对数正态分布，其均值为 90 英里/小时，变异系数为 20%。

(a) 下一个飓风的最大风速超过 120 英里/小时的概率是多少？

(b) 确定重现期为 100 年的飓风设计风速。假设每年都会有一次飓风袭击该城市。

3.50 计算机 XXX 的故障统计数据表明，该计算机无故障运行情况可用 Gamma 分布描述，均值为 40d、标准差为 10d。该计算机会进行日常维护，以确保在任何时间可正常运行概率为 95%。

(a) 该计算机的维修计划是多长时间一次？（提示：应该比均值 40d 长还是短？）

(b) 如果该计算机在指定进行日常维护的时间运行良好，因而没有进行维护，那么在超过其维护时间后的一个星期之内将会发生故障的概率是多少？

(c) 一家工程咨询公司需要同时有 3 台 XXX 型计算机。它们的运行环境、工作量和定期维护计划均相同。这些计算机发生故障之间可以假设是统计独立的。那么这 3 台机器中至少有一台将在第一个预计维护周期内发生故障的概率是多少？

3.51 某建筑物的地震抗力服从 Gamma 分布，均值为 2500t，变异系数为 35%。

(a) 如果该建筑物已经抵抗住了前一次地震中 1500t 地震力而没有破坏，那么它在未来地震中能够承受 3000t 地震力的概率是多少？

(b) 发生地震力为 2000t 的地震事件为泊松过程，平均发生率为每 20 年一次。那么该建筑在 50 年寿命期都不会发生破坏的概率有多大？

(c) 有 5 栋类似建筑，每栋都具有上述相同的地震抗力，那么当受到 2000t 地震力作用时，其中至少有 4 栋不会破坏的概率是多少？假定不同建筑物的地震破坏之间是统计独立的。

3.52 在港口，商船可能需要在码头排队等待装卸。每一条船的装卸操作可能是 2d 或 3d，其相对可能性之比为 1：3。不同商船之间的装卸时间是统计独立的。在码头只有一个装卸起重机和 3 个泊位。假定排队情况的概率如下：

队列大小 （船舶数量）	概率
0	0.1
1	0.3
2	0.4
3	0.2

(a) 一条商船到达该码头后，如果已经有两艘船已经在排队并且该队列中第一条船才刚开始装卸，那么这艘船的总等待时间超过 5d 才开始进行装卸的概率是多少？

(b) 如果当问题（a）中不知道该船在到达码头时的排队情况，那么其总等待时间将超过 5d 的概率是多少？

(c) 假设一条船的装卸时间为服从 Beta 分布的随机变量，其最短和最长装卸时间分别为 1.5d 和 4d，形状参数为 3.00 和 4.50，船舶之间的装卸时间是统计独立的。在此情况下，问题（b）的答案又如何？对这一题，也可以考虑第 5 章的计算机数值方法。

3.53 某桥梁连接两个城市 A 和 B，该桥梁通行能力为每小时 1000 辆。通常通过该桥梁的交通峰值可视为 Beta 分布，每小时交通流量下限和上限分别为每小时 600 辆和 1100 辆，平均为 750 辆，变异系数为 0.20。如果该桥梁的交通流量超过其通行能力或发生交通事故时将会发生拥堵。在高峰时段，该桥上发生事故的概率为 0.02。可以假设高峰流量峰值和事故发生是统计独立的。

(a) 该桥梁将在任意某天发生拥堵的概率是多少？

(b) 如果该桥梁发生拥堵，那么是由于桥上发生交通事故造成的概率是多少？

3.54 统计数据显示，某工科院校的新生在一年后将有 20% 的学生不及格。在一个班 30 名学生中随机选取 8 名学生，在一年后其中将有 2 名不及格的概率是多少？

3.55 某公路承包商从一家设备租赁公司预订了 10 台压路机。以往记录显示，一台压路机的平均无故障运行时间为 35d，变异系数为 0.25。如果无故障运行时间服从 Gamma 分布。

(a) 一台压路机在 40d 内都能正常运行的概率是多少？

(b) 如果租赁公司拥有 50 台压路机，假定其中有 10% 的无故障运行时间少于 40d，那么在 10 台压路机中有 2 台正常运行时间不足 40d 概率是多少？

3.56 某办公楼的设计要有抗侧力体系以考虑地震区的地震作用。所建议体系的抗震承载力（用抗力系数表示）可假定为对数正态分布，其中值为 6.5、标准差为 1.5。在该场地上由最大可能地震产生的等效地震力系数为 5.5。

(a) 当受到最大可能地震时，该办公楼将发生破坏的概率估计是多少？

(b) 如果在前一次地震力系数为 4.0 的中等地震中，该建筑完好（没有发生任何损伤），那么它在最大可能地震作用下发生破坏的概率是多少？

(c) 未来最大可能地震的发生可以用泊松过程描述，其重现期为 500 年。如果不同地震的破坏效应是统计独立的，那么该建筑在 100 年寿命期间不会发生破坏的概率是多少？

(d) 假设该办公楼是 5 栋具有相同地震设计抗力的建筑群之一，那么这 5 栋建筑中至少有 4 栋将在 100 年寿命期间不发生破坏的概率是多少？各建筑物在地震下是否破坏可假定是统计独立的。

3.57 某供水网络系统如下图所示。在该网络的给定流速下，某个节点的性能用该节点的水头衡量。某节点的性能令人满意意味着该节点水头在正常范围、即 6 到 14 个单位之间。假设节点 A 的水头是对数正态随机变量，其均值为 10、变异系数为 20%。

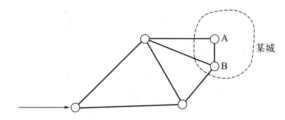

(a) 节点 A 的性能令人满意的概率是多少？（答案：0.955）

(b) 假设某城市由节点 A 和 B 供水。通常，节点 B 的水头在正常范围内的概率为 90%。但节点 B 的水头依赖于节点 A 的水头。倘若节点 A 的水头在正常范围之外，节点 B 的水头变到正常范围以外的概率将增加为原来的两倍。只要 A 或 B 中至少有一个节点具有正常水头就能为该市提供令人满意的供水服务。那么该市供水服务不令人满意的概率是多少？（答案：0.0089）

(c) 假设下面任何一种方式可以用来改善供水系统：

（Ⅰ）降低节点 A 水头的变异系数至 15%；

（Ⅱ）将节点 B 水头在正常范围内的概率增加至 95%。

为了使得该城市供水服务为不满意的概率最小，上述哪种方式更好？（答案：Ⅰ）

3.58 两个水库 A 和 B 每天的水位（与各自的满水位状态的比值）可表示为两个随机变量 X 和 Y，并具有如下联合概率密度函数

$$f(x,y)=(6/5)(x+y^2),0<x<1;0<y<1$$

(a) 确定水库 A 每天水位的边缘密度函数。

(b) 如果某一天水库 A 是半满的，那么 B 水库的水位将超过半满的概率是多少？

(c) 两个水库的水位之间是否存在统计相关性？

3.59 由风暴引起某处的降水量 X（in）和径流 Y（cfs）（为简单起见加以离散化）的联合概率分布如下：

	$X=1$	$X=2$	$X=3$
$Y=10$	0.05	0.15	0.0
$Y=20$	0.10	0.25	0.25
$Y=30$	0.0	0.10	0.10

(a) 下一次风暴导致 2in 以上的降水和超过 20cfs 径流量的概率是多少？（答案：0.2）

(b) 经过一场暴风雨后，雨量计指示降雨为 2in。那么在这场风暴中，径流量为 20cfs 或以上的概率是多少？（答案：0.7）

(c) X 和 Y 之间是统计独立的吗？请加以论证。（答案：否）

(d) 确定并画出径流量的边缘概率分布。

(e) 确定并绘制降雨量为 2in 的风暴引起的径流量的概率分布。

(f) 确定降水和径流量之间的相关系数。（答案：0.35）

▶ 参考文献

Ang, A. H.-S., "Bases for Reliability Approach to Structural Fatigue," Proc. 2nd. Int. Conf. on Structural Safety and Reliability, ICOSSAR '77, Munich, Germany, Werner-Verlag, Dusseldorf, Sept. 1977.

Ang, A.H.-S., and Tang, W.H, "Probability Concepts in Engineering Planning and Design," Vol. 2, *Decision, Risk and Reliability*, John Wiley & Sons, New York, 1984.

Elderton, W.P, *Frequency Curves and Correlation*, 4th ed., Cambridge University Press, Cambridge, England, 1953.

Hardy, G.H, Littlewood, J.E, and Polya, G., *Inequalities*, Cambridge University Press, Cambridge, England, 1959.

Harter, H.L, *New Tables of the Incomplete Gamma Function Ratio and of Percentage Points of the Chi-square and Beta Distributions*, Aerospace Research Laboratories, U.S. Air Force, U.S. Government Printing Office, Washington, D.C., 1963.

Kaplan, W., *Advanced Calculus*, Addison-Wesley Publishing Co., Cambridge, MA, 1953.

Pearson, E.S, and Johnson, N.L, *Tables of the Incomplete Beta Function*, 2nd ed., Cambridge University Press, Cambridge, England, 1968.

Ruhl, J.A., and Walker, W.H., "Stress Histories for Highway Bridges Subjected to Traffic Loading," *Civil Engineering Studies, Structural Research Series No. 416*, University of Illinois at Urbana-Champaign, March 1975.

Zhao, Y.G, and Ang, A.H-S., "Three-Parameter Gamma Distribution and Its Significance in Structural Reliability," *Computational Structural Engineering, An International Journal*, Vol. 2, Seoul, Korea, 2002.

第4章

随机变量的函数

▶ 4.1 引言

本章将介绍一个或多个随机变量的函数。在工程问题中通常需要确定一个因变量与一个或多个基本变量或自变量之间的函数关系。如果任意一个自变量是随机的，则因变量也将是随机的，其统计矩和概率密度函数将与基本随机变量的统计信息有关并可由此导出。例如，长度为 L 的悬臂梁在杆端集中荷载 P 作用下的挠度 D（见例 1.2）是荷载 P 和梁的材料弹性模量 E 的如下函数

$$D = \frac{PL^3}{3EI}$$

其中，I 是梁截面的惯性矩。显然，可以预期，如果 P 和 E（如建筑木材）都是随机变量，其概率密度函数分别为 $f_P(p)$ 和 $f_E(e)$，则挠度 D 也是随机变量，其概率密度函数 $f_D(d)$ 可从 P 和 E 的概率密度函数导出。而且，D 的统计矩（如均值与方差）也可以从 P 和 E 的相应统计矩导出。在本章中，我们将阐述与随机变量函数统计信息有关的概念和方法并给出示例。

▶ 4.2 随机变量函数的概率分布

4.2.1 单个随机变量的函数

首先考虑单个随机变量的函数

$$Y = g(X) \tag{4.1}$$

在此情况下，当 $Y = y$ 时，$X = g^{-1}(y)$，其中 g^{-1} 是 g 的反函数。若反函数 $g^{-1}(y)$ 有单根、因而是单值的，则有

$$P(Y = y) = P[X = g^{-1}(y)]$$

因此 Y 的概率分布是

$$p_Y(y) = p_X[g^{-1}(y)] \tag{4.2}$$

式（4.2）可图示如下：设 Y 是离散随机变量 X 的函数

$$Y = X^2 \text{,当 } x \geqslant 0$$

假设 X 的概率分布如左下图所示。

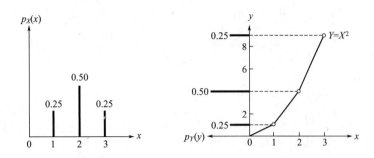

此时，由式（4.2）可知，当 $y=1$ 时 $x=1$，于是 $p_Y(1)=p_X(1)=0.25$，当 $y=4$ 时，$p_Y(4)=p_X(2)=0.5$，而当 $y=9$ 时 $p_Y(9)=p_X(3)=0.25$。在所有其他值上 Y 的概率为零。例如，$p_Y(5)=p_X(\sqrt{5})=p_X(2.24)=0$。$Y$ 的概率分布如右上图所示。

进而，若 $g(x)$ 是 x 的递增函数，我们有

$$P(Y \leqslant y) = P[X \leqslant g^{-1}(y)]$$

而若 $g(x)$ 是 x 的递减函数，则有 $P(Y \leqslant y)=P[X \geqslant g^{-1}(y)]$。

因此，当 y 随着 x 递增时，那么 Y 的概率分布函数是

$$F_Y(y) = F_X[g^{-1}(y)] \tag{4.3}$$

故对离散随机变量 X，有

$$F_Y(y) = \sum_{\text{对所有} x_i \leqslant g^{-1}(y)} p_X(x_i) \tag{4.4}$$

而当 X 有连续概率密度函数 $f_X(x)$ 时，式（4.3）将给出

$$F_Y(y) = \int_{\{x \leqslant g^{-1}(y)\}} f_X(x)\mathrm{d}x = \int_{-\infty}^{g^{-1}(y)} f_X(x)\mathrm{d}x \tag{4.5}$$

根据积分变量的变换规则，式（4.5）成为

$$F_Y(y) = \int_{-\infty}^{g^{-1}(y)} f_X(x)\mathrm{d}x = \int_{-\infty}^{y} f_X(g^{-1}) \frac{\mathrm{d}g^{-1}}{\mathrm{d}y}\mathrm{d}y$$

其中 $g^{-1}=g^{-1}(y)$。由此可得 Y 的概率密度函数为

$$f_Y(y) = \frac{\mathrm{d}F_Y(y)}{\mathrm{d}y} = f_X(g^{-1}) \frac{\mathrm{d}g^{-1}}{\mathrm{d}y}$$

在上述分析中，当 y 随着 x 递增时，$\mathrm{d}g^{-1}/\mathrm{d}y$ 是正的。而当 y 随着 x 递减时，$F_Y(y)=1-F_X(g^{-1})$，从而

$$f_Y(y) = -f_X(g^{-1}) \frac{\mathrm{d}g^{-1}}{\mathrm{d}y}$$

但此时 $\mathrm{d}g^{-1}/\mathrm{d}y$ 小于零。因此，综合上述讨论可得 Y 的概率密度函数的表达式为

$$f_Y(y) = f_X(g^{-1}) \left| \frac{\mathrm{d}g^{-1}}{\mathrm{d}y} \right| \tag{4.6}$$

[例 4.1]

这里首先通过例题说明式（4.2）所示的离散分布的变换。考虑如下图所示的情形，长度为 L 的悬臂梁在自由端受到集中荷载 F 的作用。

假设荷载 F 是许多重量相同的盒子的总重量。在梁上作用的盒子的数量 x 是一个在 0 到 n 之间服从二项分布的随机变量，每个盒子参与作用的概率是 p。因此，荷载 F 具有如下的二项分布

$$p_F(x) = \binom{n}{x} p^x (1-p)^{n-x}, \quad x = 0, 1, \cdots, n$$

其中 x 是作用在梁上的盒子的数目。当有 x 个盒子时，悬臂梁在固定端的弯矩为

$$m = x \cdot L$$

其反函数是 $g^{-1} = x = m/L$。因此，由式（4.2）可得，弯矩的分布为

$$p_M(m) = p_F[g^{-1}(m)] = P\left\{F = \frac{m}{L}\right\}$$

$$= \binom{n}{m/L} p^{m/L} (1-p)^{n-m/L}$$

由于 $m = xL$，容易看到杆端弯矩 M 具有与荷载 F 相同的二项分布。

[例 4.2]

考虑具有参数 μ 和 σ 的正态变量 X，即具有 $N(\mu, \sigma)$ 的概率密度函数

$$f_X(x) = \frac{1}{\sqrt{2\pi}\sigma} \exp\left[-\frac{1}{2}\left(\frac{x-\mu}{\sigma}\right)^2\right]$$

令 $Y = \dfrac{X-\mu}{\sigma}$。采用式（4.6）可按如下方式确定 Y 的概率密度函数。

首先，注意到反函数是 $g^{-1}(y) = \sigma y + \mu$，且 $\dfrac{\mathrm{d}g^{-1}}{\mathrm{d}y} = \sigma$。因此，由式（4.6）可得 Y 的概率密度函数为

$$f_Y(y) = \frac{1}{\sqrt{2\pi}\sigma} \exp\left[\frac{-\frac{1}{2}(\sigma y + \mu - \mu)^2}{\sigma^2}\right] |\sigma| = \frac{1}{\sqrt{2\pi}} e^{-\frac{1}{2}y^2}$$

这就是标准正态分布 $N(0, 1)$。

[例 4.3]

设随机变量 X 具有参数为 λ 和 ζ 的对数正态分布，由式（4.6）可以导出函数 $Y = \ln X$ 的概率密度函数如下。

此时，X 的概率密度函数为

$$f_X(x) = \frac{1}{\sqrt{2\pi}\,\zeta} \frac{1}{x} \exp\left[-\frac{1}{2}\left(\frac{\ln x - \lambda}{\zeta}\right)^2\right]$$

而反函数为

$$g^{-1}(y) = e^y$$

且

$$\frac{\mathrm{d}g^{-1}}{\mathrm{d}y} = e^y$$

因此，由式（4.6）可得

$$f_Y(y) = \frac{1}{\sqrt{2\pi}\,\zeta} \frac{1}{e^y} \exp\left[-\frac{1}{2}\left(\frac{y - \lambda}{\zeta}\right)^2\right] |e^y| = \frac{1}{\sqrt{2\pi}\,\zeta} \exp\left[-\frac{1}{2}\left(\frac{y - \lambda}{\zeta}\right)^2\right]$$

这意味着 $Y = \ln X$ 服从均值为 λ、标准差为 ζ 的正态分布，即 $N(\lambda, \zeta)$。从这里也可见

$$E(\ln X) = \lambda$$

和

$$\mathrm{Var}(\ln X) = \zeta^2.$$

反函数 $g^{-1}(y)$ 可能不是单值的，即对于给定的 y 值 $g^{-1}(y)$ 可能有多个值。例如，若 $g^{-1}(y) = x_1, x_2, \cdots, x_k$，则有

$$(Y = y) = \bigcup_{i=1}^{k} (X = x_i)$$

如果 X 是离散的，那么 Y 的概率分布为

$$p_Y(y) = \sum_{i=1}^{k} p_X(x_i) \tag{4.7}$$

而如果 X 是连续的，则 Y 的概率密度函数为

$$f_Y(y) = \sum_{i=1}^{k} f_X(g_i^{-1}) \left|\frac{\mathrm{d}g_i^{-1}}{\mathrm{d}y}\right| \tag{4.8}$$

其中 $g_i^{-1} = x_i$ 是 $g^{-1}(y)$ 的第 i 个根。

[例 4.4]

受到轴力 S 作用的线弹性杆中的应变能为

$$U = \frac{L}{2AE} S^2$$

其中：

$L =$ 杆的长度

$A =$ 杆的横截面积

$E =$ 材料的弹性模量。

记 $c = L / (2AE)$，上式可改写为

$$U = cS^2$$

可见，反函数有两个根

$$s = \pm \sqrt{\frac{u}{c}}$$

其导数分别为

$$\frac{ds}{du} = \pm \frac{1}{2\sqrt{cu}} \quad \text{和} \quad \left|\frac{ds}{du}\right| = \frac{1}{2\sqrt{cu}}$$

如果 S 是一个具有参数 λ 和 ζ 的对数正态分布随机变量，那么由式（4.8）可知 U 的概率密度函数为

$$f_U(u) = \left[f_S\left(\sqrt{\frac{u}{c}}\right) + f_S\left(-\sqrt{\frac{u}{c}}\right) \right] \left|\frac{1}{2\sqrt{cu}}\right|$$

但当 $s < 0$ 时，$f_S(s) = 0$，因此有

$$f_U(u) = f_S(\sqrt{u/c}) \frac{1}{2\sqrt{cu}} = \frac{1}{\sqrt{2\pi}\,\zeta} \frac{1}{\sqrt{u/c}} \exp\left[-\frac{1}{2}\left(\frac{\ln\sqrt{u/c} - \lambda}{\zeta}\right)^2 \right] \frac{1}{2\sqrt{cu}}$$

由此可得

$$f_U(u) = \frac{1}{\sqrt{2\pi}\,(2\zeta)} \frac{1}{u} \exp\left[-\frac{1}{2}\left(\frac{\ln u - \ln c - 2\lambda}{2\zeta}\right)^2 \right]$$

这意味着 U 的概率密度函数也是对数正态分布，其参数为

$$\lambda_U = \ln c + 2\lambda$$

和

$$\zeta_U = 2\zeta$$

[例 4.5]

在例 4.4 中，若外力 S 是服从 $N(0,1)$ 的标准正态随机变量，则由式（4.8）可知应变能 U 的概率密度函数将由下式给出：

$$f_U(u) = \left[f_S\left(\sqrt{\frac{u}{c}}\right) + f_S\left(-\sqrt{\frac{u}{c}}\right) \right] \frac{1}{2\sqrt{cu}}$$

此时，由于 S 的概率密度函数关于 0 的对称性，有 $f_S(-s) = f_S(s)$。因此

$$f_U(u) = 2 f_S\left(\sqrt{\frac{u}{c}}\right) \left(\frac{1}{2\sqrt{cu}}\right)$$

$$= \frac{1}{\sqrt{2\pi cu}} \exp\left(-\frac{u}{2c}\right)$$

$$u \geqslant 0$$

这是自由度为 1 的 χ^2 分布（见第 6 章）。该分布的图像如图 E4.5 所示。

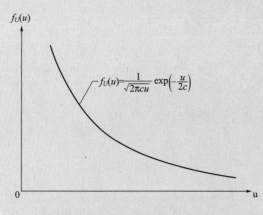

$f_U(u)$

$$f_U(u) = \frac{1}{\sqrt{2\pi cu}} \exp\left(-\frac{u}{2c}\right)$$

0   u

图 E4.5　当 S 服从 $N(0,1)$ 分布时 U 的概率密度函数

[例 4.6]

为了防止波浪漫过坝顶，土石坝的总高度必须大于水库最高蓄水位足够的超高。总高度的确定必须考虑风暴潮和波高。

静水位上的风潮是（单位 ft）

$$Z = \frac{F}{1400d} V^2$$

其中

$V =$ 风速（单位 mi/hr）

$F =$ 风区长度，或水面上风吹的长度（单位 ft）

$d =$ 风区长度上水库的平均水深（单位 ft）

设风速 V 服从平均风速为 v_o 的指数分布，其概率密度函数为

$$f_V(v) = \frac{1}{v_o} e^{-v/v_o} \quad v \geqslant 0$$
$$= 0 \quad v < 0$$

则由式（4.8）可知，风潮的分布可按如下方式确定：

记 $a = \dfrac{F}{1400d}$ ，有 $Z = aV^2$，其反函数为 $v = \pm \sqrt{\dfrac{z}{a}}$ ，且 $\left| \dfrac{dv}{dz} \right| = \dfrac{1}{2\sqrt{az}}$ 。

于是，由式（4.8）有

$$f_Z(z) = \left[f_V\left(\sqrt{\frac{z}{a}} \right) + f_V\left(-\sqrt{\frac{z}{a}} \right) \right] \left[\frac{1}{2\sqrt{az}} \right]$$

当 $v < 0$ 时 $f_V(v) = 0$，故有

$$f_Z(z) = f_V\left(\sqrt{\frac{z}{a}} \right) \cdot \frac{1}{2\sqrt{az}} = \frac{1}{2v_o\sqrt{az}} \exp\left(-\frac{\sqrt{z/a}}{v_o} \right) \quad z \geqslant 0$$

4.2.2 多个随机变量的函数

一个因变量可能是两个或多个随机变量的函数。在此情况下，该因变量也是随机变量，其概率分布将以特定的函数形式依赖于基本随机变量的统计信息。

首先考虑两个随机变量 X 和 Y 的函数

$$Z = g(X, Y) \tag{4.9}$$

如果 X 和 Y 是离散随机变量，我们将有

$$(Z = z) = [g(X, Y) = z] = \bigcup_{g(x_i, y_j) = z} (X = x_i, Y = y_j)$$

由此可得 Z 的概率分布

$$p_Z(z) = \sum_{g(x_i, y_j) = z} p_{X,Y}(x_i, y_j) \tag{4.10}$$

Z 的相应概率分布函数为

$$F_Z(z) = \sum_{g(x_i, y_j) \leqslant z} p_{X,Y}(x_i, y_j) \tag{4.10a}$$

离散变量的和——首先考虑两个离散随机变量的和

$$Z = X + Y$$

此时，式（4.10）成为

$$p_Z(z) = \sum_{x_i + y_j = z} p_{X,Y}(x_i, y_j) = \sum_{\text{所有} x_i} p_{X,Y}(x_i, z - x_i) \tag{4.11}$$

独立泊松过程的和——作为两个离散随机变量之和的例子，考虑两个统计独立、参数分别为 ν 和 μ 的泊松分布随机变量 X 和 Y，其概率密度函数分别为

$$p_X(x) = \frac{(\nu t)^x}{x!} e^{-\nu t}$$

和

$$p_Y(y) = \frac{(\mu t)^y}{y!} e^{-\mu t}$$

由式（4.11），考虑到 X 和 Y 是统计独立的，我们有

$$p_Z(z) = \sum_{\text{所有} x} p_X(x) p_Y(z - x) = \sum_{\text{所有} x} \frac{(\nu t)^x (\mu t)^{z-x}}{x! (z-x)!} e^{-(\nu + \mu)t}$$

$$= e^{-(\nu + \mu)t} \cdot t^z \sum_{\text{所有} x} \frac{\nu^x \mu^{z-x}}{x! (z-x)!}$$

上式中对所有 x 求和的结果是 $(\nu + \mu)^z / z!$ 的二项式展开，因此，可得 Z 的概率分布为

$$p_Z(z) = \frac{[(\nu + \mu)t]^z}{z!} e^{-(\nu + \mu)t}$$

这表明 Z 也是服从参数为 $(\nu + \mu)$ 的泊松分布。进一步推广，我们可以推断 n 个独立泊松过程之和也是泊松过程。特别地，若

$$Z = \sum_{i=1}^{n} X_i$$

其中每个 X_i 都服从参数为 ν_i 的泊松分布，则 Z 也是泊松变量且其参数为

$$\nu_Z = \sum_{i=1}^{n} \nu_i$$

但需要指出的是，两个独立泊松过程之差不是泊松过程，即若 X 和 Y 都是泊松分布，$Z = X - Y$ 的概率分布不是泊松分布。

[例 4.7]

如图 E4.7 所示的收费桥梁需要服务郊区的三个居住区 A，B 和 C。在每天的高峰期 3 个区的平均交通车流量估计分别是每分钟 2，3 和 4 辆。若来自每个区的高峰车流量可假设为参数分别为 $\nu_A = 2$，$\nu_B = 3$，$\nu_C = 4$ 的泊松过程，则收费桥梁的总高峰车流量也将是泊松过程，其参数为

$$\nu = 2 + 3 + 4 = 9 \text{ 辆/min.}$$

在每分钟内通过桥梁的车辆数超过 9 辆的概率将是

$$P(X_1 > 9) = 1 - \sum_{n=0}^{9} \frac{(9 \times 1)^n}{n!} = 1 - 0.5874 = 0.413$$

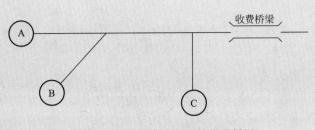

图 E4.7 服务三个区交通的收费桥梁

现在考虑基本随机变量 X 和 Y 是连续随机变量的情况。此时 Z 的概率分布函数是

$$F_Z(z) = \iint\limits_{g(x,y) \leqslant z} f_{X,Y}(x,y)\mathrm{d}x\,\mathrm{d}y = \int_{-\infty}^{\infty} \int_{-\infty}^{g^{-1}} f_{X,Y}(x,y)\mathrm{d}x\,\mathrm{d}y$$

其中 $g^{-1} = g^{-1}(z,y)$。将积分变量从 x 改为 z，上述积分成为

$$F_Z(z) = \int_{-\infty}^{\infty} \int_{-\infty}^{z} f_{X,Y}(g^{-1},y) \left| \frac{\partial g^{-1}}{\partial z} \right| \mathrm{d}z\,\mathrm{d}y \tag{4.12}$$

将式（4.12）关于 z 求导可得 Z 的概率密度函数

$$f_Z(z) = \int_{-\infty}^{\infty} f_{X,Y}(g^{-1},y) \left| \frac{\partial g^{-1}}{\partial z} \right| \mathrm{d}y \tag{4.13}$$

也可以采用 y 的反函数，即 $g^{-1} = g^{-1}(x,z)$，从而获得 Z 的概率密度函数如下

$$f_Z(z) = \int_{-\infty}^{\infty} f_{X,Y}(x,g^{-1}) \left| \frac{\partial g^{-1}}{\partial z} \right| \mathrm{d}x \tag{4.13a}$$

连续随机变量的和——考虑两个连续随机变量 X 和 Y 之和

$$Z = aX + bY$$

其中 a 和 b 是常数。于是有

$$x = \frac{z - by}{a} \quad \text{和} \quad \frac{\partial g^{-1}}{\partial z} = \frac{\partial x}{\partial z} = \frac{1}{a}$$

从而式（4.13）成为

$$f_Z(z) = \int_{-\infty}^{\infty} \frac{1}{a} f_{X,Y}\left(\frac{z - by}{a}, y \right) \mathrm{d}y \tag{4.14}$$

或由式（4.13a）得

$$f_Z(z) = \int_{-\infty}^{\infty} \frac{1}{b} f_{X,Y}\left(x, \frac{z - ax}{b} \right) \mathrm{d}x \tag{4.14a}$$

若 X 和 Y 是统计独立的随机变量，则上式进一步成为

$$f_Z(z) = \frac{1}{a} \int_{-\infty}^{\infty} f_X\left(\frac{z - by}{a} \right) f_Y(y)\mathrm{d}y \tag{4.15}$$

或

$$f_Z(z) = \frac{1}{b} \int_{-\infty}^{\infty} f_X(x) f_Y\left(\frac{z - ax}{b} \right) \mathrm{d}x \tag{4.15a}$$

[例 4.8]

图 E4.8 是地震作用下的框架结构。假设该结构的质量 m 集中于屋顶。当受到地震作用时，该结构将关于原点（静止位置）振动，因而具有速度分量 X 和 Y，其合速度为 $Z = \sqrt{X^2 + Y^2}$。

设 X 和 Y 统计独立且分别为服从 $N(0, 1)$ 的标准正态变量，则在地震中该结构动能的概率密度函数可确定如下：

总动能为

$$W = mZ^2 = m(X^2 + Y^2)$$

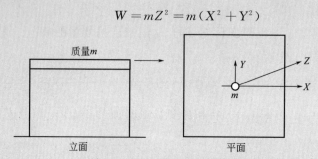

图 E4.8　地震作用下结构的动能

记 $U = mX^2$，$V = mY^2$，则总动能为

$$W = U + V$$

从例 4.5 的结果可知，U 和 V 的概率密度函数分别为

$$f_U(u) = \frac{1}{\sqrt{2\pi mu}} e^{-\frac{u}{2m}} \quad u \geqslant 0$$

$$f_V(v) = \frac{1}{\sqrt{2\pi mv}} e^{-\frac{v}{2m}} \quad v \geqslant 0$$

因此，由式（4.15a），并假定 U 和 V 是统计独立的（基于速度分量 X 和 Y 的独立性假设），可获得 W 的概率密度函数如下：

令 $v = w - u$，

$$f_W(w) = \frac{1}{2\pi m} \int_0^w \frac{1}{\sqrt{u}} e^{-u/2m} \frac{1}{\sqrt{w - u}} e^{-(w-u)/2m} \mathrm{d}u$$

$$= \frac{1}{2\pi m} e^{-w/2m} \int_0^w u^{-1/2} (w - u)^{-1/2} \mathrm{d}u$$

令 $r = u/w$，则 $\mathrm{d}u = w\mathrm{d}r$，从而

$$f_W(w) = \frac{1}{2\pi m} e^{-w/2m} \int_0^1 r^{-1/2} (1 - r)^{-1/2} \mathrm{d}r$$

不难发现上述积分是 Beta 函数 $B\left(\dfrac{1}{2}, \dfrac{1}{2}\right)$

$$B\left(\frac{1}{2}, \frac{1}{2}\right) = \frac{\Gamma\left[\dfrac{1}{2}\right] \Gamma\left[\dfrac{1}{2}\right]}{\Gamma(1)} = \pi$$

因此

$$f_W(w) = \frac{1}{2m} e^{-w/2m}$$

这是自由度为 2 的 χ^2 分布（见第 6 章）。

　　独立正态变量之和与差——考虑两个统计独立的正态变量 X 和 Y，其相应均值与标准差分别为 μ_X，μ_Y 和 σ_X，σ_Y，则由式（4.15）可知其和 $Z = X + Y$ 的概率密度函数为

$$f_Z(z) = \frac{1}{2\pi\sigma_X\sigma_Y} \int_{-\infty}^{\infty} \exp\left[-\frac{1}{2}\left(\frac{z-y-\mu_X}{\sigma_X}\right)^2 - \frac{1}{2}\left(\frac{y-\mu_Y}{\sigma_Y}\right)^2 \right] \mathrm{d}y$$

$$= \frac{1}{2\pi\sigma_X\sigma_Y} \exp\left[-\frac{1}{2}\left\{ \left(\frac{\mu_Y}{\sigma_Y}\right)^2 + \left(\frac{z-\mu_X}{\sigma_X}\right)^2 \right\} \right]$$

$$\int_{-\infty}^{\infty} \exp\left[-\frac{1}{2}(uy^2 - 2vy) \right] \mathrm{d}y$$

其中

$$u = \frac{1}{\sigma_X^2} + \frac{1}{\sigma_Y^2} \text{ 和 } v = \frac{\mu_Y}{\sigma_Y^2} + \frac{z-\mu_X}{\sigma_X^2}$$

代入 $w = y - \dfrac{v}{u}$，上述积分成为

$$\int_{-\infty}^{\infty} \exp\left[-\frac{1}{2}(uy^2 - 2vy) \right] \mathrm{d}y = e^{v^2/2u} \int_{-\infty}^{\infty} \exp\left(-\frac{1}{2}uw^2 \right) \mathrm{d}w$$

$$= \sqrt{\frac{2\pi}{u}} \exp\left(\frac{v^2}{2u} \right)$$

　　进一步化简可得 Z 的概率密度函数为

$$f_Z(z) = \frac{1}{\sqrt{2\pi(\sigma_X^2 + \sigma_Y^2)}} \exp\left[-\frac{1}{2}\left(\frac{z-(\mu_X+\mu_Y)}{\sqrt{\sigma_X^2+\sigma_Y^2}}\right)^2 \right]$$

可见，这也是一个正态分布，其均值为

$$\mu_Z = \mu_X + \mu_Y$$

方差为

$$\sigma_Z^2 = \sigma_X^2 + \sigma_Y^2$$

　　采用同样方法，可以证明 $Z = X - Y$ 也是正态随机变量，其均值为 $\mu_X - \mu_Y$，而方差与上述结果相同，即 $\sigma_Z^2 = \sigma_X^2 + \sigma_Y^2$。

　　在上述分析的基础上，通过归纳可知，若

$$Z = \sum_{i=1}^{n} a_i X_i$$

其中 a_i 为常数，X_i 是服从 $N(\mu_{X_i}, \sigma_{X_i})$ 的统计独立正态变量，则 Z 也是正态变量，其均值为

$$\mu_Z = \sum_{i=1}^{n} a_i \mu_{X_i} \tag{4.16}$$

方差为

$$\sigma_Z^2 = \sum a_i^2 \sigma_{X_i}^2 \tag{4.17}$$

上述结果表明，正态随机变量的任意线性函数都是正态随机变量。但是，式 (4.16) 和 (4.17) 中关于均值与方差的表达式则不限于正态变量。我们将在 4.3.1 节中看到，无论其分布如何，上述两式对任意统计独立的随机变量的线性函数都是成立的。

[例 4.9]

城市泄洪沟排水能力是一个正态变量，其均值为每天 1.5 兆加仑（mgd）、标准差为 0.3mgd，即排水能力服从 $N(1.5,0.30)$。泄洪沟需要为该城市中的两个独立排水源服务，它们也服从正态分布：排水源 $A = N(0.70,0.20)$mgd，排水源 $B = N(0.50,0.15)$mgd。

在风暴中上述排水能力 D 将被超越的概率由下式确定：

$$P(D < A+B) = P[D-(A+B) < 0]$$

由于 D，A 和 B 是独立正态变量，其和 $S = D-(A+B)$ 也是正态分布，由式 (4.16) 和 (4.17) 可知其均值与标准差分别为

$$\mu_S = \mu_D - (\mu_A + \mu_B) = 1.5 - (0.70 + 0.50) = 0.3$$

与

$$\sigma_S = \sqrt{\sigma_D^2 + \sigma_A^2 + \sigma_B^2} = \sqrt{(0.3)^2 + (0.20)^2 + (0.15)^2} = 0.39$$

因此，泄洪沟排水能力不足的概率是

$$P(S < 0) = \Phi\left[\frac{0-0.3}{0.39}\right] = \Phi(-0.769) = 1 - \Phi(0.769) = 1 - 0.779 = 0.221$$

设若根据历史记录显示已有的排水能力至少是 1.2mgd。若这一信息是可靠的，那么泄洪沟在一次严重暴风雨中可排水 1.9mgd 的概率是多少？

显然，这一概率是在排水能力大于 1.2mgd 这一情况下的条件概率。因此，有

$$P(D > 1.9 \mid D > 1.2) = \frac{P(D > 1.9)}{P(D > 1.2)} = \frac{1 - P(D \leqslant 1.9)}{1 - P(D \leqslant 1.2)} = \frac{1 - \Phi\left[\dfrac{1.9-1.5}{0.3}\right]}{1 - \Phi\left[\dfrac{1.2-1.5}{0.3}\right]}$$

$$= \frac{1 - \Phi(1.33)}{1 - \Phi(-1.00)} = \frac{1 - 0.9088}{1 - (1 - 0.8413)} = 0.108$$

由此可见，泄洪沟可承受 1.9mgd 排水需求的可能性很小。

再考虑另一种情况。若在已有系统中加入另一个排水源 $C = N(0.8,0.2)$ mgd，那么为了保证同样的超越概率（即 0.221），当前泄洪沟的平均排水能力要提高多少？假设新的排水系统的标准差仍为 0.3mgd。

记新系统的能力为 D'，我们必须要求

$$P(S < 0) = P[D' - (A+B+C) < 0] = 0.221$$

和

$$\mu_S = \mu_{D'} - 0.70 - 0.50 - 0.80 = \mu_{D'} - 2.0$$

$$\sigma_S = \sqrt{(0.30)^2 + (0.20)^2 + (0.15)^2 + (0.20)^2} = 0.44$$

因此，

$$P(S<0)=\Phi\left[\frac{0-(\mu_D{}'-2.0)}{0.44}\right]=0.221$$

或

$$\frac{2.0-\mu_{D'}}{0.44}=\Phi^{-1}(0.221)=-0.77$$

由此可得：

$$\mu_{D'}=2.0+0.77\times0.44=2.34\text{ mgd}$$

因此，已有系统的平均排水能力必须提高 $2.34-1.5=0.84\text{mgd}$.

[例 4.10]

纽约与洛杉矶之间的货运可采用铁路或公路。两条路线都经过芝加哥。图 E4.10 是这三个大城市之间不同运输方式的平均运输时间。

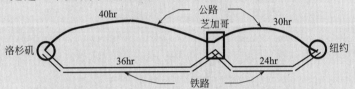

图 E4.10 纽约与洛杉矶之间的铁路与公路货运路线

铁路和公路运输时间的变异系数分别为 15% 和 20%。设任意两个城市之间的运输时间是独立正态变量。两种货运方式运输时间的均值与标准差分别为

$$\mu_T=40+30=70\text{hr};\sigma_T=\sqrt{(0.2\times40)^2+(0.2\times30)^2}=10\text{hr}$$

和

$$\mu_R=36+24=60\text{hr};\sigma_R=\sqrt{(0.15\times36)^2+(0.15\times24)^2}=6.49\text{hr}$$

若公路运输和铁路运输在芝加哥装卸货时间分别为 10hr 和 15hr，则在纽约和洛杉矶之间实际运输时间超过 85hr 的概率可计算如下：

在芝加哥的装卸货时间假设是确定性的（变异系数为0），这一时间需要加入相应的平均运输时间中去。因此，

公路运输：

$$P(T_T>85)=1-P(T_T\leqslant85)=1-\Phi\left[\frac{85-80}{10}\right]$$
$$=1-\Phi(0.5)=1-0.691=0.309$$

而铁路运输：

$$P(T_R>85)=1-P(T_R\leqslant85)=1-\Phi\left[\frac{85-75}{6.49}\right]$$
$$=1-\Phi(1.54)=1-0.938=0.062$$

因此，铁路运输在 85hr 内从纽约到达洛杉矶的概率为 0.938，而公路运输在 85hr 内到达的概率为 0.691。

[例 4.11]

柱的整体性对高层建筑的安全性至关重要。柱上作用的总荷载可能包括恒荷载 D（主要来自结构的自重）、活荷载 L（包括人、家具、可移动装置等）和风荷载 W 的效应。

上述各个荷载对柱子的单独效应可假设为统计独立的正态随机变量，其均值和标准差分别为

$$\mu_D = 4.2t; \qquad \sigma_D = 0.3t$$
$$\mu_L = 6.5t; \qquad \sigma_L = 0.8t$$
$$\mu_W = 3.4t; \qquad \sigma_W = 0.7t$$

每一根柱上的总组合荷载 S 为

$$S = D + L + W$$

它也是一个正态随机变量，其均值与标准差分别为

$$\mu_S = \mu_D + \mu_L + \mu_W = 4.2 + 6.5 + 3.4 = 14.1t$$

和

$$\sigma_S = \sqrt{\sigma_D^2 + \sigma_L^2 + \sigma_W^2} = \sqrt{(0.3)^2 + (0.8)^2 + (0.7)^2} = 1.1t$$

单根柱的设计强度均值是其承受总荷载均值的 1.5 倍，其强度可假定为变异系数为 15% 的正态随机变量。每根柱的强度 R 显然是与作用的荷载独立的。当作用的荷载超过强度 R 时，柱将过载。这一事件（$R < S$）出现的概率是

$$P(R < S) = P(R - S < 0) = \Phi\left[\frac{0 - (1.5 \times 14.1) - 14.1}{\sqrt{(0.15 \times 1.5 \times 14.1)^2 + (1.1)^2}}\right]$$

$$= \Phi\left[\frac{-7.05}{3.36}\right] = \Phi(-2.10)$$

$$= 1 - 0.982 = 0.018$$

如果希望降低事件（$R < S$）出现的概率、从而提高柱的安全性，就需要提高柱的强度。

[例 4.12]

要建造一座住宅，通常先在工厂组装构件，然后运到现场进一步装配成整体结构。同时，在工厂组装这些构件时，现场准备工作、如基坑开挖和基础墙的砌筑等可以并行进行。不同的工作及其次序可用图 E4.12 中的网络计划图表示。每项工作所需的持续时间如下表所示。

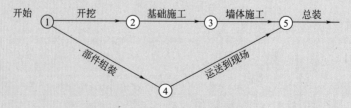

图 E4.12　住宅施工网络图

工 作	内 容	完成时间(d)	
		均值	标准差
1-2	基坑开挖	2	1
2-3	基础施工	1	1/2
3-5	基础墙施工	3	1
1-4	构件制作与装配	5	1
4-5	运输装配好的构件到现场	2	1/2

设不同工作所需的完成时间是统计独立的正态随机变量，相应的均值和标准差如上表。显然，为了开始装配整体结构，基础墙必须已经完成，而且组装好的构件也必须已经运到现场。工程开始后可以在 8d 内开始整体结构装配的概率可确定如下：

记上表中各个工序的工期分别为 X_1，X_2，X_3，X_4 和 X_5，并令

$$T_1 = X_1 + X_2 + X_3$$

和

$$T_2 = X_4 + X_5$$

其中 T_1 和 T_2 也是统计独立的。因此，所求的概率是

$$P(F) = P[(T_1 \leqslant 8) \bigcap (T_2 \leqslant 8)] = P(T_1 \leqslant 8)P(T_2 \leqslant 8)$$

其中

$$P(T_1 \leqslant 8) = \Phi\left[\frac{8-(2+1+3)}{\sqrt{(1.0)^2 + (0.5)^2 + (1.0)^2}}\right] = \Phi\left[\frac{2}{1.5}\right] = \Phi(1.33) = 0.907$$

$$P(T_2 \leqslant 8) = \Phi\left[\frac{8-(5+2)}{\sqrt{(1.0)^2 + (0.5)^2}}\right] = \Phi\left[\frac{1.0}{1.12}\right] = \Phi(0.89) = 0.813$$

因此，在 8d 内开始整体结构装配的概率是

$$P(F) = 0.907 \times 0.813 = 0.74$$

随机变量之积与商——若一个函数定义为两个随机变量之积，例如

$$Z = XY$$

则有

$$X = Z/Y \text{ 和 } \frac{\partial x}{\partial z} = \frac{1}{y}$$

由式（4.13）可得 Z 的概率密度函数为

$$f_Z(z) = \int_{-\infty}^{\infty} \left|\frac{1}{y}\right| f_{X,Y}\left[\frac{z}{y}, y\right] \mathrm{d}y \tag{4.18}$$

类似地，若一个函数定义为两个随机变量之商，例如

$$Z = X/Y$$

则 Z 的概率密度函数将是

$$f_Z(z) = \int_{-\infty}^{\infty} |y| f_{X,Y}(zy, y) \mathrm{d}y \tag{4.19}$$

从实用的角度看，对数正态变量之积（或商）具有特殊的重要性。特别地，我们注意到统计独立的对数正态变量之积或商仍为对数正态分布。这可论证

如下。

设

$$Z = \prod_{i=1}^{n} X_i$$

其中 X_i 是统计独立的对数正态变量，其参数分别为 λ_{X_i} 和 ζ_{X_i}。于是

$$\ln Z = \sum_{i=1}^{n} \ln X_i$$

但每一个 $\ln X_i$ 都是均值为 λ_{X_i}、标准差为 $\zeta_{X_i}^2$ 的正态分布随机变量（如例 4.3 所示），因此 $\ln Z$ 是正态变量之和，因而也具有正态分布，其均值为

$$\lambda_Z = E(\ln Z) = \sum_{i=1}^{n} \lambda_{X_i} \tag{4.20}$$

从式（3.27）可知 $\lambda_{X_i} = \ln x_{m,i}$，其中 $x_{m,i}$ 是 X_i 的中值，因此，λ_Z 也可以表示为

$$\lambda_Z = \sum_{i=1}^{n} \ln x_{m,i} \tag{4.20a}$$

而方差则为

$$\zeta_Z^2 = \text{Var}(\ln Z) = \sum_{i=1}^{n} \zeta_{X_i}^2 \tag{4.21}$$

因此，Z 服从具有上述参数 λ_Z 和 ζ_Z 的对数正态分布。

[例 4.13]　垃圾处理厂的年运行费用是固体废物重量 W、单位费用因子 F 和效率系数 E 的函数

$$C = \frac{WF}{\sqrt{E}}$$

其中 W，F 和 E 是统计独立的对数正态变量，中值与变异系数如下：

变　量	中　值	变异系数
W	2000tons/yr	20%
F	\$20/ton	15%
E	1.6	12.5%

由于 C 是对数正态变量的积与商，其概率分布也是对数正态分布。事实上，

$$\ln C = \ln W + \ln F - \frac{1}{2} \ln E$$

由式（4.20a）和（4.21）可知，$\ln C$ 服从均值为 $\lambda_C = \lambda_W + \lambda_F - \frac{1}{2}\lambda_E$、方差为

$\zeta_C^2 = \zeta_W^2 + \zeta_F^2 + \left(\frac{1}{2}\zeta_E\right)^2$ 的正态分布。因此，C 服从参数如下的对数正态分布

$$\lambda_C = \ln 2000 + \ln 20 - \ln 1.6 = 10.13$$

$$\zeta_C = \sqrt{(0.20)^2 + (0.15)^2 + \left(\frac{1}{2} \times 0.125\right)^2} = 0.26$$

基于上述分析可知，垃圾处理厂的年运行费用超过$35000的概率为

$$P(C > 35000) = 1 - P(C \leqslant 35000) = 1 - \Phi\left(\frac{\ln 35000 - 10.13}{0.26}\right)$$
$$= 1 - \Phi(1.28) = 1 - 0.900 = 0.100$$

[例 4.14]

高层建筑的上部结构与基础如图 E4.14 所示，其设计要满足上部结构和基础的抗风承载力要求：

上部结构，$R_S = 40\text{psf (lb/ft}^2)$

基础，$R_F = 30\text{psf}$

在风暴中作用在建筑上的峰值风压 P_W 为

$$P_W = 1.165 \times 10^{-3} CV^2 \quad （单位为 psf）$$

其中：

$V = $ 最大风速，单位为 fps，

$C = $ 阻力系数。

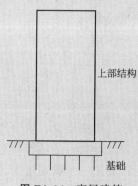

上部结构

基础

图 E4.14 高层建筑

在 50 年一遇的风暴中，可假设最大风速 V 服从均值为 $\mu_V = 100\text{fps}$、变异系数为 $\delta_V = 0.25$ 的对数正态分布。阻力系数 C 也是对数正态变量，其均值为 $\mu_C = 1.80$、变异系数为 $\delta_C = 0.30$。

显然，50 年一遇的风压 P_W 也服从对数正态分布，其参数为

$$\lambda_{P_W} = \ln 1.165 \times 10^{-3} + \lambda_C + 2\lambda_V = -6.755 + (\ln 1.80 - 0.30^2) + 2(\ln 100 - 0.25^2)$$
$$= -6.755 + 0.498 + 2(4.543) = 2.829$$

和

$$\zeta_{P_W} = \sqrt{(2 \times 0.25)^2 + (0.30)^2} = 0.583$$

无论最大风压超过上部结构的风压承载力还是基础的风压承载力，都将对相应部分造成损伤。其概率可分别计算如下：

对上部结构，

$$P(P_w > 40) = 1 - P(P_w \leqslant 40) = 1 - \Phi\left[\frac{\ln 40 - 2.829}{0.583}\right]$$

$$= 1 - \Phi(1.47) = 1 - 0.929 = 0.071$$

而对基础，则有

$$P(P_w > 30) = 1 - P(P_w \leqslant 30) = 1 - \Phi\left[\frac{\ln 30 - 2.829}{0.583}\right]$$

$$= 1 - \Phi(1.98) = 1 - 0.836 = 0.164$$

在本例中，由于上部结构与基础的抗风承载力都是确定性的，因此该高层建筑在 50 年一遇风暴中发生损伤的概率是

$$P(损伤) = P(S \bigcup F) = P(P_w > 30) = 0.164$$

如果 50 年一遇风暴的出现是一个 Poisson 过程，而在风暴中高层建筑的损伤是统计独立的，那么该高层建筑在 20 年内发生风致损伤 D 的概率将是

$$P(20 年内发生风致损伤 D) = 1 - \left[[P(\overline{D})]^n \sum_{n=0}^{\infty} \frac{(0.02 \times 20)^n}{n!} e^{-0.02 \times 20} \right]$$

$$= 1 - e^{-0.02 \times 20} \left[1 + 0.836 \times 0.02 \times 20 + \right.$$

$$\left. \frac{1}{2}(0.836)^2 (0.02 \times 20)^2 + \cdots \right]$$

$$= 1 - e^{-0.02 \times 20} \cdot e^{0.836 \times 0.02 \times 20}$$

$$= 1 - e^{-0.164 \times 0.02 \times 20}$$

$$= 1 - e^{-0.0656} = 1 - 0.937 = 0.063$$

中心极限定理——概率论中最重要的定理之一是关于大量随机变量之和的极限分布的，即中心极限定理。粗略地说，该定理表明，没有任何一个占优的大量单个随机变量之和随着随机变量数目的增加均趋于正态分布，无论各随机变量本身的分布形式如何。因此，如果一个物理过程是大量单个随机因素组合的综合效应，那么该过程将趋近于正态分布。

该定理的严格证明超出了本书的范围。然而，该定理的本质可以通过如下例子加以说明。考虑下述和式

$$S = \frac{1}{\sqrt{n}} \sum_{i=1}^{n} X_i$$

其中 X_i 是独立同分布的随机变量，其概率分布为

$$P(X_i = 1) = \frac{1}{2}$$

$$P(X_i = -1) = \frac{1}{2}$$

和 $\qquad P(X_i = x) = 0$ ，其他

根据中心极限定理，上述和 S 将随着 $n \to \infty$ 趋近于正态分布 $N (0，1)$。图 4.1 展示了当 n 从 2 增加为 20 时上述 X_i 的初始概率分布和 S 的概率分布。

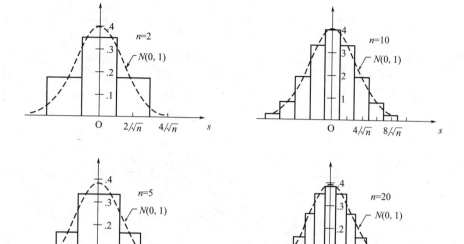

图 4.1 中心极限定理示例

　　由于上述中心极限定理，我们可以推断：没有任何分量占优的大量独立因素之积（或商）将趋于对数正态分布。也就是说，无论 X_i 的分布如何，当 $n \to \infty$ 时下述积将趋于对数正态分布

$$P = c \prod_{i=1}^{n} X_i$$

[例 4.15]

　　考虑 n 个随机变量之积

$$P = \prod_{i=1}^{n} X_i$$

其中每个 X_i 均服从如下指数分布

$$f_X(x) = \frac{1}{\lambda} e^{-x/\lambda}; x \geqslant 0$$

　　令 $Y_i = \ln X_i$，我们有

$$\ln P = \sum_{i=1}^{n} \ln X_i = \sum_{i=1}^{n} Y_i$$

根据中心极限定理，当 $n \to \infty$ 时，$\sum_{i=1}^{n} \ln X_i$ 的分布将趋于正态分布。我们将通过参数 $\lambda = 2$ 的指数分布对此进行具体的数值示例。

　　令 $Y_1 = \ln X_1$。采用 10000 个样本，可以产生 Y_1 的直方图及其统计量如下：

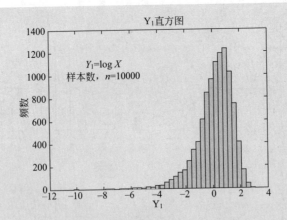

Y_1 的均值＝0.136，标准差＝1.276，偏度＝−1.207

当 $n=5$ 时，和 $A = \sum_{i=1}^{5} Y_i$。直方图和相应的统计量如下：

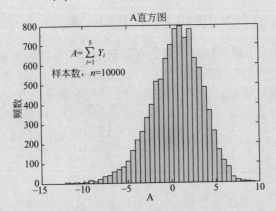

A 的均值＝0.571，标准差＝2.873，偏度＝−0.465

而当 $n=100$ 时，和 $B = \sum_{i=1}^{100} Y_i$。直方图与相应的统计量如下：

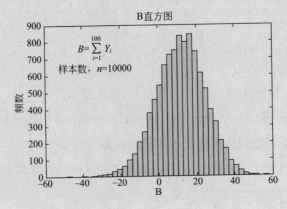

A 的均值＝11.670，标准差＝12.755，偏度＝−0.054

由上可见，正如偏度系数所揭示的，当 n 从 1 增加到 5、再增加到 100 时，和 $\sum_{i=1}^{n} Y_i$ 变得越来越对称。事实上，还可以发现随着 n 的增加峰度系数越来越接近 0，这意味着和 $\sum_{i=1}^{n} Y_i$ 趋近于正态分布。因此，积 $P = \prod_{i=1}^{n} X_i$ 趋于对数正态分布。

[例 4.16]

考虑 n 个 0 到 2 之间均匀分布的随机变量 X_i 之和，即

$$S = \sum_{i=1}^{n} X_i$$

对 $n = 2，5，10$ 和 100，S 的相应直方图（都采用均值 100 进行了标准化）、正态概率密度函数及其均值与标准差如下所示：

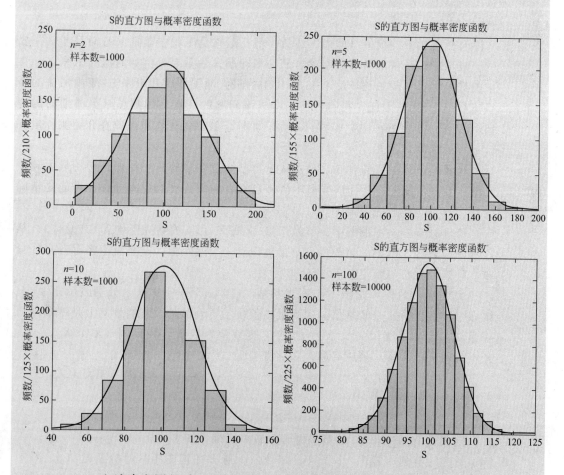

上述直方图是采用 1000 或 10000 次抽样获得的，它们随着 n 的增大向正态分布的收敛趋势是显然的。

推广——上述式（4.13）中两个随机变量的函数可以推广，从而导出 n 个随机变量函数的分布。特别地，若

$$Z = g(X_1, X_2, \cdots, X_n) \tag{4.22}$$

那么推广式（4.13）可得

$$F_Z(z) = \iint\limits_{g(x_1, x_2, \cdots x_n) \leqslant z} \cdots \int f_{X_1, X_2, \cdots X_n}(x_1, x_2, \cdots, x_n) \mathrm{d}x_1 \cdots \mathrm{d}x_n$$

$$= \int_{-\infty}^{\infty} \cdots \int_{-\infty}^{g^{-1}} f_{X_1, \cdots, X_n}(x_1, \cdots, x_n) \mathrm{d}x_1, \cdots, \mathrm{d}x_n \tag{4.23}$$

其中 $g^{-1} = g^{-1}(z, x_1, x_2, \cdots x_n)$。将积分变量 x_1 变换为 z，有

$$F_Z(z) = \int_{-\infty}^{\infty} \cdots \int_{-\infty}^{\infty} \int_{-\infty}^{g^{-1}} f_{X_1, \cdots, X_n}(g^{-1}, x_2, \cdots, x_n) \left| \frac{\partial g^{-1}}{\partial z} \right| \mathrm{d}z \, \mathrm{d}x_2 \cdots \mathrm{d}x_n$$

由此可得

$$f_Z(z) = \int_{-\infty}^{\infty} \cdots \int_{-\infty}^{\infty} f_{X_1, \cdots X_n}(g^{-1}, x_2, \cdots, x_n) \left| \frac{\partial g^{-1}}{\partial z} \right| \mathrm{d}x_2 \cdots \mathrm{d}x_n \tag{4.24}$$

4.2.3　极值分布

自然现象中的极值（即最大或最小值）通常是工程中非常关心而且非常重要的。极值的统计量对考虑自然灾害的许多问题尤为重要，例如河流在未来 100 年中的最大洪水、某工程场址未来 50 年中的最大地震烈度和未来 25 年内河流的最小流量（干旱）。因此，我们将在此给出该问题的一点基础知识（更详细的内容请参阅 Ang 和 Tang，第 2 卷，1984）。此外，我们这里将重点放在介绍实际重要性最大的基础知识上。

当我们说到极值的时候，是指从一个已知总体中的 n 个抽样获得的最大和最小值。在此情况下，最大值或最小值各自将有它们自己的概率分布，可能是精确分布、也可能是渐进分布。

精确分布——考虑概率分布为 $f_X(x)$ 或 $F_X(x)$ 的随机变量 X（或总体）。从该总体中进行 n 次抽样将获得一个最大值和一个最小值。这些极值将有各自的分布，且该分布与初始变量 X 的分布有关。

大小为 n 的样本是指一系列观察值 $(x_1, x_2, \cdots, x_n)$，分别表示第 1 个、第 2 个、$\cdots$、第 n 个观察值。因为观察值是不可预测的，它们事实上是基本随机变量集合 $(X_1, X_2, \cdots, X_n)$ 的特定实现值。因此，我们对 $(X_1, X_2, \cdots, X_n)$ 的最大值和最小值感兴趣，即随机变量

$$Y_n = \max(X_1, X_2, \cdots, X_n)$$

和

$$Y_1 = \min(X_1, X_2, \cdots, X_n)$$

在一定假设下，Y_1 和 Y_n 的精确概率分布可以推导如下。

首先注意到，若 Y_n 小于某设定值 y，则所有其他样本随机变量 X_1，X_2，$\cdots$，X_n 也必然每个都小于 y。假定 X_1，X_2，$\cdots$，X_n 统计独立且具有与初始变量 X 相同的分布，即

$$F_{X_1}(x) = F_{X_2}(x) = \cdots = F_{X_n}(x) = F_X(x)$$

那么 Y_n 的概率分布函数为

$$F_{Y_n}(y) = P(X_1 \leqslant y, X_2 \leqslant y, \cdots, X_n \leqslant y)$$
$$= [F_X(y)]^n \tag{4.25}$$

相应的概率密度函数为

$$f_{Y_n}(y) = \frac{dF_{Y_n}(y)}{dy} = n[F_X(y)]^{n-1} f_X(y) \tag{4.26}$$

其中 $F_X(y)$ 和 $f_X(y)$ 分别是初始变量 X 的概率分布函数与概率密度函数。

类似地，Y_1 的精确分布可推导如下。这时，我们注意到若 Y_1（即 X_1，X_2，$\cdots$，X_n 的最小值）大于 y，则所有样本随机变量 X_1，X_2，$\cdots$，X_n 必然每个都大于 y。因此，概率分布函数的补函数——存活函数为

$$1 - F_{Y_1}(y) = P(X_1 > y, X_2 > y, \cdots, X_n > y)$$
$$= [1 - F_X(y)]^n$$

由此可得，Y_1 的概率分布函数为

$$F_{Y_1}(y) = 1 - [1 - F_X(y)]^n \tag{4.27}$$

相应的概率密度函数为

$$f_{Y_1}(y) = n[1 - F_X(y)]^{n-1} f_X(y) \tag{4.28}$$

显然，从式（4.25）－（4.28）可见，大小为 n 的样本的最大值和最小值是初始随机变量分布的函数。

[例 4.17]

设初始变量 X 服从如下指数分布

$$f_X(x) = \lambda e^{-\lambda x}, x \geqslant 0$$

相应的概率分布函数为

$$F_X(x) = 1 - e^{-\lambda x}$$

因此，来自大小为 n 的样本的最大值的概率分布函数可由式（4.25）得到

$$F_{Y_n}(y) = (1 - e^{-\lambda y})^n$$

相应的概率密度函数为

$$f_{Y_n}(x) = \lambda n (1 - e^{-\lambda y})^{n-1} e^{-\lambda y}$$

对从 1 到 100 的不同样本数 n，Y_n 的上述概率密度函数和概率分布函数见图 E4.17（$\lambda = 1.0$）。

从图 E4.17 可见，概率密度函数和概率分布函数随着 n 的增大均向右移。而且，正如预期的，最大值的众值随着 n 的增大而增大。

将上述 $F_{Y_n}(y)$ 采用二项式展开，可得

$$(1 - e^{-\lambda y})^n = 1 - n e^{-\lambda y} + \frac{n(n-1)}{2!} e^{-2\lambda} - \cdots$$

对很大的 n，上述级数趋向于重指数函数 $\exp(-n e^{-\lambda y})$。因此，对很大的 n，从指数总体中抽样的最大值的概率分布函数趋近于重指数函数

$$F_{Y_n}(y) = \exp(-n e^{-\lambda y})$$

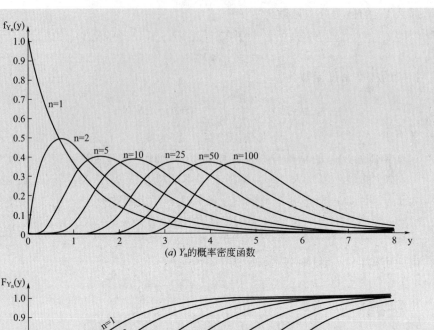

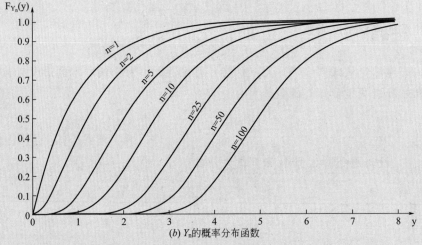

图 E4.17 不同 n 时 Y_n 的概率密度函数与概率分布函数（$\lambda = 1.0$）

　　渐进分布——在例 4.17 中，我们观察到当初始分布为指数分布时，大小为 n 的样本的最大值当 n 增加时趋近于重指数分布。在该例中，重指数分布是最大值的渐进分布。这一特征也可以从图 4.2 中看到，图中表明 Y_n 的精确分布当 $n \to \infty$ 时收敛于重指数分布。

　　事实上，图 4.2 中所示的对初始指数分布的特征也适用于其他初始分布。也就是说，当 n 增加时极值分布是渐进收敛的。根据 Gumbel（1954，1960）的研究，根据初始概率密度函数的不同尾部性态，存在如下三类渐进分布（尽管是不完全的）：

　　极值 I 型：重指数形式；

　　极值 II 型：单指数形式；

　　极值 III 型：有上（下）界的指数形式。

　　有指数衰减尾部（在极值方向）初始分布的极值将收敛于极值 I 型极限形式，这可从例 4.17 和图 4.2 看到。当初始分布具有多项式尾部衰减时，极值分布将收敛于极值Ⅱ型极限形式，而若极值是有界的，相应的极值分布将渐进地收敛于极值Ⅲ型渐进形式。

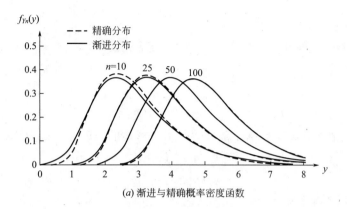

(a) 渐进与精确概率密度函数

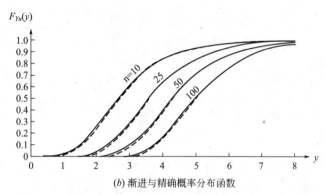

(b) 渐进与精确概率分布函数

图 4.2 来自指数初始分布的极值 Y_n 的精确和渐进分布

渐进分布的参数——尽管渐进分布的形式不依赖于初始变量的分布，渐进分布的参数、如极值Ⅰ型渐进分布的 u_a 和 α_n 将依赖于初始变量的分布。下面我们将仅限于说明极值Ⅰ型渐进形式的情况（对其他渐进形式的更详细讨论可参见 Ang 和 Tang，第 2 卷，1984）。

Gumbel 分布——最大值的极值Ⅰ型渐进形式的概率分布函数称为 Gumbel 分布（Gumbel，1958），其表达形式为

$$F_{Y_n}(y) = \exp[-e^{-\alpha_n(y-u_n)}] \qquad (4.29a)$$

其概率密度函数为

$$f_{Y_n}(y) = \alpha_n e^{-\alpha_n(y-u_n)} \exp[-e^{-\alpha_n(y-u_n)}] \qquad (4.29b)$$

其中 u_n 是 Y_n 的最可能值，α_n 是 Y_n 值的离散程度测度之倒数。

此外，最大值 Y_n 和最小值 Y_1 的均值和方差与各参数具有如下关系（Ang 和 Tang，第 2 卷，1984）：

$$\mu_{Y_n} = u_n + \frac{\gamma}{\alpha_n} \qquad (4.30a)$$

其中 $\gamma = 0.577216$（欧拉数），且

$$\sigma_{Y_n}^2 = \frac{\pi^2}{6\alpha_n^2} \qquad (4.30b)$$

而对最小值，相应的均值与方差为

$$\mu_{Y_1} = u_1 - \frac{\gamma}{\alpha_1} \quad \text{和} \quad \sigma_{Y_1}^2 = \frac{\pi^2}{6\alpha_1^2}$$

[例 4.18]

考虑初始变量 X 服从标准正态分布 $N(0,1)$，其概率密度函数为

$$f_X(x) = \frac{1}{\sqrt{2\pi}} e^{-x^2/2}$$

此时，概率密度函数的尾部显然是指数形式的，因此，最大值的渐进分布是重指数形式（极值 I 型）。特别地，Y_n 的概率分布函数为

$$F_{Y_n}(y) = \exp[-e^{-\alpha_n(y-u_n)}]$$

概率密度函数为

$$f_{Y_n}(y) = \alpha_n e^{-\alpha_n(y-u_n)} \exp[-e^{-\alpha_n(y-u_n)}]$$

其参数为

$$u_n = \sqrt{2\ln n} - \frac{\ln\ln n + \ln(4\pi)}{2\sqrt{2\ln n}}$$

和

$$\alpha_n = \sqrt{2\ln n}$$

上述参数推导的详细过程可见 Ang & Tang（第 2 卷，1984）。最大值的均值与标准差可通过式（4.30a）和（4.30b）得到。

若初始变量 X 服从一般正态分布 $N(\mu, \sigma)$，则从例 4.2 中可知 $(X-\mu)/\sigma$ 将服从 $N(0, 1)$ 分布。从而，总体为 $(X-\mu)/\sigma$ 的最大值的渐进分布将是具有上述参数为 u_n 和 α_n 的重指数分布。因此，若 Y_n 是初始正态变量 X 的相应最大值，则

$$Y_n = \frac{Y_n' - \mu}{\sigma}$$

是从总体 $(X-\mu)/\sigma$ 获得的最大值。因此，Y_n' 的概率分布函数是

$$F_{Y_n'}(y') = F_{Y_n}\left(\frac{y'-\mu}{\sigma}\right) = \exp\left[-e^{-\alpha_n\left(\frac{y'-\mu-\sigma u_n}{\sigma}\right)}\right]$$

$$= \exp\left[-e^{-\frac{\alpha_n}{\sigma}(y'-\mu-\sigma u_n)}\right]$$

因而 Y_n' 的概率分布函数与 Y_n 一样具有重指数形式，其参数为

$$u_n' = \sigma u_n + \mu$$
$$\alpha_n' = \alpha_n/\sigma$$

关于大小为 n 的样本的最小值，相应的概率分布与概率密度函数将随着 n 的增加向左移动。与最大值情况类似，最小值的分布也将根据初始变量概率密度函数尾部性态（在最小值的方向）的性质而收敛于三类渐进分布形式中的一种。

[例 4.19]

考虑初始变量 X 服从标准正态分布 $N(0,1)$。其尾部行为在较小端显然也是指数形式的，因而，来自该初始变量的最小值的概率分布函数也将收敛于如下极值 I 型渐进形式

$$F_{Y_1}(y) = 1 - \exp[-e^{-a_1(y-u_1)}]$$

相应的概率密度函数为

$$f_{Y_1}(y) = \alpha_1 e^{-a_1(y-u_1)} \exp[-e^{-a_1(y-u_1)}]$$

其中参数 u_1 和 α_1 为

$$u_1 = -\sqrt{2\ln n} + \frac{\ln\ln n + \ln(4\pi)}{2\sqrt{2\ln n}}$$

和

$$\alpha_1 = \sqrt{2\ln n}$$

[例 4.20]

若初始变量 X 服从具有如下概率密度函数的 Rayleigh 分布

$$f_X(x) = \frac{x}{\alpha^2} e^{-(x/\alpha)^2/2}; x \geqslant 0$$

其中 α 为众值。尽管该概率密度函数的尾部行为不十分明显，但它实际上是指数性质的（见 Ang & Tang，第 2 卷，1984），因此，最大值的分布将渐进地收敛于极值 I 型分布，其参数为

$$u_n = \alpha\sqrt{2\ln n}$$

和

$$a_n = \frac{\sqrt{2\ln n}}{\alpha}$$

于是，由式（4.30a）和式（4.30b）可得 Y_n 的均值与标准差分别为

$$\mu_{Y_n} = \sqrt{2\ln n} + 0.5772 \left[\frac{\alpha}{\sqrt{2\ln n}}\right]$$

和

$$\sigma_{Y_n} = \frac{\pi}{\sqrt{6}} \frac{\alpha}{\sqrt{2\ln n}} = \frac{\pi\alpha}{2\sqrt{3\ln n}}$$

Fisher－Tippett 分布——最大值的极值 II 型渐进分布也常称为 Fisher-Tippett 分布（Fisher 和 Tippett，1928）。其概率分布函数为

$$F_{Y_n}(y) = \exp\left[-\left(\frac{v_n}{y}\right)^k\right] \tag{4.31}$$

相应的概率密度函数为

$$f_{Y_n}(y) = \frac{k}{v_n}\left(\frac{v_n}{y}\right)^{k+1} \exp\left[-\left(\frac{v_n}{y}\right)^k\right] \tag{4.32}$$

其参数 v_n 是 Y_n 的最可能值、k 为形状参数，是 Y_n 值的弥散程度测度之逆。

随机变量 Y_n 的均值与标准差与上述参数的关系是

$$\begin{cases} \mu_{Y_n} = v_n \Gamma\left[1 - \dfrac{1}{k}\right] \\ \sigma_{Y_n} = v_n \sqrt{\Gamma\left[1 - \dfrac{2}{k}\right] - \Gamma^2\left[1 - \dfrac{1}{k}\right]} \end{cases} \tag{4.33}$$

极值 I 型和极值 II 型渐进形式之间的关系可以通过对数变换建立如下：若 Y_n 具有式 (4.31) 中参数为 v_n 和 k 的极值 II 型渐进分布，则 $\ln Y_n$ 的分布将具有极值 I 型渐进分布，其参数为

$$u_n = \ln v_n \ \text{和} \ \alpha_n = k$$

上述对数变换也可以用于建立最小值 Y_1 和 $\ln Y_1$ 之间的关系。

[例 4.21]

若初始变量 X 服从参数为 λ_X 和 ζ_X 的对数正态分布，$\ln X$ 服从参数为 $\mu = \lambda_X$、$\sigma = \zeta_X$ 的正态分布。则根据例 4.18 的结果，$\ln X$ 的最大值将渐进收敛于极值 I 型分布，其参数为

$$u_n = \zeta_X \left[\sqrt{2\ln n} - \frac{\ln\ln n + \ln(4\pi)}{2\sqrt{2\ln n}}\right] + \lambda_X \quad \text{和} \quad \alpha_n = \frac{\sqrt{2\ln n}}{\zeta_X}$$

因此，根据上述对数变换，来自初始正态变量 X 的最大值将收敛于极值 II 型渐进形式，且其参数为

$$v_n = e^{u_n} \ \text{和} \ k = \alpha_n$$

Weibull 分布——对极值 III 型渐进形式，最小值的渐进分布是更重要的。在工程中这类分布以 Weibull 分布广为人知（Weibull，1951），它是 Weibull 在研究材料断裂强度时发现的。其概率分布函数为

$$F_{Y_1}(y) = 1 - \exp\left[-\left(\frac{y - \varepsilon}{w_1 - \varepsilon}\right)^k\right], y \geqslant \varepsilon \tag{4.34}$$

其中 w_1 为最小值的最可能值（众值）、k 为形状参数、ε 为 y 值的下限。

Y_1 的均值和标准差与上述参数的关系如下：

$$\begin{cases} \mu_{Y_1} = \varepsilon + (w_1 - \varepsilon)\Gamma\left[1 + \dfrac{1}{k}\right] \\ \sigma_{Y_1} = (w_1 - \varepsilon)\sqrt{\Gamma\left[1 + \dfrac{2}{k}\right] - \Gamma^2\left[1 + \dfrac{1}{k}\right]} \end{cases} \tag{4.35}$$

[例 4.22]

设焊接节点断裂强度的下限为 4.0ksi。若节点的实际强度 Y_1 服从参数为 $w_1 = 15.0$ksi 和 $k = 1.75$ 的极值 III 型最小渐进分布，则节点强度最少具有 16.5ksi 的概率为

$$P(Y_1 \geqslant 16.5) = \exp\left[-\left(\frac{16.5 - 4}{15 - 4}\right)^{1.75}\right]$$

$$= 0.286$$

由式（4.35）可知，节点强度的均值和标准差分别为

$$\mu_{Y_1} = 4 + (15 - 4)\Gamma\left[1 + \frac{1}{1.75}\right] = 4 + 11 \times \Gamma(1.5714)$$

$$= 4 + 11 \times 0.8906 = 13.80\text{ksi}$$

和

$$\sigma_{Y_1} = (15 - 4)\sqrt{\Gamma\left[1 + \frac{2}{1.75}\right] - \Gamma^2\left[1 + \frac{1}{1.75}\right]}$$

$$= 11 \times [\Gamma(2.1429) - \Gamma^2(1.5714)]^{1/2}$$

$$= 11 \times [1.069 - (0.8906)^2]^{1/2} = 5.78\text{ksi}$$

上述 Gamma 函数的值是用 Matlab 计算的。

▶ **4.3** **随机变量函数的矩**

在 4.2 节中我们导出了一个或多个随机变量函数的概率分布。理论上，这样从几个随机变量导出的概率分布在一定条件下是可以解析获得的。例如，正态变量的线性函数仍然是正态的，而对数正态变量之积（或商）也仍服从对数正态分布。然而，在一般情况下要解析地获得函数的概率分布（特别是非线性情况下）可能非常困难（甚至是不可能的）。此时，Monte Carlo 模拟可能是必要的。

在这些情况下，我们可能采用函数的矩、特别是均值与方差作为概率分布的近似。即使正确的概率分布不能确定，这一近似途径对实际目的来说可能也是足够的。从函数关系看，这些矩与单个基本随机变量的矩有关，因此可作为基本随机变量之矩的函数近似导出。

4.3.1 **函数的数学期望**

一个随机变量的函数的期望值称为数学期望，该值可通过推广式（3.9b）中的推导得到。也就是说，对于 n 个变量的函数 $Z = g(X_1, X_2, \cdots, X_n)$，其数学期望是

$$E(Z) = \int_{-\infty}^{\infty} \cdots \int_{-\infty}^{\infty} g(x_1, x_2, \cdots, x_n) f_{X_1, X_2, \cdots, X_n}(x_1, x_2, \cdots, x_n) dx_1 dx_2 \cdots dx_n$$

$$(4.36)$$

通过式（3.9a）的类似推广可得离散随机变量函数的相应数学期望 $E(Z)$。

下面我们将采用式（4.36）推导随机变量的线性函数之矩以及非线性函数的一阶近似矩。

线性函数的均值与方差——首先考虑如下线性函数之矩

$$Y = aX + b$$

由式（3.9b），Y 的均值为

$$E(Y) = E(aX + b) = \int_{-\infty}^{\infty} (ax + b)f_X(x)dx = a\int_{-\infty}^{\infty} xf_X(x)dx + b\int_{-\infty}^{\infty} f_X(x)dx$$

$$= aE(X) + b$$

$$(4.37)$$

而方差为

$$\text{Var}(Y) = E[(Y - \mu_Y)^2] = E[(aX + b - a\mu_X - b)] = a^2 \int_{-\infty}^{\infty} (x - \mu_X)^2 f_X(x) dx$$

$$= a^2 \text{Var}(X) \tag{4.38}$$

对 $Y = a_1 X_1 + a_2 X_2$，其中 a_1 和 a_2 为常数，有

$$E(Y) = \int_{-\infty}^{\infty} \int_{-\infty}^{\infty} (a_1 x_1 + a_2 x_2) f_{X_1, X_2}(x_1, x_2) dx_1 dx_2$$

$$= a_1 \int_{-\infty}^{\infty} x_1 f_{X_1}(x_1) dx_1 + a_2 \int_{-\infty}^{\infty} x_2 f_{X_2}(x_2) dx_2$$

可以看到，最后两个积分分别是 $E(X_1)$ 和 $E(X_2)$。因此，对两个随机变量之和，有

$$E(Y) = a_1 E(X_1) + a_2 E(X_2) \tag{4.39}$$

相应的方差为

$$\text{Var}(Y) = E[(a_1 X_1 + a_2 X_2) - (a_1 \mu_{X_1} + a_2 \mu_{X_2})]^2$$

$$= E[a_1(X_1 - \mu_{X_1}) + a_2(X_2 - \mu_{X_2})]^2$$

$$= E[a_1^2(X_1 - \mu_{X_1})^2 + 2a_1 a_2(X_1 - \mu_{X_1})(X_2 - \mu_{X_2}) + a_2^2(X_2 - \mu_{X_2})^2]$$

注意到括号中的第一项和第三项分别是 X_1 和 X_2 的方差，而中间项是 X_1 和 X_2 的协方差。因此，我们有

$$\text{Var}(Y) = a_1^2 \text{Var}(X_1) + a_2^2 \text{Var}(X_2) + 2a_1 a_2 \text{Cov}(X_1, X_2) \tag{4.40}$$

类似地，若 $Y = a_1 X_1 - a_2 X_2$，结果将是

$$E(Y) = a_1 \mu_{X_1} - a_2 \mu_{X_2} \tag{4.41}$$

而相应的方差则是

$$\text{Var}(Y) = a_1^2 \text{Var}(X_1) + a_2^2 \text{Var}(X_2) - 2a_1 a_2 \text{Cov}(X_1, X_2) \tag{4.42}$$

若随机变量 X_1 和 X_2 统计独立，即 $\text{Cov}(X_1, X_2) = 0$，此时式（4.40）和（4.42）成为

$$\text{Var}(Y) = a_1^2 \text{Var}(X_1) + a_2^2 \text{Var}(X_2)$$

上述式（4.39）～（4.42）中的结果可以推广到 n 个随机变量的情况，例如

$$Y = \sum_{i=1}^{n} a_i X_i$$

其中 a_i 是常数。对此一般情况可得如下结果：Y 的均值为

$$E(Y) = \sum_{i=1}^{n} a_i E(X_i) = \sum_{i=1}^{n} a_i \mu_{X_i} \tag{4.43}$$

而相应的方差为

$$\text{Var}(Y) = \sum_{i=1}^{n} a_i^2 \text{Var}(X_i) + \sum_{i \neq j}^{n} \sum_{}^{n} a_i a_j \text{Cov}(X_i, X_j)$$

$$= \sum_{i=1}^{n} a_i^2 \sigma_{X_i}^2 + \sum_{i \neq j}^{n} \sum_{}^{n} a_i a_j \rho_{ij} \sigma_{X_i} \sigma_{X_j} \tag{4.44}$$

其中 ρ_{ij} 是 X_i 和 X_j 之间的相关系数。

进而，如果有 X_i 的另一种形式的线性函数

$$Z = \sum_{i=1}^{n} b_i X_i$$

则 Y 和 Z 将是相关的，且

$$\text{Cov}(Y, Z) = \sum_{i=1}^{n} a_i b_i \text{Var}(X_i) + \sum_{i,j=1}^{n} \sum_{i \neq j} a_i b_j \text{Cov}(X_i, X_j)$$

$$= \sum_{i=1}^{n} a_i b_i \sigma_{X_i}^2 + \sum_{i,j=1}^{n} \sum_{i \neq j} a_i b_j \rho_{ij} \sigma_{X_i} \sigma_{X_j} \qquad (4.45)$$

[例 4.23]

高层混凝土建筑柱上的最大荷载可能包括恒荷载（D）、活荷载（L）和地震作用（E）。柱承受的总的最大荷载将是 $T = D + L + E$。假设每个荷载分量的统计量如下：

$$\mu_D = 2000t, \ \sigma_D = 210t$$
$$\mu_L = 1500t, \ \sigma_L = 350t$$
$$\mu_E = 2500t, \ \sigma_E = 450t$$

若三个荷载是统计独立的，即 $\rho_{ij} = 0$，则根据式（4.43）和（4.44）可得总荷载的均值与方差为

$$\mu_T = 2000 + 1500 + 2500 = 6000t$$

和

$$\sigma_T^2 = 210^2 + 350^2 + 450^2 = 369100 \ t^2$$

因此，标准差是

$$\sigma_T = 607.5t \ 。$$

然而，恒荷载 D 和地震作用 E 可能是相关的，例如相关系数可能为 $\rho_{ij} = 0.05$，而活荷载与 D 和 E 无关。这时，由式（4.44）可得相应的方差

$$\sigma_T^2 = 210^2 + 350^2 + 450^2 + 2(0.50)(210)(450) = 463600 \ t^2$$

从而标准差为 $\sigma_T = 680.88t$ 。

现在，设柱的承载力 C 的均值与标准差为 $\mu_C = 10000t$ 和 $\sigma_C = 1500t$。柱的承载力不足的概率是

$$P(C < T) = P(C - T < 0)$$

但 $C - T$ 的均值 $= 10000 - 6000 = 4000t$，标准差是

$$\sigma_{C-T} = \sqrt{607.5^2 + 1500^2} = 1618t$$

设所有变量都是正态的，因此 $C - T$ 也是正态的，则柱的承载力不足的概率是

$$P(C - T < 0) = \Phi\left[\frac{0 - 4000}{1618}\right] = \Phi(-2.47)$$

$$= 1 - \Phi(2.47) = 1 - 0.9932$$

$$= 0.007$$

[例 4.24]

当地震烈度 $I=5$ 时，城市中心区域的平均经济损失与相应标准差可估计如下：

- 财产损失——$\mu_P=\$250$ 万；$\sigma_P=\$150$ 万
- 商业损失——$\mu_B=\$600$ 万；$\sigma_B=\$250$ 万
- 人员受伤——$\mu_J=\$400$ 万；$\sigma_J=\$200$ 万

假设人员死亡可以忽略不计。在上述三项中商业损失与财产损失是正相关的，设其相关系数为 0.70，即 $\rho_{BP}=0.70$，而人员受伤则与其他损失无关。

设上述地震平均损失随着 I^2 变化、该地区的可能地震烈度是 $I=4$，5 和 6 的可能性是 2∶1∶1，而地震损失标准差与 I 无关。

地震中的总损失为

$$T=P+B+J$$

在烈度为 $I=5$ 的地震中，总损失均值或期望总损失为

$$E(T\,|\,I=5)=2.5+6.0+4.0=12.5 \text{ 百万}$$

由于期望总损失是依赖于条件 I^2 的，我们有

$$E(T\,|\,I=4)=12.5\left[\frac{4}{5}\right]^2=8.00$$

$$E(T\,|\,I=6)=12.5\left[\frac{6}{5}\right]^2=18.00$$

因此，在一次地震中的无条件期望损失为

$$\mu_T=8.0(2/4)+12.5(1/4)+18.0(1/4)=\$11.625 \text{ 百万}$$

总损失的方差为

$$\text{Var}(T)=1.5^2+2.5^2+2.0^2+2(0.70)(1.5\times 2.5)=17.75$$

因此，总损失的标准差是 $\sigma_T=\sqrt{17.75}=\$4.21$ 百万。

4.3.2　一般函数的均值与方差

对于单个随机变量 X 的一般函数

$$Y=g(X)$$

其各阶矩的精确值是 $g(X)$ 的数学期望。特别地，根据式（3.9b），均值与方差分别为

$$E(Y)=\int_{-\infty}^{\infty}g(X)f_X(x)\mathrm{d}x$$

和

$$\text{Var}(Y)=\int_{-\infty}^{\infty}\left[g(x)-E(Y)\right]^2 f_X(x)\mathrm{d}x$$

显然，要通过上述关系得到函数 Y 的均值与方差需要概率密度函数 $f_X(x)$ 的信息。然而，在很多情况下，可能得不到 X 的概率密度函数。此时，我们可采用如下方法计算函数 Y 的均值与方差近似值。

函数 $g(X)$ 可以在 X 的均值处展开成 Taylor 级数，即

$$g(X) = g(\mu_X) + (X - \mu_X)\frac{dg}{dX} + \frac{1}{2}(X - \mu_X)^2 \frac{d^2 g}{dX^2} + \cdots$$

其中导数取 μ_X 处的值。

现在，如果截断线性以上的项，则有

$$g(X) \approx g(\mu_X) + (X - \mu_X)\frac{dg}{dX}$$

由此可得 Y 的均值与方差的一阶近似

$$E(Y) \approx g(\mu_X) \tag{4.46}$$

和

$$\mathrm{Var}(Y) \approx \mathrm{Var}(X - \mu_X)\left(\frac{dg}{dX}\right)^2 = \mathrm{Var}(X)\left(\frac{dg}{dX}\right)^2 \tag{4.47}$$

显然，若 $g(X)$ 在 X 的整个定义域内是近似线性的（即非线性程度不高），那么式（4.46）和（4.47）将给出 $g(X)$ 均值与方差精确值的良好近似（Hald，1952）。而且，当 X 相对于 $g(\mu_X)$ 较小时，即使函数 $g(X)$ 是非线性的，上述近似也是足够的。

上述一阶近似可以通过包含 Taylor 展开的高阶项而逐步得到改进。例如，若在级数中包括二阶项，则可得相应的二阶近似为

$$E(Y) \approx g(\mu_X) + \frac{1}{2}\mathrm{Var}(X)\frac{d^2 g}{dX^2} \tag{4.48}$$

和

$$\mathrm{Var}(Y) \approx \sigma_X^2 \left(\frac{dg}{dX}\right)^2 - \frac{1}{4}\sigma_X^2 \left(\frac{d^2 g}{dX^2}\right)^2 + E(X - \mu_X)^3 \frac{dg}{dX}\frac{d^2 g}{dX^2}$$

$$+ \frac{1}{4}E(X - \mu_X)^4 \left(\frac{d^2 g}{dX^2}\right)^2 \tag{4.49}$$

我们看到，式（4.49）中 Y 的方差的二阶近似计算需要用到初始变量 X 的三阶和四阶中心距，但这些信息在实际应用中很少给出。

就实用目的来说，均值是最重要的。因此，我们可以采用式（4.48）中函数 Y 的二阶均值近似，而方差则采用式（4.47）的一阶近似。由此，在不需要比 X 的均值与方差更多信息的情况下提高了 Y 的均值的近似精度。

[例 4.25]

海洋波浪对海岸结构的最大冲击压强（单位 psf）为

$$p_m = 2.7\frac{\rho K U^2}{D}$$

其中 U 是入射的随机水平速度，均值为 4.5fps，变异系数为 20%。其他参数都是常数

$\rho = 1.96\mathrm{slugs/ft^3}$，海水密度

$K =$ 虚拟活塞长度

$D =$ 气垫厚度

设比值 $K/D=35$。

由式（4.46）和（4.47）可得 p_m 的一阶均值和方差为

$$E(p_m) \approx 2.7(1.96)(35)(4.5)^2 = 3750.7\text{psf} = 26.05\text{psi}；和$$

$$\mathrm{Var}(p_m) \approx \mathrm{Var}(U)\left[2.7\rho\frac{K}{D}\right]^2 (2\mu_U)^2$$

$$= (0.20 \times 4.5)^2 (2.7 \times 1.96 \times 35)^2 (2 \times 4.5)^2$$

因此，p_m 的标准差为

$$\sigma_{p_m} \approx (0.20 \times 4.5)(2.7 \times 1.96 \times 35)(2 \times 4.5) = 1500.3\text{psf} = 10.42\text{psi}$$

为了提高均值估计的精度，采用式（4.48）的二阶近似可得

$$E(Y) \approx 3750.7 + \frac{1}{2}(0.20 \times 4.5)^2 \left[2.7\rho\frac{K}{D}\right](2)$$

$$= 3750.7 + \frac{1}{2}(0.20 \times 4.5)^2 (2.7 \times 1.96 \times 35 \times 2)$$

$$= 3750.7 + 150.0 = 3900.7\text{psf} = 27.09\text{psi}$$

可见该例中一阶均值比二阶均值低约 4%。

[例 4.26]

假设在高峰期从美国各大城市到芝加哥 O'Hare 机场降落的航班平均架次如下：

出发城市	到达航班平均架次	标准差
纽约	10	4
迈阿密	6	2
洛杉矶	10	5
华盛顿特区	12	4
旧金山	8	4
达拉斯	10	3
西雅图	5	2
其他美国城市	15	6

到达航班的总架次平均值为 76，标准差为 11.22（假设从不同城市到达的航班是统计独立的）。

现假设飞机占用机场时间 T（单位：min）是总到达航班架次的如下经验函数

$$T = 3\sqrt{N_A}，（单位：\text{min}）$$

其中 N_A 是在高峰时段内的总到达航班架次。那么，采用一阶近似，平均占用时间将是

$$\mu_T \approx 3\sqrt{\mu_{N_A}} = 3\sqrt{76} = 26.15 \text{ min}$$

方差为

$$\sigma_T^2 \approx \sigma_{NA}{}^2 \left[\frac{3}{2} \mu_{NA}{}^{-1/2} \right] = (11.22)^2 \left[\frac{3}{2}(76)^{-1/2} \right]^2 = 3.73$$

因此，标准差为

$$\sigma_T = 1.93 \text{min}$$

由式（4.48），可得相应的二阶平均占用时间：

$$\mu_T \approx 3\sqrt{\mu_{NA}} + \frac{1}{2}\sigma_{NA}{}^2 \left[-\frac{3}{4}\mu_{NA}{}^{-3/2} \right] = 26.15 - \frac{3}{8}(11.22)^2(76)^{-3/2} = 26.08 \text{min}$$

在该例中，一阶均值非常精确，几乎与二阶均值相同。

多个随机变量的函数——若 Y 是多个随机变量的函数

$$Y = g(X_1, X_2, \cdots, X_n)$$

可通过类似方法获得 Y 的近似均值与方差：

将函数 $g(X_1, X_2, \cdots, X_n)$ 采用 Taylor 级数在均值点 $(\mu_{X_1}, \mu_{X_2}, \cdots, \mu_{X_n})$ 处展开，有

$$Y = g(\mu_{X_1}, \mu_{X_2}, \cdots, \mu_{X_n}) + \sum_{i=1}^{n}(X_i - \mu_{X_i})\frac{\partial g}{\partial X_i}$$

$$+ \frac{1}{2}\sum_{i=1}^{n}\sum_{j=1}^{n}(X_i - \mu_{X_i})(X_j - \mu_{X_j})\frac{\partial^2 g}{\partial X_i \partial X_j} + \cdots$$

其中导数取在 $\mu_{X_1}, \mu_{X_2}, \cdots, \mu_{X_n}$ 处的值。

若在线性项处截断上述级数，即

$$Y \approx g(\mu_{X_1}, \mu_{X_2}, \cdots, \mu_{X_n}) + \sum_{i=1}^{n}(X_i - \mu_{X_i})\frac{\partial g}{\partial X_i}$$

则可得 Y 的一阶近似均值与方差为

$$E(Y) \approx g(\mu_{X_1}, \mu_{X_2}, \cdots, \mu_{X_n}) \tag{4.50}$$

和

$$\text{Var}(Y) \approx \sum_{i=1}^{n}\sigma_{X_i}^2 \left[\frac{\partial g}{\partial X_i} \right]^2 + \sum_{i,j=1}^{n}\sum_{i \neq j}^{n}\rho_{ij}\sigma_{X_i}\sigma_{X_j}\frac{\partial g}{\partial X_i}\frac{\partial g}{\partial X_j} \tag{4.51}$$

若对所有的 i 和 j，X_i 和 X_j 是不相关（或统计独立）的，即 $\rho_{ij} = 0$，则由式（4.51）可知

$$\text{Var}(Y) \approx \sum_{i=1}^{n}\sigma_{X_i}^2 \left[\frac{\partial g}{\partial X_i} \right]^2 \tag{4.51a}$$

式（4.51）或（4.51a）可称为"不确定性的传播"。我们注意到它同时是基本变量方差和用偏导数表示的灵敏度系数的函数。

上述均值与方差的一阶近似可通过包括 $g(X_1, X_2, \cdots, X_n)$ 的 Taylor 级数中的高阶项而获得改进。特别地，Y 的均值的二阶近似为

$$E(Y) \approx g(\mu_{X_1}, \mu_{X_2}, \cdots, \mu_{X_n}) + \frac{1}{2}\sum_{i=1}^{n}\sum_{j=1}^{n}\rho_{ij}\sigma_{X_i}\sigma_{X_j}\left[\frac{\partial^2 g}{\partial X_i \partial X_j} \right] \tag{4.52}$$

其中导数在 X_i 的均值处取值。进而，若 X_i 和 X_j 不相关，则式（4.52）成为

$$E(Y) \approx g(\mu_{X_1}, \mu_{X_2}, \cdots, \mu_{X_n}) + \frac{1}{2}\sum_{i=1}^{n}\sigma_{X_i}^2 \left[\frac{\partial^2 g}{\partial X_i^2} \right] \tag{4.52a}$$

[例 4.27]

根据 Manning 方程，明渠中均匀流的速度是（单位 fps）

$$V = \frac{1.49}{n} R^{2/3} S^{1/2}$$

其中

S＝能量线的斜率；

R＝水力半径（单位：ft）；

n＝渠道的粗糙度系数。

对于混凝土表面的长方形截面明渠，假设具有如下均值与相应的变异系数

变　量	均　值	变异系数
S	1%	0.10
R	2ft	0.05
n	0.013	0.30

假设上述随机变量是统计独立的，速度 V 均值与方差的一阶近似分别为

$$\mu_V \approx \frac{1.49}{0.013}(2)^{2/3}(1)^{1/2} = 182\text{fps} \; ; \text{和}$$

$$\sigma_V^2 \approx \sigma_S^2 \left[\frac{1.49}{2\mu_n} \mu_R^{2/3} \mu_S^{-1/2} \right]^2 + \sigma_R^2 \left[\frac{2 \times 1.49}{3\mu_n} \mu_S^{1/2} \mu_R^{-1/3} \right]^2$$

$$+ \sigma_n^2 (-1.49 \mu_R^{2/3} \mu_S^{1/2} \mu_n^{-2})^2$$

$$= (0.10 \times 1)^2 \left[\frac{1.49}{2 \times 0.013}(2)^{2/3}(1)^{-1/2} \right]^2$$

$$+ (0.05 \times 2)^2 \left[\frac{2 \times 1.49}{3 \times 0.013}(1)^{1/2}(2)^{-1/3} \right]^2$$

$$+ (0.30 \times 0.013)^2 (-1.49(2)^{2/3}(1)^{1/2}(0.013)^{-2})^2$$

$$= 82.79 + 36.80 + 2979.2 = 3098.7$$

由此可得标准差

$$\sigma_V = 55.7\text{fps}$$

速度均值的相应二阶近似为

$$\mu_V \approx 182 + \frac{1}{2} \left[\sigma_S^2 \left(-\frac{1.49}{4\mu_n} \mu_R^{2/3} \mu_S^{-3/2} \right) + \sigma_R^2 \left(-\frac{2 \times 1.49}{9\mu_n} \mu_S^{1/2} \mu_R^{-4/3} \right) \right.$$

$$\left. + \sigma_n^2 \left(\frac{2 \times 1.49}{\mu_n^3} \mu_R^{2/3} \mu_S^{1/2} \right) \right]$$

$$= 182 + \frac{1}{2} \left[-(0.1)^2 \left[\frac{1.49}{4 \times 0.013}(2)^{2/3}(1)^{-3/2} \right] - (0.05 \times 2)^2 \left[\frac{2 \times 1.49}{9 \times 0.013} \right](1)^{1/2}(2)^{-4/3} \right.$$

$$\left. + (0.30 \times 0.013)^2 \left[\frac{2 \times 1.49}{(0.013)^3}(2)^{2/3}(1)^{1/2} \right] \right]$$

$$= 182 + \frac{1}{2}(-0.46 - 0.10 + 32.76) = 198.10\text{fps}$$

速度均值的一阶近似比相应的二阶近似大约低 8%。

[例 4.28]

梁中的应力 S 可通过下式计算

$$S = \frac{M}{Z} + \frac{P}{A}$$

其中

$M =$ 截面弯矩

$P =$ 截面上的轴力

$A =$ 梁的横截面积

$Z =$ 梁的截面模量

M，Z 和 P 是具有如下均值与变异系数的随机变量：

$$\mu_M = 45000\text{in} \cdot \text{lb}; \qquad \delta_M = 0.10$$
$$\mu_Z = 100\text{in}^3; \qquad \delta_Z = 0.20$$
$$\mu_P = 5000\text{lb}; \qquad \delta_P = 0.10$$
$$A = 50\text{in}^2$$

设 M 和 P 是相关的，其相关系数为 $\rho_{M,P} = 0.75$，而 Z 与 M 和 P 统计独立。我们可以通过一阶近似确定应力 S 的均值与方差如下：

均值，$\qquad \mu_S \approx \dfrac{\mu_M}{\mu_Z} + \dfrac{\mu_P}{A} = \dfrac{45000}{100} + \dfrac{5000}{50} = 550\text{psi}$

方差：

$$\sigma_S^2 \approx \sigma_M^2 \left[\frac{1}{\mu_Z}\right]^2 + \sigma_Z^2 \left[\frac{-\mu_M}{\mu_Z^2}\right]^2 + \sigma_P^2 \left[\frac{1}{A}\right]^2 + 2\rho_{M,P}\sigma_M\sigma_P\left[\frac{1}{\mu_Z}\right]\left[\frac{1}{A}\right]$$

$$= 4500^2\left[\frac{1}{100}\right]^2 + 20^2\left[\frac{-45000}{100^2}\right]^2 + 500^2\left[\frac{1}{50}\right]^2 + 2 \times 0.75$$

$$\times 4500 \times 500 \left[\frac{1}{100}\right]\left[\frac{1}{50}\right]$$

$$= 10900.00$$

由此可知 S 的标准差为 $\sigma_S = 104.40\text{psi}$。

根据实验数据，梁的强度 S_c 的均值为 800psi、标准差为 110psi。假设 S 和 S_c 服从具有上述均值与标准差的对数正态分布，可进一步计算得到对数正态分布的各参数为

$$\zeta_S^2 = \ln(1 + \frac{104.4^2}{550^2}) = 0.0354; \zeta_{S_c}^2 = \left(\frac{110}{800}\right)^2 = (0.14)^2$$

和

$$\lambda_S = \ln 550 - \frac{1}{2}(0.0.0354) = 6.29; \lambda_{S_c} = \ln 800 - \frac{1}{2}(0.14)^2 = 6.67$$

定义梁的安全系数为 $\theta = S_c/S$。因为 S_c 和 S 均为对数正态变量，安全系数 θ 也是对数正态变量，其参数为

$$\lambda_\theta = \lambda_{S_c} - \lambda_S = 6.67 - 6.29 = 0.38$$

和

$$\zeta_\theta = \sqrt{\zeta_{S_c}{}^2 + \zeta_S^2} = \sqrt{(0.14)^2 + 0.0354} = 0.23$$

当 $\theta < 1.0$ 时梁将过载。因此，这一事件的概率为

$$P(\theta < 1.0) = \Phi\left(\frac{\ln 1.0 - \lambda_\theta}{\zeta_\theta}\right) = \Phi\left(\frac{0 - 0.38}{0.23}\right) = 1 - \Phi(1.65) = 1 - 0.950 = 0.05$$

也就是说，在外荷载作用下梁过载的几率为 5%。

[例 4.29]

要建一座横跨 300m 宽河流的两跨桥梁，其跨中桥墩距离一边河岸大约 150m。为了进行桥墩中心位置的定位，沿一边河岸建立了一条基线 B，如图 E4.29。桥墩位置将通过与测站 a 和 b 连线相交且在 a 点呈 90 度角的直线确定。

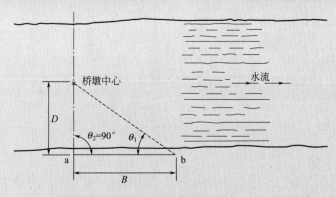

图 E4.29　跨中桥墩的位置

桥墩的中心位置将与基线距离 150m。基线长度的测量平均值 $\overline{B} = 200\text{m}$、标准误差为 $\sigma_{\overline{B}} = 2\text{cm}$. 从测站 b 测量的角度 θ_1 均值为 $36°52'$、标准误差为 $2'$。

从基线到桥墩中心所需距离 D 的均值与标准误差为（在测量理论中，标准差常常称为"标准误差"）：

$$D = \overline{B}\tan\overline{\theta_1} = 200\tan 36°52' = 149.98\text{m}$$

和

$$\sigma_D^2 = \sigma_{\overline{B}}^2(\tan\overline{\theta_1})^2 + (\overline{B}\sec^2\overline{\theta_1})^2\sigma_{\overline{\theta_1}}^2 = (0.02)^2(\tan 36°52')^2$$
$$+ (200\sec^2 36°52')^2(5.818 \times 10^{-4})^2$$
$$= 0.000225 + 0.033050 = 0.033275$$

因此，可得距离 D 的标准误差

$$\sigma_D = 0.1824\text{m} = 18.24\text{cm}$$

而 D 的均值的二阶近似为

$$D = 149.98 + \frac{1}{2}\left[\sigma_{\overline{B}}^2(0) + \sigma_{\overline{\theta_1}}^2(2\overline{B}\sec^2\overline{\theta_1}\tan\overline{\theta_1})\right]$$
$$= 200(5.818x10^{-4})^2\left[(\sec^2 36°52')(\tan 36°52')\right]$$
$$= 149.98 + 0.00008 = 149.98\text{m}$$

　　　　可见，在该例中，均值的二阶近似与一阶近似完全相同，即二阶近似对均值估计没有任何改进。

　　Monte Carlo 模拟的作用——在 4.2 节中我们已经注意到，单个变量函数的概率密度函数可以容易地进行解析推导。然而，在多个变量函数的情形，从 4.2.2 节中可见，除了诸如多个正态变量之和或多个对数正态变量之积和商这样一些例外情况，其概率分布的推导将是十分困难的。除这些特殊情况外，至少为了近似地获得函数的概率分布，我们可能不得不利用 Monte Carlo 模拟或其他数值方法（关于 Monte Carlo 模拟基础，请参见第 5 章）。例如，考虑两个对数正态随机变量之和，其分布既非正态、也非对数正态。同样地，两个正态随机变量之积也既非正态、亦非对数正态。在这样的情况下，如果需要一个函数的概率分布信息，数值方法或 Monte Carlo 模拟显然是必要的，它们提供了实用的工具。Monte Carlo 模拟的基础及其示例将在第 5 章中阐述。

▶ 4.4　本章小结

　　在本章中我们看到，随机变量的函数的概率特征、包括概率分布及其主要特征量（均值与方差），可以从基本随机变量的概率特征导出来。对于单个变量的函数，其概率密度函数可以很容易地解析推导出来。然而，多个随机变量函数分布的推导可能数学上非常复杂，特别是对非线性函数。因此，除了一些特殊情况、例如独立正态变量的线性函数或独立对数正态变量的严格的积或商之外，即使所需要的函数的分布理论上可以推导出来，通常直接应用也是不实际的。因而，在许多应用中，常常有必要仅仅通过均值和方差来近似刻划一个函数的概率特征。虽然在此情况下线性函数的均值与方差容易精确计算，但对一般的非线性函数，我们往往必须采用一阶（或二阶）近似。此外，当需要一般函数的概率分布时，我们可能需要采用 Monte Carlo 模拟或其他数值方法。

▶ 习题

4.1　假设工程变量 Y 是随机变量 X 的指数函数

$$Y = e^X$$

X 服从正态分布 $N(2, 0.4)$。试推导 Y 的概率密度函数并证明它服从对数正态分布。

4.2　气体分子的绝对速度 X 服从 Maxwell 分布，其概率密度函数为

$$f_X(x) = \begin{cases} \dfrac{4x^2}{a^3 \sqrt{\pi}} \exp\left(-\dfrac{x^2}{a^2}\right) & \text{若 } x > 0 \\ 0 & \text{其他} \end{cases}$$

其中 a 是常数。试确定分子动能 $Y = \dfrac{1}{2} m X^2$ 的概率密度函数 $f_Y(y)$，其中 m 是分子的

质量。

$$（答案 f_Y(y) = \begin{cases} \dfrac{4}{a^3}\sqrt{\dfrac{2y}{\pi m^3}}\exp\left(-\dfrac{2y}{ma^2}\right) & y \geqslant 0 \\ 0 & y < 0 \end{cases}$$

4.3　某地区的电能来自核电、火电和水电。上述三种电能的相应发电量可以认为是如下的独立正态随机变量（单位 MW）：

$$核电 \sim N（100，15）$$
$$火电 \sim N（200，40）$$
$$水电 \sim N（400，100）$$

（a） 确定该地区的总供电量，即确定总供电量的概率分布及其相应的均值与标准差。

（b） 在正常天气情况下该地区的电力需求是 400MW，而在极端天气下是 600MW。在任意给定的年份，正常天气大约是极端天气出现可能性的 2 倍。根据（a）中的供电量，该地区在该年中电力供应不足的概率是多大（即需求超过供电量）？

（c） 若在给定年份中出现了电力短缺，那么是在正常天气下电力短缺的概率是多少？

（d） 假设三种电力供应分别满足总电力需求的分配比例如下：

核电＝电力需求的 15％；火电＝电力需求的 30％；水电＝电力需求的 55％

在正常天气下，三种能源中至少有一种不能达到分配任务的概率是多大？假设它们是统计独立的。

4.4　Bob 和 John 正在从城市 A 旅行去城市 D。Bob 决定走下图中上面的路线（路线 B），而 John 走下面的路线（路线 C）：

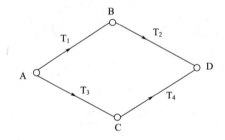

城市间的旅行时间（以小时计）服从如下正态分布：

$$T_1 \sim N(6,2)$$
$$T_2 \sim N(4,1)$$
$$T_3 \sim N(5,3)$$
$$T_4 \sim N(4,1)$$

尽管旅行时间通常假设为统计独立，但 T_3 和 T_4 是相关的且相关系数为 0.8。

（a） John 在 10 小时内不能到达城市 D 的概率是多少？（答案：0.397）

（b） Bob 到达城市 D 比 John 要至少早 1 个小时的概率是多少？（答案：0.327）

（c） 如果希望从 A 到 D 的期望旅行时间最短，那么希望走哪条路线（上面或下面）？请判断。（答案：下面路线）

4.5　某建筑建在成层土上（如下图），其每层土都已固结。该建筑的沉降可以采用下式计算（单位：cm）

$$S = 0.3A + 0.2B + 0.1C$$

其中 A、B 和 C 分别是土层的厚度（单位：m）。设 A、B 和 C 可认为是如下独立正态随机变量

$$A \sim N(5, 1)$$
$$B \sim N(8, 2)$$
$$C \sim N(7, 1)$$

(a) 试给出沉降将超过 4cm 的概率；（答案：0.347）

(b) 若三层土的总厚度已经精确知道为 20m。而且，厚度 A 与 B 之间相关系数为 0.5，试确定沉降将超过 4cm 的概率。（答案：0.282）

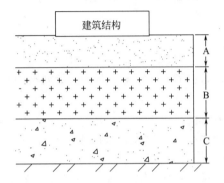

4.6 如下图示，摩擦桩打入三个土层。摩擦桩的总承载力（单位：t）为

$$Q = 4A + B + 2C$$

其中 A、B 和 C 分别是三个土层中的穿透长度（单位 m）。

设 $A \sim N(5, 3)$、$B \sim N(8, 2)$，A 和 B 是负相关的，其相关系数为 $\rho = -0.5$。桩的总长为 30m。试确定该桩不能承受 40t 荷载（即承载力 Q 小于 40t）的概率。

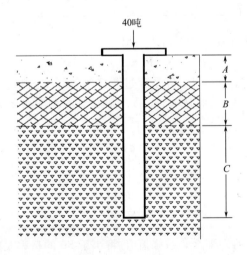

4.7 某城市在两条河流交汇口的下游。河流 1 的年最大洪峰流量平均值为 35m³/s、标准差为 10m³/s，而河流 2 的平均年最大洪峰流量为 25m³/s、标准差为 10m³/s。两条河流的最大洪峰流量都服从正态分布，其相关系数为 0.5。目前穿城河道可以容许 100m³/s

的洪峰流量而城市不致遭受洪灾。

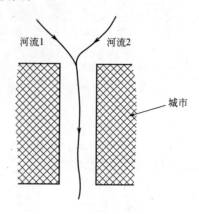

请回答如下问题：

（**a**）年最大洪峰流量的均值与标准差是多少？（答案：60 和 17.32（m³/s））

（**b**）在现有河道泄洪能力的情况下，该城市将遭受洪灾的年概率是多少？相应的重现期是多久？（答案：0.0105；96 年）

（**c**）计算该城市 10 年内将遭受洪灾的概率？（答案：0.10）

（**d**）若需要将 10 年内遭受洪灾的概率减少一半，当前河道的泄洪能力将要增大多少？（答案：104.5m³/s）

4.8 混凝土中可掺入纤维以提高强度。考虑下图所示的有裂缝截面

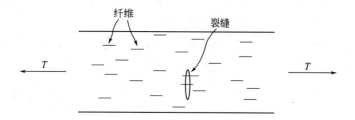

假设开裂截面的总强度可通过下述表达式给出：

$$T = C + (F_1 + F_2 + \cdots + F_N)$$

其中 C 是水泥的强度贡献，F_1、F_2 等是穿过裂缝的各纤维的强度，N 是穿过裂缝的纤维总数。设 $C = N(30, 5)$，各 F_i 服从 $N(5, 3)$，N 是具有如下概率分布的离散随机变量。

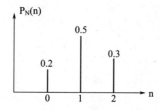

假定 C 和 F_i 是统计独立的。那么，总强度 T 将小于 30 的概率是多大？

4.9 通勤大巴从购物中心出发依次前往小镇 A 和 B，然后回到购物中心，如下图所示。

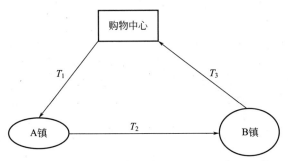

假设正常情况下相应的运行时间是独立正态随机变量，具有如下的统计量：

运行时间	均值(min)	变异系数
T_1	30	0.30
T_2	20	0.20
T_3	40	0.30

但在拥堵期（早上 8：00～10：00 和下午 4：00～6：00），在小镇 A 和 B 之间的平均运行时间将延长 50％，其变异系数不变。

(a) 大巴一个来回的预定时间是 2 小时。试确定正常条件下在预定时间不能完成一个来回程的概率。

(b) 在正常条件下，一乘客从小镇 A 出发将在一小时之内到达购物中心的概率是多少？

(c) 从小镇 B 出发的乘客是从小镇 A 出发的乘客数量的两倍。在拥堵期乘客在一小时以内到达购物中心的百分比有多少？

(d) 一乘客从小镇 B 出发，与人相约下午 3：00 在购物中心见面。若大巴在下午 2：00 从小镇 B 出发、但下午 2：45 仍未到达购物中心。那么他能够准点到达赴约地点的概率有多大？

4.10 下图所示的每个基础的沉降均服从均值为 2in、变异系数为 30％的正态分布。设两个相邻基础沉降之间的相关系数为 0.7。两个基础的沉降差是

$$D = S_1 - S_2$$

其中 S_1 和 S_2 分别是基础 1 和 2 的沉降。

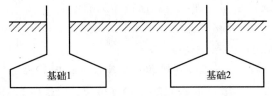

(a) 确定 D 的均值与方差；

(b) 沉降差的大小 $|D|$ 不超过 0.5in 的概率是多少？

4.11 下图所示的管网系统要承受暴风雨径流 X_1 和 X_2 及城市污水 X_3 的排放。各流量的统计量是（单位 ft^3/s，cfs）

	均值	变异系数	分布
X_1	10	0.30	正态分布
X_2	15	0.20	正态分布
X_3	20	0.00	—

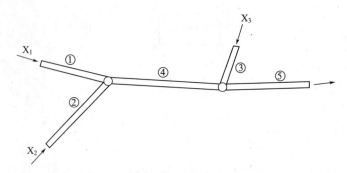

由于来源具有共同性，X_1 和 X_2 是相关的，设其相关系数 $\rho_{1,2}=0.6$。

(a) 确定管道 5 的总流量的均值与标准差；

(b) 在一分钟时间内流入管道 2 的总流量超过管道 1 的总流量至少 400ft³ 的概率是多少？（提示：假设在一分钟内每根管道的流量速度是恒定的）

(c) 如果城市污水预计每年增长 3cfs，管道 5 的排水能力是 70cfs。若设计准则是管道 5 在一次风暴之后过载（总入流超过排水能力）的概率小于 0.05，那么管道 5 的排水能力在多少年之内是足够的、即多少年之后需要尺寸更大的管道？

4.12 两条支流 1 和 2 汇合后形成河流 3，如下图示。设支流 1 的污染物浓度是 X，服从 $N(20,4)$ 的正态分布（单位：单位体积颗粒数，puv），而支流 2 的污染物浓度是 Y，服从分布 $N(15,3)$puv。支流 1 的流量是 600ft³/s（cfs）、支流 2 的流量是 400cfs。因此，河流中的污染物浓度是

$$Z = \frac{600X + 400Y}{600 + 400} = 0.6X + 0.4Y$$

若污染物浓度超过 20puv，则认为河流被污染了。

(a) 两条支流中至少一条被污染了的概率是多少？

(b) 假设 X 和 Y 统计独立。确定河流已被污染的概率。

(c) 假设同一个工厂向两条支流倾倒污染物，因此 X 和 Y 是相关的，例如相关系数为 $\rho=0.8$。那么河流被污染的概率是多少？

4.13 某承包商向 3 个公路建设项目和 1 个建筑工程项目投标。每一个中标的概率为 0.6。公路项目的利润服从正态分布 $N(100,40)$（单位：千美元），而建筑工程项目的利润为 $N(80,20)$ 千美元。假设每个中标是独立事件，各个项目的利润也是统计独立的。

(a) 该承包商至少赢得两个项目的概率是多大？

(b) 该承包商仅赢得一个公路项目、而没有赢得建筑工程项目的概率是多大？

(c) 假设他已经赢得了两个公路建设项目和 1 个建筑工程项目，那么总利润将超过 300 千美元的概率是多大？

(d) 若两个公路项目的利润具有 0.8 的相关系数，那么（c）中的答案将如何变化？

4.14 某城市下个月的可供水量服从对数正态分布，其均值为 100 万加仑，变异系数

为 40%，而总需水量是一个均值为 150 万加仑、变异系数为 10% 的对数正态变量。该城市下个月缺水的概率是多大？

4.15　一个大抛物面天线需要进行抗风设计。在一次风暴中，天线的最大风致压强 P 可计算如下

$$P = \frac{1}{2} CRV^2$$

其中 C＝阻力系数，R＝空气密度（单位：slugs/ft^3），V＝最大风速（单位 ft/s），P＝压强（单位 lb/ft^2）。C，R 和 V 是统计独立的对数正态变量，其均值与变异系数为：

$$\mu_C = 1.80; \qquad\qquad \delta_C = 0.20$$
$$\mu_R = 2.3 \times 10^{-3}\,\mathrm{slugs/ft^3}; \qquad \delta_R = 0.10$$
$$\mu_V = 120\mathrm{ft/s}; \qquad\qquad \delta_V = 0.45$$

(a) 确定最大风压 P 的概率分布并计算其参数。

(b) 最大风压将超过 30 lb/ft^2 的概率是多大？

(c) 天线的实际抗风承载力也是一个对数正态变量，其均值为 90 lb/ft^2、变异系数为 15%。当最大风压超过抗风承载力时天线将发生破坏。那么，天线在一次风暴中破坏的概率是多大？

(d) 如果（c）中的风暴出现是平均发生率为每 5 年一次的泊松过程，那么天线在 25 年内发生破坏的概率是多大？

(e) 假设在一个给定的区域安装了 5 台天线，那么 5 台当中至少 2 台在 25 年内不会破坏的概率是多大？设各天线的破坏是统计独立的。

4.16　一根桩的设计平均承载力为 20t。但由于存在变异性，桩的承载力是变异系数为 20% 的对数正态变量。设桩在全寿命期中的最大荷载也服从对数正态分布，其均值为 10t、变异系数为 30%。假设桩的荷载和承载力是统计独立的。

(a) 确定桩的破坏概率。

(b) 许多桩可能组合在一起形成一个群桩以抵抗外荷载。假设群桩的承载力是单根桩承载力之和。考虑一个由两根桩组成的群桩。由于来源具有共同性，两根桩的承载力是相关的，其相关系数为 0.8。令 T 表示该群桩的承载力。

（i）确定 T 的均值与变异系数。

（ii）随机变量 T 将服从正态、对数正态还是其他分布？试说明理由。

4.17　建筑物的一根角柱支承在一个由两根柱组成的群桩上。每根桩的承载力是沿桩长的摩擦承载力 F 和桩尖的端部承载力 B 这两部分独立贡献之和。设 F 和 B 都服从正态分布，其均值分别为 20 和 30ton，变异系数分别为 0.2 和 0.3。两根桩之间的承载力是相关的，相关系数为 $\rho = 0.8$。

(a) 确定一根桩的承载力均值和变异系数。

(b) 确定群桩承载力的均值和变异系数。

(c) 如果作用在群桩上的荷载也是正态分布的，其均值为 50ton、变异系数为 0.3，则该群桩破坏的概率是多少？

4.18　考虑一个有 18° 倾角的塔。该塔以每年增加 A 的速率继续倾斜，A 服从均值 0.1°、变异系数为 30% 的正态分布。

(a) 假设每年额外增加的倾斜角度是统计独立的。确定 16 年后最终角度将超过 20°的概率。

(b) 设塔倒塌前的最大倾角 M（即抗倾斜能力）也是一个正态变量，其均值为 20°、变异系数为 1%。

（i）该塔在未来 16 年内不会倒塌的概率是多大？

（ii）与前面（a）中假设每年增加的倾斜角度统计独立不同，若每年增加的倾斜角度是相同的，那么该塔在 16 年内不会倒塌的概率是多大？

4.19 今有五个棱柱体储油罐，每个储油罐如下图所示。每个储油罐及其储存物的总重量 W 是 200kips。在地震作用下，水平惯性力可计算如下：

$$F = \frac{W}{g}a$$

其中：g＝重力加速度＝32.2ft/s²

a＝最大水平地震加速度

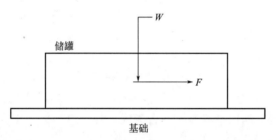

在地震中，储油罐基底存在摩擦力使之不致滑动。储油罐和基底之间的摩擦系数是一个对数正态变量，其中值为 0.4、变异系数 0.2。同时，假设地震中的最大地面运动加速度也服从对数正态分布，其均值为 0.3g、变异系数为 0.25。

(a) 在地震中一个储油罐将从基础发生滑动的概率是多大？

(b) 考虑五个储油罐，假设各个储油罐之间是统计独立的，那么在地震中没有一个储油罐从基础滑动的概率是多大？

4.20 通过 Lion Rock 隧道收费站的时间 T 服从均值为 5s 的指数分布。该隧道中有 50 辆车排队时可在 3.5min 内付费通过的概率是多少？

4.21 考虑如下图示的一个长的悬臂结构，在距离固定端 A 为 X 处作用一个集中荷载。设 F 和 X 是独立对数正态变量，其均值分别为 0.2kips 和 10ft，变异系数分别为 20%和 30%。

(a) 确定 A 端弯矩将超过 3ft·kip 的概率。（答案 0.093）

(b) 设有 50 个力，每个力作用在梁上的位置是随机的。各力都是均值为 0.2kip、变异系数为 20%的正态变量，各力的作用点与 A 的距离也服从对数正态分布，其均值为 10ft、变异系数为 30%。假设各力的大小统计独立、其作用位置也统计独立。试确定 A 端总弯矩将超过 120ft·kip 的概率（回答：5.5×10⁻⁵）。

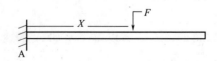

4.22 某大型工程公司中助理工程师的薪金是在每年 $30000 到 $50000 之间均匀分布的。

(a) 该公司中随机挑出的一个助理工程师其薪金超过 $40000 的概率是多大？

(b) 若从该公司中随机抽选 50 个助理工程师，那么其平均薪金将超过 $40000 的概率是多少？

(c) 为什么（a）和（b）答案差异甚大？请予解释。

4.23 假设通过某大跨桥梁上的机动车主要有两种类型：小轿车和卡车。每辆小轿车的重量平均值为 5kips、标准差为 2kips，而卡车重量的平均值为 20kips、标准差为 5kips。假设每辆机动车的重量均服从对数正态分布，且各车重量是统计独立的。设现在桥上有 100 辆小轿车、30 辆卡车。

(a) 确定桥上机动车总重量的均值与标准差。

(b) 估计机动车总重量超过 1200kips 的概率。给出所采用的所有假定。

(c) 设桥梁的总恒载服从对数正态分布，其均值为 1200kips、变异系数为 10%。

（i）机动车总重量将超过总恒载的概率是多少？

（ii）总恒载和机动车总重量之和超过 2500kips 的概率是多大？

4.24 "5 星"牌水泥是成批运输的，每批包括 40 袋。此前的记录表明随机抽取的一袋该品牌水泥平均重量为 2.5kg、标准差为 0.1kg，但其精确概率密度函数未知。

(a) 一批 "5 星"牌水泥的平均重量是多少？

(b) 假设一批水泥超过平均重量 1kg，运输公司就将额外收取高额费用。那么一批 "5 星"牌水泥将被收取额外高额费用的概率是多大？

(c) 设每袋重量的标准差变为 1kg 而其他参数不变。那么收取额外高额费用的概率现在是多少？试评述增加标准差是否划算？

4.25 根据办公楼楼面活荷载的详细调查，持续等效均布荷载可认为服从均值为 12psf、变异系数为 30% 的对数正态分布。在建筑物的寿命期中，楼面活荷载可能由于楼面空间的布局和使用变化而波动。

(a) 假设平均使用布局改变率为每 2 年 1 次，试确定 50 年寿命期中办公楼最大活荷载持续等效均布荷载的精确概率分布。

(b) 给出全寿命周期最大活荷载持续等效均布荷载的相应渐进分布形式，并计算 50 年寿命情况下的参数。

4.26 服从 Gamma 分布的初始变量的概率密度函数为

$$f_X(x) = \frac{\nu(\nu x)^{k-1}}{\Gamma(k)} e^{-\nu x} ; x \geqslant 0 ; k > 1$$

其中 ν 和 k 为参数，$\Gamma(k)$ 为 Gamma 函数。

(a) 确定样本大小为 n 的最大值的概率分布函数和概率密度函数；

(b) 确定当 $n \to \infty$ 时上述分布的合适渐进形式。

4.27 轴重超过 18t 的拖车重量可采用下述平移指数分布描述：

$$f_X(x) = \frac{1}{3.2} e^{-(x-18)/3.2} ; x \geqslant 0$$

设一个涵洞桥每年超过上述轴重（>18t）拖车的通行次数为 1355 次。假设轴重是统计独立的，每年的平均交通运输量不变。

　　(a) 确定涵洞桥在 1 年、5 年、10 年和 25 年内的最大轴重的均值和变异系数。

　　(b) 设涵洞桥的设计寿命为 20 年，试确定它受到最大轴重超过 80t 的概率。

　　(c) 根据设计寿命 20 年中最大轴重超越概率为 10% 的准则，确定涵洞桥的"设计轴重"。

　　4. 28　河流的日溶解氧浓度可假设为正态分布，其均值为 3.00mg/l、标准差为 0.50mg/l。每日溶解氧浓度可认为是统计独立的。

　　(a) 分别确定一个月 （30d） 和一年中的最小日溶解氧浓度的渐进分布。

　　(b) 分别确定一个月和一年中日溶解氧浓度低于 0.5mg/l 的概率。

　　(c) 分别确定一个月和一年内的最小日溶解氧浓度的均值与变异系数。

　　4. 29　某结构设计的抗风承载能力为 150kph 的风速，即小于 150kph 的风速作用下该结构不会发生损伤。在飓风过境区，一次飓风中的最大风速可认为服从均值为 100kph、变异系数为 0.45 的极值 I 型分布。

　　(a) 对于具有上述抗风承载力的结构，在一次飓风中发生损伤的概率是多大？

　　(b) 若容许发生损伤的概率要降为上述 （a） 中初始设计的 1/10，那么修改设计后的结构抗风承载能力是多少 （单位 kph）？

　　(c) 若飓风的发生可认为是重现期为 200 年的泊松过程，那么按原设计方案设计的结构在 100 年之内发生损伤的概率是多大？对修改设计后的结构该概率为多大？设各次飓风造成的损伤是统计独立的。

　　4. 30　建造钢结构建筑时施工场地的阵风影响是重要的。假设在某特定工程场址的日最大风速服从均值为 40mph、变异系数为 25% 的正态分布。

　　(a) 若该建筑可在 3 个月内完工，则在施工期内最可能出现的最大风速是多少？

　　(b) 设施工临时支撑系统可抵抗 70mph 的风速，那么在施工期内该支撑系统不足以抵抗最大风速的概率是多大？

　　(c) 在施工期内的最大风速均值与变异系数是什么？

　　4. 31　在习题 （4.30） 中，设日最大风速服从均值为 40mph、变异系数为 25% 的对数正态分布 （而不是正态分布）。此时，若完工时间为 3 个月：

　　(a) 在施工期内最可能出现的最大风速是什么？

　　(b) 在施工期内临时支撑系统不足以抵抗最大风速的概率是多大？临时支撑系统的抗风承载能力为 70mph。

　　4. 32　管道中的水头损失可通过 Darcy－Weisbach 方程确定如下：

$$h = \frac{fLV^2}{2Dg}$$

其中：

　　　　　　L＝管的长度；

　　　　　　V＝管中水的流速；

　　　　　　D＝管的直径；

　　　　　　f＝摩擦系数；

　　　　　　g＝重力加速度＝32.2ft/s^2。

设管道的基本参数如下：

参　数	均　值	变异系数
L	100ft	0.05
D	12in	0.15
f	0.02	0.25
V	9.0fps	0.2

(a) 采用一阶近似，确定管道水头损失的均值与标准差。

(b) 采用二阶近似计算相应的水头损失均值。

4.33 由简化梁理论可知，在梁端作用集中荷载 P 的悬臂梁的最大挠度是

$$D = \frac{PL^3}{3EI}$$

其中：

      $L=$梁的长度；

      $E=$材料的弹性模量；

      $I=$梁截面的惯性矩。

假设一根 15ft 长的长方形悬臂木梁，名义截面尺寸为 $6'' \times 12''$（实际尺寸为 $5.5'' \times 11.5''$），该梁受到均值为 500lb、变异系数为 20% 的集中力 P 作用。木材的弹性模量 E 均值为 3，000，000psi、变异系数为 0.25。可假设每个截面尺寸的变异系数为 0.05。变量 P、E 和 I 是统计独立的。

(a) 确定悬臂木梁杆端挠度的一阶近似均值与标准差。横截面的惯性矩为 $I = \frac{1}{12}bh^3$，其中 b 和 h 的相关系数为 0.8。

(b) 采用二阶近似计算梁端挠度的均值。

4.34 以下是一个关于 Z 的工程经验公式

$$Z = XY^2W^{1/2}$$

其中

      X：在 2 和 4 之间均匀分布

      Y：服从 0 到 3 之间的 Beta 分布，参数 $q=1$、$r=2$

      W：指数分布，中值为 1

且 X，Y 和 W 是统计独立的。

(a) 分别确定 X，Y 和 W 的均值和方差。（答案：3，1/3；1，1/2；1.443，2.081）

(b) 采用一阶近似估计 Z 的均值、方差和变异系数（答案：3.6，29.7，1.51）

4.35 为了减少污染物从填埋垃圾向周边环境的扩散，建造了如下黏土垫层。

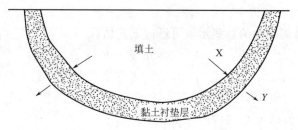

设 X 是无黏土衬垫时的填埋垃圾污染物扩散速率，L 是黏土衬垫的有效度，因此扩散到环境中的污染物速率为

$$Y=(1-L)X$$

X 服从均值为 100 单位/年、变异系数为 20% 的对数正态分布。可接受的性能要求是 Y 不超过 8 单位/年。

(a) 假设黏土衬垫的施工质量很好，从而保证有效度为 0.95。那么其性能可接受的概率是多大？（答案：0.993）

(b) 若承包商不能保证有效度达到 0.95。相反，其有效度均值为 0.96、而标准差为 0.01。

(i) 采用一阶近似估计 Y 的均值和方差。（答案：4，1.64）

(ii) 试分析承包商给出的上述性能是否具有更大的可接受概率。可假定 Y 服从对数正态分布，其均值和方差由 (i) 中结果给出。

4.36　常用来计算圆形雨水管可承受流量的 Manning 公式是

$$Q_c=0.463n^{-1}D^{2.67}S^{0.5}$$

其中 Q_c 是流量（单位：ft^3/s），n 是粗糙度系数，D 是雨水管直径（单位：ft），S 是管道坡度（ft/ft）。

由于制造误差与施工误差，雨水管直径与管道坡度及粗糙度系数都具有不确定性。考虑雨水管系统的一个管段。n，D 和 S 的统计特性由下表给出：

变　　量	均　　值	变异系数
n	0.015	0.10
D(ft.)	3.0	0.02
S(ft/ft)	0.005	0.05

设上述三个随机变量是统计独立的。

(a) 采用一阶近似公式，估计雨水管可承受流量的均值与方差。

(b) 计算每个随机变量对雨水管可承受流量不确定性贡献的百分数，并确定其相对重要性。（答案：n：74.2%，D：21.2%；S：4.6%）

(c) 采用二阶近似确定雨水管流量承受能力。

(d) 假设雨水管可承受流量服从具有 (a) 中给出的均值与方差的对数正态分布，试确定该雨水管可通行 $30ft^3/s$ 流量的概率（答案：0.996）

4.37　每次暴风雨中的降雨量是独立的，且服从对数正态分布，其均值为 1in、变异系数为 100%。

(a) 假设去年出现了 50 次暴风雨，其余降雨对总降雨量的影响可以忽略。试估计去年的年降雨量超过 60in 的概率。

(b) 假设单次暴风雨中的总集水量可通过下式估计

$$V=NR\ln(R+1)$$

其中 V 是水的体积（单位：千加仑），N 是预测模型的误差，它是与 R 独立的随机变量，均值为 1、变异系数为 50%。

(i) 采用一阶近似确定 V 的均值与变异系数。

（ii）在此情况下上述近似的精度高吗？为什么？

（iii）采用二阶近似估计 V 的均值。

4.38 单自由度弹簧-质量系统的自振频率 ω 是

$$\omega = \sqrt{\frac{K}{M}}$$

其中 K 是刚度、M 是系统的质量。

（a） 若 K 的均值与标准差分别为 400 和 200，质量 $M=100$，试采用一阶近似确定系统自振频率的均值与标准差。

（b） 若 M 也是随机变量，其标准差为 20，确定自振频率的相应均值与标准差。

（c） 采用二阶近似计算自振频率的均值与标准差。

▶ 参考文献

Ang, A. H-S., and W.H., Tang. *Probability Concepts in Engineering Planning and Design*, Vol. II, Decision, Risk and Reliability, John Wiley & Sons, Inc., New York, 1984.

Fisher, R.A., and L.H.C., Tippett. "Limiting Forms of the Frequency Distribution of the Largest or Smallest Number of a Sample," *Proc. Cambridge Philosophical Soc.*, XXIV, Part II, 1928, pp. 180–190.

Gumbel, E., *Statistics of Extremes*, Columbia University Press, New York, 1958.

Hald, A., *Statistical Theory and Engineering Applications*, John Wiley and Sons, Inc., New York, 1952.

Weibull, W., "A Statistical Distribution of Wide Applicability," *Journal of Applied Mechanics*, ASME, Vol. 18, 1951.

第5章

概率中的计算机数值与模拟方法

▶ 5.1 引言

　　本章的主旨是论述求解概率问题的数值与模拟方法，这些问题通常难以或者实际上不可能用解析方法求解。数值方法的应用必须借助于高速计算机。本章的目标是增强概率建模对工程随机问题的适用性和有效性。与本书第 2 章至第 4 章的风格一致，在本章中也通过数值算例进行概率概念的阐述。然而，现在可能需要采用商业软件（例如 MATLAB）编程才能进行切实可行的求解，而且目前也没有现成的直接用于求解所需问题的软件包。本章中求解算例的程序可能不是最优的，仅用于进行示范性说明。

　　大量实际工程中的问题（即使是确定性问题）可能非常复杂，解析方法往往无能为力。在此情况下，采用数值方法是必要的、而且常常是唯一可行和有效的方法。当所研究的问题涉及随机变量或者需要考虑概率时，可能需要采用 Monte Carlo 抽样方法进行多次重复的数值模拟。而当考虑的问题涉及固有不确定性和认知不确定性时，Monte Carlo 模拟的作用更为重要。

　　例如，当不是所有基本变量都服从高斯分布时，两个或多个基本变量之和也不服从高斯分布（如 4.2 节所示）。类似地，若考虑多个随机变量之积或商，除非所有的随机变量均服从对数正态分布（如 4.2 节所示），否则其概率分布也不是对数正态分布。此外，当某个函数为多个基本变量的非线性函数时，不论基本变量的分布形式如何，通常都难以或实际上不可能用解析的方式确定该函数的分布。在上述情况下，必须采用数值方法来获得实用解答，哪怕只是近似解。

　　必须强调，本章的目的是阐述采用已有数值工具的求解以拓展概率与统计模型在工程中的应用。而一般数值工具的介绍已有诸多参考书，因而不在本章赘述。

▶ 5.2 数值与模拟方法

　　前已提及，工程问题的数值（即使是近似解）求解往往是必需的。这些问题包括复杂函数积分的数值积分方法、连续系统的有限元或有限差分近似离散等。当含有随机变量时，这样的数值方法（包括 Monte Carlo 模拟），对求解概率问题也是必要的。Monte Carlo 模拟方法是概率解析方法的重要补充，甚至是求解复杂概率问题的唯一可行途径。在特定情况下，概率问题也可以采用近似数值方法，例如工程系统可靠度分析的一次可靠度方法（FORM）（Cornell，1969）和二次可靠度方法（SORM）（Der Kiureghian 等，1987）。然而，一般情况下 Monte Carlo 模拟是具有广泛适用性的数值方法。

Monte Carlo 模拟（MCS）涉及数学或经验算子的反复计算过程，其中算子中的变量是随机的或具有不确定性，但其概率分布已知。数值求解过程的每一次重复可以视为真实解的一个样本，类似于物理实验中的一个观测样本。当考虑随机变量时，在每次重复运算中每个变量的值均从相应概率分布进行抽样。因此，该过程的关键一步是具有给定概率分布的随机变量样本值的生成，即所谓的随机数发生器（参考 Rubinstein，1981；Ang & Tang，1984）。本章中仅介绍和示例基本 Monte Carlo 抽样技术。也有更先进的 Monte Carlo 抽样方法，如方差缩减和"智能"Monte Carlo 方法等，但这些方法超出了本书的范围。

Monte Carlo 模拟与数值积分方法是求解概率问题的实用工具，但必须要有计算机。一些商业软件如 Matlab（2004），Mathcad（2002）和 Mathematica（2002）为实现上述数值方法提供了技术平台。同时，也可以使用 MS Excel＋Visual Basic（例如 Halverson，2003；MacDonald，2003）或类似的电子表格软件。本章所举的算例中采用 Mathcad 或 Matlab 软件进行 Monte Carlo 模拟和数值分析编程。然而，上面提到的其他软件对于实现数值求解也同样有效，软件的选用取决于用户或读者的熟悉程度和偏好。

应该强调，对于给定的样本大小，采用一轮 Monte Carlo 模拟获得的数值解与另一轮具有相同样本大小的 Monte Carlo 模拟结果稍有不同。也就是说，对于一个给定的问题，多次运行同一模拟程序的数值结果可能不会精确一致，除非在每次运行中的样本量极大。

5.2.1 Monte Carlo 模拟的实质

Monte Carlo 模拟的第一步是生成具有给定概率分布的随机数。有很多方法可以生成一簇具有已知分布的随机数（参见，Rubinstein，1981；Ang & Tang，1984）。也可以采用 Matlab 及其统计工具箱函数中针对一些给定分布形式的随机数发生器，Mathcad 和 Mathematica 也有类似的随机数发生器。

在任一 Monte Carlo 模拟中，需要给定样本数 n 或者每个分布的随机数生成数量。Monte Carlo 模拟结果的精度将随着样本数的增大而提高。这一精度通常非常重要，且可以利用解答的变异系数（c. o. v.）来度量。

在第 6 章式（6.27）中，我们将看到，对于样本大小为 n 时概率 p 的估计，样本均值 $\overline{P}$ 是概率 p 的无偏估计，而 $\overline{P}$ 的样本方差由式（6.28a）给出为

$$\sigma_{\overline{P}}^2 = \frac{\overline{P}(1-\overline{P})}{n}$$

因此，在 Monte Carlo 模拟中，样本大小为 n 时 $\overline{P}$ 的变异系数为

$$\text{c. o. v.}(\overline{P}) = \sqrt{\frac{(1-\overline{P})}{n\overline{P}}} \tag{5.1}$$

基于近似分析，Shooman（1968）在采用 Monte Carlo 模拟获得系统性态概率时

得到了相同结果。

为了得到 Monte Carlo 模拟结果的真实变异系数,需要反复运行相同的模拟过程,即进行 N 轮反复模拟,每轮的样本数均为 n,这样可以得到 N 轮运行结果的均值和标准差,由此估计其变异系数。关于此点,将在例 5.5 中专门讨论。

采用式(5.1),我们也能评估具有给定样本数 n 的 Monte Carlo 模拟的误差(百分数)

$$\text{error(in } \%) = 200\sqrt{\frac{1-\overline{P}}{n\overline{P}}} \tag{5.2}$$

反过来,利用式(5.2)也可以确定给定容许百分误差和估计概率 $\overline{P}$ 的条件下,所需的 Monte Carlo 模拟样本数 n。

5.2.2 数值算例

以下列举了一系列算例,其中许多算例通过解析方法几乎是不可能或不可行的,因此需要采用数值程序或 Monte Carlo 模拟(MCS)。这些问题中也包括一些涉及固有不确定性与认知不确定性的情况(参见 5.2.3 节),其求解需要多次重复计算。求解过程可以采用合适的数值方法在个人电脑上自动执行。

书中每个算例的数值求解均提供了相应的 Mathcad 或 Matlab 计算机程序。采用 Matlab 时,需要附带的工具箱函数 Statistics 和 Symbolic Math Toolboxes。当然,任何其他商业软件(包括 Mathematica)对于列举的算例是同样方便和有效的。所有算例的求解都需用到个人电脑。

为了理解基于计算机的求解和以下算例中的计算机程序,需要熟知 Matlab 和 Mathcad 的说明和编程语句。算例中采用的 Matlab 和 Mathcad 程序仅为示范性的,可能并非最优程序。

[例 5.1]
设某公司的员工要在两个主要城市之间出差飞行,飞行时间(以小时为单位)依赖于天气和交通状况,估计需要至少 4 小时、最多 8 小时。基于公司员工的经验数据,两个城市之间的实际飞行时间可用 Beta 分布(参数 $q=2.50$ 和 $r=5.50$)描述。

实际飞行时间 T 少于 6 小时($T<6$)的概率 P 可以方便地采用 Matlab 自带的不完全 Beta 函数进行计算。因此,由式(3.52)
$$u = (6-4)/(8-4) = 0.5$$
由 Matlab 自带的不完全 Beta 函数可知
$$P(T<6) = \text{betainc}(0.5, 2.5, 5.5) = 0.872$$
注:betainc(x, a, b) 为 Matlab 语句或说明,表示不完全 Beta 函数比。

类似地,飞行时间在 4.5 至 5.5 小时之间的概率为
$$P(4.5 < T \leqslant 5.5) = \text{betainc}(0.375, 2.5, 5.5) - \text{betainc}(0.125, 2.5, 5.5)$$
$$= 0.6753 - 0.1058$$

除了 Beta 分布，Gamma 分布也常作为描述两城市之间飞行时间的合理分布函数。假定 Gamma 分布与 Beta 分布具有相同的均值和标准差，分别为 $\mu_T = 5.32$ 小时、$\sigma_T = 0.50$ 小时，相应的 Gamma 分布参数为 $\nu = 21.73$ 和 $k = 115.60$。再次采用 Matlab，则实际飞行时间 T 少于 6 小时（$T < 6$）的概率为

$$P(T < 6) = \text{gammainc}(130.38, 115.60) = 0.912$$

注：gammainc (v, k) 为 Matlab 语句或说明，表示不完全 Gamma 函数比。

此时，飞行时间在 4.5 至 5.5 小时之间的概率为

$$P(4.5 < T \leqslant 5.5) = \text{gammainc}(119.52, 115.60) - \text{gammainc}(97.79, 115.60)$$
$$= 0.6523 - 0.0428 = 0.610$$

数值积分解答——概率 $P(T < 6)$ 也可以通过数值积分获得。这可以方便地利用 Matlab 的如下数值积分格式求解。

编制 Matlab 程序 "M-File"：function f = bfunc（x）

f = ((beta(2.5, 5.5)).^-1).*(((x-4).^1.5).*(8-x).^4.5)./4.^7

并保存。然后在 Matlab 命令窗中执行 4 到 6 之间进行数值积分的命令：

$$\text{quad}(@ \text{bfunc}, 4, 6)$$

由此得到概率 $P(T < 6)$ 的结果 0.872。同理，T 在 4.5 到 5.5 之间的概率可采用命令

$$\text{quad}(@ \text{bfunc}, 4.5, 5.5)$$

得到结果为 0.570。

可见，上述结果与 Beta 函数的结果完全相同。若在上述 M-File 程序中用 Gamma 函数替换 Beta 函数，则可以得到类似的结果。

[例 5.2]

本例表明采用 Matlab 或 Mathcad 可以容易地生成二项分布的概率分布。

设某汽车组装厂每天生产 50 辆汽车。有 15 个关键部件将影响汽车的正常功能。这些部件是随机抽取检验的。根据检验记录，部件的平均缺陷率为 6%。假设这 15 个部件的生产条件可认为是统计独立的。

如果 3 个及以上的部件存在缺陷，那么该车将在 1 个月或 1600 公里内发生故障。因此，一个客户买到一辆有缺陷车的概率为

$$P(X \geqslant 3) = 1 - P(X < 3) = 1 - P(X \leqslant 2)$$
$$= 1 - \text{binocdf}(2, 15, 0.06) = 0.0571$$

这里，binocdf $(2, 15, 0.06)$ 是 Matlab 工具箱函数，用于求解二项分布的概率分布函数，其参数为 $n = 15$，$x = 2$，$p = 0.06$。

同时，在每天组装的 50 辆车中有缺陷车不超过 4 辆的概率为

$$P(X \leqslant 4) = \text{binocdf}(4, 50, 0.0571) = 0.8445$$

可以看到，上述问题中的参数超出了附录表 A.2 的范围。采用 Mathcad 可以得到与 Matlab 相同的结果。

［例 5.3］

考虑 3 个独立随机变量 X_1，X_2，X_3 之和，这些变量均服从对数正态分布，其均值与变异系数如下：

$$\mu_{X1} = 500\text{units}; \qquad \mu_{X2} = 600\text{units}; \qquad \mu_{X3} = 700\text{units}$$
$$\delta_{X1} = 0.50; \qquad \delta_{X2} = 0.60; \qquad \delta_{X3} = 0.70;$$

对数正态分布的相应参数如下：

$$\zeta_{X1} = \sqrt{\ln(1 + 0.50^2)} = 0.47; \zeta_{X2} = \sqrt{\ln(1 + 0.60^2)} = 0.55;$$

$$\zeta_{X3} = \sqrt{\ln(1 + 0.70^2)} = 0.63; \lambda_{X1} = \ln 500 - \frac{1}{2}(0.47)^2 = 6.10;$$

$$\lambda_{X2} = \ln 600 - \frac{1}{2}(0.55)^2 = 6.25; \lambda_{X3} = \ln 700 - \frac{1}{2}(0.63)^2 = 6.35;$$

此时，3 变量之和 $S = X_1 + X_2 + X_3$ 的概率分布既非正态也非对数正态。事实上，其分布很难采用解析方法确定。因此，如果需要 3 变量之和 S 的概率分布，则采用 Monte Carlo 模拟将是可行途径。采用 Mathcad 重复 10000 次（即样本量 $n = 10000$），可得 S 的直方图及其统计量如下。

S 的均值、标准差和偏度分别为

$$\text{mean}(S) = 1.799 \times 10^3 \qquad \text{stdev}(S) = 644.869 \qquad \text{skew}(S) = 1.316$$

由于偏度系数非零，变量之和 S 的分布显然是非正态的。同时，S 的 75％和 90％的分位值分别为：

$$S_{75} = 2.121 \times 10^3 \qquad S_{90} = 2.628 \times 10^3$$

上述 10000 次 Monte Carlo 求解的 Mathcad 程序文件：

```
X1:= rlnorm(10000, 6.10, 0.47)
X2:= rlnorm(10000, 6.25, 0.55)
X3:= rlnorm(10000, 6.35, 0.63)
S:=  (X₁ + X₂ + X₃)
v:= sort(S)
S₉₀:= V₉₀₀₀
```

绘制 S 直方图的程序：

```
n:= 4C
j:= 0..4C
intⱼ:= 100+ 4000 j/n
h:= hist(int, S)
```

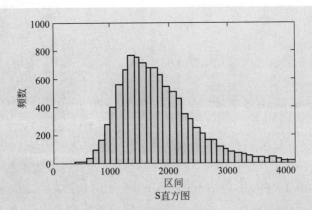

类似地，采用 Matlab 可以得到 10000 次 Monte Carlo 模拟的直方图如下所示：

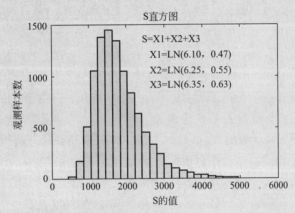

相应的均值、标准差和偏度系数分别为

$$1.797E+3,\qquad 651.1972,\qquad 1.3767$$

而 S 的 50%（中值）、75% 和 90% 分位值分别为

$$1.680E+3,\qquad 2.1212E+3,\qquad 2.6389E+3$$

例 5.3 的 Matlab 程序：

```
X1= lognrnd(6.10,0.47,10000,1);
X2= lognrnd(6.25,0.55,10000,1);
X3= lognrnd(6.35,0.63,10000,1);
S= X1+ X2+ X3;
hist(S,40)          %绘制 S 的直方图
mean(S);
std(S);
skewness(S)
prctile(S,50)       %S 在 50%分位值处的值
prctile(S,75);
```

```
prctile(S,90)
```
——————

上述算例也可以采用 Microsoft Excel 表格求解。求解过程可以采用如下电子表单的步骤：

1. 进入 Tools，选择 Add-in，然后选择 Analysis Tool Pak 和 Analysis Tool Pak-VBA。

2. 由于 Excel 没有内置的对数正态分布随机数发生器，可以首先生成正态随机变量，然后根据函数关系 $X=\exp(Y)$ 转换到对数正态变量。

3. 采用 Tool-Data/Analysis-Random Number Generation 生成 3 列正态分布随机数，选择 Normal 并且分别输入先前计算的参数 mean 和 standard deviation(6.10，0.47)；(6.25，0.55)；(6.35，0.63)，赋变量名 Y1，Y2 和 Y3。

4. 根据函数关系 $X=\exp(Y)$ 生成 Y1，Y2 和 Y3 映射的另外 3 列数据表 X1，X2 和 X3。

5. 采用 Excel 表的常规代数运算公式，生成第 4 列随机数（X1＋X2＋X3）。拷贝该列第 1 格的公式直到该列最后一格。

6. 采用 Excel 表的 Tool-Data Analysis-Descriptive 统计工具根据步骤 5 的数据获取均值、标准差和其他相关统计量。

7. 采用 Excel 表的 Tool-Data Analysis-Histogram 统计工具根据步骤 5 的数据生成直方图，并选择合适的条带宽度。

由此获得的 3 个对数正态随机变量之和的相关统计量如下：

均值＝1795.4　标准差＝671.5　偏度系数＝2.623

基于样本数 10000 获得的 S 的直方图如下图。

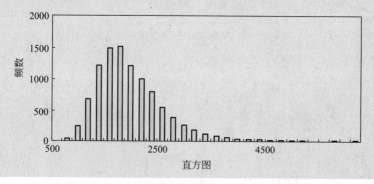

直方图

[例 5.4]

设例 5.3 中的随机变量服从均值和标准差如下的高斯分布：

$$X_1=N(500,75);X_2=N(600,120);X_3=N(700,210)$$

这时我们感兴趣的是三个变量之积与商的概率分布，即

$$P=\frac{X_1X_3}{X_2}$$

显然，上述函数的分布既非对数正态也非正态。为了确定 P 的概率分布，

再次采用 Monte Carlo 模拟确定函数 P 的随机值。采用 Mathcad，对每个随机变量生成 100000 个样本值。

P 的均值、中值、标准差和偏度系数分别为：

$$\text{mean}(P) = 610.456 \qquad \text{median}(P) = 575.856 \qquad \text{Stdev}(P) = 256.239$$

$$\text{skew}(P) = 1.16$$

同时，P 的 75% 和 90% 分位值分别为：

$$P_{75} = 744.586 \qquad P_{90} = 933.762$$

P 的 Monte Carlo 模拟 Mathcad 源代码：

```
X₁:= rnorm(100000,500,75)
X₂:= rnorm(100000,600,120)
X₃:= rnorm(100000,700,210)
       →
      X₁X₃
P:  ————
      X₂
V:= sort(P)
P₇₅:= V₇₅₀₀₀
P90= V90000
```

绘制 P 的直方图的程序为

```
h= hist(int,P)
n:= 4C
j:= 0..40
              j
int_j:= -500+ 3000·——
              40
```

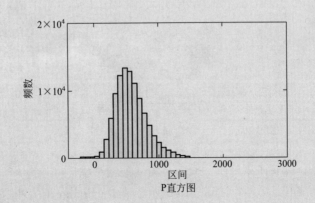

P直方图

此外，采用 Matlab 也可以通过 10000 次 Monte Carlo 模拟获得 P 的直方图如下：

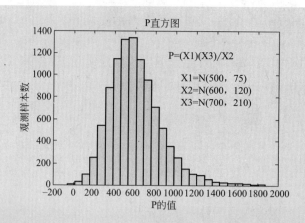

P 的相应均值、标准差、偏度系数分别为：

$$\text{mean}(P) = 609.76 \qquad \text{std}(P) = 255.64 \qquad \text{skewness}(P) = 1.17$$

例 5.4 的 Matlab 程序：

```
X1= normrnd(500,75,10000,1);
X2= normrnd(600,120,10000,1);
X3= normrnd(700,210,10000,1);
u= X1.* X3;
P= u./X2;
hist(P,40)
mean(P)%绘制乘积 P 的直方图
std(P)
skewness(P)
```

当采用 Microsoft Excel 电子表单时，步骤如下：

1. 进入 Tools，选择 Add-in，选择 Analysis Tool Pak 和 Analysis Tool Pak-VBA。

2. 采用 Tools-Data/Analysis-Random Number Generation 生成 3 列正态分布随机数（选择 Normal 并输入 parameters：mean 和 standard deviation），赋变量名 X1，X2 和 X3。

3. 采用 Excel 表的常规代数运算公式，生成第 4 列随机数（X1 * X3/X2）。拷贝该列第 1 格的公式直到该列最后一格。

4. 采用 Excel 表的 Tools-Data Analysis-Descriptive Statistics 统计工具根据步骤 3 的数据计算均值、标准差和其他相关统计量。

5. 采用 Excel 表的 Tools-Data Analysis-Histogram，根据步骤 3 的数据生成直方图，并选择合适的条带宽度。

基于 10000 次模拟获得的上述变量乘积 X1 * X3/X2 的统计特征值如下：

均值 = 612.9　　标准差 = 261.3　　偏度系数 = 1.155

相应的直方图如下：

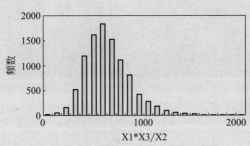

[例5.5]

在本例中，我们将考虑有两个服从不同概率分布的独立随机变量的问题。设群桩的承载力 R 和荷载 S 分别服从高斯分布和对数正态分布如下：

$$R = N(50,15)t; \qquad S = LN(30,0.33)t$$

即 R 服从均值为 50t、标准差为 15t 的高斯分布，而 S 服从均值为 30t、变异系数为 0.33 的对数正态分布。

在上述荷载作用下，群桩的失效概率为

$$p_F = (R - S \leqslant 0)$$

由于 $(R-S)$ 的分布显然既非正态也非对数正态，因而 Monte Carlo 模拟是计算上述失效概率的有效方法。为此，我们从给定的高斯分布生成 R 的 n 个样本值、相应地从对数正态分布生成 S 的 n 个样本值，并计算每个样本对的差值 $(R_i - S_i)$。$(R_i - S_i) \leqslant 0$ 的样本数与总样本数 n 之比即为失效概率。此即：

$$p_F = \frac{\sum\limits_{i=1}^{n}(R_i - S_i) \leqslant 0}{n}$$

采用 Mathcad 进行计算，当样本数 $n=100000$ 时得到如下失效概率：

$$p_F = 0.155$$

例5.5 Monte Carlo 模拟的 Mathcad 程序：

```
----------

R:= rnorm(100000,50,15)
S:= rlnorm(100000,ln(30),0.33)
v:= [(R-S) ≤ 0]
                99999
               ∑  v_i
               i=1
PF:= ─────────────            PF= 0.155
        100000

----------
```

根据式（5.1），上述失效概率 p_F 的变异系数（$n=100000$）为 0.0074 或 0.74%。

采用 Matlab，同样的样本数 $n=100000$ 时得到的失效概率为

$$p_F = 0.1566$$

例 5.5 的 Matlab 程序为：

```
R= normrnd(50,15,100000,1);
S= lognrnd(log(30),0.33,100000,1);
x= (R- S);
y= sum(x< 0);
pF= y/100000    yielding pF= 0.156
```

利用这一算例，我们来说明 Monte Carlo 模拟结果的变异系数与样本容量 n 的关系。为此，可以方便地采用如下 Matlab 程序代码。对于给定的样本容量 n，运行 100 次 Matlab 程序，给出相应失效概率 p_F 的变异系数如下：

For n= 100	c.o.v.(pF) = 23%
n= 1000	c.o.v.(pF) = 7%
n= 10, 000:	c.o.v.(pF) = 2%
n= 100, 000:	c.o.v.(pF) = 0.7%

显然，上述结果表明变异系数随着样本容量 n 的增大而减小。

对给定样本容量 n 运行 100 次进行 p_F 的 Matlab 程序：

```
R= normrnd(50,15,1000,100);        %生成 100 个 1000 维的向量
S= lognrnd(log(30),0.33,1000,100);
x= R- S;
y= sum(x< 0);
p= y/1000;                         %P 为 100 维的行向量
pF= p'                             %pF 为 100 个元素值的向量
```

从上述失效概率 p_F 的 100 个结果，可以估计失效概率 p_F 的均值、标准差和变异系数。

[例 5.6]

除了单项工作时间服从 Beta 分布而非高斯分布，该例与例 4.12 相同。图 E5.6 所示为与图 E4.12 相同的施工网络图。

房屋的框架可能通过在工厂里进行组件拼装，然后运送到工地进行现场安装。同时，在组件拼装的过程中，现场的准备工作，包括基础开挖、地基墙体的建造可以同时进行。不同的工作和它们各自的顺序可表示为如图 E5.6 所示的施工网络计划图。每项工作所需的持续时间及其相应的分布参数如下表所示。

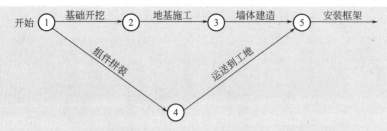

图 E5.6 住宅施工网络图

工序编号	完成时间(days)		标准差	Beta 分布的参数		a	b
	变量	均值		q	r		
1-2	X_1	2	1	2.00	3.00	0	5.00
2-3	X_2	1	1/2	2.00	3.00	0	2.50
3-5	X_3	3	1	2.00	3.00	1.00	6.00
1-4	X_4	5	1	2.00	3.00	3.00	8.00
4-5	X_5	2	1/2	2.00	3.00	1.00	3.50

假设不同工作所需的完成时间是统计独立的 Beta 分布变量,各自的均值和标准偏差如上表的 3、4 列所示。采用形状参数 $q=2.00$ 和 $r=3.00$,相应 Beta 分布的最大值和最小值亦如上表所示。

显然,在开始安装房屋之前,基础墙必须完成,组装的组件也必须送到现场。可在开工之后的 8d 内开始房屋框架安装的概率可以确定如下。

根据上表所示的各个工作的持续时间,两个工作组序的总持续时间为

$$T_1 = X_1 + X_2 + X_3$$

和

$$T_2 = X_4 + X_5$$

这里,T_1 和 T_2 也是统计独立的。X_1,X_2,X_3,X_4,X_5 等各变量服从 Beta 分布,因此 T_1 和 T_2 的分布很难采用解析方法获得。Monte Carlo 模拟提供了一个实用的选择。基于 Mathcad 的 100000 次 Monte Carlo 模拟结果如下:

$$P(T_1 < 8) = 0.772$$

和

$$P(T_2 \leqslant 8) = 0.736$$

由于 T_1 和 T_2 统计独立,则可在 8d 内开始房屋框架安装的概率为

$$P(\text{framing}) = 0.772 \times 0.736 = 0.568$$

Mathcad 和 Matlab 仅能生成具有形状参数 q 和 r、在 0 到 1 之间分布的标准 Beta 分布变量 x,则具有相同形状参数、在 a 到 b 之间分布的 Beta 变量 X 的随机数可以通过变换 $X = (b-a)x + a$ 得到。

例 5.6 中 Monte Carlo 模拟的 Mathcad 程序

```
x1:= rbeta(100000,2.0,3.0);%生成标准 beta 分布值 x1,x2,x3,x4,x5
```

```
x2:= rbeta(100000, 2.0, 3.0);
x3:= rbeta(100000, 2.0, 3.0);
x4:= rbeta(100000, 2.0, 3.0);
x5:= rbeta(100000, 2.0, 3.0);
X1= 5x1
X2= 2.5x2
X3= (6- 1)x3+ 1.00
X4:= (8- 3)x4+ 3.00
X5:= (3.50- 1.00)x5+ 1.00
```

$$T1:= \overrightarrow{(X1+ X2+ X3)}$$

$$T2:= \overrightarrow{(X4+ X5)}$$

$$s1:= \overrightarrow{(T1 \leqslant 8)} \qquad s2:= \overrightarrow{(T2 \leqslant 8)}$$

$$p1:= \frac{\sum_{i=1}^{99999} s1_i}{100000} \qquad\qquad p2:= \frac{\sum_{j=1}^{99999} s2_j}{100000}$$

$$p(T1< 8):= p1 \quad p1= 0.899 \qquad p(T2< 8):= p2 \quad p2= 0.802$$

——————

采用 Matlab，可以获得可在 8d 内开始房屋框架安装的概率为

$$P(\text{framing}) = 0.902 \times 0.802 = 0.723$$

例 5.6 中 Monte Carlo 模拟的 Matlab 程序

——————

```
x1= betarnd(2, 3, 100000, 1);          %生成标准 beta 分布随机数 x1,
                                         x2, x3, x4, x5
x2= betarnd(2, 3, 100000, 1);
x3= betarnd(2, 3, 100000, 1);
x4= betarnd(2, 3, 100000, 1);
x5= betarnd(2, 3, 100000, 1);
X1= 5.* x;
X2= 2.5.* x;
X3= (6- 1).* x+ 1;
X4= (8- 3).* x+ 3;
X5= (3.5- 1).* x+ 1;
T1= X1+ X2+ X3;
T2= X4+ X5;
y= sum(T1< 8);
p1= y./100000                          %得到 p1= 0.902
z= sum(T2< 8);
```

p2= z./100000   %得到 p2= 0.802

上述采用 Mathcad 和 Matlab 模拟的结果可与例 4.12 的结果进行比较。例 4.12 中给出可在 8d 内开始房屋框架安装的概率为 0.74，其中各个活动的完工时间都是高斯分布的。从上述对比可见，本例的结果与例 4.12 中的结果不同。

[例 5.7]

在 Ang & Tang（1984）一书的例 4.25 中，位于伊利诺伊州 Mount Carmel 的沃巴什河一年一度的洪水（最大排放量）F 可认为服从极值 I 型分布，且参数为：$\mu_n = 120 \times 10^3 \text{cfs}$，$\alpha_n = 0.015 \times 10^{-3}$。

假设要建造一座跨河桥梁，有一个桥墩在河中心。桥墩基础设计时需考虑高水位期洪水的冲刷。桥墩基础抵御洪水冲刷的能力记为 R，假定为对数正态随机变量（均值为 $400 \times 10^3 \text{cfs}$，变异系数为 0.30），则在高水位期，河心桥墩遭受洪水冲刷失效的概率为

$$p_F = P(R \leqslant F)$$

上述失效概率可以采用 Monte Carlo 模拟方法计算，下面给出了 Mathcad 程序，进行 10000 次 Monte Carlo 模拟可得桥墩失效概率为 0.037。

注记：下面的 Mathcad 程序可生成极值 I 型分布的随机数，具有参数为 α 和 β 的极值 I 型分布的随机数 x 可生成如下

$$F_X(x) = \exp(-e^{-\alpha(x-\beta)})$$

若 u 表示均匀分布的随机数，则

$$x = \beta - (1/\alpha)\ln[\ln(1/u)]$$

失效概率计算的 Mathcad 程序

$$u := \text{runif}(10000, 0.1) \quad \text{with} \quad \beta := 120 \cdot 10^3; \quad \alpha := 0.015 \cdot 10^{-3}$$

$$F := 120 \cdot 10^3 - \frac{1}{0.015 \cdot 10^{-3}}\left[\ln\left[\ln\left[\frac{1}{u}\right]\right]\right]$$

$$R := \text{rlnorm}(10000, \ln(400 \cdot 10^3), 0.30)$$

$$x := \overrightarrow{[(R - F) \leqslant 0]}$$

$$pF := \frac{\sum_{i=1}^{9999} x_i}{10000} \qquad pF = 0.037$$

F 的直方图生成程序

$$N := 4C$$

$$j := 1..N$$

$$\text{int}_j := 0 + 5 \cdot 10^5 \cdot \frac{j}{N}$$

$$h := \text{hist}(\text{int}, F)$$

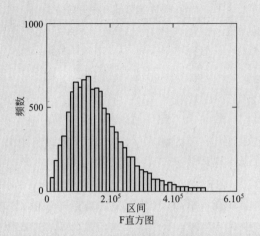

F直方图

类似地，也可以采用 Matlab 程序获得上述问题的解答，河心桥墩的失效概率为 $p_F = 0.0359$。

失效概率计算的 Matlab 程序

```
M-File:                        %说明(%后表示说明)
u= unifrnd(0,1,10000,1)
F= 120* 10^3- (1/(0.15* 10^- 3)).* (log(log(1/u)))  %生成
10000 维极值 I 型随机数向量
R= lognrnd(log(400* 10^3),0.3,10000,1)
x= (R- F)
y= sum(x< = 0)
pF= y/10000                %得到失效概率
end
```

执行上述程序，得到 pF= 0.0359

[**例 5.8**]

　　假设重型车辆(每辆车重 X 吨)作用在桥支座上的荷载效应为 $X^{1.33}$ 吨(含冲击影响)。若桥上的重型车辆数 N 是随机变量，服从均值为 25 的泊松分布，桥上车辆的平均重量是高斯随机变量 $N(12,4)$ 吨，则桥梁支座上总的车辆荷载效应 Y 由下式给出：

$$Y = N \cdot X^{1.33}$$

式中，N 为 Poisson 随机变量，参数 $\lambda = 25$；即

$$P(N = n) = \frac{\lambda^n}{n!}e^{-\lambda} \quad \text{和} \quad X = N(12,4)$$

显然，Y 也是随机变量，但其概率分布的解析表达式难以给出。利用 Mathcad，采用 Monte Carlo 方法进行 1000 次模拟得到荷载效应 Y 的直方图如下：

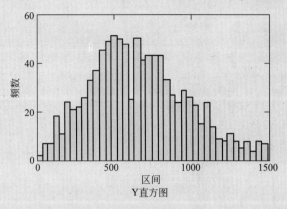

Y直方图

从上述 1000 个样本值中可以统计得到 Y 的相应均值、标准差和偏度系数为：

$$\text{mean}(Y) = 691.3t \qquad \text{Stdev}(Y) = 346.365t \qquad \text{skew}(Y) = 0.786$$

Monte Carlo 模拟的 Mathcad 程序如下：

```
N := rpois(1000,25)
X := rnorm(1000,12,4)
Y := →
     (N · X)^1.33
```

同样，也可以编制 Matlab 程序采用 Monte Carlo 方法得到 1000 次模拟结果的直方图：

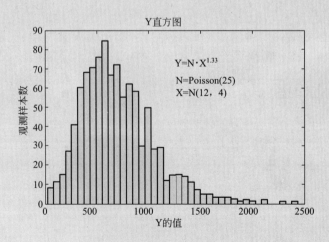

相应的均值、标准差和偏度系数分别为：

$$\text{mean}(Y) = 691.3t \qquad \text{Stdev}(Y) = 346.365t \qquad \text{skew}(Y) = 0.786$$

Monte Carlo 模拟的 Matlab 程序如下：

```
N= poissrnd(25,1000,1);
X= normrnd(12,4,1000,1);
Y= N.* X,^1.33;
hist(Y,40)                    %绘制 Y 的直方图
mean(Y)= 689.23
std(Y)= 348.41
skewness(Y)= 0.666
```

有意思的是，采用一阶近似方法（参见第 4 章），相应的均值和标准差分别为：

$$mean(Y)=681.16t, Stdev(Y)=331.29t。$$

[例 5.9]

考虑例 4.14 中所示的问题，即高层建筑风压承载力设计。这里将改变基本变量的概率分布。

假设上部结构和基础的风压承载力分别为正态变量：

$$R_s=N(70,15)psf \quad 和 \quad R_f=N(60,20)psf$$

在风暴时建筑物表面的峰值风压 P_w 为

$$P_w=1.165 \times 10^{-3}CV^2 ，单位：psf$$

式中，C 为阻力系数，服从高斯分布 $N(1.80, 0.50)$；V 为最大风速，服从极值 I 型分布，其众值风速为 100fps、变异系数为 30%，即等价极值参数 $\alpha=0.037$、$u=100$。

峰值风压 P_w 的概率分布显然不符合任何常规已知分布，为此可采用 Monte Carlo 方法。进行 1000 次模拟（或采样 1000 次），可生成 P_w 的直方图，Mathcad 程序如下：

生成 V 和 P_w 的 Mathcad 程序：

$$C:= rnorm(1000,1.8,0.5)$$
$$u:= runif(1000,0,1)$$
$$V:= 100-\frac{1}{0.037}\left[\ln\left[\ln\left[\frac{1}{u}\right]\right]\right]$$
$$\overrightarrow{P:=(1.165 \cdot 10^{-3} \cdot C \cdot V^2)}$$

P_w 的直方图生成程序：

$$h:= hist(int,P): \quad N:= 4C: \quad j:= 1..N: \quad int_j= 0+ 100 \cdot \frac{j}{N}$$

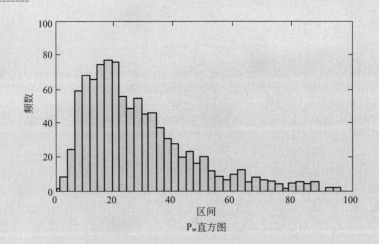

P_w直方图

基于上述模拟（样本大小 $n=1000$），根据第 6 章的式（6.1）和（6.3）可估计得到 P_w 的样本均值、样本标准差和偏度系数，结果分别为：

$$\text{mean}(P)=31.09 \qquad \text{stdev}(P)=24.18 \qquad \text{skew}(P)=2.73$$

而且，通过 Monte Carlo 模拟（1000 次重复），还可以计算出上部结构和基础的失效概率分别如下：

$$P_{F_s}=P(R_S-P_w\leqslant 0)=0.072$$

和 $\qquad\qquad P_{F_s}=P(R_f-P_w\leqslant 0)=0.138$

计算上部结构和基础失效概率的 Mathcad 程序：

$$S:=\text{rnorm}(1000,70,15)$$

$$v:=\overrightarrow{(S-P)}\leqslant 0$$

$$PF=\frac{\sum\limits_{i=1}^{999}V_i}{1000} \qquad\qquad PF=0.072$$

$$v:=\overrightarrow{(F-P)}\leqslant 0$$

$$pf=\frac{\sum\limits_{i=1}^{999}v_i}{1000} \qquad\qquad pf=0.138$$

结构-基础整体系统的失效是上部结构和基础失效事件的并集。由于依赖于共同的荷载 P_w，这两个部件的失效不是统计独立的。采用 Monte Carlo 模拟可得系统的失效概率为 0.144。

计算结构-基础整体系统失效概率的 Mathcad 程序：

$$pF := \begin{vmatrix} C \leftarrow rnorm(1000, 1.80, 0.50) \\ u \leftarrow runif(1000, 0, 1) \\ V \leftarrow 100 - \dfrac{1}{0.37} \cdot \left(\ln\left[\ln\left[\dfrac{1}{u} \right] \right] \right) \\ P \leftarrow \overrightarrow{(1.165 \cdot 10^{-3} \cdot c \cdot v^2)} \\ S \leftarrow rnorm(1000, 70, 15) \\ F \leftarrow rnorm(1000, 60, 20) \\ \text{for} \quad i \in 1..1000 \\ \begin{vmatrix} x \leftarrow \overrightarrow{(S \leqslant P)} \\ y \leftarrow \overrightarrow{(F \leqslant P)} \\ pF \leftarrow \dfrac{\sum\limits_{i=1}^{999}(x_i \vee y_i)}{1000} \\ pF \end{vmatrix} \\ pF \end{vmatrix}$$

$$pF \qquad\qquad pF = 0.144$$

类似地，采用 Matlab，样本数量 $n = 1000$ 时的相应结果如下：

对于上部结构，失效概率为 $\qquad p_{F_s} = 0.072$；

对于基础，失效概率为 $\qquad p_{F_f} = 0.127$；

对于结构-基础整体系统，失效概率为 $p_F = 0.149$。

生成变量 V 和 P_w 的随机数的 Matlab 程序：

```
u= unifrnd(0,1,1000,1);
V= 100- (log(log(1./u)))/0.037;
hist(V,40)              %绘制 V 的直方图
mean(V)= 115.3406
std(V)= 35.1357
C= normrnd(1.80,0.50,1000,1);
Pw= 1.165* 10^- 3. * C. * V. ^2;
hist(Pw,40)             %绘制 Pw 的直方图
mean(Pw)= 30.1943
std(Pw)= 22.4987
skewness(Pw)= 2.793
```

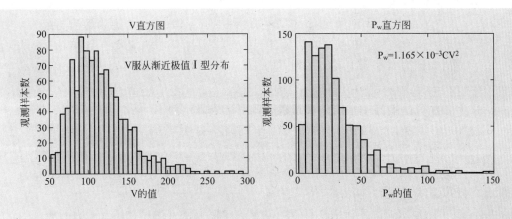

计算上部结构失效概率的 Matlab 程序：

```
Rs= normrnd(70,15,1000,1);
n= (Rs- Pw)< 0;
pFs= sum(n)/1000;        pFs= 0.072
```

计算基础失效概率的 Matlab 程序：

```
Rf= normrnd(60,20,1000,1);
m= (Rf-Pw)< 0;
pFs= sum(m)/1000;        pFs= 0.127
```

计算结构-基础整体系统失效概率的 Matlab 程序：

```
x= (Rs- Pw)< = 0;
y= (Rf- Pw)< = 0;
z= x|y;                  %xUy
PFss= sum(z)/1000;       PFss= 0.149
```

可以看到，采用 Matlab 和 Mathcad 得到的结果略有不同。由于 Monte Carlo 模拟的随机收敛性，这一差别对于 1000 次 Monte Carlo 模拟来说是正常的。

[**例 5.10**]

在例 4.9 中，假设城市的暴雨排洪容量是一个正态随机变量，其均值为每天 150 万加仑（mgd）、标准差为 0.3mgd，即排洪容量服从 $N(1.5, 0.3)$。排水系统要应对该市内两个独立的来水源，它们均服从 Gamma 分布（并非例 4.9 中的正态分布）、均值和标准差与例 4.9 相同，即来水源 A 为 Gamma 分布 $k=12$、

$\nu=17.5$；来水源 B 为 Gamma 分布 $k=11$、$\nu=22.22$。上述参数值与第 3 章中一致，由此可得均值为 k/ν、方差为 k/ν^2。在本例中，来水源 A 和 B 的参数、均值和标准差分别与例 4.9 相同，即 $\mu_A=0.7\mathrm{mgd}$、$\mu_B=0.50\mathrm{mgd}$，和 $\sigma_A=0.20\mathrm{mgd}$、$\sigma_B=0.15\mathrm{mgd}$。

在风暴期间排水能力被超越的概率可以确定如下：

$$P(D<A+B)=P\{[D-(A+B)]<0\}$$

由于 D 是正态变量，但 A 和 B 是相互独立的 Gamma 分布随机变量，$S=[D-(A+B)]$ 的分布函数很难采用解析方法确定，但可采用下述 Monte Carlo 模拟方法得到。

采用 Mathcad 程序进行 Monte Carlo 模拟，可得超越排水能力的概率为

$$P(S<0)=0.202$$

生成 Gamma 分布变量 A 和 B 的随机数的 Mathcad 程序：

$$A:=\begin{vmatrix} \text{for} & i \in 1..9999 \\ & \begin{vmatrix} u \leftarrow \mathrm{runif}(10000,0,1) \\ A_i \leftarrow \dfrac{-1}{17.5}\left(\sum_{j=1}^{12}\ln(u_j)\right) \\ i \leftarrow i+1 \\ A \end{vmatrix} \\ A \end{vmatrix} \qquad B:=\begin{vmatrix} \text{for} & i \in 1..9999 \\ & \begin{vmatrix} u \leftarrow \mathrm{runif}(10000,0,1) \\ B_i \leftarrow \dfrac{-1}{22.22}\left(\sum_{j=1}^{11}\ln(u_j)\right) \\ i \leftarrow i+1 \\ B \end{vmatrix} \\ B \end{vmatrix}$$

结果如下：

$\mathrm{mean}(A)=0.685$	$\mathrm{mean}(B)=0.495$
$\mathrm{stdev}(A)=0.197$	$\mathrm{stdev}(B)=0.149$
$\mathrm{skew}(A)=0.605$	$\mathrm{skew}(B)=0.653$

计算失效概率的 Mathcad 程序：

$D:=\mathrm{rnorm}(10000,1.50,0.30)$

$S:=\overrightarrow{[D-(A+B)]}$

$X:=S\leqslant 0$

$$pF:=\dfrac{\sum_{j=1}^{9999}x_j}{10000}$$

$pF=0.202$

Matlab 程序也可以直接生成单参数 Gamma 分布的随机数。双参数 Gamma 分布随机数可采用如下 Matlab 程序生成。

生成 Gamma 分布变量 A 和 B 的随机数的 Matlab 程序：

```
u= unifrnd(0,1,1000,12);
X= log(u);
Y= X';
Z= sum(Y(:,1:1000));
A= - (1/17.5)* Z;
hist(A,20)
mean(A)= 0.6847
std(A)= 0.1944
skewness(A)= 0.4493

u= unifrnd(0,1,1000,11);
X= log(u);
Y= X';
Z= sum(Y(:,1:1000));
B= - (1/22.22)* Z;
hist(B,20)
mean(B)= 0.4931
std(B)= 0.1545
skewness(B)= 0.6220
```

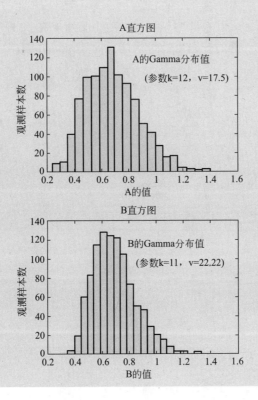

采用如下 Matlab 程序，可得超越城市排洪能力的概率为

$$p_F = 0.196$$

计算失效概率的 Matlab 程序：

```
D= normrnd(1.50,0.30,1000,1);
E= D- (A'+ B');
F= (E< = 0);
G= sum(F);
pF= G/1000= 0.1960
```

显然，采用 Matlab 和 Mathcad 获得的上述结果与算例 4.9 的结果 0.221 不同。这是因为两个来水源的分布服从 Gamma 分布、而不是算例 4.9 中的正态分布。

现在，如果增加另一来水源 C，服从 Gamma 分布，参数 $k=16$，$\nu=20$，相当于 0.80mgd 的均值和 0.20mgd 的标准差，试问当前排洪能力的均值必须增加多少才能使既有系统维持原来的超越概率（即 0.202）？假定排水系统的标准差仍维持在 0.3mgd。

在此情况下，可以进行多次 Monte Carlo 模拟（程序如下）。采用 Mathcad 编程，自动反复计算 D 的均值假定为在 1.7 和 3.0 之间不同值时的失效概率，直到失效概率小于等于 0.202 为止。采用上述程序计算的结果表明，所需的升级后平均排洪能力应为 2.35mgd。

因此，现有排洪系统的平均排洪能力必须提高 $2.35-1.5=0.85$mgd。

确定排洪系统所需的升级后的排洪能力的 Mathcad 程序

$$V := \left|
\begin{array}{l}
\text{for} \quad v \in 1.70, 1.71..3.0 \\
\left|
\begin{array}{l}
E \leftarrow \text{rnorm}(10000, v, 0.30) \\
g \leftarrow \overrightarrow{\left[E - (A+B+C)\right] \leqslant 0} \\
p \leftarrow \dfrac{\sum\limits_{j=1}^{9999} g_j}{10000} \\
v \quad \text{if} \quad p > 0.202 \\
(\text{break}) \quad \text{if} \quad p \leqslant 0.202 \\
\qquad V \\
V \leftarrow v
\end{array}
\right. \\
V \qquad\qquad 得到 V = 2.35
\end{array}
\right.$$

验证上述结果的 Mathcad 的程序：

$$D_: = rnorm(10000, 2.35, 0.3)$$

$$g_: = \overrightarrow{[D - (A + B + C)]} \leqslant 0$$

$$P_: = \frac{\sum_{j=1}^{9999} g_j}{10000} \qquad p = 0.201$$

若采用 Matlab，可得相应升级后的排洪能力均值应为 $V = 2.36\text{mgd}$。

确定排洪系统所需升级承载力的 Matlab 迭代程序：

```
M- File                    %说明(%后表示说明)
u= unifrnd(0,1,1000,12)
X= log(u)
Y= X'
Z= sum(Y(:,1:1000))
A= - (1/17.5)* Z          %生成向量 A 的 1000 维的 Gamma 分布值


v= unifrnd(0,1,1000,11)
x= log(v)
y= x'
z= sum(y(:,1:1000))
B= - (1/22.22)* z         %生成向量 B 的 1000 维的 Gamma 分布值
w= unifrnd(0,1,1000,16)
a= log(w)
b= a'
c= sum(b(:,1:1000))
C= - (1/20)* c            %生成向量 C 的 1000 维的 Gamma 分布值


for v= 1.7:0.01:3.0       %指定 V 的范围
D= normrnd(n,0.30,1000,1)
E= D- (A'+ B'+ C')
F= (E< = 0)
G= sum(F)
pF= (1/1000)* G           %计算新的承载力的失效概率

if pF> 0.196
    v= v+ 0.1
elseif pF< = 0.196
    V= v
    break
```

```
        end
--------
```

运行上述程序可得所需要的升级后排洪能力 $V=2.36\text{mgd}$，计算相应的失效概率为 $p_F=0.192$，比原系统超越概率 0.196 略小。

[例 5.11]

在一座公寓楼里，发生火灾时正好待在楼里的人数显然变异性很大。假设该公寓楼内的住户总人数为 150，但在发生火灾时，正在楼内的人数可能只有 50。因此，在发生火灾时恰好在楼内的真实人数将是一个随机变量，可以认为服从区间 $[50,150]$ 内的 Beta 分布（参数 $q=1.5$；$r=3.0$）。同时，假设发生火灾时在楼内的人员受伤的概率为 0.001。因此，若单个人受伤是统计独立的，则在火灾中受伤的人数 X 服从二项分布（见 3.2 节），即：

$$P(X=x)=\begin{bmatrix} n \\ x \end{bmatrix}(0.001)^x(1-0.001)^{n-x}$$

然而，如前所述，火灾时在楼内的人数 n 本身是一个服从 Beta 分布的随机变量。因此，以上概率变为

$$P(X=x)=\sum_{n=50}^{150}P(X=x\,|\,N=n)P(N=n)$$

$$=\sum_{n=50}^{150}\left\{\left[\begin{bmatrix} n \\ x \end{bmatrix}(0.001)^x(1-0.001)^{n-x}\right]P(N=n)\right\}$$

式中，N 是区间 $[50,150]$ 内服从 Beta 分布的随机变量，其参数为 $q=1.5$，$r=3.0$。

显然，为了计算上述概率需要进行数值求解。此时，需要进行离散概率的求和（包括进行 Beta 概率密度函数的离散）。可以采用 Matlab 程序编程自动求解得到所需的结果：

$$P(X=0)=0.906$$
$$P(X=1)=0.089$$
$$P(X=2)=4.75\times10^{-3}$$
$$P(X=3)=1.78\times10^{-4}$$
$$P(X=4)=5.22\times10^{-6}$$

容易验证，上述概率的总和约等于 1.00。

例 5.11 的 Matlab 程序

```
--------
    M- File            %说明(%后表示说明)
    x= 1               %以 x= 1 为例说明
    Pinj= 0
    for n= 50:1:150
    p= ((factorial(n)./(factorial(x).* factorial(n- x))).*
(.001).^x.* (.999).^(n- x))
```

```
f= (1./(beta(1.5,3.0))).* (((n- 50).^(0.5)).* (150- n).^2)./(100).^3.5
P= p* f
if n< 150
   n= n+ 1
   Pinj= Pinj+ P          %计算出 n 个住户的受伤概率
elseif n> = 150
   n= n
   break
end
```

该算例涉及二项分布概率分布函数的计算，但在一般的概率分布函数值表、包括附表 A.2 中都找不到这一分布。显然，求解这类问题需要采用计算机数值方法。

[例 5.12]

在环境工程中，为了确保污水的最终 BOD（生化需氧量）水平不超标，需要进行污水处理。如果不作处理，在给定阶段污水的最终 BOD 水平可以根据早期退化阶段的 BOD 情况进行预测。假设在时间 $t=5d$，BOD 测定为 0.22mg/L。在此基础上，如果 $t=5d$ 之后没有进行进一步处理，则 BOD 最终将达到的水平为

$$Lo = (BOD)_5 / [1 - \exp(- 5k)]$$

式中，k 为反应速率常数，依赖于温度、污水类型和退化过程。假设 k 服从正态分布，即每天反应速率服从 $N(0.22, 0.03)$。

此外，由于 BOD 水平测量结果的变异性，$(BOD)_5$ 可以假定服从 $N(200, 10)$ mg/L。显然，Lo 的分布将不是正态分布，而且，也不是任何常规已知分布。采用 Mathcad 编制 Monte Carlo 模拟程序，可以确定最终 BOD 水平 Lo 的分布和统计特征值。其结果如下：

均值$(Lo) = 303.72$ 　　标准差$(Lo) = 29.2$ 　　偏度系数$(Lo) = 0.79$

相应的直方图如下：

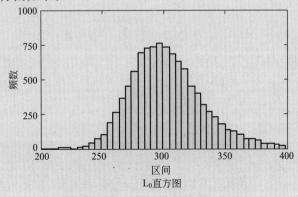

L_0直方图

例 5.12 的 Mathcad 程序代码：

$$BOD_5 := rnorm(10000, 200, 10)$$

$$k := rnorm(10000, 0.22, 0.03)$$

$$Lo := \frac{\overrightarrow{BOD_5}}{1 - e^{-5k}}$$

5.2.3　固有不确定性和认知不确定性的处理

在第 1 章，我们讨论了两种类型的不确定性，即固有不确定性和认知不确定性。这两种类型的不确定性意义截然不同，应该分别进行分析和表达。固有不确定性与随机事件及其内在的可变性相关，其意义应采用事件发生的概率进行表达。而认知不确定性与我们计算事件发生概率时存在的信息不完备性有关，因此可采用概率计算时可能误差的范围来表征。因此，合理地讲，认知不确定性不应包含在概率计算中，而应作为概率计算不确定性的反映。

在这方面，Monte Carlo 模拟的必要性更加突出，下面的例子将着重说明这一点。

[例 5.13]

设某工程系统按平均安全系数 $\overline{\theta}$ 进行设计，由于存在固有不确定性 δ_θ，工程系统的失效概率为

$$p_F = \Phi\left(-\frac{\ln\overline{\theta}}{\delta_\theta}\right)$$

式中：$\overline{\theta}$ 为平均安全系数，假定为 2.5；δ_θ 为 θ 的变异系数，假定为 0.25。

但是，由于认知不确定性，$\overline{\theta}$ 本身也是一个随机变量，假定其服从对数正态分布 LN（2.5，0.15），即中值为 2.5、变异系数为 0.15。由于 $\overline{\theta}$ 是随机变量，p_F 也是一个随机变量，其分布并非一般的常用标准形式。采用 Mathcad 编程进行 10000 次 Monte Carlo 模拟的程序见下文。

对于 $\overline{\theta}$ 的 10000 个样本值，可分别计算 P_F，其结果为由 10000 个 P_F 值构成的向量，由此可得如下直方图（表示为 $\ln(P_F)$），并估计其均值、中值、标准差、偏度系数和 90% 的保证率值为：

$$Mean(P_F) = 8.414 \times 10^{-4}, median(P_F) = 1.218 \times 10^{-4}, Stdev(P_F) = 2.833 \times 10^{-3}$$

$$Skew(P_F) = 10.578, \qquad P_{F90} = 1.842 \times 10^{-3}$$

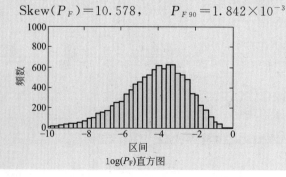

$\log(P_F)$直方图

需要强调的是，固有不确定性导致失效概率 p_F，而认知不确定性则反映在 p_F 的范围及分布中。因此，p_F 的分布使得决策者可以选择较为保守的 p_F 值，例如可以采用 90%保证率的值 $p_{F90}=1.842\times10^{-3}$。

例 5.13 的 Mathcad 程序：

----

x：= rlnorm(1000, ln(2.5), 0.15)

$$pF := \mathrm{cnorm}\left(\frac{-\ln(x)}{0.25}\right)$$

mean(pF) = 8.414×10^{-4}

median(pF) = 1.218×10^{-4}

Stdev(pF) = 2.833×10^{-3}

skew(pF) = 10.578

采用 Matlab，得到的结果如下：

均值=8.46e−004， 标准差=0.0029，偏度系数=17.61

而中值和 90%保证率的 pF 分别为：

中值=1.228e−004，$pF_{90}=0.0019$

相应的 log(pF) 直方图如下：

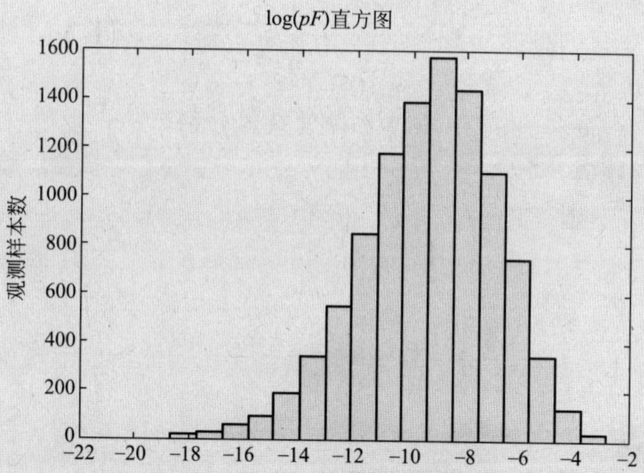

例 5.13 的 Matlab 程序：

```
A= lognrnd(log(2.5),0.15,10000,1)
X= -log(A)./0.25
pf= normcdf(X)
```

[例 5.14]
假设工程系统由于内在的变异性（固有不确定性）导致的失效概率为：

$$p_F = P(R - S \leqslant 0)$$

式中：

$$R = N(40, 15)$$
$$S = LN(25, 0.35)$$

即 S 的中值为 25，变异系数为 0.35。

显然，很容易采用 Monte Carlo 模拟方法获得 pF，但由于 $(R - S)$ 不是任何常规标准分布，解析求解很困难。而且，由于 R 的均值 μ_R、S 的中值 s_m 的估计可能存在误差，它们具有认知不确定性。假定其估计是无偏的、但变异系数分别为 0.10 和 0.15，上述参数的分布可以认为服从 $N(1.0, 0.10)$ 和 $N(1.0, 0.15)$。由于 μ_R、s_m 具有认知不确定性，因此真实的失效概率将是一个随机变量。

对于每一对 μ_R、s_m 值，可计算上述 p_F，而当 μ_R、s_m 在某范围内变化时，则可获得一系列 p_F 值。

求解上述问题需要双重循环的 Monte Carlo 模拟：内循环针对特定的 μ_R、s_m 求解 p_F，而外循环针对给定的 μ_R、s_m 对生成随机向量 R、S（译者注：此处原文似有误，外循环应为针对 μ_R、s_m 的分布生成 μ_R、s_m 的随机实现值）。可通过编程自动进行上述反复迭代求解。采用 Mathcad，当样本数 $n = 10000$ 时结果如下：

失效概率的均值、标准差、偏度系数分别为

Mean(pF) = 0.235，　Stdev(pF) = 0.094，　skew(pF) = 0.437.

同时，具有 90% 保证率的 pF 值为 $pF_{90} = 0.366$。同样，为了获得较为保守的设计，我们可采用 $pF_{90} = 0.366$，而不是 pF 的均值。pF 的相应直方图如下所示：

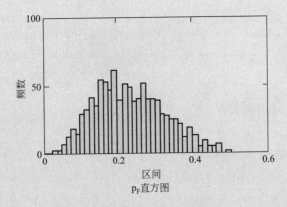

pF 直方图

从上图中，可得到中值、具有 75% 和 90% 保证率的值分别为：

$$pF_{50} = 0.226$$

$$pF_{75}=0.298$$
$$pF_{90}=0.366$$

例 5.14 的 Mathcad 程序:

$U:=rnorm(1000,1.0,0.10)$

$V:=rnorm(1000,1.0,0.15)$

$p_F:=$ | for $i\in 0..999$

　　| $R\leftarrow rnorm(10000,40U_i,15)$

　　| $S\leftarrow rlnorm(10000,\ln(25Vi),0.35)$

　　| $x\leftarrow \overrightarrow{(R-S)}\leqslant 0$

　　| $p_{F_i}\leftarrow \dfrac{\sum\limits_{j=1}^{9999} x_j}{10000}$

　　| p_F

　| p_F

下列 Matlab 程序同样可以获得该例的解答。

例 5.14 的 Matlab 程序:

```
M- File              %说明(%后表示说明)
for i= 1:1000
    u= normrnd(1.0,0.1,1000,1)      %生成 1000 维向量 μR
    R= normrnd((40. * u(i,1)),15,1000,1)    %生成 1000 维向量
                                            R 的第 i 个 μR 值
v= normrnd(1.0,0.15,1000,1)         %生成 1000 维向
                                     量 Sm
    S= lognrnd(log(25. * v(i,1)),0.35,1000,1)   %生成 1000 维
                                                 向量 S 的第 i
                                                 个 Sm 值

    x= R- S
    y= (x< = 0)
    n= sum(y)
    pf= n/1000
    pF(i,1)= pf'              %1000 个元素值的向量 pF
```

运行上述程序,可生成 P_F 的 1000 个值,相应的直方图如下:

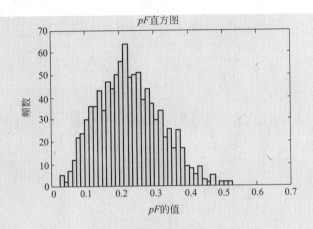

由此可得均值、标准差和偏度系数分别为：

pF 的均值＝0.2269，pF 的标准差＝0.0960，pF 的偏度＝0.5673

类似地，中值、具有 75% 和 90% 保证率的 p_F 值分别为 0.2140、0.2870 和 0.3570。

[例 5.15]

在例 5.9 中，可以预期阻力系数 μ_C 均值的确定和平均风速 μ_V 的估计将有显著的不确定性（认知型）。此外，计算风压 P_w 的公式也可能存在不足（包括有偏的和随机的误差）。不妨假设具有如下认知不确定性（以相应的变异系数表达）：

$$\mu_C \text{ 的变异系数 } \Delta_C = 0.30$$
$$\mu_V \text{ 的变异系数为 } \Delta_V = 0.15$$

同时，设风压 P_w 的计算公式是无偏的，但存在不确定性，其变异系数为 $\Delta_{P_w} = 0.20$。因此，在风压 P_w 的计算结果中的总体认知不确定性为

$$\Omega_{P_w} = \sqrt{0.30^2 + (2 \times 0.15)^2 + 0.20^2} = 0.47$$

考虑上述认知不确定性，采用 Mathcad 程序重新进行了 10000 次 Monte Carlo 模拟进行风压计算，结果如下：

$$\text{mean}(P_w) = 34.208, \text{Stdev}(P_w) = 26.424, \text{skew}(P_w) = 3.255$$

相应的直方图如下：

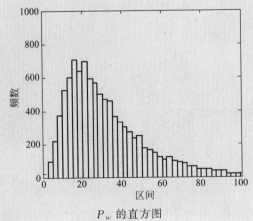

P_w 的直方图

生成风压 P_w 的 Mathcad 程序：

```
P: =
    N ← rnorm(1000, 1.0, 0.30)
    M ← rnorm(1000, 1.0, 0.15)
    L ← rnorm(1000, 1.0, 0.20)
    for  i ∈ 0..999
        C ← rnorm(1000, 1.8 · N_i, 0.50)
        u ← runif(1000, 0, 1)
        v ← (100)M_i − [ (1/0.037) · [ ln [ ln [ 1/u ] ] ] ]
        p ← 1.165 · 10⁻³ · (C · V²) · L_i
        continue
    P
```

显然，上部结构的失效概率计算依赖于平均风压值，基础的失效概率计算也是如此。假设 R_s 和 R_f 中没有认知不确定性，进行 Monte Carlo 模拟获得 1000 个平均风压值（Mathcad 程序如下），由此可以获得上部结构和基础的失效概率的概率分布及相关统计特征值如下：

```
mean(pFs) = 0.092  Stdev(pFs) = 0.092  skew(pFs) = 2.264
mean(pFf) = 0.156  Stdev(pFf) = 0.121  skew(pFf) = 1.615
```

与此同时可以获得上部结构和基础失效概率的直方图分别如下。

基于直方图，可以确定上部结构和基础的失效概率的 90% 分位值，它们可认为是存在 10% 误差概率的值。

对于上部结构，$p_{F90} = 0.244$；对于基础，$p_{F90} = 0.312$。

如例 5.9 所示，由于具有共同的 P_w，上部结构和基础的失效不是统计独立的。采用 Monte Carlo 模拟，可以获得结构-基础整体系统失效、即上部结构失效与基础失效之并集的失效概率为：

```
mean(pFSS) = 0.173  Stdev(pFSS) = 0.129  skew(pFSS) = 1.445
```

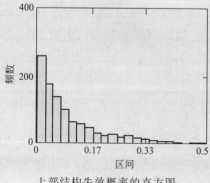

上部结构失效概率的直方图

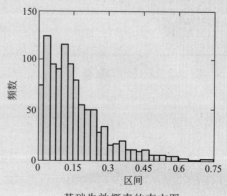

基础失效概率的直方图

结构-基础整体系统失效概率的 90% 分位值为 0.361。

计算失效概率均值、标准差、偏度系数的 Mathcad 程序：

$$
\text{pFSS} := \begin{vmatrix}
N \leftarrow \text{rnorm}(1000, 1.0, 0.3) \\
M \leftarrow \text{rnorm}(1000, 1.0, 0.15) \\
L \leftarrow \text{rnorm}(1000, 1.00, 0.20) \\
\text{for} \quad j \in 0 .. 999 \\
\quad \begin{vmatrix}
C \leftarrow \text{rnorm}(1000, 1.8, N_j, 0.5) \\
u \leftarrow \text{runif}(1000, 0, 1) \\
V \leftarrow \left[100 \cdot (M_j) - \dfrac{1}{0.037} \cdot \left[\ln \left[\ln \left[\dfrac{1}{u} \right] \right] \right] \right] \\
P \leftarrow 1.165 \times 10^{-3} \overrightarrow{(C \cdot V^2 \cdot L_j)} \\
S \leftarrow \text{rnorm}(1000, 70, 15) \\
F \leftarrow \text{rnorm}(1000, 60, 20) \\
x \leftarrow \overrightarrow{(S \leqslant P)} \\
\text{pFs}_j \leftarrow \sum\limits_{i=1}^{999} \dfrac{x_i}{1000} \\
y \leftarrow \overrightarrow{(F \leqslant P)} \\
\text{pFf}_j \leftarrow \sum\limits_{i=1}^{999} \dfrac{y_i}{1000} \\
\text{pFSS}_j \leftarrow \sum\limits_{i=1}^{999} \dfrac{x_i \vee y_i}{1000} \\
\end{vmatrix} \\
\text{continue} \\
\text{pFSS}
\end{vmatrix}
$$

　　采用以上的 Mathcad 程序，可以获得上部结构、基础、结构-基础整体系统的失效概率。在运行程序前，应首先设定合适的输入/输出，即对上部结构为失效概率 pFs、对基础为失效概率 pFf、对结构-基础整体系统为失效概率 pFSS。如上所示，程序结果为结构-基础整体系统的失效概率 pFSS。

　　例 5.15 的 Monte Carlo 模拟解答同样可以采用 Matlab 程序。相应程序包括生成 P_w 的分布、计算上部结构、基础、结构-基础整体系统失效概率。

例 5.15 的 Matlab 程序

```
M- File            %说明(%后表示说明)
for  i= 1:1000
    c= normrnd(1.0,0.3,1000,1)              %生成 1000 维的向量 c
    C= normrnd(1.8. * c(i,1),0.50,1000,1)   %生成 1000 维的向量 C
    v= normrnd(1.0,0.15,1000,1)             %生成 1000 维的向量 v
```

```
        u= unifrnd(0,1,1000,1)            %生成 1000 维的向量 u
        V= (100.* v(i,1))- (1/0.037).* (log(log(1./u)))%生成
1000 维的向量 V
        p= normrnd(1.0,0.20,1000,1)
        Pw= (1.165* (10^- 3)).* C.* (V.^2).* p(i,1)%生成 1000 维的向量 Pw
        Rs= normrnd(70,15,1000,1)       %生成 1000 维的向量 Rs
        a= (Rs< = Pw)
        Rf= normrnd(60,20,1000,1)       %生成 1000 维的向量 Rf
        x= (Rf< = Pw)
        Ps(i,1)= sum(a)/1000            %上部结构的 1000 维的失效概率向量
        Pf(i,1)= sum(x)/1000            %基础的 1000 维的失效概率向量
        U= a|x                          %结构-基础系统失效
        PSS(i,1)= sum(U)/1000           %结构-基础系统的 1000 维的失效
                                         概率向量

    end
    ---------
```

样本数为 1000 时的 Monte Carlo 模拟结果如下：

mean(Pw)= 32.38; Std. dev. (Pw)= 29.93; skewness(Pw)= 2.55;

mean(Ps)= 0.0900; Std. dev. (Ps)= 0.0879; skewness(Ps)= 1.84; 90%(Ps)= 0.204

mean(Pf)= 0.1531; Std. dev. (Pf)= 0.1147; skewness(Pf)= 1.33; 90%(Pf)= 0.308

mean(PSS)= 0.1729; std. sev. (PSS)= 0.1287; skewness (PSS)= 1.28; 90%(PSS)= 0.348

相应的直方图如下：

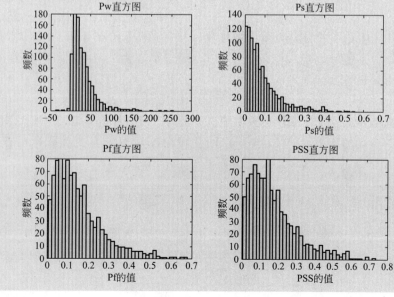

5.2.4　具有相关随机变量问题的 Monte Carlo 模拟

　　Monte Carlo 模拟也可用于生成相依或相关的随机数。在本节中，我们主要考虑两个随机变量、例如联合分布已知的随机变量 X 和 Y 的相关随机数生成。其方法很容易推广到多个随机变量的情形。

　　通常，对于具有一般联合概率密度函数 $f_{X,Y}(x, y)$ 或联合概率分布函数 $F_{X,Y}(x, y)$ 的相依随机变量 X 和 Y，可按如下方法生成相应的双变量随机数：

　　联合概率分布函数可以表示为：

$$F_{X,Y}(x,y) = F_X(x)F_{Y|X}(y \mid x)$$

　　为生成双变量随机数，首先生成 0 到 1 之间均匀分布的两个随机数向量 U_1 和 U_2，设样本大小为 n。由此，可生成 X 的随机数为（参见 Ang & Tang，1984）

$$X = F_X^{-1}(U_1) \tag{5.3}$$

这是随机变量 X 的随机数向量，其样本大小 n 与 U_1 相同。

　　相应地，给定 $X = x$ 条件下 Y 的随机数生成如下：

$$Y = F_{Y|X}^{-1}(U_2 \mid X) \tag{5.4}$$

其样本亦数为 n，与 U_2 或 X 相同。

　　上述程序可以扩展到三个或三个以上随机变量的情形。例如，考虑 k 个随机变量 $X_1, X_2, \cdots, X_k$，设其联合概率密度函数 $f_{X_1, X_2, \cdots, X_k}(x_1, x_2, \cdots, x_k)$ 或联合概率分布函数 $F_{X_1, X_2, \cdots, X_k}(x_1, x_2, \cdots, x_k)$ 已知。对于这样的相依随机变量，联合概率密度函数和概率分布函数可以分别表示如下：

$$f_{X_1, X_2, \cdots, X_k}(x_1, x_2, \cdots, x_k) = f_{X_1}(x_1) \cdot f_{X_2|X_1}(x_2 \mid x_1)$$
$$\cdots f_{X_k|X_1 \cdots X_{k-1}}(x_k \mid x_1, \cdots, x_{k-1})$$

和

$$F_{X_1, X_2, \cdots, X_k}(x_1, x_2, \cdots, x_k) = F_{X_1}(x_1) \cdot F_{X_2|X_1}(x_2 \mid x_1)$$
$$\cdots F_{X_k|X_1 \cdots X_{k-1}}(x_k \mid x_1, \cdots, x_{k-1})$$

　　为了生成 k 个随机变量的随机数，首先生成 k 组在 0 到 1 之间均匀分布的随机数，分别表示为 $U_1, U_2, \cdots, U_k$，每组个数为 n；由此可得到随机变量 X_k 的 n 个随机数：

$$X_k = F_{X_k|X_1 \cdots X_{k-1}}^{-1}(U_k \mid x_1, \cdots, x_k) \tag{5.5}$$

　　除上述适用于任意联合分布随机变量的一般程序外，还有一些针对特定的联合分布形式的方法，例 5.16 中以两变量情况示例的多变量联合正态分布和例 5.17 中涉及的双变量对数正态分布给出了示例。

[**例 5.16**]

　　考虑双变量正态分布随机变量 X 和 Y 的相关随机数生成。如文献 Ang & Tang（1984）中的例 5.10，双变量分布的联合概率密度函数可以表示为：

$$f_{X,Y}(x,y) = f_{Y|X}(y \mid x)f_X(x)$$

其中 $f_{Y|X}(y|x)$ 为给定 X 时 Y 的条件正态概率密度函数，其均值和标准差分别为 μ_Y 和 σ_Y（见第 3 章），$f_X(x)$ 为 X 的边缘正态概率密度函数，均值和标准差分别为 μ_X 和 σ_X。记 X 和 Y 的相关系数为 ρ。

设上述两个随机变量的参数给定如下：
$$\mu_X = 150; \sigma_X = 20$$
$$\mu_Y = 120; \sigma_Y = 25; \rho = 0.75$$

采用下述 Matlab 程序可生成样本数 $n = 100000$ 的双变量相关正态分布随机数。

例 5.16 的 Matlab 程序：

```
M- File              %说明(%后表示说明)
x= normrnd(150,20,100000,1)        %生成 100000 维的向量 X
uy= 120+ 0.75* (25/20).* (x- 150) %计算与 X 相应的 Y 的条件均值
sy= 25* sqrt(1- (0.75)^2)
y= normrnd(uy,sy)              %生成 100000 维的向量 Y|x
end
```

上述数值结果的统计特征值如下：
$$\text{mean(X)} = 150.08; \quad \text{std(X)} = 20.4; \quad \text{mean(Y|x)} = 120.12;$$
$$\text{std(Y|x)} = 25.05 \quad \text{corrcoef(X,Y)} = 0.750$$

可见，生成的随机数具有原分布的统计特征值。

由上述结果还可得边缘直方图的偏度系数如下，可见两者均接近于 0：
$$\text{skewness(X)} = -0.015 \quad \text{skewness(Y|x)} = 0.005$$

从而进一步验证了上述 X 和 $Y|x$ 的随机数均很接近正态分布。

X 和 $Y|x$ 的边缘直方图分别为：

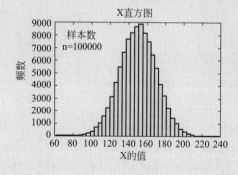
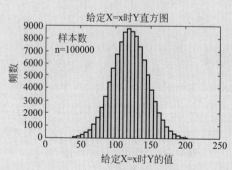

为进一步验证上述 Monte Carlo 模拟的结果，分别采用解析方法与 Monte Carlo 方法计算 $\text{P}(X < Y)$，对上述联合分布函数，其值分别为：

精确解：$\text{P}(X < Y) = 0.03522$

Monte Carlo 模拟（样本大小 $n = 100000$），$\text{P}(X < Y) = 0.03544$

［例 5.17］

接下来考虑两个联合对数正态分布随机变量 X 和 Y 的随机数生成。如例 4.3 中指出，若 X 为对数正态变量，则 $\ln(X)$ 服从正态分布。因此，可以先生成算例 5.16 所示的双变量正态分布 $\ln(X)$、$\ln(Y)$ 的随机数，然后生成相应 X 和 Y 的对数正态随机数。具体示例如下：

设 X 服从对数正态分布，中值 $x_m = 150$，变异系数 $\delta_X = 0.13$；

Y 服从对数正态分布，中值 $y_m = 120$，变异系数 $\delta_Y = 0.21$；

$\ln(X)$ 和 $\ln(Y)$ 的相关系数为 0.75。

当样本大小 $n = 10000$ 时，可采用下述 Matlab 程序生成具有上述统计特性的双变量对数正态随机数。

例 5.17 的 Matlab 程序：

```
----------
M- File               %说明(%表示说明)
X= lognrnd(log(150),0.13,10000,1)     %生成对数正态 X 的 10000
                                        个元素值向量

A= log(X)
uB= log(120)+ 0.75.* (0.21./0.13).* (A- log(150))
sB= (0.21).* sqrt(1- 0.75^2)
B= normrnd(uB,sB)         % log(Y)的 10000 个元素值向量
Y= exp(B)                 %对数正态 Y|x 的 10000 个元素值向量
end
----------
```

上述数值结果的统计特征值为：

median(X) = 150.19   c.o.v(X) = 0.131   skewness(X) = 0.396;

skewness(A) = -0.009

median(Y|x) = 120.35   c.o.v(Y|x) = 0.213   skewness(Y|x) = 0.618;

skewness(Y|x) = - 0.031;

corrcoef(A,B) = 0.749

可见上述统计特征值与给出的目标分布特征值一致。同时，变量 $A = \ln(X)$ 和 $B = \ln(Y \mid x)$ 均近似为 0，表明它们服从正态分布。

X 和 Y 的边缘直方图分别如下：

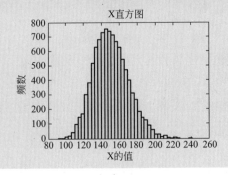
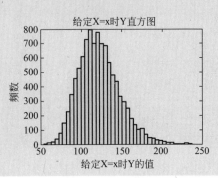

现假定 X 是某一工程项目的建筑材料供应量、Y 是该工程项目的材料需求量。可以合理地假定供应量与需求量是正相关的，即供应量依赖于需求量而增大或减少。假定 X 和 Y 的相关系数为 0.75。在此情况下，人们可能关心工程项目出现建筑材料短缺（供应量少于需求量）的概率 $P(X<Y)$。进行 $n=10000$ 次 Monte Carlo 模拟时的 Matlab 程序如下：

```
f= (X< Y);
s= sum(f);
P= s/10000
```

由此可得该概率为 $P(X<Y)=0.0563$。

进一步比较供应量与需求量不相关或者两者统计独立时出现建筑材料短缺的概率是有意思的。此时，可得该概率为 $P(X<Y)=0.1901$。这表明，假定 X 和 Y 的相关系数为 75% 将对建筑材料短缺的概率产生显著影响。

[例 5.18]

现在采用前述一般性方法来生成例 5.16 中双变量相关正态分布的随机数，X 和 Y 的统计特征值为：

$$\mu_X=150; \sigma_X=20$$
$$\mu_Y=120; \sigma_Y=25; \rho=0.75$$

此时，由式（5.3），向量 X 的每个取值为 $x=\Phi^{-1}(u_1) \cdot \sigma_X+\mu_X$，其中 u_1 为 U_1 的样本值。而由式（5.4），Y 在给定 $X=x$ 条件下的每个值为

$$y \mid x=\Phi^{-1}(u_2) \cdot \sigma_Y \sqrt{1-\rho^2}+\left[\mu_Y+\rho\left[\frac{\sigma_Y}{\sigma_X}\right](x-\mu_X)\right]$$

其中 u_2 是 U_2 的实现值。

利用 Matlab 可以生成样本大小为 10000 的双变量随机数。

例 5.18 的 Matlab 程序

```
u1= unifrnd(0,1,10000,1)%生成 U1 的 10000 元素值向量
u2= unifrnd(0,1,10000,1)%生成 U2 的 10000 元素值向量
x= norminv(u1).* 20+ 150%包含 10000 个 x 和 y|x 的向量
y= (norminv(u2)).* (25).* (sqrt(1.- 0.75.^2))+ ((0.75).*
(1.25).* (x- 150))+ (120)
```

运行上述 Matlab 程序可得到 X 和 $Y \mid x$ 的统计特征值如下：
mean(X)= 149.72; std(X)= 19.88; mean(Y|X)= 119.52; std(Y|x)= 24.91; corrcoef(X,Y)= 0.753
由此可见上述结果与例 5.16 的结果非常接近。X 和 Y 的相应直方图如下：

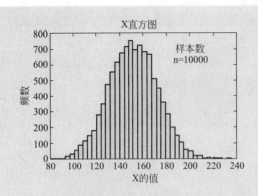
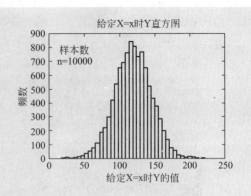

同时可得边缘直方图的偏度系数分别为：

$$\text{skewness}(X) = -0.007 \quad \text{和} \quad \text{skewness}(Y) = -0.012$$

两者均值接近于 0。正如预期的一样，上述统计特征值与例 5.16 的结果很接近。

[例 5.19]

对于一般的双变量分布，考虑如下 X 和 Y 的概率密度函数：

$$f_{X,Y}(x,y) = \frac{1}{24}(x+y), 0 \leqslant x \leqslant 2; 0 \leqslant y \leqslant 4$$

其联合概率分布函数为

$$F_{X,Y}(x,y) = \frac{1}{48}(x^2 y + xy^2)$$

相应的边缘概率密度函数和概率分布函数如下：

$$f_X(x) = \frac{1}{6}(x+2); \qquad\qquad f_Y(y) = \frac{1}{12}(Y+1)$$

$$F_X(x) = \frac{1}{6}\left[\frac{x^2}{2} + 2x\right]; \qquad\qquad F_Y(y) = \frac{1}{12}\left[\frac{y^2}{2} + y\right]$$

而给定 $X = x$ 条件下 Y 的条件概率分布函数为：

$$F_{Y|X}(y \mid x) = \frac{(xy + y^2)}{4(x+4)}$$

由于 X 和 Y 的边缘概率密度函数之积不等于双变量联合概率密度函数，这两个随机变量不是统计独立的。

上述结果可采用 Matlab 程序的符号数学工具箱进行验证。同时，可采用 Matlab 程序获得相应概率分布函数的反函数。其程序如下：

基于符号数学工具箱的 Matlab 程序：

```
syms x y          %说明(%表示说明)
fXY= (1/24)* (x+ y)
FXy= int(fXY,y)
FXY= int(FXy,x)
fX= (1/6)* (x+ 2)
```

```
FX= int(fX,x)
IFX= finverse(FX,x)
fY= (1/2)*(y+ 1)
FY= int(fY,Y)
IFY= finverse(FY,y)
FYx= (1/4)*(x*y+ y.^2)/(x+ 4)
IYx= finverse(FYx,y)
```

获得所需的反函数后，即可进一步采用下列 Matlab 程序生成 X、Y、$Y \mid x$ 的随机数。

生成 X、Y、$Y \mid x$ 的双变量随机数的 Matlab 程序：

```
u1= unifrnd(0,1,10000,1)
x= - 2+ 2.*(1+ 3.* u1).^(1/2)%生成 X 的 10000 个元素值向量
u2= unifrnd(0,1,10000,1)
y= - 1+ (1+ 24.* u2).^(1/2)%生成 Y 的 10000 个元素值向量
Yx= - 1/2* x+ 1/2.*(x.^2+ 64* u2+ 16* u2.* x).^(1/2)%Y|x 的
10000 个元素值向量
```

运行上述程序，可以得到 X、Y、$Y \mid x$ 的统计特征值：

mean(X)= 1.113;　　　std(X)= 0.565;　skewness(X)= - 0.231

mean(Y)= 2.429;　　　std(Y)= 1.062;　skewness(Y)= - 0.413

mean(Y|x)= 2.513;　std(Y|x)= 1.023;　skewness(Y|x)= - 0.480

corrcoef(X,Y)= - 0.054

从上述结果可见：$Y \mid x$ 的统计特征值与 Y 不同，这表明随机变量 X 和 Y 之间具有某种相依关系。进一步分析，两者的相关系数为 -0.054，表明 X 和 Y 之间存在弱相关性。相应的直方图如下：

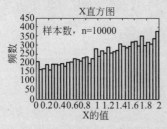
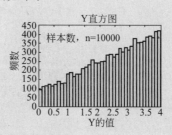
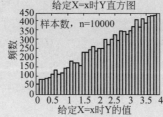

[例 5.20]

下面考虑更为复杂的双变量联合概率密度函数的情况：

$$f_{X,Y}(x,y) = \frac{1}{3}\left[\frac{x}{y^2} + 1\right]; \qquad 0 \leqslant x \leqslant 2; \qquad 1 \leqslant y \leqslant 2$$

易知相应的边缘分布为：

$$f_X(x) = \frac{1}{3}\left[\frac{x}{2} + 1\right]; \qquad f_Y(y) = \frac{2}{3}\left[\frac{1}{y^2} + 1\right]$$

$$F_X(x) = \frac{1}{3}\left[\frac{x^2}{4} + x\right]; \qquad F_Y(y) = \frac{2}{3}\left[y - \frac{1}{y}\right]$$

$Y \mid x$ 的条件概率分布函数为：

$$F_{Y|X}(y \mid x) = \frac{x/2 + y - x/2y - 1}{1 + x/4}$$

采用 Matlab 的符号数学工具箱，可以得到各概率分布函数的反函数：

```
syms x y            %说明(%表示说明)
fXY= (X/Y^2)+ 1
FXy= int(fXY,y)
FXY= int(FXy,x)
fX= (1/3)* (1+ x/2)
FX= int(fX,x)
IFX= finverse(FX,x)
fY= (2/3)* (1+ 1/y^2)
FY= int(fY,Y)
IFY= finverse(FY,y)
FYx= (- x/(2* y)+ y+ x/2- 1)/(1+ x/4)
IYx= finverse(FYx,y)
```

进而，采用以上得到的反函数，利用如下 Matlab 程序可生成向量 X、Y、$Y \mid x$。

```
u= unifrnd(0,1,10000,1)
x= - 2+ 2.* (1+ 3.* u).^(1/2)      %生成 X 的 10000 个元素值向量
v= unifrnd(0,1,10000,1)
y= (3/4).* v+ (1/4).* (9.* v.^2+ 16).^(1/2)            %生成 Y 的
10000 个元素值向量
Yx= - (1/4).* x+ 1/2+ (1/2).* v+ (1/8).* v.* x+ (1/8).*
x.^2+ 16.* x- 8.* v.* x- 4.* v.* x.^2+ 16+ 32.* v+ 16.* 5v.^2
+ 8.* v.^2.* x+ v.^2.* x.^2).^(1/2)          %生成 Y|x 的 10000 元素值
向量
```

————————

结果为：

mean(X)= 1. 111;　std(X)= 0. 565;　skewness(X)= - 0. 228

mean(Y)= 1. 462;　std(Y)= 0. 291;　skewness(Y)= 0. 154

mean(Y|x)= 1. 477;　std(Y|x)= 0. 291;　skewness(Y|x)= 0. 094

corrcoef(X,Y)= - 0. 036

在本例中，可得随机变量 X 和 Y 的相关系数为－0.036，表明两者之间具有某种弱相关性。

相应的直方图如下：

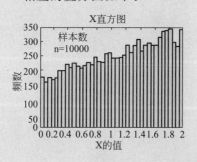 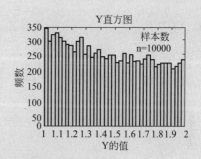

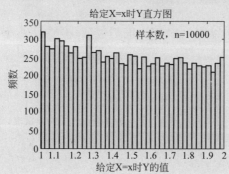

[例 5. 21]

最后，考虑如下两个变量 X 和 Y 的如下联合概率密度函数：

$$f_{X,Y}(x,y)=\frac{1}{54}(x^2+y^2)\qquad 0\leqslant x\leqslant 3\qquad 0\leqslant y\leqslant 3$$

相应的联合概率分布函数为：

$$F_{X,Y}(x,y)=\frac{1}{162}(yx^3+xy^3)$$

相应的 X 和 Y 的边缘分布和 $Y\mid x$ 的条件分布分别为：

$$f_X(x)=\frac{1}{18}(x^2+3);\qquad\qquad f_Y(y)=\frac{1}{18}(y^2+3)$$

$$F_X(x)=\frac{1}{54}(x^3+9x);\qquad\qquad F_Y(y)=\frac{1}{54}(y^3+9y)$$

$$F_{Y|X}(y \mid x) = \frac{(yx^2 + y^3)}{3(x^2 + 9)}$$

采用 Matlab 符号数学工具箱，可以利用如下程序获得上述概率分布函数的反函数：

```
syms x y              %说明(%表示说明)
fXY= (1/54)* (x^2+ y^2)
FXy= int(fXY,y)
FXY= int(FXy,x)
fX= (1/18)* (3+ x^2)
FX= int(fX,x)
IFX= finverse(FX,x)
fY= (1/18)* (3+ y^2)
FY= int(fY,y)
IFY= finverse(FY,y)
FYx= (1/3)* (y* x^2+ y^3)/(9+ x^2)
IYx= finverse(FYx,y)
```

然后，采用相应的反函数，可利用如下 Matlab 程序生成向量 X、Y、$Y \mid x$

```
u= unifrnd(0,1,10000,1)
x= (27* u+ 3* (3+ 81* u.^2).^(1/2)).^(1/3)- 3. /
(27* u+ 3* (3+ 81* u.^2).^(1/2)).^(1/3)%生成向量 X
v= unifrnd(0,1,10000,1)
y= (27* v+ 3* (3+ 81* v.^2).^(1/2)).^(1/3)- 3. /
(27* v+ 3* (3+ 81* v.^2).^(1/2)).^(1/3)%生成向量 Y
Yx= 1/6* (2916* v+ 324* x^2.* v+ 12* (12* x.^6+
59049* v.^2+ 13122* v.^2* x.^2+ 729* v.^2.* x.^4).^
(1/2)).^(1/3)- 2* x.^2/(2916* v+ 324* x.^2.* v+ 12*
(12* x.^6+ 59049* v.^2.+ 13122* v.^2.* x.^2+ 729*
v.^2.* x.^4).^(1/2)).^(1/3)%生成向量 Y|x
```

由此可计算得到 X、Y 和 $Y \mid x$ 的统计特征值：

mean(X)= 1. 871; std(X)= 0. 826; skewness(X)= - 0. 557

mean(Y)= 1. 869; std(Y)= 0. 823; skewness(Y)= - 0. 541

mean(Y|x)= 2. 033; std(Y|x)= 0. 747; skewness(Y|x)= - 0. 783

corrcoef(X,Y)= - 0. 150

从上述结果可以发现 X 和 Y 之间存在相依性；特别是，Y 的统计特征值

与 $Y\,|\,x$ 的统计特征值不同。事实上，X 和 Y 之间的相关系数为 -0.150，表明两者具有某种相关性。

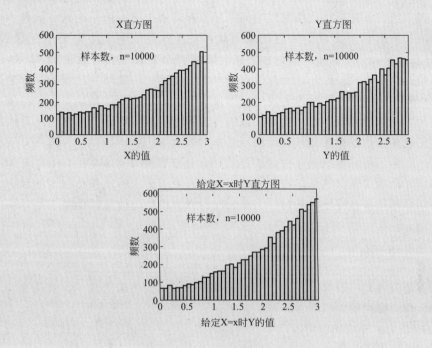

利用上述结果，进一步考虑下述问题。假定：

X 为运输每100t货物的费用，单位为1000美元；

Y 为运输货物的总吨数，单位为100t。

在本例中，可以合理地假定总运输吨数与运输费用单价负相关，如前述假定 X 和 Y 的相关系数为 -0.150。对航运公司来说，可能关心总运输费用小于某给定阈值的概率。设该阈值为3000美元。总运输费用为 XY。因此，需要计算概率 $P(XY<3)$。计算该概率的 Matlab 程序如下：

```
----------

f= (x.* Y|x< 3);        %计算每组 X 和 Y|x 情况下 XY< 3 是否成立
S= sum(f)
P= S/10000              %得到 P(X.Y|x< 3)= 0.412

----------
```

若 X 和 Y 具有统计独立性，则相应的 Matlab 程序将为：

```
----------

g= (x.* y< 3);
s= sum(g)
p= g/10000              %得到 P(XY< 3)= 0.454

----------
```

上述结果表明 X 和 Y 的相关性对总费用小于阈值的概率是有影响的。

▶ 5.3　本章小结

　　本章主要通过一系列数值算例阐明基于计算机的数值程序和 Monte Carlo 模拟方法在具有工程意义的概率问题建模和求解中的应用。在这些问题中，解析方法非常困难、甚至无法应用。因此，对于这些问题，必须采用例如 Matlab 和（或）Mathcad 编写计算机程序进行求解，当然其他商业软件如 Mathematica 也是同样有效的。因此，计算机程序本身也是这些例题解答过程的一部分。本章所列例题的主要目的是为了说明，即使纯解析方法难以适用、工程中的概率模型也是广泛有效和适用的。当然，数值方法和 Monte Carlo 模拟方法的基本原理可方便地参考其他相关文献，因而不是本章的重点。

　　为了理解本章例题中的程序代码，读者需要多少熟悉 Matlab 或 Mathcad 语言。最后要强调的是，没有一劳永逸地适用于文中所述各类问题的程序。每一个问题都具有独特性，其解答需要相应的概率模型与计算机程序。

▶ 习题

　　本章习题的解答一般都需要 Monte Carlo 模拟或其他数值方法。因此需要电脑（PC）和相应的软件。商用软件包括 Mathcad、Matlab、Mathematica，也可以采用 MS Excel＋Visual Basic。为了理解和应用本章中的软件语言，熟悉一到多种商业软件（特别是 Mathcad 或 Matlab）将是有益的。

　　在第 3 章和第 4 章的许多习题也可以采用 Monte Carlo 模拟和数值方法求解，其中的概率分布可以仍然采用原习题中的分布类型，也可以采用合适的不同类型。请思考以下习题：

5.1　该问题类似于第 4 章中的例 4.11：高层建筑中的柱的完整性对建筑物的安全至关重要。作用在柱上的总荷载可能包括恒载 D（主要是结构的重量）、活荷载 L（包括住人、家具、可动设备等等）和风荷载 W。

　　上述作用于柱上的荷载效应可认为是统计独立的随机变量，且服从如下概率分布和相关参数：

　　D 服从正态分布，且 $\mu_D = 4.2t, \sigma_D = 0.3t$；

　　L 服从对数正态分布，且 $\mu_L = 6.5t, \sigma_L = 0.8t$；

　　W 服从极值 I 型分布，且 $\mu_W = 3.4t, \sigma_W = 0.7t$；

每根柱上的总荷载组合效应为：

$$S = D + L + W$$

　　单根柱的设计平均强度等于 1.5 倍总荷载的平均值，不妨假定为具有变异系数 15% 的对数正态变量。显然，每根柱的承载能力 R 与外荷载独立。当荷载效应 S 超过承载能力 R 时，柱就出现过载，试确定发生过载事件（$R < S$）的概率。

5.2　某废物处理工厂的年运营成本是如下关于固体废物重量 W、单位成本因子 F 和效率系数 E 的函数：

$$C = \frac{WF}{\sqrt{E}}$$

其中，W、F、E 为统计独立的随机变量。假设相应的概率分布及中值和变异系数如下：

变量	分布类型	中值	变异系数
W	对数正态	2000t/yr	20%
F	Beta	\$ 20/t	15%
E	正态	1.6	12.5%

由于 C 是上述三个相互独立随机变量之积与商，其概率分布很难通过解析方式确定。试采用 10000 次 Monte Carlo 模拟，确定该废物处理厂年运营成本超过 35000 美元的概率。

可将结果与例 4.13 进行对比。（例 4.13 中，随机变量均假定为对数正态分布）

5.3 在习题 4.14 中，某城市下个月的供水量服从均值为 100 万加仑、变异系数为 40% 的对数正态分布，而总需水量预计将服从均值为 150 万加仑、变异系数为 10% 的对数正态分布。

(a) 采用 Monte Carlo 模拟方法计算该城市下个月缺水的概率。结果应与习题 4.14 相同或接近。

(b) 假设该城市下个月的供水量服从参数为 $q = 2.00$、$r = 4.00$ 的 Beta 分布，而总需水量仍然服从对数正态分布，均值与变异系数与前相同。计算 Beta 分布的上下界 a、b，并通过 Monte Carlo 方法计算该城市下个月缺水的概率。

(c) 在本题（a）中，设平均供水量 100 万加仑实际上可在 0.80 到 110 万加仑之间变化（相当于具有变异系数为 0.09 的认知不确定性）。试采用 Monte Carlo 模拟方法确定下个月缺水概率的统计特征值。

5.4 通勤车从购物中心依顺序前往城镇 A 和 B，然后返回到购物中心，如下图所示。

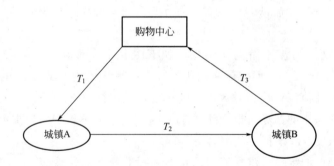

假设相应的穿行时间（在正常交通状况下）是独立的随机变量，其分布和统计特征值如下：

穿行时间	分布类型	均值(min)	变异系数
T_1	正态分布	30	0.30
T_2	对数正态	20	0.20
T_3	对数正态	40	0.30

但在高峰时段（上午 8：00-10：00 和下午 4：00-6：00），A、B 两城镇之间的平均穿行时间将增加 50%、而变异系数不变。

(a) 通勤车往返一趟的预定时间为两个小时，采用 Monte Carlo 模拟确定在正常交通状况下通勤车不能按期返回的概率。

(b) 在正常交通状况下，一个乘客从城镇 A 出发、在一小时内到达购物中心的概率是多少？

(c) 从城镇 B 出发的乘客数量是从城镇 A 出发乘客的两倍，试计算在高峰时段能够在 1h 内到达购物中心的乘客百分比。

(d) 从城镇 B 出发的某乘客与人预约下午 3：00 在购物中心见面。若通勤车在下午 2：00 离开城镇 B 但在下午 2：45 仍未到达购物中心，那么该乘客能够准时赴约的概率为多少？

在习题 4.9 中，假定穿行时间均为服从高斯分布的随机变量。试将上述结果与习题 4.9 进行对比分析。

5.5 如下图所示，设每个基础的沉降均服从均值为 2in、变异系数为 30% 的正态分布，假设两个相邻基础沉降之间的相关系数为 0.7。定义不均匀沉降为

$$D = |S_1 - S_2|$$

式中，S_1、S_2 分别为基础 1 和 2 的沉降。

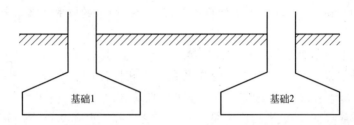

(a) 确定 D 的均值和方差。

(b) 不均匀沉降的幅度小于 0.5in 的概率是多少？

试采用 Monte Carlo 模拟求解 （a） 和 （b），并与习题 4.10 的结果进行比较。

(c) 假设 S_1、S_2 均服从对数正态分布，其均值与标准差与前相同，试再次求解问题 （a） 和 （b）。

5.6 某城市位于两条河流下游的交汇点，如下图所示。河流 1 的年最大洪峰平均值为 35m³/s、标准差为 10m³/s；而河流 2 的年最大洪峰平均值为 25m³/s、标准差为 10m³/s。两条河流的年最大峰值流量均为对数正态随机变量且统计独立。

目前，贯穿该城市的河渠可以允许 100m³/s 的流量而不至于发生洪灾。

试采用 Monte Carlo 模拟方法解答下列问题：

(a) 通过该城市的年最大洪峰流量的均值和标准差是多少？

(b) 基于现有泄洪能力，该城市遭受洪灾的年风险为多少？相应的重现期是什么？

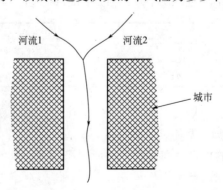

(c) 如果遭遇洪水的年风险减少一半，则目前的泄洪容量应增大多少？

(d) 若两条河流的年最大洪峰流量相关且相关系数为 0.8，试再次解答问题（a）～（c）。

5.7 五个圆柱形储罐用于存储石油，每个储罐形如下图所示。每个储罐及所储石油的总重量为 200 千磅。当遭受地震时，储罐的水平惯性力可以计算为

$$F = \frac{W}{g}a$$

式中，g 为重力加速度 32.2ft/s^2，a 为地震动的水平峰值加速度。

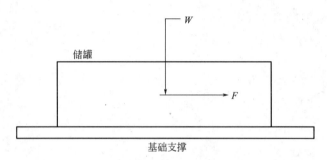

在地震作用下，储罐罐体底部与基础表面的摩擦力将阻止储罐滑动。摩擦系数服从形状参数 $q = r = 3.00$ 的 Beta 分布，均值为 0.40、变异系数为 0.20。同时，假定地震动的峰值加速度服从均值为 0.30g、变异系数为 0.35% 的极值 I 型分布。

(a) 采用 Monte Carlo 模拟，确定地震作用下储罐产生滑移的概率。

(b) 为了将发生滑移的概率减少至（a）中结果的 30%，每个储罐需要在它的底部进行锚固。每个储罐底部锚固的滑移抗剪强度应为多少？

(c) 在估计相关分布的参数时可能含有认知不确定性。假设摩擦系数中值的变异系数为 25%，峰值加速度均值的变异系数为 45%，试确定储罐在地震作用下发生滑移的概率的统计量和直方图，并确定具有 90% 保证率的滑移概率。

5.8 习题 4.16 的最后部分问题很难用解析方法进行求解，可采用 Monte Carlo 模拟方法进行求解。

桩的承载力均值为 20t，由于其变异性，桩的承载力服从变异系数为 20% 的对数正态分布。假定在服役期间，桩承受的最大荷载亦为对数正态分布，其均值为 10t、变异系数为 30%。

多个桩可以一起工作、形成群桩。假设群桩的承载力等于单个桩承载力之和。考虑由两个单桩组成群桩的情况，由于单桩之间很近，两单桩的承载力相关，且相关系数 $\rho = 0.8$。群桩的承载力记为 T。试确定 T 的均值和变异系数，并采用 Monte Carlo 模拟计算群桩失效的概率。

5.9 采用 Monte Carlo 模拟求解习题 3.58。

5.10 采用 Monte Carlo 模拟求解习题 3.59。

如前指出，在第 3 章和第 4 章中的许多习题都可以通过 Monte Carlo 模拟方法求解。特别是，若第 4 章的许多习题中概率分布发生改变，则可能需要采用合适的数值方法或 Monte Carlo 模拟进行求解。

▶参考文献

Ang, A.H-S. and Tang, W.H., *Probability Concepts in Engineering Planning and Design*, Vol. II—Decision, Risk, and Reliability, John Wiley & Sons, Inc. New York, 1984.

Cornell, C. A., "A Probability-Based Structural Code," *Jour. of the American Concrete Institute*, 1969, pp. 974–985.

Der Kiureghian, A., Lin, H.-Z. and Hwang, S.-J., "Second-order reliability approximations," *Jour. of Engineering Mech.*, ASCE, 113(8), 1987, pp. 1208–1225.

Halvorson, M., *Microsoft VISUAL BASIC Step by Step*, Microsoft Press, Redmond, WA, 2003.

MacDonald, M., *Microsoft VISUAL BASIC. Net Programmer's Handbook*, Microsoft Press, Redmond, WA, 2003.

MATLAB, Version 7, The Mathworks, Inc., Natick, MA, 2004.

MATHCAD. 11, Mathsoft Engineering and Education, Inc., Cambridge, MA, 2002.

MATHEMATICA, Version 4.2, Wolfram Research, Inc., Champaign, IL, 2002.

Rubinstein, R.Y., *Simulation and the Monte Carlo Method*, John Wiley and Sons, Inc., New York, 1981.

Shooman, M.L., *Probabilistic Reliability: An Engineering Approach*, McGraw-Hill Book, Co., New York, NY 1968.

第6章

统计推断

▶6.1 统计推断在工程中的作用

在前述章节、特别是在第 3 章和第 4 章中，我们注意到一旦知道（或指定）一个随机变量的概率分布信息（概率密度函数或概率分布函数）及其参数值，即可计算由该随机变量的值定义的一个事件的概率。计算得到的概率显然既依赖于概率分布的形式（概率密度函数或概率分布函数），又依赖于其参数。因此，确定统计参数和选择适当分布形式的方法自然地具有实际重要意义。

为此目的，必须基于真实数据获取所需的信息。例如，在确定高层建筑抗风设计的最大风速时，工程场地区域过去的风速记录是有用且重要的。同样，在进行公路交叉路口左转车道改造设计时，统计交叉路口左转弯车辆的数量将提供合适的必要信息。基于观测数据，可以采用统计方法估计所需参数，并推断合理分布形式的信息。

世界上的许多地方都已经并将继续进行重要自然过程观测数据的记录和整理，例如降雨强度、河流的洪水水位、风速、地震震级和频率、交通量、污染物浓度、海浪波高和波浪力等。同时，由于工程目的的需要，人们也在持续获取混凝土强度、钢材的屈服与极限强度、材料的疲劳寿命、土的抗剪强度、施工人员与设备的效率、测量中的观测误差和其他具有显著变异性的现场和实验室数据。这些统计数据提供了有价值的信息，由此可以发展或评价工程应用所需的概率模型和相应的参数。

从已有观测数据中构造合理的概率模型并估计相应参数的方法属于统计推断方法，该类方法由来自采样数据的信息来表征（至少是近似地）总体的信息。因此，统计推断方法提供了客观世界与该类分析中给定或假定的理想概率模型之间的桥梁。统计推断在决策过程中的作用见示意图 6.1。本章着重介绍估计概率模型（分布）参数的统计方法。下一章（第 7 章）将阐述根据经验确定或验证概率模型的方法。

虽然还有其他统计推断方法，包括更深奥和更专

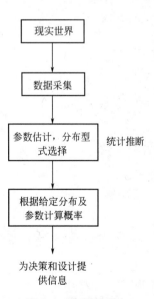

图 6.1 决策过程中统计推断的作用

门的技术，但本书将仅介绍在工程应用中最基本、最实用的概念和方法。本章主要包括估计方法（点估计和区间估计）和假设检验；经验地确定与验证概率分布模型的内容放在第 7 章；涉及两个或多个随机变量的回归与相关分析放在第 8 章；第 9 章的部分内容涉及统计估计的贝叶斯方法。

▶ 6.2　参数的统计估计

经典参数估计方法包括两类，即点估计和区间估计。点估计是从一组观测数据计算一个单个值以代表总体的参数；而区间估计旨在确定真实参数所在的区间及以概率表示的真实参数在该区间内的"置信度"。

6.2.1　随机抽样和点估计

正如前已提到的，概率模型或分布的参数可以基于来自相应"总体"的一组观测数据进行计算或估计。这样一个数据集代表了"总体"的一个样本，因此基于样本值计算的参数值必然仅是真实参数的估计。换句话说，"总体"参数的精确值通常是未知的，我们所能做的最多就是根据"总体"的有限样本进行参数值的估计。

抽样在统计推断中的作用示意于图 6.2。客观世界的总体可以模型化为具有概率密度函数 $f_X(x)$ 及相应参数的随机变量 X，例如对正态分布其参数为均值 μ 和标准差 σ。对总体进行有限次观测可以构成一个样本，由此可以进行参数估计；这同一组样本观测数据也可用来经验地确定最合适的分布模型（见第 7 章）。

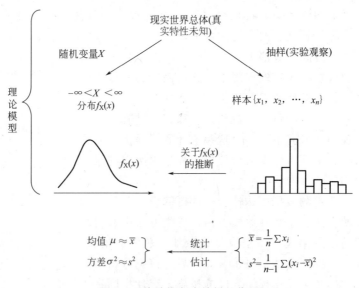

图 6.2　统计推断中抽样的作用

给定总体中的一组样本观测数据，有不同的参数估计方法，例如矩估计法和极大似然法。不管采用什么方法，参数的估计必然是基于一组来自总体 X 的样本量为 n 的有限样本值 $x_1, \cdots, x_n$。通常，这样一个样本假定构成一个随机样本，这意味着依次采样的样本值统计独立，且对不同样本观测来说总体是不变的。

点估计方法有一些很好的特性，包括无偏性、相合性、有效性和充分性，分别定义如下：

• 如果估计量的期望值等于参数，则称该估计量是无偏的。因此，无偏性意味着估计量的平均值（如果进行多次估计）将等于参数精确值。

• 相合性意味着当 n 趋于无穷大时，估计值逼近参数的值。因此，相合性是渐近特性——实际上，这意味着估计量的误差随着样本量的增加而降低。

• 有效性指的是估计量的方差——对于给定的数据集，如果估计量 θ_1 的方差小于另一个估计量 θ_2 的方差，则 θ_1 比 θ_2 更有效。

• 如果一个估计量利用了样本中与参数估计有关的所有信息，则这个估计量对于参数估计是充分的。

然而在实际中，几乎不大可能满足上述所有或多个特性。事实上，几乎没有估计方法能够拥有上述所有特性。在接下来的内容中，我们将分析一些特定的估计方法及其基本特性。

矩估计法

在第 3 章我们看到均值和方差是随机变量的主要特征量，对应随机变量的一阶和二阶矩。对于一般的常用分布，矩特征量与随机变量分布参数关系如表 6.1 所示。例如，在高斯分布的情况下，参数 μ 和 σ 分别就是随机变量的均值和标准差，而在 Gamma 分布的情况下，参数 ν 和 k 与变量的均值和方差相关，即 $E(X) = k/\nu$ 和 $\mathrm{Var}(X) = k/\nu^2$。

因此，在随机变量的矩和随机分布参数关系的基础上（例如表 6.1），要确定概率分布的参数，可以首先估计随机变量的均值和方差（当有两个以上参数时要包括更高阶矩）。这一过程本质上是矩估计法的基础。

设有样本大小为 n 的样本值 x_1，x_2，$\cdots$，x_n，可采用样本矩来估计随机变量的各阶矩。正如均值和方差为 X 和 $(X-\mu)^2$ 的加权平均，样本均值和样本方差可定义为相应样本值的平均值，即

样本均值：

$$\overline{x} = \frac{1}{n}\sum_{i=1}^{n} x_i \tag{6.1}$$

样本方差：

$$s^2 = \frac{1}{n-1}\sum_{i=1}^{n}(x_i - \overline{x})^2 \tag{6.2}$$

相应地，$\overline{x}$，s^2 分别为总体均值 μ 和总体方差 σ^2 的点估计值。

式（6.2）的样本方差是 σ^2 的"无偏"估计，但应注意到它不完全是样本值 $(x_i - \overline{x})^2$，$i = 1$，2，$\cdots$，n 的平均。完全的平均将被 n 除，而非 $(n-1)$，但却是 σ^2 的有偏估计。

将式（6.2）中的平方项展开，可得

$$s^2 = \frac{1}{n-1}\Big(\sum_{i=1}^{n} x_i^2 - n\overline{x}^2\Big) \tag{6.3}$$

常用分布及其参数　　　　　　　　　　　　表 6.1

分布型式	概率密度函数或概率分布	参数	矩特征量
二项分布	$p_X(x) = \binom{n}{x} p^x (1-x)^{n-x}$; $x = 0,1,2,\cdots,n$	p	$\mu_X = np$ $\sigma_X^2 = np(1-p)$
几何分布	$p_X(x) = p(1-p)^{x-1}$; $x = 1,2,\cdots$	p	$\mu_X = 1/p$ $\sigma_X^2 = (1-p)/p^2$
泊松分布	$p_X(x) = \dfrac{(\nu t)^x}{x!} e^{-\nu t}$; $x = 0,1,2,\cdots$	ν	$\mu_X = \nu t$ $\sigma_X^2 = \nu t$
指数分布	$f_X(x) = \lambda e^{-\lambda x}$; $x \geqslant 0$	λ	$\mu_X = 1/\lambda$ $\sigma_X^2 = 1/\lambda^2$
Gamma 分布	$f_X(x) = \dfrac{\nu(\nu x)^{k-1}}{\Gamma(k)} e^{-\nu x}$; $x \geqslant 0$	ν,k	$\mu_X = k/\nu$ $\sigma_X^2 = k/\nu^2$
3 参数 Gamma 分布（平移 Gamma 分布）	$f_X(x) = \dfrac{\nu[\nu(x-\gamma)]^{k-1}}{\Gamma(k)} \exp[-\nu(x-\gamma)]$; $x \geqslant \gamma$	ν,γ,k $\geqslant 1.0$	$\mu_X = \dfrac{k}{\nu} + \gamma$ $\sigma_X^2 = \dfrac{k}{\nu^2}$ $\theta = 2/\sqrt{k}, \nu > 0$ $= -2\sqrt{k}, \nu < 0$
高斯分布	$f_X(x) = \dfrac{1}{\sqrt{2\pi}} \exp\left[-\dfrac{1}{2}\left(\dfrac{x-\mu}{\sigma}\right)^2\right]$; $-\infty < x < \infty$	μ,σ	$\mu_X = \mu$ $\sigma_X^2 = \sigma^2$
对数正态分布	$f_X(x) = \dfrac{1}{\sqrt{2\pi}\zeta x} \exp\left[-\dfrac{1}{2}\left(\dfrac{\ln x - \lambda}{\zeta}\right)^2\right]$; $x \geqslant 0$	λ,ζ	$\mu_X = \exp(\lambda + \dfrac{1}{2}\zeta^2)$ $\sigma_X^2 = \mu_X^2(e^{\zeta^2} - 1)$
Rayleigh 分布	$f_X(x) = \dfrac{x}{\alpha^2} \exp\left[-\dfrac{1}{2}\left(\dfrac{x}{\alpha}\right)^2\right]$; $x \geqslant 0$	α	$\mu_X = \sqrt{\dfrac{\pi}{2}}\alpha$ $\sigma_X^2 = \left(2 - \dfrac{\pi}{2}\right)\alpha^2$
均匀分布	$f_X(x) = \dfrac{1}{(b-a)}$; $a \leqslant x \leqslant b$	a,b	$\mu_X = \dfrac{a+b}{2}$ $\sigma_X^2 = \dfrac{1}{12}(b-a)^2$
三角形分布	$f_X(x) = \dfrac{2}{b-a}\left(\dfrac{x-a}{u-a}\right)$; $a \leqslant x \leqslant u$ $= \dfrac{2}{b-a}\left(\dfrac{b-x}{b-u}\right)$; $u \leqslant x \leqslant b$	a,b,u	$\mu_X = \dfrac{1}{3}(a+b+u)$ $\sigma_X^2 = \dfrac{1}{18}(a^2 + b^2 + u^2$ $- ab - au - bu)$
Beta 分布	$f_X(x) = \dfrac{1}{B(q,r)} \dfrac{(x-a)^{q-1}(b-x)^{r-1}}{(b-a)^{q+r-1}}$; $a \leqslant x \leqslant b$	q,r	$\mu_X = a + \dfrac{q}{q+r}(b-a)$ $\sigma_X^2 = \dfrac{qr(b-a)^2}{(q+r)^2(q+r+1)}$
Gumbel 分布（极值 Ⅰ 型最大值分布）	$f_X(x) = \exp(-e^{-\alpha(x-u)})$;	u,α	$\mu_X = u + \dfrac{0.5772}{\alpha}$ $\sigma_X^2 = \dfrac{\pi^2}{6\alpha^2}$

续表

分布型式	概率密度函数或概率分布	参数	矩特征量
Weibull 分布 （极值 Ⅲ 型 最小值分布）	$f_X(x) = \dfrac{k}{w-\varepsilon}\left(\dfrac{x-\varepsilon}{w-\varepsilon}\right)^{k-1} e^{-\left(\frac{x-\varepsilon}{w-\varepsilon}\right)^k}$; $x \geqslant \varepsilon$	k, w	$\mu_X = \varepsilon + (x-\varepsilon)\Gamma\left(1+\dfrac{1}{k}\right)$ $\sigma_X^2 = (w-\varepsilon)^2\left[\Gamma\left(1+\dfrac{2}{k}\right)\right.$ $\left. - \Gamma^2\left(1+\dfrac{1}{k}\right)\right]$

[例 6.1]

考虑表 E6.1 中列出的 25 组混凝土圆柱体试件抗压强度测试数据，利用式 (6.1) 和 (6.3) 获得样本均值和样本方差分别如下（根据表 E6.1 中的结果）：

例 6.1 的样本均值和样本方差　　　　　　　表 E6.1

混凝土试件编号	抗压强度, x_i	x_i^2
1	5.6ksi	31.36
2	5.3	28.09
3	4.0	16.00
4	4.4	19.36
5	5.5	30.25
6	5.7	32.49
7	6.0	36.00
8	5.6	31.36
9	7.1	50.41
10	4.7	22.09
11	5.5	30.25
12	5.9	34.81
13	6.4	40.96
14	5.8	33.64
15	6.7	44.89
16	5.4	29.16
17	5.0	25.00
18	5.8	33.64
19	6.2	38.44
20	5.6	31.36
21	5.7	32.49
22	5.9	34.81
23	5.4	29.16
24	5.1	26.01
25	5.7	32.49
	$\sum = 140.00$	$\sum = 794.52$

$$\overline{x} = \frac{1}{25}\sum_{i=1}^{25} x_i = 5.6\text{ksi}$$

$$s^2 = \frac{1}{24}\left[\sum_{i=1}^{25} x_i^2 - 25 \times (5.6)^2\right] = 0.44$$

因此，总体均值和标准差的估计值分别为 $\overline{x} = 5.60\text{ksi}$，$s = \sqrt{0.44} = 0.66\text{ksi}$。

现在，若混凝土抗压强度的概率分布可模型化为高斯分布，那么其参数（见表 6.1）将为 $\hat{\mu}=5.6\text{ksi}$ 和 $\sigma=\sqrt{0.44}=0.66\text{ksi}$。但如果混凝土的抗压强度假定服从 Gamma 分布，则根据表 6.1，参数 ν 和 k 分别为

$$\hat{k}/\hat{\nu}=5.6 \text{ 和 } \hat{k}/\hat{\nu}^2=0.44$$

由此可得如下参数：

$$\hat{\nu}=12.73 \text{ 和 } \hat{k}=71.29$$

[例 6.2]

标号 75S-T 的铝的疲劳寿命数据的样本均值和样本方差（关于加载循环数）如下：

$$\overline{x}=26.75 \text{ 百万次循环}$$

$$s^2=360.0 \text{（百万次循环）}^2$$

根据表 6.1 中给出的关系，对数正态分布的均值和方差为：

$$\mu_X=\exp\left[\lambda+\frac{1}{2}\zeta^2\right]$$

$$\sigma_X^2=\mu_X^2(e^{\zeta^2}-1)$$

分别用样本均值和样本方差代替真实的均值和方差，可得到参数 λ 和 ζ 的估计值如下（分别记为 $\hat{\lambda}$，$\hat{\zeta}$）：

$$\exp(\hat{\lambda}+\frac{1}{2}\hat{\zeta}^2)=26.75$$

和

$$(26.75)^2(e^{\hat{\zeta}^2}-1)=360.0$$

由此得到 $\hat{\lambda}=3.08$ 和 $\hat{\zeta}=0.64$。

极大似然法

点估计的另一种方法是极大似然法。与矩估计法不同，极大似然法直接导出参数的点估计值。

考虑概率密度函数为 $f(x;\theta)$ 的随机变量 X，其中 θ 为分布参数。如果观测样本值为 x_1，x_2，$\cdots$，x_n，那么我们可能会问"产生特定观测数据的最可能的 θ 值是什么？"。换句话说，在所有可能的 θ 值中，什么值将使获得观测样本集 x_1，x_2，$\cdots$，x_n 的可能性最大？这就是采用极大似然法进行点估计的基本思想。

可以合理地认为获得特定样本值 x_i 的可能性与概率密度函数在 x_i 处的值成正比。然后，假设抽样是随机的，则获得一组 n 个独立观测值 x_1，x_2，$\cdots$，x_n 的可能性是

$$L(x_1,x_2,\cdots,x_n;\theta)=f(x_1;\theta)f(x_2;\theta)\cdots f(x_n;\theta) \tag{6.4}$$

此即获得观测样本值 x_1，x_2，$\cdots$，x_n 的似然函数。可以定义 θ 的极大似然估计值 $\hat{\theta}$ 是使得式（6.4）的似然函数最大化的值，因而可通过求解如下方程获得（假如似然函数 L 关于参数 θ 可微）

$$\frac{\partial L(x_1,x_2,\cdots,x_n;\theta)}{\partial \theta}=0 \tag{6.5}$$

因为似然函数式（6.4）是一个乘积函数，因此采用极大似然函数的对数更为方便，即

$$\frac{\partial \ln L(x_1, x_2, \cdots, x_n; \theta)}{\partial \theta} = 0 \tag{6.6}$$

式（6.6）的 $\hat{\theta}$ 解当然与式（6.5）的解答相同。对于含有 2 个或多个参数的概率密度函数，似然函数变为

$$L(x_1, x_2, \cdots, x_n; \theta_1, \cdots, \theta_m) = \prod_{i=1}^{n} f(x_i; \theta_1, \cdots, \theta_m) \tag{6.7}$$

式中，θ_1，$\cdots$，θ_m 为待估计的 m 个参数。在这种情况下，这些参数的极大似然估计值可以通过如下方程组求得：

$$\frac{\partial \ln L(x_1, x_2, \cdots, x_n; \theta_1, \cdots, \theta_m)}{\partial \theta_j} = 0; \, j = 1, 2, \cdots, m \tag{6.8}$$

参数的极大似然估计（MLE）具有前述的多个优良特性。特别是，对于样本量为 n 的大样本，在具有渐近最小方差的意义上通常认为极大似然估计可以获得参数的"最佳"估计（Hoel，1962）。

[**例 6.3**]

车辆依次到达收费站的间隔时间观测结果如下：

1.2，3.0，6.3，10.1，5.2，2.4，7.1sec

假设两辆车辆到达收费站之间的间隔时间可认为服从指数分布，其概率密度函数为

$$f_T(t) = \frac{1}{\lambda} e^{-t/\lambda}$$

式中，λ 为分布参数，是平均间隔时间。

由式（6.4），观测到该 7 个间隔时间的似然函数为

$$L(t_1, t_2, \cdots, t_7; \lambda) = \prod_{i=1}^{7} \frac{1}{\lambda} \exp(-t_i/\lambda) = (\lambda)^{-7} \exp\left[-\frac{1}{\lambda} \sum_{i=1}^{7} t_i\right]$$

相应的对数为

$$\text{Log} L = -7 \text{Log} \lambda - \frac{1}{\lambda} \sum_{i=1}^{7} t_i, \text{对当前的数据有 Log} L = -7 \text{Log} \lambda - \frac{35.30}{\lambda}$$

因此，由式（6.6）可以得到

$$\frac{\partial \text{Log} L}{\partial \lambda} = -\frac{7}{\lambda} + \frac{35.30}{\lambda^2} = 0$$

由此可以获得 λ 的极大似然估计值

$$\hat{\lambda} = \frac{35.30}{7} = 5.04 \text{s}$$

根据上述结果，一般可以推断当样本量为 n 时参数 λ 的极大似然估计值为

$$\hat{\lambda} = \frac{1}{n} \sum_{i=1}^{n} t_i$$

[例 6.4]

在实验室进行了五个饱和砂土试样的三轴试验。每个试样进行应力幅值为 200psf 的往复垂直加载。每个试样失效的加载循环次数观测值如下：25、20、28、33 和 26。

若饱和砂土失效的载荷循环次数可认为服从对数正态分布，则两个参数 λ 和 ζ 可通过极大似然法估计如下。

由式（6.7），样本大小为 n 时的似然函数为

$$L(x_1, x_2, \cdots, x_n; \lambda, \zeta) = \prod_{i=1}^{n} \left\{ \frac{1}{\sqrt{2\pi}\zeta x_i} \exp\left[-\frac{1}{2}\left(\frac{\ln x_i - \lambda}{\zeta} \right)^2 \right] \right\}$$

$$= \left(\frac{1}{\sqrt{2\pi}\zeta} \right)^n \left(\prod_{i=1}^{n} \frac{1}{x_i} \right) \exp\left[-\frac{1}{2\zeta^2} \sum_{i=1}^{n} (\ln x_i - \lambda)^2 \right]$$

对上式两边取自然对数可得

$$\ln L(x_1, \cdots, x_n; \lambda, \zeta) = -n\ln\sqrt{2\pi} - n\ln\zeta - \sum_{i=1}^{n} \ln x_i - \frac{1}{2\zeta^2} \sum_{i=1}^{n} (\ln x_i - \lambda)^2$$

为了获得极大似然估计，要求

$$\frac{\partial \ln L}{\partial \lambda} = 0 \text{，故有 } \frac{1}{\zeta^2} \sum_{i=1}^{n} (\ln x_i - \lambda) = 0$$

和

$$\frac{\partial \ln L}{\partial \zeta} = 0 \text{，故有 } -\frac{n}{\zeta} + \frac{1}{\zeta^3} \sum_{i=1}^{n} (\ln x_i - \lambda)^2 = 0$$

从以上两个方程可得两个参数的极大似然估计分别如下：

$$\hat{\lambda} = \frac{1}{n} \sum_{i=1}^{n} \ln x_i \text{，} \quad \hat{\zeta}^2 = \frac{1}{n} \sum_{i=1}^{n} (\ln x_i - \lambda)^2$$

对本例中的数据，可得极大似然估计结果如下：

$$\hat{\lambda} = \frac{1}{5}(\ln 25 + \ln 20 + \ln 28 + \ln 33 + \ln 26) = 3.26$$

和

$$\hat{\zeta}^2 = \frac{1}{5}\left[(\ln 25 - 3.26)^2 + (\ln 20 - 3.26)^2 + (\ln 28 - 3.26)^2 \right.$$

$$\left. + (\ln 33 - 3.26)^2 + (\ln 26 - 3.26)^2 \right] = 0.027$$

或

$$\hat{\zeta} = 0.164$$

若采用矩估计法，可得如下结果：

样本均值：

$$\overline{x} = \frac{1}{5}(25 + 20 + 28 + 33 + 26) = 26.40$$

样本方差：

$$s^2 = \frac{1}{4}\left[(25 - 26.4)^2 + (20 - 26.4)^2 + (28 - 26.4)^2 \right.$$

$$\left. + (33 - 26.4)^2 + (26 - 26.4)^2 \right] = 22.30$$

因此，样本标准差为 $s = 4.72$。

对于对数正态分布，采用表（6.1）中的关系式，可得

$$26.40 = \exp\left[\lambda + \frac{1}{2}\zeta^2\right]$$

和
$$22.30 = (26.40)^2(e^{\zeta^2} - 1)$$

由此得到两个参数的相应估计结果：

$$\hat{\lambda} = 3.26 , \hat{\zeta} = 0.178$$

由此可见，两种方法产生的参数 λ 估计值相同，但得到的参数 ζ 的估计值相差约 8%。

比例估计

在许多工程问题中，需要知道一个事件发生或不发生的概率，这一概率测度可以通过对事件的实验室或现场观测结果的比例进行估计。例如，在沿海地区每年发生飓风级强风的概率、主要路口左转弯车辆的比例、符合给定的密实度标准的路堤材料等。

此时，所需的概率可以通过伯努利序列的（事件）发生率进行估计。假设有 n 个独立试验或随机变量序列 X_1，X_2，$\cdots$，X_n，其中每个 X_i 为两值随机变量，即 $X_i = 0$ 或 1，分别表示某事件在第 i 次试验时发生或不发生。因此，序列 X_1，X_2，$\cdots$，X_n 构成样本大小为 n 的随机样本。

一个事件发生的概率 p 是与伯努利序列相关的二项分布的参数。可以证明，参数 p 的极大似然估计值可以表示为

$$\hat{P} = \frac{1}{n}\sum_{i=1}^{n}X_i \tag{6.9}$$

换句话说，p 的估计值即为 n 次试验序列中事件出现的比例。

6.2.2 抽样分布

方差已知时样本均值的分布

到目前为止，我们已经采用样本均值 $\overline{x}$ 估计总体均值 μ，这就很自然地产生了上述估计的可能不精确度问题。我们将基于样本均值的分布来考察这一问题。

首先，对于大小为 n 的样本，特定的样本值集合 x_1，x_2，$\cdots$，x_n 可认为是一组统计独立的样本随机变量 X_1，X_2，$\cdots$，X_n 的一个实现值。此外，在随机抽样中，假设这些样本随机变量的概率密度函数均与总体 X 相同，即

$$f_{X_1}(x_1) = f_{X_2}(x_2) = \cdots = f_{X_n}(x_n) = f_X(x)$$

因此，样本均值事实上也是一个随机变量

$$\overline{X} = \frac{1}{n}\sum_{i=1}^{n}X_i \tag{6.10}$$

其期望值为

$$\mu_{\overline{X}} = E\left[\frac{1}{n}\sum_{i=1}^{n}X_i\right] = \frac{1}{n}(n\mu) = \mu \tag{6.11}$$

这意味着样本均值的期望值等于总体均值，因此 $\overline{X}$ 是总体均值的无偏估计。

注意到 X_1，X_2，$\cdots$，X_n 统计独立并与总体 X 同分布，因此 $\overline{X}$ 的方差为

$$\text{Var}(\overline{X}) = \text{Var}\left[\frac{1}{n}\sum_{i=1}^{n}X_i\right] = \frac{1}{n^2}\text{Var}\left(\sum_{i=1}^{n}X_i\right) = \frac{1}{n^2}(n\sigma^2) = \frac{\sigma^2}{n} \tag{6.12}$$

或者，样本均值的标准差为 $\sigma_{\overline{X}} = \dfrac{\sigma}{\sqrt{n}}$ 。

因此，样本均值 $\overline{X}$ 的均值为 μ，标准差为 $\sigma/\sqrt{n}$ 。后者为采用 $\overline{X}$ 作为均值 μ 估计值的抽样误差，正如第 1 章所讨论的，这属于认知不确定性范畴。根据第 4 章的结果，若总体 X 服从高斯分布，则样本均值 $\overline{X}$ 也服从高斯分布。此外，如果样本大小 n 足够大，根据中心极限定理，即使总体 X 为非高斯分布，样本均值也将近似服从高斯分布。因此，对于大多数实际应用，$\overline{X}$ 可以认为是一个正态分布的随机变量 $N(\mu, \sigma/\sqrt{n}\,)$。显然，随着样本大小 n 的增加，样本均值的分布变得更窄，如图 6.3 所示，因此，总体均值 μ 的估计 $\overline{X}$ 将随着样本大小 n 的增加而改善。

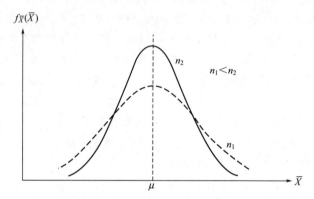

图 6.3　样本均值 $\overline{X}$ 的概率密度函数与样本量 n 的关系

由此可知，$\dfrac{\overline{X} - \mu}{\sigma/\sqrt{n}}$ 服从标准正态分布 $N(0，1)$。

方差未知时的样本均值分布

一般来说，总体的标准差 σ 也是未知的，可能需要通过式（6.2）或（6.3）的样本方差进行估计。因此，我们要使用 s 而不是 σ。在此情况下，随机变量 $\dfrac{\overline{X} - \mu}{s/\sqrt{n}}$ 将不服从正态分布，特别是样本大小 n 很小的情况更是如此。更准确地说，随机变量 $\dfrac{\overline{X} - \mu}{s/\sqrt{n}}$ 将为具有 $(n-1)$ 自由度的 t 分布（Freund，1962），其概率密度函数为

$$f_T(t) = \frac{\Gamma[(f+1)/2]}{\sqrt{\pi f}\,\Gamma(f/2)}\left(1 + \frac{t^2}{f}\right)^{-\frac{1}{2}(f+1)} ; \ -\infty < t < \infty \qquad (6.13)$$

式中，f 为自由度数。图 6.4 所示为不同自由度时 t 分布的概率密度函数，从中可见，各概率密度均具有类似高斯概率密度的钟形曲线且关于原点对称。当 f 的值较小时，t 分布的概率密度函数比标准正态概率密度函数更宽。但随着 f 的增加，t 分布的概率密度函数趋近于标准正态分布，如图 6.4 所示。

样本方差的分布

从式（6.2）可以推断样本随机变量的样本方差为

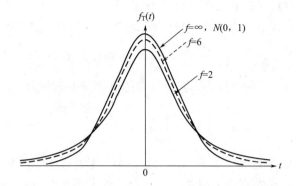

图 6.4 不同自由度时 t 分布的概率密度

$$S^2 = \frac{1}{n-1} \sum_{i=1}^{n} (X_i - \overline{X})^2 \qquad (6.14)$$

这也是随机变量，其期望值为

$$E(S^2) = \frac{1}{n-1} E\left[\sum_{i=1}^{n} (X_i - \overline{X})^2\right] = \frac{1}{n-1} E\left\{\sum_{i=1}^{n} [(X_i - \mu) - (\overline{X} - \mu)]^2\right\}$$

$$= \frac{1}{n-1} \left\{\sum_{i=1}^{n} E(X_i - \mu)^2 - nE(\overline{X} - \mu)^2\right\}$$

但因为 $f_{X_i}(x) = f_X(x)$，故有 $E(X_i - \mu)^2 = \sigma^2$，$E(\overline{X} - \mu)^2 = \dfrac{\sigma^2}{n}$。

因此可得

$$E(S^2) = \frac{1}{n-1} \left[\sum_{i=1}^{n} \sigma^2 - n \cdot \frac{\sigma^2}{n}\right] = \frac{1}{n-1} (n\sigma^2 - \sigma^2) = \sigma^2 \qquad (6.15)$$

由此可见，正如前面对式（6.2）的断言，式（6.14）的样本方差是总体方差 σ^2 的无偏估计。

S^2 的方差为（见 Hald，1952）

$$\mathrm{Var}(S^2) = \frac{\sigma^4}{n} \left[\frac{\mu_4}{\sigma^4} - \frac{n-3}{n-1}\right] \qquad (6.16)$$

式中，$\mu_4 = E(X - \mu)^4$ 为总体 X 的四阶中心矩，亦即峰度。可见当 n 增加时，S^2 的方差将减小。

对于高斯总体抽样，即 X 为高斯随机变量时，样本方差的分布可以确定如下。

将式（6.14）改写为

$$(n-1)S^2 = \sum_{i=1}^{n} [(X_i - \mu) - (\overline{X} - \mu)]^2 = \sum_{i=1}^{n} (X_i - \mu)^2 - n(\overline{X} - \mu)^2$$

两边同时除以 σ^2 可得

$$\frac{(n-1)S^2}{\sigma^2} = \sum_{i=1}^{n} \left(\frac{X_i - \mu}{\sigma}\right)^2 - \left(\frac{\overline{X} - \mu}{\sigma/\sqrt{n}}\right)^2 \qquad (6.17)$$

式中，X_i，$\overline{X}$ 均为高斯随机变量。我们注意到，上式右边第一项为 n 个独立标准正态变量的平方和。通过推广例 4.8 的结果可知，它服从 n 自由度的 χ_n^2 分布。同样，式（6.17）右边第二项为单自由度 χ^2 分布。进而，根据 Hoel（1962）可知，自由度分别为 p 和 q 的两个 χ^2 分布随机变量之和服从自由度为（$p+q$）的 χ^2 分布。在此基础上，$\dfrac{(n-1)S^2}{\sigma^2}$ 是（$n-1$）自由度的 χ^2 分布，即 χ^2_{n-1}。

一般来说，自由度为 f 的 χ^2 分布的概率密度函数为

$$f_C(c) = \frac{1}{2^{f/2}\,\Gamma\left[\dfrac{f}{2}\right]} c^{\left(\frac{f}{2}-1\right)} e^{-c/2} \tag{6.18}$$

对于不同的自由度 f，式（6.18）的概率密度函数示于图 6.5。从图中可见，由于中心极限定理，随着 f 增加，χ^2 分布趋近于正态分布。

χ^2_f 分布的均值和方差分别为

$$\mu_C = f$$

$$\sigma_C^2 = 2f，\text{ 或 } \sigma_C = \sqrt{2f}$$

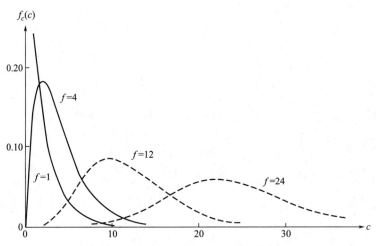

图 6.5 具有自由度 f 的 χ^2 分布的概率密度曲线

本节给出的结果将对假设检验和置信区间的确定非常有用，我们将在 6.3 和 6.4 中分别对此进行讨论。

▶ 6.3 假设检验

6.3.1 引言

假设检验是基于抽样数据信息进行总体信息推断的统计方法。可以是关于一个或多个总体参数的推断，也可以是分布模型的推断。后者是拟合优度检验问题，将在第 7 章中论述。假设检验在许多工程问题中有用。例如，工程规范中通常给出某种最小值 μ_0，如钢筋的最小屈服强度。在钢筋混凝土施工中，工程师可能关心所用的钢筋是否满足所需的最小强度。为了做出合理决策，可能需要对钢筋进行抽样测试，由测试结果给出钢筋是否符合所需最低强度的判断。这正是

假设检验的目的之一。

统计假设是关于总体参数的一个命题。通常有两个对立的假设，第一个是原假设（或零假设），表示为 H_0，另一个是对立假设或备择假设，用 H_A 表示。原假设是一个等式，而备择假设通常是一个不等式，例如

原假设 $\qquad\qquad\qquad\qquad H_0: \mu = \mu_0$

备择假设 $\qquad\qquad\qquad \mu \neq \mu_0\ H_A: \mu \neq \mu_0$

式中，μ 是一个总体参数，μ_0 是给定或所需的标准值，如规范中给出的钢筋最小屈服强度。

然后，基于观测数据和合理的统计分析，确定接受还是拒绝原假设。对后一种情况（即拒绝原假设），必须接受备择假设。再次强调，假设检验是对总体参数或分布的统计推断。换句话说，假设检验是确定在给定的统计显著性水平下总体参数是否等于给定值。

6.3.2 假设检验流程

假设检验的主要步骤如下：

第 1 步——定义原假设和备择假设

以上定义的原假设和备择假设涉及分布的上、下侧尾部，不妨称之为双侧检验。也存在如下的所谓单侧检验：

$$H_0: \mu = \mu_0$$
$$H_A: \mu > \mu_0$$

这一问题涉及分布的上侧尾部。类似地，涉及分布下侧尾部的单侧检验为：

$$H_0: \mu = \mu_0$$
$$H_A: \mu < \mu_0$$

第 2 步——确定适当的检验统计量及其分布。

适当的检验统计量及其概率分布将依赖于被检验的总体参数。

第 3 步——基于观测数据样本，估计检验统计量。

第 4 步——指定显著性水平。

由于检验统计量是一个随机变量，其值是基于有限观测样本进行估计的，因此存在选择错误假设的可能性。事实上，有两类可能的错误：

第一类错误——原假设 H_0 为真但被拒绝；

第二类错误——原假设 H_0 为假但被接受。

出现第一类错误的概率称为显著性水平，通常表示为 α。尽管这一水平值的选择在很大程度上是主观的，但应审慎选取。在实际应用中选用的显著性水平 α 的值通常在 1% 和 5% 之间。

尽管也存在出现第二类错误的概率（通常记为 β），但在实际中很少应用。因此，我们将只考虑第一类错误。

第 5 步——确定原假设的拒绝域

根据检验统计量的概率分布，可以确定与指定显著性水平 α 相应的原假设的拒绝域。在双侧检验的情况下，拒绝域可以平均划分为分布的两个尾部区域。

而在单侧检验中，拒绝域将是分布的上尾部或下尾部区域，如图 6.6。

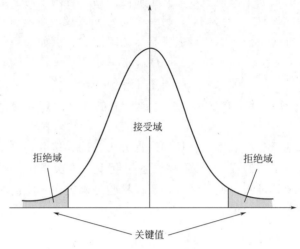

图 6.6 拒绝域与接受域

拒绝域由与指定的显著性水平 α 相应的检验统计量的合理临界值界定，如图 6.6 所示。上述临界值取决于检验统计量的正确概率分布。拒绝域的互补区间就是原假设的非拒绝域（从实用目的来看，此即原假设的接受域）。

[例 6.5] 方差已知时的均值检验

假设规范规定钢筋屈服强度所需的平均值为 38psi。因此，钢筋混凝土结构中所用钢筋的总体应具有所需的钢筋平均强度。工程师要求从供应商运到现场的钢筋中随机抽取 25 根作为样本进行屈服强度检测。25 个测试结果的样本均值为 37.5psi。从供应商处已知钢筋强度标准差为 3.0psi。

因为工程师也许只介意钢筋平均屈服强度低于 38psi 的情况，因此可进行单侧检验。具体来说，合适的原假设与备择假设分别如下：

$$H_0 : \mu_Y = 38\text{psi}$$
$$H_A : \mu_Y < 38\text{psi}$$

这里，采用样本均值 $\overline{X}$ 计算检验统计量

$$Z = \frac{\overline{X} - \mu}{\sigma / \sqrt{n}}$$

由于 $\overline{X}$ 服从均值为 μ、标准差为 $\sigma / \sqrt{n}$ 的正态分布，则 Z 的分布为标准正态分布 $N(0, 1)$。从 25 个样本数据获得 Z 的估计值为

$$z = \frac{37.5 - 38.0}{3.0 / \sqrt{25}} = -0.833$$

在 5% 的显著性水平，$\alpha = 5\%$，z 的临界点见表 A.1，由此有 $z_a = \Phi^{-1}(0.05) = -\Phi^{-1}(0.95) = -1.95$。由于估计量为 -0.833，在拒绝域之外，或者说在接受域内，因而接受原假设。因此，供应商提供的钢筋满足规范要求的屈服强度，可以接受。

[例 6.6] 方差未知时的均值检验

在例 6.5 中，钢筋总体的强度标准差 σ 已知为 3.0psi。在许多情况下，总体标准差的信息可能未知，因此也需要根据抽样数据估计。在例 6.5 中，假设 25 个测试得到以下结果：

$$\overline{x} = 37.5\text{psi} , s = 3.50\text{psi}$$

原假设和备择假设与例 6.5 相同，不过，检验统计量此时为

$$T = \frac{\overline{X} - \mu}{s / \sqrt{n}}$$

根据试验结果，可以得到检验统计量的估计值为

$$t = \frac{37.5 - 38}{3.5 / \sqrt{25}} = -0.714$$

此时，自由度 $f = 25 - 1 = 24$，从表 A.3 可以获得 t 的临界点，在 5% 显著性水平下 $t_\alpha = -1.711$。因此，检验统计量的值为 $-0.714 > -1.711$，处于拒绝域之外，因而接受原假设，供应商提供的钢筋屈服强度仍然是可接受的。

[例 6.7] 方差检验

继续考察例 6.5，现在检验总体方差 $\sigma^2 = 9.0$。为此，假设样本大小增加到 41，测试结果为 $\overline{x} = 37.60\text{psi}$ 和 $s = 3.65\text{psi}$。在本例中，原假设和备择假设如下：

$$H_0 : \sigma^2 = 9.0$$
$$H_A : \sigma^2 > 9.0$$

合适的检验统计量为

$$C = \frac{(n-1)S^2}{\sigma^2}$$

该统计量服从式（6.17）所示的 χ^2 分布，自由度为 $(n-1)$。

根据 41 个测试数据的结果，检验统计量的估计值如下：

$$c = \frac{40 \times (3.75)^2}{9} = 62.50$$

对于 $\alpha = 2.5\%$ 的显著性水平，可从表 A.4 中获得自由度 $f = (41-1) = 40$ 的临界点 $c_{0.975} = 59.34$。因为 $c = 62.50$，大于 $c_{0.975}$，因此在拒绝域内，拒绝原假设，必须接受备择假设，这意味着 $\sigma > 3.0$。

▶ 6.4 置信区间（区间估计）

在 6.2 节中，我们讨论了总体参数的点估计。尽管一个大小为 n 的特定样本给出的估计值可视为感兴趣参数的"最佳估计"，但除了估计值的精度将随着样本大小 n 的增大而提高之外，我们没有关于估计值精度的任何信息。在 6.3 节中，我们介绍了假设检验，可基于抽样数据的统计量来决断总体参数的目标值

（最大或最小值）是否符合给定的值、例如规范规定的值。但这里同样没有关于估计参数精度的定量化信息。为了提供估计量精度的定量化信息，可以采用置信区间。参数的置信区间给定了一个范围（具有下限和上限，或仅有上限，或仅有下限），参数的真实值将以给定的概率落在该区间内。

6.4.1 均值的置信区间

已知方差的情形

当总体方差已知时，在第 6.2.2 节我们已知样本均值 $\overline{X}$ 的概率分布为高斯分布 $N(\mu, \sigma/\sqrt{n})$，因此 $K = \dfrac{\overline{X} - \mu}{\sigma/\sqrt{n}}$ 为标准正态分布随机变量 N（0，1）。由此可得

$$P\left\{ k_{\alpha/2} < \frac{\overline{X} - \mu}{\sigma/\sqrt{n}} \leqslant k_{(1-\alpha/2)} \right\} = (1-\alpha)$$

式中，$(1-\alpha)$ 为给定概率，且

$$k_{\alpha/2} = -\Phi^{-1}(1-\alpha/2), \ k_{(1-\alpha/2)} = \Phi^{-1}(1-\alpha/2)$$

为下限和上限临界点，如图 6.7 所示。

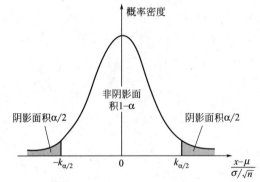

图 6.7 $\dfrac{\overline{X} - \mu}{\sigma/\sqrt{n}}$ 的标准正态概率密度函数和临界点

上述表达式可整理为

$$P\left\{ \overline{x} + k_{\alpha/2}\frac{\sigma}{\sqrt{n}} < \mu \leqslant \overline{x} + k_{(1-\alpha/2)}\frac{\sigma}{\sqrt{n}} \right\} = (1-\alpha)$$

由此可以得到总体均值 μ 的置信水平为 $(1-\alpha)$ 的置信区间：

$$\langle \mu \rangle_{1-\alpha} = \left[\overline{x} + k_{\alpha/2}\frac{\sigma}{\sqrt{n}}; \overline{x} + k_{(1-\alpha/2)}\frac{\sigma}{\sqrt{n}} \right] \tag{6.19}$$

式中，$k_{\alpha/2} = -\Phi(1-\alpha/2), \ k_{(1-\alpha/2)} = \Phi(1-\alpha/2)$。

［例 6.8］

继续考虑例 6.5 中的钢筋屈服强度问题，但现在要确定真实钢筋屈服强度的置信水平为 95% 的置信区间。前述基本信息包括：钢筋屈服强度的标准差为

3.0psi，钢筋的试验数量为25，样本均值估计为37.5psi。

钢筋屈服强度均值 μ 的置信水平为95%的置信区间可确定如下：

首先，确定下限临界点 $k_{\alpha/2} = k_{0.025} = -\Phi^{-1}(0.975) = -1.96$，然后确定上限临界点 $k_{(1-\alpha/2)} = k_{0.975} = \Phi^{-1}(0.975) = 1.96$，由此可得

$$\langle\mu\rangle_{0.95} = \left[37.5 - 1.96\frac{3.0}{\sqrt{25}}; 37.5 + 1.96\frac{3.0}{\sqrt{25}}\right] = (36.32; 38.68)\,\text{psi}$$

上述区间表明真实钢筋屈服强度均值 μ 介于36.32psi和38.68psi之间的概率为95%。

方差未知的情形

在大多数实际情况下总体方差是未知的。此时，从样本大小为 n 的样本数据中不仅要估计样本均值 $\overline{x}$、也要估计样本方差 s^2。根据6.2.2节的分析，统计量 $T = \dfrac{\overline{X} - \mu}{s/\sqrt{n}}$ 服从自由度为 $(n-1)$ 的 t 分布（如图6.8）。由此可得：

$$P\left[t_{\frac{\alpha}{2},n-1} < \frac{\overline{X} - \mu}{s/\sqrt{n}} \leqslant t_{(1-\frac{\alpha}{2}),n-1}\right] = (1-\alpha)$$

其中 $t_{\frac{\alpha}{2},n-1}$，$t_{(1-\frac{\alpha}{2}),n-1}$ 分别为 $(n-1)$ 自由度的 t 分布在概率 $\alpha/2$ 和 $(1-\alpha/2)$ 时的上限和下限临界点，如图6.8所示。给定自由度情况下的 t 分布的临界点见表A.3。

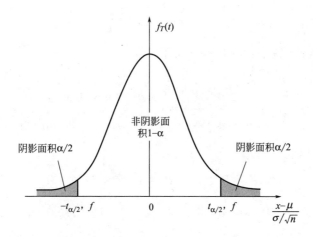

图 6.8 t 分布的概率密度函数和临界值

注意到 t 分布关于原点对称，$t_{\frac{\alpha}{2},n-1} = -t_{(1-\frac{\alpha}{2}),n-1}$，可确定总体均值的置信水平为 $(1-\alpha)$ 的置信区间

$$\langle\mu\rangle_{1-\alpha} = \left[\overline{x} + t_{\frac{\alpha}{2},n-1}\frac{s}{\sqrt{n}}; \overline{x} + t_{(1-\frac{\alpha}{2}),n-1}\frac{s}{\sqrt{n}}\right] \tag{6.20}$$

应该指出，从6.2.2节中已知，对于大样本、例如 $n > 50$ 的情况下，t 分布将趋近于标准正态分布。因而可以预期，在此情况下采用式（6.20）获得的置信区间与式（6.19）的结果相近。

[例 6.9]

在例 6.6 中，25 组钢筋屈服强度的检测结果如下：$\overline{x} = 37.5\mathrm{psi}$，$s = 3.50\mathrm{psi}$。此时，由于总体方差未知，因而也需要从采样数据估计，因此合适的统计量为 $T = \dfrac{\overline{X} - \mu}{s / \sqrt{n}}$，服从 t 分布。对于置信水平为 95％的置信区间，可从表 A.3 中获得上、下限临界点。由式（6.20）可得平均屈服强度的置信水平为 95％的置信区间为

$$\langle \mu \rangle_{0.95} = \left[37.5 - 2.064 \frac{3.5}{\sqrt{25}} ; 37.5 + 2.064 \frac{3.5}{\sqrt{25}} \right] = (36.06 ; 38.94) \ \mathrm{psi}$$

将其与例 6.8 中的结果对比，可见这里的置信水平为 95％的置信区间比例 6.8 更宽。但如果样本大小 n 从 25 增加到 120，相应的置信水平为 95％的置信区间将变为

$$\langle \mu \rangle_{0.95} = \left[37.5 - 1.980 \frac{3.5}{\sqrt{120}} ; 37.5 + 1.980 \frac{3.5}{\sqrt{120}} \right] = (36.87 ; 38.13) \ \mathrm{psi}$$

均值的单侧置信界限

以上建立的置信区间给出了总体均值 μ 的上边界和下边界，因而称为双侧置信区间。但在实际中，有时人们仅关心平均值的下限值或上限值。此时，我们感兴趣是总体均值的单侧置信界限。例如在材料强度、公路交通通行能力或泄洪道的防洪能力等情况中，人们主要关心均值 μ 的下界限。

为此目的，置信水平为 $(1-\alpha)$ 的单侧置信下限（表示为 $< \mu_{1-\alpha}$）意味着总体均值 μ 以 $(1-\alpha)$ 的概率大于该限值。显然，单侧置信下限的确定依然将取决于总体标准差 σ 是已知还是未知。若已知关于 σ 的先验信息，则基于统计量 $K = \dfrac{\overline{X} - \mu}{\sigma / \sqrt{n}}$ 的标准正态分布可得下界值如下：

$$P\left[\frac{\overline{X} - \mu}{\sigma / \sqrt{n}} \leqslant k_{(1-\alpha)} \right] = (1-\alpha)$$

式中，$(1-\alpha)$ 为指定的置信水平，$k_{(1-\alpha)}$ 为由 $k_{(1-\alpha)} = \Phi^{-1}(1-\alpha)$ 确定的临界点。整理上式可得

$$P\left[\mu \geqslant \overline{X} - k_{(1-\alpha)} \frac{\sigma}{\sqrt{n}} \right] = (1-\alpha)$$

由此得到总体均值 μ 的置信水平为 $(1-\alpha)$ 的单侧置信下限

$$\langle \mu \rangle_{1-\alpha} = \left[\overline{x} - k_{(1-\alpha)} \frac{\sigma}{\sqrt{n}} \right] \tag{6.21}$$

但如果总体方差 σ^2 未知，则需用样本方差 s^2 代替，因此合适的统计量为 $T = \dfrac{\overline{X} - \mu}{s / \sqrt{n}}$、服从 $(n-1)$ 自由度的 t 分布。此时置信水平为 $(1-\alpha)$ 的单侧置信下限为

$$\langle \mu \rangle_{1-\alpha} = \left[\overline{x} - t_{1-\alpha, n-1} \frac{s}{\sqrt{n}} \right] \tag{6.22}$$

式中，$t_{1-\alpha, n-1}$ 为 t 分布在概率 $(1-\alpha)$ 处的临界值。

[例 6.10]

　　从 1cm 直径的 A36 钢中随机抽取 100 个样本进行测试，得到屈服强度的样本均值和样本标准差为 $\overline{x}=2200\mathrm{kgf}$，$s=220\mathrm{kgf}$。为满足规范，生产厂家需要给出平均屈服强度的置信水平为 95％ 的单侧置信下限。样本大小 $n=100$ 较大，因此可认为样本标准差 $s=220\mathrm{kgf}$ 可很好表征总体标准差 σ。

　　采用 $(1-\alpha)=0.95$，$\alpha=0.05$，从表 A.1 中可得

$$k_{0.95}=\Phi^{-1}(0.95)=1.65$$

因此，置信水平为 95％ 的单侧置信下限为

$$\langle\mu\rangle_{0.95}=2200-1.65\frac{220}{\sqrt{100}}=2164\ \mathrm{kgf}$$

换句话说，钢铁生产厂家有 95％ 的置信度认为钢筋屈服强度均值至少为 2164kgf。

[例 6.11]

　　在例 6.10 中，若相同的样本均值和样本标准差来源于 15 个试件，即 $n=15$，则相应的置信水平为 95％ 的单侧置信下限可以通过式 (6.22) 确定如下：

　　结合表 A.3，可得自由度 $f=14$、在概率 $(1-\alpha)=0.95$ 处的临界值 $T_{0.95,14}=1.761$。因此，相应总体均值的置信水平为 95％ 的单侧置信下限为

$$\langle\mu\rangle_{0.95}=\left[2200-1.761\frac{220}{\sqrt{15}}\right]=2100\ \mathrm{kgf}$$

　　相反，在有些情况下人们对总体均值的单侧置信上限感兴趣。例如，在确定建筑物的设计风荷载时需要平均风荷载的上限。类似地，在评估河流的洪灾风险时人们主要关心河流平均最大流量的上限。此时，需要知道均值 μ 的置信上限。

　　与式 (6.20) 类似，可得置信水平为 $(1-\alpha)$ 的单侧置信上限（如果总体方差 σ^2 已知）为

$$(\mu)_{1-\alpha}=\left[\overline{x}+k_{1-\alpha}\frac{\sigma}{\sqrt{n}}\right] \tag{6.23}$$

而如果总体方差未知，则相应的置信水平为 $(1-\alpha)$ 的单侧置信上限需要基于 t 分布，如式 (6.21) 所示，此时

$$(\mu)_{1-\alpha}=\left[\overline{x}+t_{1-\alpha,n-1}\frac{s}{\sqrt{n}}\right] \tag{6.24}$$

　　值得强调，如果总体服从高斯分布，则关于总体均值 μ 由式 (6.19) 和 (6.20) 给出的置信区间和由式 (6.21) 至 (6.24) 给出的单侧置信界限是精确的。然而，出于实用目的，这些结果也常用于总体服从非高斯分布的情况，特别是，根据中心极限定理，当样本大小足够大（如 $n>20$）时上述结果是适用的。因此，不论总体分布的形式如何，前述公式均可用于确定（至少近似确定）总体均值 μ 的置信区间或单侧置信界限。

[例 6.12]

跨越美国马里兰州 Monocacy 河的 Jug 桥上记录了 25 次风暴和流量数据
(Linsley &. Franzini, 1964), 如表 E6.12 所示。记降雨量为 X、流量为 Y。

降雨量和流量数据　　　　　　　　　　　　表 E6.12

风暴编号	$X=$降雨量(in)	$Y=$流量(in)
1	1.11	0.52
2	1.17	0.40
3	1.79	0.97
4	5.62	2.92
5	1.13	0.17
6	1.54	0.19
7	3.19	0.76
8	1.73	0.66
9	2.09	0.78
10	2.75	1.24
11	1.20	0.39
12	1.01	0.30
13	1.64	0.70
14	1.57	0.77
15	1.54	0.59
16	2.09	0.95
17	3.54	1.02
18	1.17	0.39
19	1.15	0.23
20	2.57	0.45
21	3.57	1.59
22	5.11	1.74
23	1.52	0.56
24	2.93	1.12
25	1.16	0.64

相应的样本均值和样本方差为

$$\bar{x}=\frac{53.89}{25}=2.16\text{in} \text{ 和 } s_X^2=\frac{1}{24}\left[153.39-25(2.16)^2\right]=1.53 \text{ 或 } s_X=1.24\text{in}$$

$$\bar{y}=\frac{20.05}{25}=0.80\text{in} \text{ 和 } s_Y^2=\frac{1}{24}\left[24.68-25(0.80)^2\right]=0.36 \text{ 或 } s_Y=0.60\text{in}$$

根据上述样本信息, 可以得到置信水平为 99% 的置信区间的平均降雨量 μ_X 如下。

查表 A.3, 自由度为 $f=24$, 可得到临界点 $t_{0.005,24}=-2.797$, $t_{0.995,24}=$
2.797, 由此可得平均降雨量的置信区间为

$$\langle\mu\rangle_{0.99}=\left(2.16-2.797\frac{1.24}{\sqrt{25}};2.16+2.797\frac{1.24}{\sqrt{25}}\right)=(1.47;2.85)\text{ in}$$

对于流量, 我们更感兴趣的是平均流量 μ_Y 的单侧置信上限。根据式
(6.24) 可得置信水平为 99% 的单侧置信上限如下:

查表 A.3, 其中自由度 $f=24$, 得到临界点 $t_{0.99,24}=2.492$, 平均流量的单
侧置信上限为

$$(\mu)_{0.99}=\left(0.80+2.492\frac{0.60}{\sqrt{25}}\right)=1.10\text{in}$$

样本大小的确定

样本数据量 n 的大小在假设检验和置信区间确定中具有基础性重要作用。从式 (6.19) 中可知，对于总体均值 μ 的置信水平为 $(1-\alpha)$ 的置信区间，其半宽度为 $k_{(1-\alpha/2)}\dfrac{\sigma}{\sqrt{n}}$。

同时我们也注意到 $\dfrac{\sigma}{\sqrt{n}}$ 是样本均值的标准差 $\dfrac{\sigma}{\sqrt{n}}$。因而，半宽度 $k_{(1-\alpha/2)}\dfrac{\sigma}{\sqrt{n}}$ 是样本均值 $\overline{x}$ 两侧的样本标准差 $\overline{x}$ 之倍数。因而，如果总体方差 σ^2 已知，那么对于给定的半宽度 w，则其为总体均值 μ 的置信水平为 $(1-\alpha)$ 的置信区间时所需的样本大小 n 可得如下：

$$k_{(1-\alpha/2)}\frac{\sigma}{\sqrt{n}} = w$$

由此，所需的样本大小为

$$n = \frac{1}{w^2}(\sigma k_{(1-\alpha/2)})^2 \tag{6.25}$$

其中 w 是给定的半宽度，以样本均值的标准差之倍数表示。

从式 (6.25) 中可知，样本大小 n 随着半宽度 w 的增加而递减，随着置信水平 $(1-\alpha)$ 的增加而增加。

[**例 6.13**]

在交通调查中，通过激光枪来测量车速，以确定车辆在通过城市特定街道的平均速度。已知在限速标准相同的街道上车速的标准差为每小时 3.58km。如果想以 99% 的置信水平确定平均车速的精度达 ±1km/h，则观测的样本大小应为多少？

若给定 $w=1.0$，从表 A.1 中可查到 $k_{0.995} = \Phi^{-1}(0.995) = 2.58$，进而由式 (6.25) 得到所需的样本大小为

$$n = \frac{1}{(1.0)^2}(3.58 \times 2.58)^2 = 85.3 \text{ 或 } 86$$

但如果我们希望将半宽减小到 $w=0.50$，则具有相同置信水平所需的样本大小为

$$n = \frac{1}{(0.5)^2}(3.58 \times 2.58)^2 = 341.2 \quad \text{或} \quad 342$$

在式 (6.25) 中，我们假定总体方差已知。如果总体方差未知，则需用 s^2 进行估计，此时合适的统计量为

$$T = \frac{\overline{X} - \mu}{s/\sqrt{n}}$$

该统计量服从 t 分布。这时，给定置信水平 $(1-\alpha)$ 和给定半宽度 w 时所需的样本大小 n 为

$$n = \frac{1}{w^2}(s \cdot t_{1-\alpha/2, n-1})^2 \tag{6.26}$$

其中 $t_{1-\alpha/2, n-1}$ 是在自由度为 $(n-1)$ 的 t 分布的 $(1-\alpha/2)$ 分位数（参见表

A.3)。

从式 (6.26) 可见 $t_{1-\alpha/2,\,n-1}$ 为 n 的函数，因而此时 n 的求解需要试算。

6.4.2 比例的置信区间

比例 p（发生概率）的置信区间可确定如下：由式 (6.9) 可注意到

$$E(\hat{P}) = E\left[\frac{1}{n}\sum_{i=1}^{n}X_i\right] = \frac{1}{n}\sum_{i=1}^{n}E(X_i)$$

但由于 $E(X_i) = 1(p) + 0(1-p) = p$ ，因此有，

$$E(\hat{P}) = \frac{1}{n}(np) = p \tag{6.27}$$

这表明样本均值 $\hat{p}$ 为 p 的无偏估计。$\hat{P}$ 的方差为

$$\mathrm{Var}(\hat{P}) = \frac{1}{n^2}\sum_{i=1}^{n}\mathrm{Var}(X_i) = \frac{1}{n^2}\sum_{i=1}^{n}\left[E(X_i^2) - E^2(X_i)\right]$$

式中，$E(X_i^2) = 1^2(p) + 0^2(1-p) = p$ ，因此

$$\mathrm{Var}(\hat{P}) = \frac{1}{n^2}\cdot n(p - p^2) = \frac{p(1-p)}{n} \tag{6.28}$$

对于大样本容量 n，根据中心极限定理 $\hat{P}$ 将近似服从高斯分布。此外，式 (6.28) 的方差可近似为

$$\mathrm{Var}(\hat{P}) = \frac{\hat{p}(1-\hat{p})}{n} \tag{6.28a}$$

式中，$\hat{p}$ 为 p 的样本估计。在此基础上，可以得到如下表达式：

$$P\left[k_{\alpha/2} < \frac{\hat{p} - p}{\sqrt{\hat{p}(1-\hat{p})/n}} \leqslant k_{(1-\alpha/2)}\right] = (1-\alpha)$$

从上式可得 p 的置信水平为 $(1-\alpha)$ 的置信区间为

$$\langle p \rangle_{1-\alpha} = \left[\hat{p} + k_{\alpha/2}\sqrt{\frac{\hat{p}(1-\hat{p})}{n}} \,;\, \hat{p} + k_{(1-\alpha/2)}\sqrt{\frac{\hat{p}(1-\hat{p})}{n}}\right] \tag{6.29}$$

式中，$k_{\alpha/2} = -\Phi^{-1}(1-\alpha/2)$ ，$k_{(1-\alpha/2)} = \Phi^{-1}(1-\alpha/2)$ 。

〔例 6.14〕

为了控制公路路面工程路基的压实质量，制备了 50 份土样进行测试。50 份中的 3 份土样压实度低于 CBR 规范要求。

根据试验结果，可估计路基压实度令人满意（即满足了 CBR 要求）的比例：

$$\hat{p} = \frac{47}{50} = 0.94$$

也就是说，预期 94% 的高速公路路面的路基在施工过程中压实良好。此外，根据式 (6.29)，$k_{0.025} = -\Phi^{-1}(0.975) = -1.96$，$k_{0.975} = \Phi^{-1}(0.975) = 1.96$，因此

路面压实良好比例的置信水平为 95% 的置信区间为 $k_{0.025} = -\Phi^{-1}(0.975) = -1.96$ 和 $k_{0.975} = \Phi^{-1}(0.975) = 1.96$，因此

$$\langle p \rangle_{0.95} = \left(0.94 - 1.96 \sqrt{\frac{0.94(1-0.94)}{50}}; 0.94 + 1.96 \sqrt{\frac{0.94(1-0.94)}{50}} \right)$$
$$= (0.938; 0.942)$$

6.4.3 方差的置信区间

在 6.2.2 节中，我们看到，如果总体服从高斯分布，则随机变量 $\frac{(n-1)S^2}{\sigma^2}$ 服从自由度为 $f = (n-1)$ 的 χ^2 分布，如式（6.18）所述。由此可得总体方差为 σ^2 的置信水平为 $(1-\alpha)$ 的置信区间的概率表述如下：

$$P\left[c_{\alpha/2, n-1} < \frac{(n-1)S^2}{\sigma^2} \leqslant c_{1-\alpha/2, n-1} \right] = (1-\alpha)$$

因而总体方差 σ^2 的置信水平为 $(1-\alpha)$ 的置信区间为

$$\langle \sigma^2 \rangle_{1-\alpha} = \left[\frac{(n-1)s^2}{c_{1-\alpha/2, n-1}}; \frac{(n-1)s^2}{c_{\alpha/2, n-1}} \right] \tag{6.30}$$

式中，s^2 为式（6.3）给出的样本方差。$c_{\alpha/2, n-1}$，$c_{1-\alpha/2, n-1}$ 分别为自由度为 $(n-1)$ 的随机变量 χ^2 的 $\alpha/2$ 和 $(1-\alpha/2)$ 分位值，如表 A.4 所示。

式（6.30）是一个双侧置信区间，也可以给出相应的单侧置信区间。对于置信水平为 $(1-\alpha)$ 的单侧置信下限，有

$$\langle \sigma^2 \rangle_{1-\alpha} = \frac{(n-1)s^2}{c_{1-\alpha, n-1}} \tag{6.31}$$

而置信水平为 $(1-\alpha)$ 的单侧置信上限则为

$$\langle \sigma^2 \rangle_{1-\alpha} = \frac{(n-1)s^2}{c_{\alpha, n-1}} \tag{6.32}$$

对于总体方差，根据具体问题，一般可能更关心下限或上限值。因此，式（6.31）和（6.32）可能比式（6.30）更有用。

[例 6.15]

在例 6.12 中，我们从 25 次强风暴记录估计 Monocacy 河流量的样本方差为 0.36in^2，由此可确定流量的总体方差的置信水平为 95% 的单侧置信上限为（查表 A.4 中 $c_{0.05, 24} = 13.848$）

$$\langle \sigma^2 \rangle_{0.95} = \frac{(25-1) \times (0.36)}{13.848} = 0.624 \text{ in}^2$$

因此，标准差的置信水平为 95% 的单侧置信上限为 $\sqrt{0.624} = 0.790\text{in}$。

▶ 6.5 计量理论

参数估计与置信区间主要用途之一是用于计量理论、例如大地测量和摄影测量之中。

计量问题需要从对同一个量的多次重复测量样本中估计一个固定（但未知）的量，这一问题类似于基于已知样本均值来估计未知的总体均值。

例如，在测量两点之间的距离 δ 时，进行多次（例如 n 次）重复测量可构成一容量为 n 的样本。我们的目的是从 n 个样本测量值* d_1，d_2，…，d_n 估计（未知的）真实距离 δ。显然，距离 δ 类似于总体均值 μ。因此，除了符号和术语的变化，6.2 和 6.4 节中的方法可直接适用于计量理论问题。特别是，真实距离 δ 的点估计值为样本均值：

$$\overline{d} = \frac{1}{n} \sum_{i=1}^{n} d_i \tag{6.33}$$

在此情况下，一系列的测量值 d_1，d_2，…，d_n 是独立样本随机变量 D_1，D_2，…，D_n 的一组特定的样本值，因而 δ 的估计量也是一个随机变量：

$$\overline{D} = \frac{1}{n} \sum_{i=1}^{n} D_i \tag{6.34}$$

其期望值为 $E[\overline{D}] = \delta$，这表明式（6.34）是真实距离 δ 的无偏估计量，而 $\overline{D}$ 的方差 $\mathrm{Var}[\overline{D}] = \frac{s^2}{n}$，其中

$$s^2 = \frac{1}{n-1} \sum_{i=1}^{n} (d_i - \overline{d})^2$$

此即样本观测数据的样本方差。

在计量理论中，$\overline{D}$ 的标准差即 $\sigma_{\overline{D}} = \frac{s}{\sqrt{n}}$ 被称为标准误差。

假设独立随机变量 D_1，D_2，…，D_n 服从高斯分布，从测量距离的观测结果来看这一假设是合理的（如图 6.9）。因此，随机变量 $\dfrac{\overline{D} - \delta}{s / \sqrt{n}}$ 服从自由度为 $(n-1)$ 的 t 分布。由此可得 δ 的置信水平为 $(1-\alpha)$ 的置信区间为

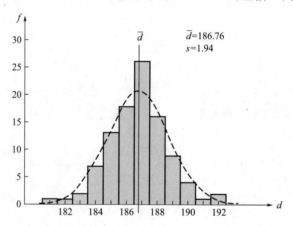

$\overline{d}=186.76$
$s=1.94$

图 6.9   量测距离的 $N(\overline{d}, s)$ 分布和直方图

---

* 测量值通常包括系统误差与随机误差。这里假设系统误差已经经过校正。

$$\langle \delta \rangle_{1-\alpha} = \left[\overline{d} + t_{\alpha/2,n-1} \frac{s}{\sqrt{n}} ; \overline{d} + t_{1-\alpha/2,n-1} \frac{s}{\sqrt{n}} \right] \tag{6.35}$$

其中 $t_{1-\alpha/2,\,n-1}$ 为具有式（6.13）的概率密度函数且自由度为 $(n-1)$ 的随机变量 T 的 $(1-\alpha/2)$ 分位值，可从表 A.3 中查到。同时，由于 t 分布的对称性，$t_{\alpha/2}=-t_{1-\alpha/2}$。

［例 6.16］

采用无线电测距仪进行两个大地测量站 A 和 B 之间直线距离的测量。10 次独立测量的结果如下：

$d_1 = 45479.4\text{m}$	$d_6 = 45479.2\text{m}$
$d_2 = 45479.6\text{m}$	$d_7 = 45479.6\text{m}$
$d_3 = 45479.3\text{m}$	$d_8 = 45479.5\text{m}$
$d_4 = 45479.5\text{m}$	$d_9 = 45479.3\text{m}$
$d_5 = 45479.8\text{m}$	$d_{10} = 45479.1\text{m}$

因此，估计的距离为

$$\overline{d} = \frac{1}{10} \left(\sum_{i=1}^{10} d_i \right) = \frac{1}{10} (45{,}479.4 + \cdots + 45{,}479.1) = 45479.43\text{m}$$

距离测量的方差为

$$s^2 = \frac{1}{9} \sum_{i=1}^{10} \left[(d_i - \overline{d})^2 \right] = 0.0445\text{m}^2 ; \quad \text{或} \quad s = 0.21\text{ m}$$

因此，距离估计的标准误差为

$$\sigma_{\overline{D}} = \frac{s}{\sqrt{n}} = \frac{0.21}{\sqrt{10}} = 0.0664\text{m}$$

还可以进一步采用式（6.35）确定真实距离 δ 的 90% 置信区间如下：自由度 $f = n-1 = 9$，从表 A.2 查得 $t_{0.95,9} = 1.833$，由此可得

$$\langle \delta \rangle_{0.90} = \left[45479.43 - 1.833 \frac{0.21}{\sqrt{10}} ; 45479.43 + 1.833 \frac{0.21}{\sqrt{10}} \right]$$
$$= (45479.31 ; 45479.55)\text{m}$$

对于一个或多个距离（或其他几何维度）的函数，可以基于测量均值进行该函数的计算，即若 ζ 是 k 个距离 $\delta_1, \delta_2, \cdots, \delta_k$ 的函数：

$$\zeta = g(\delta_1, \delta_2, \cdots, \delta_k) \tag{6.36}$$

式中，真实距离 δ_1、δ_2、$\cdots$，δ_k 需由各自的测量均值 $\overline{d}_1, \overline{d}_2, \cdots, \overline{d}_k$ 进行估计，ζ 的估计值可通过一阶近似（式（4.50））得到：

$$\overline{\zeta} = g(\overline{D}_1, \overline{D}_2, \cdots, \overline{D}_k) \tag{6.37}$$

其均值为

$$\mu_{\overline{\zeta}} \simeq g(\overline{d}_1, \overline{d}_2, \cdots, \overline{d}_k) = \zeta \tag{6.38}$$

由式（4.51a）可得方差为

$$\sigma_{\bar{\zeta}}^2 \simeq \sum_{i=1}^{k} \left[\frac{\partial \bar{\zeta}}{\partial \bar{D}_i} \right]^2 \sigma_{\bar{D}_i}^2 \tag{6.39}$$

假设 $\bar{\zeta}$ 为具有式（6.38）给出的均值 ζ 和式（6.39）给出的标准误差 $\sigma_{\bar{\zeta}}$ 的高斯变量，可以得到 ζ 的置信水平为 $(1-\alpha)$ 的置信区间：

$$\langle \zeta \rangle_{1-\alpha} = (\bar{\zeta} + k_{\alpha/2} \cdot \sigma_{\bar{\zeta}}; \bar{\zeta} + k_{(1-\alpha/2)} \cdot \sigma_{\bar{\zeta}}) \tag{6.40}$$

式中，$k_{\alpha/2} = -\Phi^{-1}(1-\alpha/2)$，$k_{(1-\alpha/2)} = \Phi^{-1}(1-\alpha/2)$。

[例 6.17]

考虑如图 E6.17 所示的矩形区域土地。该矩形每一边长的数次测量结果如下：

尺寸	独立测量的次数	测量均值 $\bar{d}_i$	样本方差 s_i^2
D	9	60m	0.81m²
B	4	70m	0.64m²
C	4	30m	0.32m²

确定该块土地面积的置信水平为 95% 的置信区间如下：

矩形的面积为　　　　　　$A = (B+C)D$

由式（6.37）可得面积的估计为

$$\bar{A} = (\bar{B} + \bar{C})\bar{D}$$

采用相应的测量尺寸均值，估计的面积为

$$\bar{A} = (70 + 30)60 = 6000 \text{m}^2$$

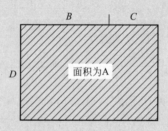

图 E6.17　矩形区域土地

由式（6.39），面积估计值 $\bar{A}$ 的方差为

$$\sigma_{\bar{A}}^2 = \bar{D}^2 \sigma_{\bar{B}}^2 + \bar{D}^2 \sigma_{\bar{C}}^2 + (\bar{B} + \bar{C})^2 \sigma_{\bar{D}}^2$$

$$= (60)^2 \left[\frac{s_B^2}{4} \right] + (60)^2 \left[\frac{s_C^2}{4} \right] + (100)^2 \left[\frac{s_D^2}{9} \right]$$

$$= (60)^2 \left[\frac{0.64}{4} \right] + (60)^2 \left[\frac{0.32}{4} \right] + (100)^2 \left[\frac{0.81}{9} \right]$$

$$= 3600(0.16) + 3600(0.08) + 10000(0.09) = 1764 \text{m}^4$$

因此，面积 A 的标准误差为 $\sigma_{\bar{A}} = 42 \text{ m}^2$。

最后，采用式（6.40）可得到该块土地面积的置信水平为 95% 的置信区间为（$k_{0.025} = -1.96$ 和 $k_{0.975} = 1.96$）

$$\langle A \rangle_{0.95} = (6000 - 1.96 \times 42; 6000 + 1.96 \times 42)$$

$$= (5916.9; 6083.1) \text{m}^2$$

▶ 6.6 本章小结

在对客观现象进行建模时，随机变量的概率分布形式可能是通过基于物理考虑进行理论推导获得、也可能是基于实际观测数据进行经验推断得到的，后者将在第 7 章中重点阐述。但分布模型的参数或随机变量的主要特征量（均值和方差）必须与现实世界相符。因此，在实际应用中基于真实数据的估计是重要而必需的。本章介绍了参数估计的重要统计方法，包括点估计和区间估计两类方法。

点估计的常用方法有矩估计法和极大似然法。前者首先通过相应的样本矩计算随机变量的矩（如均值和方差）对参数进行间接估计，而后者则直接导出参数的估计值。

显然，当总体参数仅基于有限样本进行估计时，估计误差是不可避免的。这样的抽样误差是认知不确定性的来源之一。在经典的估计方法中，参数的点估计方法不考虑此类误差。通过假设检验，可以检验估计值是否与指定值或给定标准值相符。参数估计的误差也可以通过置信区间表示，真实值以给定的概率（或置信水平）处于该区间内。在第 9 章的贝叶斯估计方法中将进一步讨论考虑这些误差的其他方法。

▶习题

6.1 单桩承载力为 80t，据此进行设计，建筑物基础下放置了 100 根桩。在场地上随机布设了 9 根测试桩，将其打入持力层并加载至失效。测试结果如下：

测试桩	桩承载力（t）
1	82
2	75
3	95
4	90
5	88
6	92
7	78
8	85
9	80

(a) 试估计该工程场地上单根桩承载力的均值和标准差。

(b) 基于 9 根桩的测试结果，在 5% 的显著性水平上这些桩是否可接受？即，采用桩的平均承载力为 80t 作为原假设，进行单侧假设检验。

(c) 假定总体标准差已知，为 $\sigma = s$，求承载力均值的置信水平为 98% 的置信区间。

(d) 假定总体标准差未知，确定桩平均承载力的置信水平为 98% 的置信区间。

6.2 研究公路上的平均车速。

(a) 假设观测 50 辆汽车车速得到样本均值为 65 英里/小时。若车速的标准差已知，为 6 英里/小时，试确定平均速度的置信水平为 99% 的双侧置信区间。

(b) 在（a）中，为使车速均值的置信水平为 99％的置信区间在±1 英里/小时，至少需要再多观测多少辆汽车的车速？

(c) 假设 John 和 Mary 被安排到公路上采集汽车车速。在每人都分别观测了 10 辆车后，John 观测的样本均值较 Mary 观测的样本均值超出 2 英里/小时的概率是多少？

(d) 如果每人分别观测 100 辆，重新计算（c）。

6.3 假设对给定河流的年最大流量进行了 10 年观测，得到下述统计值：

$$样本均值 = \bar{x} = 10000 \text{cfs}$$

$$样本标准差 = s^2 = 9 \times 10^6 \text{ (cfs)}^2$$

(a) 确定年最大流量的置信水平为 90％的双侧置信区间，假设总体为正态分布（答案：(8261，11739)）。

(b) 如果想要使得平均年最大流量估计值的置信水平为 90％的置信区间宽度在±1000cfs 以内，需要再增加多少年的观测数据？假设基于新数据集的样本方差（不是真实值）大约为 9×10^6 (cfs)^2。（答案：17）

6.4 对五根桩进行加载试验直至它们失效，在失效时测得的荷载为给定桩的实际承载力，下表总结了加载试验的数据：

测试桩编号	真实承载力 A	预测承载力 P	N = A/P
1	20.5	13.6	待确定
2	18.5	20.4	
3	10.0	8.8	
4	15.3	14.3	
5	26.2	22.8	

从中可见，对每根桩的承载力也采用理论模型进行了预测。系数 N 是单桩实际承载力与预测承载力之比，即 $N = A/P$。

(a) 计算每根测试桩的 N 值，填入上表。

(b) 确定 N 的样本均值和样本方差（答案：1.154，0.048）

(c) 确定 N 的均值的置信水平为 95％的置信区间（答案：(0.881，1.427)）。

(d) 为了在 90％置信水平下 N 的均值估计误差在±0.02 以内，尚需再对多少根桩进行测试？假定 N 的方差已知，设为 0.045。（答案：300）

(e) 假设 N 是一个正态随机变量，其均值和方差由（b）的相应样本值精确给出。考虑一个新的工程场地，进行了桩的设计、根据理论模型预测其承载力为 15t，则在 12t 荷载作用下该桩将失效的概率是多少？（答案：0.0537）

6.5 浇筑 28d 后对结构中的混凝土进行取样，获得 5 个试件的如下抗压强度值：

$$4142，3405，3402，4039，3372 \text{psi}$$

(a) 确定混凝土平均强度的置信水平为 90％的双侧置信区间。

(b) 若（a）中建立的置信区间过宽，工程师希望得到的混凝土强度置信区间为样本均值的±300psi。一般来说，想要保持相同的置信水平，则需要更多的混凝土试件。但若没有额外的样本，那么基于上述 5 个试件测试结果得到给定置信区间时的显著性水平为多少？

(c) 如果所需的最小抗压强度为 3500psi，进行显著性水平 2％的单侧假设检验。

6.6 在穿越公路大桥前，每辆大型卡车都需在称重站进行测重。

(a) 假设观测 30 辆卡车重量的样本均值为 12.5t。假定卡车重量的标准差已知为 3t。确定该公路上卡车平均重量的置信水平为 99％ 的双侧置信区间。

(b) 在（a）中，若使置信水平为 99％ 的卡车平均重量估计值误差在 ±1.0t 以内，需要再增加进行多少辆卡车进行称重测试？

6.7 海浪波高 H 的分布认为服从 Rayleigh 分布，其概率密度函数为

$$f_H(h) = \frac{h}{\alpha^2} \cdot e^{-\frac{1}{2}(h/\alpha)^2} \qquad h \geqslant 0$$

式中，α 为分布参数。假定波高的一系列量测值如下：

1.50，2.80，2.50，3.20，1.90，4.10，3.60，2.60，2.90，2.30 m

试采用极大似然法估计参数 α。

6.8 过去连续 10d 从某工厂下游观测站测得的每日溶解氧浓度（DO）记录如下表：

天	最低溶解氧浓度(mg/l)
1	1.8
2	2
3	2.1
4	1.7
5	1.2
6	2.3
7	2.5
8	2.9
9	1.9
10	2.2

(a) 假设环境保护署规定的最低溶解氧浓度为 2.0mg/l，试通过假设检验来确定在 5％ 显著性水平下该河流水质是否满足环境保护署规定。

(b) 假设每日溶解氧浓度服从正态分布 $N(\mu, \sigma)$，估计参数 μ 和 σ 的值。

(c) 确定真实平均溶解氧浓度的置信水平为 95％ 的置信区间。

6.9 广播塔的高度可以通过测量塔的中心到仪器处的水平距离 L 和俯仰角 β 来确定，如图所示。

(a) 距离 L 的三次测量数据为：124.30、124.20 和 124.40ft。试确定距离的估计值及其标准误差。（答案：124.30ft，0.0577ft）

(b) 俯仰角 β 的五次测量数据为：$40°24.6'$，$40°25.0'$，$40°25.5'$，$40°24.7'$，$40°25.2'$。试确定俯仰角的估计值及其标准误差。（答案：$40°25'$；$0.164'$）

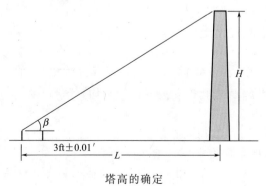

塔高的确定

（c） 估计塔的高度，假设仪器高度为 3ft、标准差为 0.01ft。

（d） 计算塔高估计值的标准误差 $\sigma_{\overline{H}}$。

（e） 确定真实塔高的置信水平为 98% 的置信区间。

6.10 对如图所示的圆环内外半径进行了五次测量，结果如下：

外径：$r_o=2.5$，2.4，2.6，2.6，2.4cm

内径：$r_i=1.6$，1.5，1.6，1.4，1.4cm

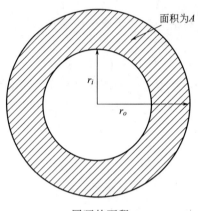

圆环的面积

（a） 确定内外半径的最佳估计及其相应的标准误差。

（b） 两个同心圆之间的面积可以基于内外半径的平均值进行估计，即：

$$\overline{A}=\pi(\overline{r}_o^2-\overline{r}_i^2)$$

试求面积估计值？（答案：12.57cm²）

（c） 确定面积估计值的标准误差。（答案：0.819cm²）

（b） 如果希望以 99% 的置信水平将 r_o 的样本均值确定在 ±0.07cm 范围内，则需要增加多少次独立测量？（答案：12）

6.11 对如下图所示三角形的两边长 b_1 和 b_2（单位 m）以及角度 β 分别独立测量得到如下结果：

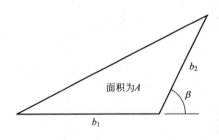

b_1(m)	b_2(m)	β(°′)
120.4	89.8	60° 20′
119.8	89.6	60° 10′
120.2	90.4	59° 45′
120.3	90.2	59° 35′
119.6	89.5	60° 5′
120.1		59° 50′
119.7		
119.4		

（a） 确定距离 b_1 和 b_2 以及角度 β 的估计（平均）值。

（b） 计算相应的标准误差。

（c） 采用一阶近似估计三角形的面积 A，并计算相应的标准误差。

（d） 确定面积的置信水平为 90% 的置信区间。

6.12 对如下图所示的三角形边长 a 和 b 进行独立测量，数据如下：

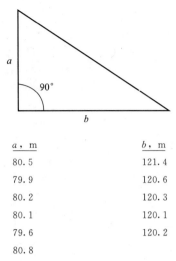

a, m	b, m
80.5	121.4
79.9	120.6
80.2	120.3
80.1	120.1
79.6	120.2
80.8	

(a) 三角形区域的面积估计为多少？

(b) 确定区域面积估计值的标准误差。

(c) 真实面积的置信水平为 95% 的置信区间是什么？

(d) 基于回归分析（见第 8 章），假设土地的预期价格为

$$E(C|A)=10000+15A（单位：美元）$$

式中，面积 A 的单位为 m^2，给定 A 条件下 C 的条件标准差为

$$S_{C|A}=20000（单位：美元）$$

假定土地价格服从正态分布，试求上述土地价格超出 90000 美元的概率？

6.13 生产厂家可能不能精确标定某种汽车的单位油耗里程数。假设对 10 辆相同型号的车进行了市内与公路上的单位油耗里程数据测试，结果如下：

汽车编号	检测里程数
1	35mpg（英里/加仑）
2	40
3	37
4	42
5	32
6	43
7	38
8	32
9	41
10	34

(a) 估计该种汽车真实单位油耗里程数的样本均值和样本标准差。

(b) 假设该种汽车的额定单位油耗里程数为 35mpg，试在显著性水平 2% 下对是否达到额定单位油耗里程数进行假设检验。

(c) 确定实际单位油耗里程数的相应置信水平为 95% 的置信区间。

▶参考文献

Freund, J. E., *Mathematical Statistics*, Prentice-Hall, Englewood Cliffs, New Jersey, 1962.

Hald, A., *Stastistical Theory and Engineering Applications*, J. Wiley and Sons, Inc., New York, 1965.

Hoel, P. G., *Introduction to Mathematical Statistics*, 3rd Ed., J. Wiley and Sons, Inc., New York, 1962.

Linsley, R. K. and Franzini, J. B., *Water Resources Engineering*, McGraw-Hill Book Co., New York, 1964, p. 68.

第7章

概率分布模型的确定

7.1 引言

适于描述某个随机现象的概率分布模型通常是未知的，即概率分布的函数形式未知。在某些情况下，可根据随机现象背后的物理过程或其性质给出所需分布的形式。例如，若某过程是由许多单个效应之和构成，那么根据中心极限定理，可采用高斯分布。但如果感兴趣的是物理过程的某种极端情况，则渐近极值分布可能是更合理的模型。

在许多情况下，所需的概率分布可能需要基于已有观测数据以经验方法确定。例如，如果画出了数据的频数图，就可以通过比较特定的概率密度函数和相应的频数图直观地推断所需的分布模型（见第 1 章示例）。另外，也可将数据点画在不同概率纸上（见 7.2 节）。如果数据点在概率纸近似成线性趋势，则生成该概率纸的分布就可能是一个合适的分布模型。

假设的或规定的先验概率分布（可能来自上述经验方法、也可能来自理论推导），可能被基于数据的特定统计检验、即分布的拟合优度检验所验证或否定。此外，当两个或两个以上的分布似乎都合理时，上述检验可用来区分不同分布的相对有效性。为此目的，两类拟合优度测试方法得到了广泛应用——卡方（χ^2）检验和 Kolmogorov-Smirnov （K-S）检验，另一类检验方法——Anderson-Darling 检验则特别适用于分布尾部较为重要的情况。

在实际应用中，选用适当的分布模型还可能受到数学处理方便性的制约。例如，由于正态分布便于数学简化，以及容易得到其概率信息（如概率表等），即使采用这种模型有时可能没有令人信服的依据，人们也常用正态或对数正态分布来模拟具有不确定性的问题。根据这些给定的概率分布模型得到的概率信息往往很有用，特别是当这些信息仅用于进行比较分析时。不过，当分布形式很重要，而又有足够数据可用时，需要用到本章介绍的方法来确定概率分布模型。

7.2 概率纸

绘制观测数据及其对应的累积频数（或概率）的图纸被称为概率纸。一张给定的概率纸是根据一个特定的概率分布绘制的，也就是说，不同的概率纸对应不同的概率分布。

概率纸最好采用变换的概率尺度绘制，以使得累积的概率值与随机变量值成为线性关系。例如，在均匀分布情况下，累积的概率值与随机变量值呈线性关系，因此均匀分布的概率纸应按照变量值及其相应累积概率值（介于 0 到 1.0）的算术尺度来制作。但对其他分布型式，为了获得希望的线性关系需要进行相应的累积概率值尺度变换。

7.2.1 使用方法和坐标绘制

观测数据可以绘制在任意概率纸上。每个数据点要绘制在适当的累积概率值处。数据点的横坐标为观测值，纵坐标为累积概率值，称为概率纸的绘制位置。数据点的绘制位置可按如下方式确定：

对于一组按升序编号的观测数据 x_1，x_2，$\cdots$，x_N，第 m 个值绘制在累积概率值 $\dfrac{m}{N+1}$ 处。

上述绘制方法适用于所有概率纸，其理论基础见 Gumbel（1954）中的讨论。也有其他的绘制方式，如 Hazen（1930）提出的 $\left[m-\dfrac{1}{2}\right]/N$ 也应用很广。但这种方式有一定的理论缺陷。特别是，当有 N 个观测数据值时，按概率 $\left[m-\dfrac{1}{2}\right]/N$ 绘制方法将得到最大值的重现期为 $2N$、而不是正确值 N（Gumbel，1954）。尽管除此以外还有人建议了别的绘制方式（例如 Kimball，1946），但似乎没有一个像 $\dfrac{m}{N+1}$ 这样既有理论优点、又计算简单。

采用概率纸是为了提供一组观测数据频数曲线的图像。绘制在特定概率纸上的样本数据点具有线性关系（或线性趋势），或缺乏线性趋势，可用来推断或确定总体的分布是否与该概率纸的分布相同。因此，概率纸可用于建立或研究总体分布的可能型式。在以下几节中，我们将介绍几类概率纸的绘制。在 7.2.2 和 7.2.3 节中，将介绍两类常用概率纸——即正态和对数正态概率纸及其应用。7.2.4 节中将介绍其他分布类型的概率纸。

7.2.2 正态概率纸

根据标准正态概率分布函数，正态（或高斯）概率纸的构建过程如下：

• 纵轴采用算术尺度，代表随机变量 X 的值，见图 7.1。

• 在另一与之垂直的轴上，有两个平行的尺度：一个尺度是算术尺度、代表标准正态变量 s 的值，而另一尺度则是变量 s 值对应的累积概率值 $\Phi(s)$。

概率分布为 $N(\mu, \sigma)$ 的正态变量 X 在概率纸上由一条通过点 $X=\mu$、$\Phi(s)=0.50$ 的直线表示，斜率为 $(x_p-\mu)/s$，即标准差 σ。x_p 表示变量在概率 p 处的值。特别地，若 $p=0.84$，则 $s=1$，因此斜率为 $(x_{0.84}-\mu)$。

任意一组数据都可以绘制在正态概率纸上。如果按照 7.2.1 节描述的数据点绘制方法作图后在概率纸上不呈现线性关系（或线性趋势），则表明该随机变量的分布型式可能不是高斯的。反之，如果这些数据点绘制在概率纸上显示线性趋

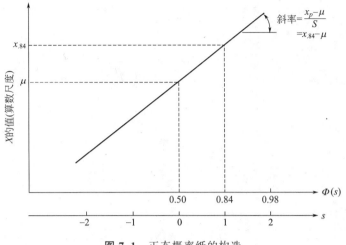

图 7.1 正态概率纸的构造

势，通过这些数据点的直线则代表数据点集服从一个特定的正态分布，至少在观测范围内是如此。

[**例 7.1**]

        钢板的断裂韧性数据如表 E7.1 所示，其中的数值已按升序编号重新排列。断裂韧性和相应累积概率值的数据点绘制在图 E7.1 所示的正态概率纸上。

        这里，$N=26$，断裂韧性 K_{1c} 的值与相应累积概率值 $m/(N+1)$ 已经绘制在图上。通过数据点的直线（肉眼可见）代表了断裂韧性的观测数据服从的正态分布。从中，可得到均值 $\mu=77\text{ksi}\sqrt{\text{in}}$。从该直线还可以观察到在概率为 84% 处的值是 81.6。因此，标准差为 $81.6-77=4.6\text{ksi}\sqrt{\text{in}}$。

钢板的断裂韧性数据（参照 Kies 等，1965）   表 **E7.1**

m	K_{1c}	$m/(N+1)$	m	K_{1c}	$m/(N+1)$
1	69.5	0.0370	14	76.2	0.5185
2	71.9	0.0741	15	76.2	0.5556
3	72.6	0.1111	16	76.9	0.5926
4	73.1	0.1418	17	77.0	0.6296
5	73.3	0.1852	18	77.9	0.6667
6	73.5	0.2222	19	78.1	0.7037
7	74.1	0.2592	20	79.6	0.7407
8	74.2	0.2963	21	79.7	0.7778
9	75.3	0.3333	22	79.9	0.8148
10	75.5	0.3704	23	80.1	0.8518
11	75.7	0.4074	24	82.2	0.8889
12	75.8	0.4444	25	83.7	0.9259
13	76.1	0.4815	26	93.7	0.9630

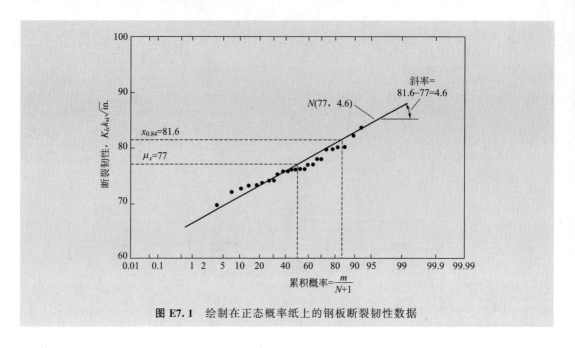

图 E7.1　绘制在正态概率纸上的钢板断裂韧性数据

7.2.3　对数正态概率纸

　　将正态概率纸上变量 X 的算术尺度简单地改变为对数尺度即可得到对数正态概率纸，如图 E7.2。此时，标准正态变量为

$$S = \frac{\ln X - \lambda}{\zeta} = \frac{\ln X - x_m}{\zeta}$$

式中，x_m 是 X 的中值。

　　从对数正态总体中得到的观测数据在对数正态概率纸上应显示为线性趋势，由此可得到通过这些数据点的直线。从这一直线中可知，中值 x_m 就是累积概率值 0.50 处的随机变量值，而参数 ζ（或变异系数）由直线的斜率给出

$$\zeta = \frac{\ln(x/x_m)}{s}$$

　　相反，如果将第 m 个数据点绘制在累积概率值为 $m/(N+1)$ 之处的 N 个观测数据点在概率纸上没有表现出线性趋势，则总体分布可能不是对数正态分布。

［例 7.2］

　　MIG 焊缝的断裂韧性数据如表 E7.2 所示。断裂韧性值按升序重新排列后的结果见表中的第 2 列和第 5 列。相应的作图位置 $m/(N+1)$ 见第 3 列和第 6 列。

			MIG 焊缝的断裂韧性数据（参照 Kies 等，1965）		表 E7.2
m	K	$\dfrac{m}{N+1}$	m	K	$\dfrac{m}{N+1}$
1	54.4	0.05	5	70.2	0.25
2	62.6	0.10	6	70.5	0.30
3	63.2	0.15	7	70.6	0.35
4	67.0	0.20	8	71.4	0.40

续表

m	K	$\dfrac{m}{N+1}$	m	K	$\dfrac{m}{N+1}$
9	71.8	0.45	15	83.0	0.75
10	74.1	0.50	16	84.4	0.80
11	74.1	0.55	17	85.3	0.85
12	74.3	0.60	18	86.9	0.90
13	78.8	0.65	19	87.3	0.95
14	81.8	0.70			

从图 E7.2 可见绘制在概率纸上的数据点呈线性趋势。因此，通过数据点的直线代表了 MIG 焊缝服从的对数正态分布，其中值为 74ksi，变异系数为 12%（如图 E7.2）。

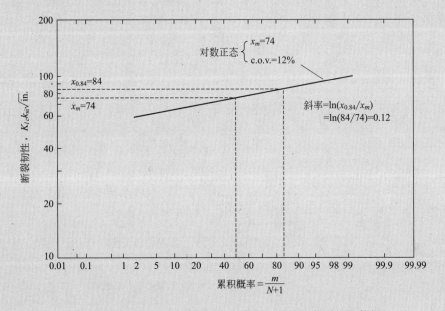

图 E7.2　绘制在对数正态概率纸上的焊缝断裂韧性数据

[例 7.3]

前述例 6.12 中 Monocacy 河的降水量和径流量的测量数据按升序重新排列后见表 E7.3。相应的数据点分别绘制在对数正态概率纸上，其中图 E7.3a 所示为降水量 X，图 E7.3b 所示为径流量 Y。

Monocacy 河的降水量和径流量的测量数据　　　　　　　　表 E7.3

m	降水量 X(in.)	径流量 Y(in.)	$\dfrac{m}{N+1}$	m	降水量 X(in.)	径流量 Y(in.)	$\dfrac{m}{N+1}$
1	1.01	0.17	0.038	8	1.20	0.45	0.308
2	1.11	0.19	0.077	9	1.52	0.52	0.346
3	1.13	0.23	0.115	10	1.54	0.56	0.385
4	1.15	0.33	0.192	11	1.54	0.59	0.423
5	1.16	0.39	0.192	12	1.57	0.64	0.462
6	1.17	0.39	0.231	13	1.64	0.66	0.500
7	1.17	0.40	0.269	14	1.73	0.70	0.538

续表

m	降水量 X(in.)	径流量 Y(in.)	$\dfrac{m}{N+1}$	m	降水量 X(in.)	径流量 Y(in.)	$\dfrac{m}{N+1}$
15	1.79	0.76	0.577	21	3.19	1.12	0.808
16	2.09	0.77	0.615	22	3.54	1.24	0.846
17	2.09	0.78	0.654	23	3.57	1.59	0.885
18	2.57	0.95	0.692	24	5.11	1.74	0.923
19	2.75	0.97	0.731	25	5.62	2.92	0.962
20	2.93	1.02	0.769				

基于这两个图，我们可从图 E7.3a 看出降水量的分布不是对数正态分布，但从图 E7.3b 可见径流量可以合理地模型化为对数正态分布，其参数为 $\lambda_Y = \ln 0.66 = 0.42$ 和 $\zeta_Y = 0.79$。

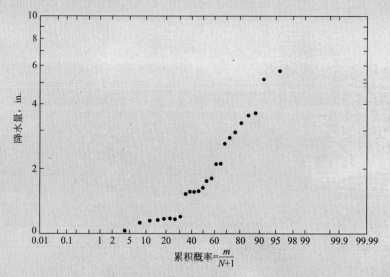

（a）对数正态概率纸上的降水量 X 的数据

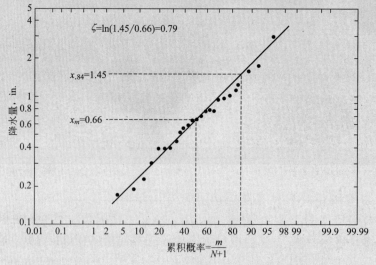

（b）对数正态概率纸上的径流量 Y 的数据

图 E7.3

正态和对数正态概率纸可以在市面上买到。

7. 2. 4 一般概率纸的制作

对任意概率分布都可以制作概率纸。对于一个给定的分布型式，相应的概率纸应使随机变量的值与相应的累积概率值在概率纸上为直线。反之，在概率纸上的任一直线则表示该分布类型中具有不同参数的特定分布。因此，制作的概率纸应独立于分布的具体参数值。为此，可以对该分布定义一个合理的标准随机变量（如果该标准变量存在的话）。

在前两节中，我们阐述了正态和对数正态概率纸的制作和应用。下面将介绍其他概率纸的制作和应用。

指数概率纸的制作

考虑具有平移的指数概率分布的概率纸制作。该分布的概率密度函数为

$$f_X(x) = \begin{cases} \lambda e^{-\lambda(x-a)} \; ; x \geqslant a \\ 0 \; ; x < a \end{cases}$$

式中，λ 是分布的参数，a 为 X 最小值。此时，标准随机变量为 $S = \lambda(X-a)$，由式（4.6）可得其概率密度函数为

$$f_S(s) = \begin{cases} f_X\left[\dfrac{s}{\lambda}+a\right] \left|\dfrac{1}{\lambda}\right| = e^{-s} \; ; s \geqslant 0 \\ 0 \qquad\qquad\qquad\quad s < 0 \end{cases}$$

相应的概率分布函数为

$$F_S(s) = 1 - e^{-s} \; ; \qquad s \geqslant 0$$

在上述基础上，指数分布概率纸可制作如下：

· 在水平轴上，标准变量 s 采用算术尺度；在同一轴（或并行轴）上，根据上述 $F_S(s)$ 标注相应的累积概率值。

· 在竖直轴上，标注原始变量 X 的值（以算术尺度）。

为直观起见，表 7.1 给出了 s 的若干给定值和相应 $F_S(s)$ 的计算结果。据此，可以绘制网格线，如图 7.2 所示。

具有平移的指数分布概率纸坐标　　　　　　　　　表 7.1

s	$F_S(s)$	s	$F_S(s)$	s	$F_S(s)$
0. 11	0. 10	1. 20	0. 70	3. 00	0. 95
0. 22	0. 20	1. 39	0. 75	3. 10	0. 955
0. 36	0. 30	1. 61	0. 80	3. 22	0. 96
0. 51	0. 40	1. 90	0. 85	3. 35	0. 965
0. 69	0. 50	2. 30	0. 90	3. 51	0. 97
0. 80	0. 55	2. 53	0. 92	3. 69	0. 975
0. 92	0. 60	2. 66	0. 93	3. 91	0. 98
1. 05	0. 65	2. 81	0. 94	4. 20	0. 985
				4. 61	0. 99

在该纸上斜率为正的任意直线代表了一个特定的有平移的指数分布，其中 x 轴上的截距是 a 值，斜率为 $1/\lambda$。

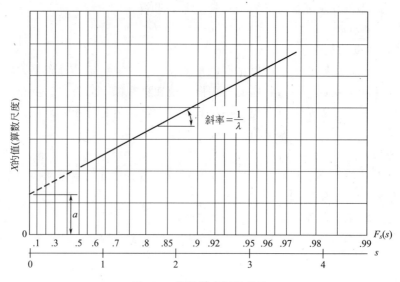

图 7.2 指数概率纸的构造

[**例 7.4**]

从指数总体中获得的样本值在指数概率纸上应呈线性趋势。为说明这一点，考虑表 E7.4 中随机变量 X 的假想数据集。X 的第 m 个值和相应的绘制位置 $m/(N+1)$ 示于图 E7.4。从图中可以直观地画出一条通过数据点的直线，由此获得的最小值估计 $a = 150$、斜率 $1/\lambda = 2000/2.69 = 743$，因此参数 $\lambda = 0.001346$。

指数总体中的样本值　　　　　　　　　　　　　　　　　　　　表 E7.4

x	m	$\dfrac{m}{N+1}$	x	m	$\dfrac{m}{N+1}$	x	m	$\dfrac{m}{N+1}$
200	1	0.024	1635	37	0.902	952	30	0.756
201	2	0.049	559	21	0.512	1844	38	0.927
203	3	0.073	909	28	0.683	952	31	0.756
212	5	0.122	408	17	0.415	1427	36	0.878
248	7	0.171	2497	39	0.951	306	11	0.268
389	16	0.390	774	24	0.585	787	25	0.610
1331	35	0.854	946	29	0.707	254	8	0.195
1031	33	0.805	2781	40	0.976	772	23	0.561
208	4	0.098	308	12	0.293	842	27	0.659
226	6	0.146	274	9	0.220	981	32	0.780
289	10	0.244	531	19	0.463	1122	34	0.829
543	20	0.488	460	18	0.439	611	22	0.537
360	15	0.366	791	26	0.634	332	13	0.317
						343	14	0.341

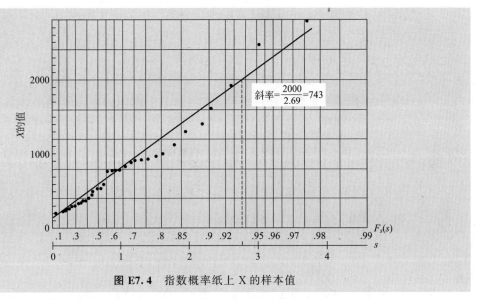

图 E7.4 指数概率纸上 X 的样本值

在指数分布的情况下，可以看到

$$1-F_X(x)=e^{-x} \text{ 或者 } \ln[1-F_X(x)]=-\lambda x$$

因此，通过在一条轴上对 $[1-F_X(x)]$ 的值取对数尺度、而另一条轴上的 X 值采用算术尺度，则在该半对数坐标下 $[1-F_X(x)]$ 和 x 的关系图呈斜率为 λ 的直线。但在半对数坐标上，样本数据的值必须绘制在 $[1-m/(N+1)]$ 位置处。

Gumbel 分布概率纸

极值 I 型（Gumbel）分布是一类极值渐近分布型式（见第 4 章），其最大值分布的概率分布函数由重指数形式给出：

$$F_X(x)=\exp\left[-e^{-\alpha(x-u)}\right]; -\infty < x < \infty$$

式中，u 和 α 为参数。对于此分布，标准随机变量为

$$S=\alpha(X-u)$$

相应的概率分布函数为：

$$F_S(s)=\exp(-e^{-s})$$

s 的特定值和相应的概率 $F_S(s)$ 的计算结果如表 7.2 所示。由此可以采用下述方法制作 Gumbel 分布概率纸：

Gumbel 分布概率纸的坐标　　　　　表 7.2

s	$F_S(s)$	s	$F_S(s)$
−2.0	0.0006	2.5	0.921
−1.5	0.011	3.0	0.951
−1.0	0.066	3.5	0.970
−0.5	0.192	4.0	0.982
0	0.368	4.5	0.989
0.5	0.545	5.0	0.993
1.0	0.692	5.5	0.996
1.5	0.800	6.0	0.998
2.0	0.873	7.0	0.999

• 在横轴上采用算术尺度标度 s 的值，在同一（或并行）坐标轴中标度相应的概率值 $F_S(s)$，如图 7.3 所示。

• 图 7.3 中的纵坐标为变量 X 的算术尺度值。

由此即得极值 I 型分布概率纸，也称为 Gumbel 分布概率纸。在该概率纸上的任意直线表示具有不同参数的极值 I 型渐近极值分布。在该直线上 $s=0$ 或 $F_S(s)=0.368$ 处的 X 值即为 u 值，而直线的斜率为 $1/\alpha$，见图 7.3。

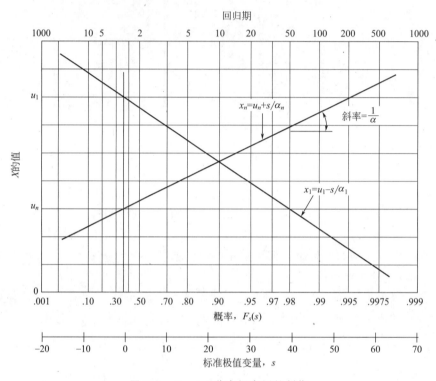

图 7.3 Gumbel 分布概率纸的制作

［例 7.5］

表 E7.5 中是 1932 年～1962 年的 31 年间，加州发生的地震的年最大震级观测值（Epstein & Lomnitz，1966）。表中的数据也同时画在了相应 Gumbel 分布概率纸上，如图 E7.5。从该图中可以确定相关参数 $u=5.7$（在 $s=0$ 处）和直线的斜率 $1/\alpha = \dfrac{8-5.7}{4.6-0} = 0.50$ 或 $\alpha = 2.00$。

加州地震的年最大震级（1932-1962）　　　　表 E7.5

m	Mag, x	$\dfrac{m}{N+1}$	m	Mag, x	$\dfrac{m}{N+1}$	m	Mag, x	$\dfrac{m}{N+1}$
1	4.9	0.031	4	5.5	0.125	7	5.5	0.218
2	5.3	0.063	5	5.5	0.156	8	5.6	0.250
3	5.3	0.094	6	5.5	0.188	9	5.6	0.281

续表

m	Mag,x	$\dfrac{m}{N+1}$	m	Mag,x	$\dfrac{m}{N+1}$	m	Mag,x	$\dfrac{m}{N+1}$
10	5.6	0.313	18	6.0	0.562	26	6.4	0.813
11	5.8	0.344	19	6.0	0.594	27	6.5	0.844
12	5.8	0.375	20	6.0	0.625	28	6.5	0.875
13	5.8	0.406	21	6.2	0.656	29	7.1	0.906
14	5.9	0.438	22	6.2	0.688	30	7.1	0.938
15	6.0	0.469	23	6.3	0.718	31	7.7	0.969
16	6.0	0.500	24	6.3	0.750			
17	6.0	0.531	25	6.4	0.781			

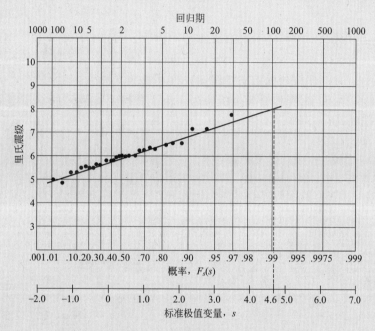

图 E7.5 Gumbel 分布概率纸上的年最大震级数据

▶ 7.3 分布模型的拟合优度检验

当选定一类特定的概率分布模型来刻画随机现象时，我们也许是根据绘制在已知概率纸上的数据、或目测直方图的形状来确定的，这可能需要进一步采用拟合优度检验进行统计上的验证或否定。广泛应用的拟合优度检验有三类方法，即 χ^2、Kolmogorov-Smirnov（或 K-S）和 Anderson-Darling（或 A-D）方法，可以采用其中的一类或几类方法来检验指定的分布模型的有效性。当两个（或更多）的分布似乎都合理时，也可以采用上述检验方法来区分假定分布模型的相对优势。当分布的尾部比较重要时，A-D 检验方法尤其有用。

7.3.1 拟合优度的 χ^2 检验

考虑随机变量的 n 个观测值的样本和总体的假定概率分布。χ^2 拟合优度检验

通过比较变量的 k 个值（或 k 个间隔）的观测频度值 n_1，n_2，$\cdots$，n_k 与基于假定分布模型获得的理论频度值 e_1，e_2，$\cdots$，e_k 来实现。采用这一比较评价拟合优度的理论基础是，当 $n \to \infty$ 时，下述统计量：

$$\sum_{i=1}^{k} \frac{(n_i - e_i)^2}{e_i}$$

的概率分布服从自由度为 $f = k - 1$ 的 χ_f^2 分布（Hoel，1962）。但若理论模型的参数未知、需要从已有数据中估计，则对每一个待估计的未知参数，自由度 f 必须减少 1。

在上述基础上，如果预先假定的分布满足

$$\sum_{i=1}^{k} \frac{(n_i - e_i)^2}{e_i} < c_{1-\alpha, f} \tag{7.1}$$

式中，$c_{1-\alpha, f}$ 为 χ_f^2 分布在概率分布值 $(1-\alpha)$ 处的临界点，则该假定的理论分布在显著性水平 α 下是可接受的。反之，若式（7.1）不满足，则认为在显著性水平 α 时，现有数据不支持假设分布。

在采用 χ^2 拟合优度检验时，为了获得令人满意的结果，通常需要（如果可能的话）$k \geqslant 5$，$e_i \geqslant 5$。

[例 7.6]

　　某一观测站有过去 66 年的大暴雨数据。在此期间，观测到的大暴雨的频数如下：

　　发生 0 次的有 20 年，发生 1 次的有 23 年，

　　发生 2 次的有 15 年，发生 3 次的有 6 年，

　　发生 4 次的有 2 年

　　上述年暴雨数量的直方图如图 E7.6。从数据中可估计大暴雨的年平均出现率是 1.197。在图 E7.6 中，也画出了年发生率 $\nu = 1.197$ 的泊松分布，看来与观测直方图符合良好。

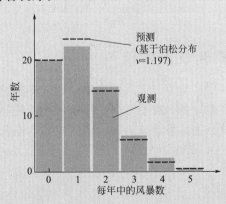

图 E7.6　风暴的直方图和泊松模型

　　现在用 χ^2 检验来确定在 5% 的显著性水平下泊松分布是否是合适的模型。此时，由于年发生 4 次风暴的观测记录只有两条，将其与年发生 3 次风暴的数

据合并，因此 $k=4$。表 E7.6 是 χ^2 检验的计算结果。

暴雨发生次数的泊松模型的 χ^2 检验　　　表 E7.6

每年发生暴雨的次数	观测频数 n_i	理论频数 e_i	$(n_i-e_i)^2$	$\dfrac{(n_i-e_i)^2}{e_i}$
0	20	19.94	0.0036	0.0002
1	23	23.87	0.7569	0.0317
2	15	14.29	0.5041	0.0353
≥3	8	7.90	0.0100	0.0013
求和	66	66.00		0.0685

由于参数 ν 是观测数据的估计值，χ_f^2 分布的自由度为 $f=4-2=2$。从表 A.3 可得 $(1-\alpha)=0.95$，$c_{0.95,2}=5.99$。同时，从表 E7.6 可见

$$\sum (n_i-e_i)^2/e_i = 0.068 < 5.99$$

因此，在显著性水平 5% 下可认为泊松分布适用于刻划大暴雨年发生次数。

[例 7.7]

考虑图 E7.7 中的混凝土立方体抗压强度的直方图。图中同时显示了具有与观测数据集相同均值和标准差的正态分布和对数正态分布的概率密度函数。直观上看，这两类分布对于刻划混凝土的抗压强度同样有效。

在此情况下，可用 χ^2 检验来区分两种分布型式的相对拟合优度。为此，抗压强度分布范围分为 8 个区间，如表 E7.7 所示。

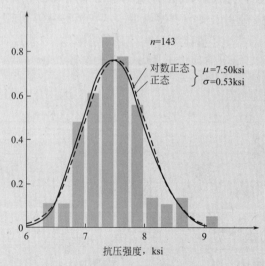

图 E7.7　混凝土抗压强度的直方图（数据来源：Cusens & Wettern, 1959）

正态与对数正态分布的 χ^2 检验计算　　　表 E7.7

间隔区间 (ksi)	观测频数 n_i	理论频数 e_i		$\sum (n_i-e_i)^2/e_i$	
		正态	对数正态	正态	对数正态
<6.75	9	11.1	9.9	0.40	0.09
6.75—7.00	17	13.2	14.0	1.09	0.92

续表

间隔区间 （ksi）	观测频数 n_i	理论频数 e_i		$\sum(n_i-e_i)^2/e_i$	
		正态	对数正态	正态	对数正态
7.00－7.25	22	21.1	22.1	0.04	0.00
7.25－7.50	31	26.1	26.9	0.92	0.62
7.50－7.75	28	26.1	25.6	0.14	0.23
7.75－8.00	20	21.0	19.8	0.05	0.00
8.00－8.50	9	20.2	19.4	6.22	5.57
＞8.50	7	4.2	5.3	1.87	0.54
求和	143.0	143.0	143.0	10.73	7.97

正态和对数正态分布的两个参数均从观测数据加以估计。因此，两种分布情况下的自由度数为 $f=8-3=5$。在显著性水平 5％下，从表 A.4 可以得到 $c_{0.95,5}=11.07$。比较表 E7.7 中的最后两列数据之和可知，正态和对数正态分布均适用于混凝土抗压强度的刻划。但通过两个分布的 $\sum(n_i-e_i)^2/e_i$ 值的比较（表 E7.7 的第 5、6 两列），可见对数正态模型要优于正态分布模型。

[例 7.8]

由 320 个观测数据构成的样本得到了图 E7.8 所示的宽翼缘钢梁残余应力的直方图。该图上同时画出了三类理论分布模型：正态、对数正态和偏移（3 参数）Gamma 分布的概率密度函数。从数据集可得到前三阶矩的估计分别为：$\mu=0.3561$，$\sigma=0.1927$，$\theta=0.8230$（偏度系数）。相应地，正态和对数正态分布假定具有前二阶矩估计值 μ 和 σ，而 3 参数 Gamma 分布则假定具有上述前三阶矩。

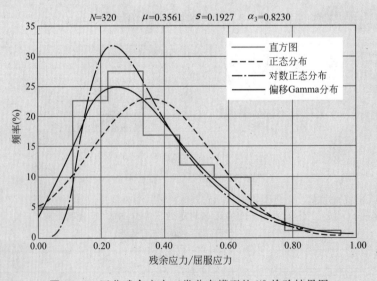

图 E7.8 区分残余应力三类分布模型的 χ^2 检验结果图

从图 E7.8 中可以看到正态分布明显不合适，但对数正态和偏移 Gamma 分布看起来与直方图都符合良好。为了验证三个分布模型的相对有效度，采用 χ^2 检验进行拟合优度分析，计算结果如表 E7.8 所示。

三类分布型式的 χ^2 检验计算结果　　　　　　　　　　　表 E7.8

区间间隔（残余/屈服应力）	观测频数	理论频数			$\sum(n_i-e_i)^2/e_i$		
		正态	对数正态	3 参数 Gamma 分布	正态	对数正态	3 参数 Gamma 分布
<0.111	15	32.6	6.54	23.2	9.48	10.9	2.88
0.111-0.222	72	45.4	73.2	61.0	15.6	0.02	1.97
0.222-0.333	88	67.0	95.9	78.1	6.57	0.66	1.25
0.333-0.444	54	71.6	66.0	66.5	4.33	2.17	2.35
0.444-0.555	38	55.4	37.1	44.2	5.44	0.02	0.87
0.555-0.666	31	31.0	19.5	24.9	0.00	6.75	1.51
0.666-0.777	16	12.5	10.1	12.4	0.96	3.40	1.03
0.777-0.888	3	3.7	5.3	5.7	0.12	0.99	1.27
>0.888	3	0.9	6.3	4.0	4.81	1.75	0.25
$\sum$	320	320	320	320	47.3	26.7	13.4

从表 E7.8 可见：在三类分布中，偏移 Gamma 分布的 $\sum(n_i-e_i)^2/e_i$ 值最小。同样，在 1% 的显著性水平和自由度 $f=9-4=5$ 条件下，从表 A.4 可以得到：正态和对数正态的临界值 $c_{0.99,5}=15.09$，而偏移 Gamma 分布情况下自由度 $f=9-5=4$、临界值 $c_{0.99,4}=13.28$。因此，根据 χ^2 检验，在显著性水平 1% 条件下，三类分布中只有偏移 Gamma 分布适用于宽翼缘梁残余应力的概率分布。

需要强调，因为显著性水平 α 选择的任意性，χ^2 拟合优度检验难以提供特定分布有效性的绝对信息（将在 7.3.2 节和 7.3.3 节中介绍的 Kolmogorov-Smirnov 方法和 Anderson-Darling 方法也同样如此）。例如，可以想见：一个分布在一种显著性水平下是可接受的、而在另一种显著性水平下则可能是不可接受的。例 7.8 的偏移 Gamma 分布的分析可以说明这一点：该分布在 1% 的显著性水平条件下有效，但在 5% 的显著性水平条件下无效。

尽管具有选择显著性水平的任意性，但统计拟合优度检验仍然很有用处，特别是对于确定两个或两个以上的理论分布模型的相对拟合优度，如例 7.7 和 7.8 中所示的情况。此外，这些检验只能用来帮助验证已经选定的理论模型的有效性，这些模型此前已经基于其他先验考虑选定，例如通过采用适当的概率纸，甚或直接通过对直方图的肉眼观察。

7.3.2 拟合优度的 Kolmogorov-Smirnov 检验

另一类广泛应用的拟合优度检验是 Kolmogorov-Smirnov 或 K-S 检验。该检验的基本出发点是比较经验累积频度与假定理论分布的概率分布函数。对于给定的样本大小，如果经验和理论频度之间的偏差大于正常预期值，则该理论分布不适用于总体分布的建模。反之，若偏差小于临界值，则在给定的显著性水平 α 下

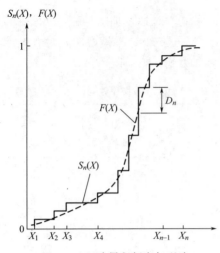

图 7.4 经验累积频度与理论
概率分布的对比

该理论分布是可接受的。

对容量大小为 n 的样本，将观测数据按升序重新排列。从这些有序样本数据集中，可得到阶跃式的经验累积频度函数如下：

$$S_n(x) = \begin{cases} 0 & x < x_1 \\ \dfrac{k}{n} & x_k \leqslant x < x_{k+1} \\ 1 & x \geqslant x_n \end{cases} \quad (7.2)$$

式中，x_1，x_2，…，x_n 为有序数据集的观测值，n 为样本大小。图 7.4 是 S_n 的阶跃函数图示意，其中同时画出了假设的理论概率分布函数 $F_X(x)$。在 K-S 检验中，$S_n(x)$ 和 $F_X(x)$ 在 X 的整个范围中的最大差值是假设理论分布与观测数据之间偏差的度量。将最大差值表示为

$$D_n = \max_x |F_X(x) - S_n(x)| \quad (7.3)$$

从理论上讲，D_n 是一个随机变量。对于显著性水平 α，K-S 检验是通过比较观测最大差值 D_n（见式 7.3）与临界值 D_n^α 进行的。显著性水平 α 下的临界值 D_n^α 定义为

$$P(D_n \leqslant D_n^\alpha) = 1 - \alpha \quad (7.4)$$

对不同显著性水平 α、不同样本大小 n，临界值 D_n^α 见表 A.5。如果观测值 D_n 小于临界值 D_n^α，则在指定的显著性水平 α 下假设的理论分布是可以接受的，否则，将否定假设的理论分布。

K-S 检验较之 χ^2 检验具有优势。采用 K-S 试验，不必将观测数据划分为不同区间，因此，在 χ^2 检验中存在的由于 e_i 很小和区间数 k 很小导致的问题在 K-S 检验中不存在。

[例 7.9]

例 7.1 中钢板的断裂韧性数据绘制于如图 E7.1 所示的正态概率纸。其中，数据呈现出与正态分布 $N(77, 4.6)$ 相对应的线性趋势。现在采用 K-S 检验来评价在 5% 显著性水平下上述正态分布模型的适用性。

对列表于 E7.1 中的数据按升序重新排序，并采用公式（7.2）计算经验累积频度和相应的理论概率分布函数 $N(77, 4.6)$，结果列于表 E7.9 中。图 E7.9 是相应的函数图像。可以看到，两个累积频度之间的最大偏差为 $D_n = 0.16$、且出现在 $x = K_{1c} = 77\mathrm{ksi}\sqrt{\mathrm{in}}$ 处。

在此情况下，查表 A.5，显著性水平为 5%、样本大小 $n = 26$ 时的临界值 D_n^α 为 $D_{26}^{0.05} = 0.265$。由于最大偏差 $D_n = 0.16$，小于 0.265，因此在显著性水平 5% 下正态分布 $N(77, 4.6)$ 是可接受的模型。

确定 Dn 的 Sn 和 $F_X(x)$ 计算　　　　　　　　　　　　表 E7.9

k	x	$S_n(x)$	$F_X(x)=\Phi\left(\dfrac{x-77}{4.6}\right)$	k	x	$S_n(x)$	$F_X(x)=\Phi\left(\dfrac{x-77}{4.6}\right)$
1	69.5	0.00	0.05	14	76.2	0.54	0.43
2	71.9	0.08	0.13	15	76.2	0.58	0.43
3	72.6	0.12	0.17	16	76.9	0.62	0.49
4	73.1	0.15	0.20	17	77.0	0.66	0.50
5	73.3	0.19	0.21	18	77.9	0.69	0.57
6	73.5	0.23	0.22	19	78.1	0.73	0.59
7	74.1	0.27	0.26	20	79.6	0.77	0.71
8	74.2	0.31	0.27	21	79.7	0.81	0.72
9	75.3	0.35	0.36	22	79.9	0.85	0.74
10	75.5	0.38	0.37	23	80.1	0.88	0.75
11	75.7	0.42	0.39	24	82.2	0.92	0.87
12	75.8	0.46	0.40	25	83.7	0.96	0.93
13	76.1	0.50	0.42	26	93.7	1.00	0.999

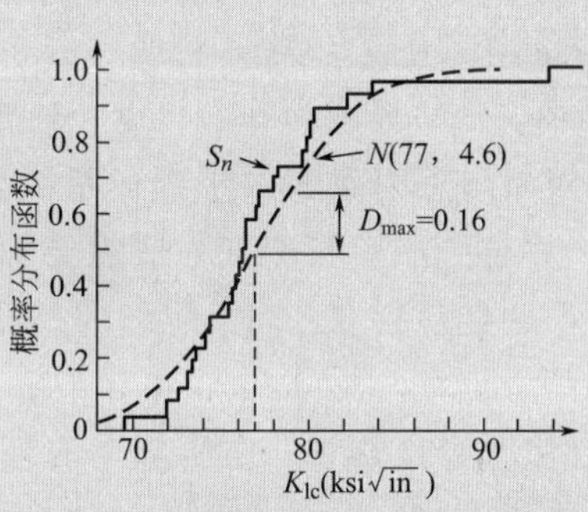

图 E7.9　断裂韧性 K-S 检验的累积频度

[例 7.10]

　　在例 7.8 中，我们采用 χ^2 检验对宽翼缘钢梁残余应力分布的三类分布型式（正态、对数正态和偏移 Gamma 分布）的拟合优度进行了检验。这里对相同的数据采用 K-S 检验确定上述三类分布型式的拟合优度。

　　对于 K-S 检验，可做出图 E7.10，其中包括观测数据的经验累积频度函数和相应的正态、对数正态和偏移 Gamma 分布的概率分布函数。由式（7.3），三类理论分布的最大偏差分别如下：

　　正态：$D_n = 0.1148$

　　对数正态：$D_n = 0.0785$

　　偏移 Gamma：$D_n = 0.0708$

　　查表 A.5，当样本大小 $n=320$、显著性水平 5％时，临界值为 $D_{320}^{0.05}=1.36/\sqrt{n}=1.36/\sqrt{320}=0.0760$。分别将各分布的 D_n 值与该临界值对比，可以得到如下结论：在显著性水平 5％的条件下，对残余应力的建模可接受偏移 Gamma 分布（$D_n=0.0708 < 0.0760$），而正态和对数正态分布则被拒绝。

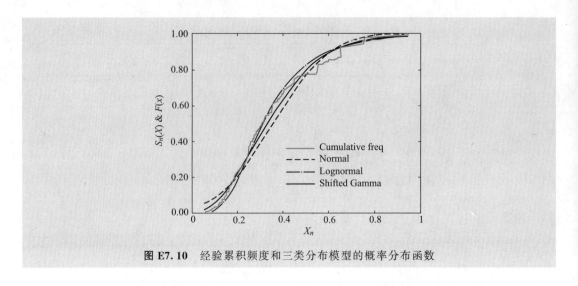

图 E7.10 经验累积频度和三类分布模型的概率分布函数

7.3.3 拟合优度的 Anderson-Darling (A-D) 检验

在 K-S 检验中，概率尺度为算术尺度。通常假设的理论分布和经验概率分布函数的尾部均相对平坦。因而 K-S 检验的最大偏差值将极少出现在分布的尾部，而在 χ^2 检验中，尾部的经验频度则一般需要加在一起。因此，上述检验方法均不能揭示理论分布和经验频度之间在尾部的差异。为了对尾部进行重点考察，或对尾部具有更好的分辨率，Anderson 和 Darling 于 1954 年提出了 Anderson-Darling (A-D) 拟合优度检验方法。在所选用的理论分布的尾部具有实际重要性的情况下这一问题将很重要。采用 A-D 方法进行检验的流程如下：

1. 对观测数据值按升序排序为 x_1，x_2，…，x_n，x_n 是最大值；

2. 对 $i=1$，2，…，n，计算理论分布在 x_i 处的概率分布函数值 $F_X(x_i)$；

3. 计算 Anderson-Darling (A-D) 统计量

$$A^2 = -\sum_{i=1}^{n} \big[(2i-1)\{\ln F_X(x_i) + \ln[1-F_X(x_{n+1-i})]\}/n\big] - n \qquad (7.5)$$

4. 计算考虑样本大小 n 影响的校正检验统计量 A^*。校正方式将依赖于所选分布的型式，见式 (7.7)-(7.10)；

5. 选择显著性水平 α，根据分布类型确定相应的临界值 c_α，表 A.6 给出了 4 种一般分布的 c_α 值（从 a 到 d）；

6. 对于给定的分布，比较 A^* 与相应的临界值 c_α，如果 A^* 小于 c_α，则选择的分布型式对于显著性水平 α 是可接受的。

该检验方法适用于样本大小大于 7 的情况，即 $n>7$。由于 A-D 统计量表示为概率的对数形式，因此分布尾部的贡献较大。应该强调，对于给定的显著性水平 α，A-D 检验的临界值 c_α 依赖于所假设的理论分布的型式。同时，校正的 A-D 统计量 A^* 将依赖于样本大小 n。表 A.6 给出了上述各量的定义，这里引用如下：

对于正态分布，临界值 c_α 为

$$c_a = a_a \left(1 + \frac{b_0}{n} + \frac{b_1}{n^2} \right) \quad (7.6)$$

式中，给定显著性水平 α 条件下 a_a，b_0，b_1 的值列于表 A.6a，考虑样本大小 n 的校正 A-D 统计量 A^* 为

$$A^* = A^2 \left(1 + \frac{0.75}{n} + \frac{2.25}{n^2} \right) \quad (7.7)$$

对于指数分布，给定显著性水平 α 条件下的临界值 c_a 列于表 A.6b，相应的校正 A-D 统计量 A^* 为

$$A^* = A^2 \left(1 + \frac{0.6}{\sqrt{n}} \right) \quad (7.8)$$

对于 Gamma 分布，依赖于参数值 k 的临界值 c_a 列于表 A.6c。此外，校正 A-D 统计量也依赖于参数 k：

$$\begin{cases} A^* = A^2 \left(1 + \frac{0.6}{n} \right), k = 1 \\ A^* = A^2 + \left(0.2 + \frac{0.3}{k} \right) / n, k \geqslant 2 \end{cases} \quad (7.9)$$

对于极值分布如 Gumbel 和 Weibull 分布，给定显著性水平 α 条件下的临界值 c_a 列于表 A.6d。在此情况下，校正 A-D 统计量为：

$$A^* = A^2 \left(1 + \frac{0.2}{\sqrt{n}} \right) \quad (7.10)$$

[例 7.11]

例 7.1 中钢的韧性断裂数据此前采用正态分布进行了拟合，在例 7.9 中采用 K-S 检验进行了拟合优度检验。这里利用同样的数据，采用 A-D 检验进行显著性水平 5% 下的正态分布验证。表 E7.11 给出了前述流程的计算结果。假设的正态模型为 $N(76.99, 4.709)$，其参数 μ 和 σ 是根据容量大小为 26 的样本估计的。根据上述数据，可计算 A-D 统计量：

$$A^2 = -\frac{-699.476}{26} - 26 = 0.903$$

正态分布 Anderson-Darling 检验的计算　　　　表 E7.11

i	x_i	$F_X(x_i)$	$F_X(x_{27-i})$	$(2i-1)\{\ln F_X(x_i) + \ln[1 - F_X(x_{27-i})]\}$
1	69.5	0.055787	0.999806	-11.4342
2	71.9	0.139745	0.922853	-13.5899
3	72.6	0.175460	0.865630	-18.7375
4	73.1	0.204226	0.745369	-20.6953
5	73.3	0.216478	0.731552	-25.6083
6	73.5	0.229144	0.717368	-30.1072
7	74.1	0.269526	0.710143	-33.1429
8	74.2	0.276587	0.592990	-32.7622
9	75.3	0.359648	0.576430	-31.9883
10	75.5	0.375650	0.500652	-31.7974

续表

i	x_i	$F_X(x_i)$	$F_X(x_{27-i})$	$(2i-1)\{\ln F_X(x_i)+\ln[1-F_X(x_{27-i})]\}$
11	75.7	0.391869	0.492180	-33.9035
12	75.8	0.400052	0.433188	-34.1294
13	76.1	0.424850	0.433188	-35.5937
14	76.2	0.433188	0.424850	-37.5221
15	76.2	0.433188	0.400052	-39.0774
16	76.9	0.492180	0.391869	-37.3946
17	77.0	0.500652	0.375650	-38.3753
18	77.9	0.576430	0.359648	-34.8824
19	78.1	0.592990	0.276587	-31.3151
20	79.6	0.710143	0.269526	-25.5977
21	79.7	0.717368	0.229144	-24.2892
22	79.9	0.731552	0.216478	-23.9313
23	80.1	0.745369	0.204226	-23.5042
24	82.2	0.865630	0.175460	-15.8497
25	83.7	0.922853	0.139745	-11.3098
26	93.7	0.999806	0.055787	-2.9375
				$\Sigma=-699.476$

同时，相应的校正统计量为：

$$A^*=0.903\left[1+\frac{0.75}{26}+\frac{2.25}{26^2}\right]=0.932$$

查表 A.6a，可得到在显著性水平 $\alpha=0.05$ 时，a_α，b_0，b_1 的值分别为 $a_\alpha=0.7514$，$b_0=-0.795$ 和 $b_1=-0.890$，则临界值为

$$c_{0.05}=0.7514\left[1+\frac{-0.795}{26}+\frac{-0.890}{26^2}\right]=0.727$$

由于 $A^*>0.727$，在显著性水平 5% 下不能接受正态分布。然而，在显著性水平 1% 下，从表 A.6a 查得各参数分别为 1.0348，-1.013 和 -0.93。因此，临界值为 $c_{0.01}=0.994$，由于 $A^*<c_{0.01}$，正态分布是可接受的。

应该指出，上述对正态分布的 A-D 检验，也可用于对数正态分布的检验。由于对数正态变量的对数值服从正态分布，我们只需对随机变量的样本值取对数，即可像正态分布情形一样应用 A-D 检验。也就是说，除随机变量的样本值替换为相应的对数值以外，所有计算都与正态分布情形相同，例如表 E7.11 中，x_i 必须替换为相应的 $\ln(x_i)$。

[例 7.12]

如图 E7.5 所示，1932-1962 年间观测到的加州年最大地震震级在 Gumbel 概率纸上具有线性趋势。据此可认为具有参数 $u=5.7$，$\alpha=2.0$ 的 Gumbel 分布对于描述加州年最大地震震级分布是可行的。现在我们将进行显著性水平 5% 下这类分布拟合优度的 A-D 检验。

所需的计算数据示于表 E7.12。

Gumbel 分布 Anderson-Darling 检验的计算　　　　　表 E7.12

i	x_i	$F_X(x_i)$	$F_X(x_{32-i})$	$(2i-1)\{\ln F_X(x_i)+\ln[1-F_X(x_{32-i})]\}$
1	4.9	0.00706	0.98185	−8.962
2	5.3	0.10801	0.94100	−15.167
3	5.3	0.10801	0.94100	−25.279
4	5.5	0.22496	0.81718	−22.338
5	5.5	0.22496	0.81718	−28.720
6	5.5	0.22496	0.78146	−33.138
7	5.5	0.22496	0.78146	−39.164
8	5.6	0.29482	0.73993	−38.523
9	5.6	0.29482	0.73993	−43.660
10	5.6	0.29482	0.69220	−45.594
11	5.8	0.44099	0.69220	−41.938
12	5.8	0.44099	0.57764	−38.654
13	5.8	0.44099	0.57764	−42.015
14	5.9	0.51154	0.57764	−41.370
15	6.0	0.57764	0.57764	−40.910
16	6.0	0.57764	0.57764	−43.732
17	6.0	0.57764	0.57764	−46.553
18	6.0	0.57764	0.57764	−44.286
19	6.0	0.57764	0.44099	−41.825
20	6.0	0.57764	0.44099	−44.086
21	6.2	0.69220	0.44099	−38.928
22	6.2	0.69220	0.29482	−30.839
23	6.3	0.73993	0.29482	−29.272
24	6.3	0.73993	0.29482	−30.573
25	6.4	0.78146	0.22496	−24.571
26	6.4	0.78146	0.22496	−25.573
27	6.5	0.81718	0.22496	−24.207
28	6.5	0.81718	0.22496	−25.121
29	7.1	0.94100	0.10801	−9.981
30	7.1	0.94100	0.10801	−10.331
31	7.7	0.98185	0.00706	−1.550
				$\Sigma=-976.86$

因此，根据式 (7.5)，A-D 统计量为

$$A^2=-\frac{-976.86}{31}-31=0.512$$

而由式 (7.10)，校正统计量为

$$A^*=0.512\left[1.0+\frac{0.2}{\sqrt{31}}\right]=0.530$$

从表 A.6d 可以查得在显著性水平 5% 下的临界值 $c_a=0.757$。由于 $A^* < c_a$，因此根据 A-D 检验，显著性水平 5% 下 Gumbel 分布是可接受的或有效的分布。

▶ 7.4　极值分布渐近形式的不变性

值得强调，在确定合适概率分布的过程中，当涉及极值问题时，极值分布的渐近形式之一可能是合适的。就此而言，渐近形式的不变性也是重要的，也就是说，极值分布的渐近形式将不随样本大小 n 的不同而发生改变。

我们在第 4 章 4.2.3 节中看到，当 n 趋于无穷大时，从初始分布已知的 n 个样本值的最大和最小值将趋近于三类极值分布渐近形式中的一种。这意味着当我们关心的量与极值有关时，就可以选择渐近分布的一种形式。我们再次强调，适当的渐近形式只取决于初始分布的尾部行为。特别是，尾部行为的如下特性非常重要：

- 在极值方向具有指数型尾部的初始分布（如指数和正态分布）的最大（或最小）值，将趋近于 Ⅰ 型渐近分布。

- 在极值方向具有多项式型尾部的初始分布的最大（或最小）值将趋近于 Ⅱ 型渐近分布。对数正态分布即属于此类情形。

- 初始分布具有上边界情况下的最大值（或初始分布具有下边界情况下的最小值）将趋近于 Ⅲ 型渐近分布。

最后，还应该强调，如果初始分布是渐近极值形式中的一类，则随着 n 的增大分布将始终保持为同一渐近形式，即：尽管参数会随着样本大小 n 而变化，但极值分布的型式随着 n 的增大是不变的。例如，可以观察到若 Y 为具有 Gumbel 分布的年最大值，在 n 年内的最大值同样服从 Gumbel 分布，具体分析如下：

假定具有参数 u 和 α 的概率分布函数为

$$F_Y(y) = \exp[-e^{-\alpha(u-y)}]$$

根据式（4.32），n 年内的最大值分布 Y_n 为

$$F_{Y_n}(y) = [F_Y(y)]^n = \exp[-ne^{-\alpha(y-u)}] = \exp[-e^{-\alpha[y-(u+\frac{\ln n}{\alpha})]}] \qquad (7.11)$$

因此，Y_n 保持为 Gumbel（Ⅰ 型）分布，相应的参数为：

$$u_n = u + \frac{\ln n}{\alpha}, \; \alpha_n = \alpha.$$

[例 7.13]

在例 7.5 中，我们观察到年最大震级地震的发生服从 Gumbel（Ⅰ 型）极值分布，参数为 $u = 5.7$ 和 $\alpha = 2.00$。由式（7.11），10 年最大震级的分布将仍然是 Gumbel 分布，且参数为：

$$u_n = 5.7 + \frac{\ln 10}{2.0} = 6.85 , \; \alpha = 2.0$$

基于此可见，未来 10 年在加州最可能的最大震级地震将为里氏 6.85 级。类似地，未来 25 年最可能的最大震级地震将为

$$u_n = 5.7 + \frac{\ln 25}{2.0} = 7.31$$

采用同一公式，可从未来 10 年的结果外推到未来 25 年的信息，有：

$$u_n = 6.85 + \frac{\ln 2.5}{2.0} = 7.31$$

[例 7.14]

在例 4.21 中，焊接节点的断裂强度采用 Weibull 分布建模（最小值的 Ⅲ 型渐近分布），如式（4.32）的定义，其参数为 $w = 15\text{ksi}$，$k = 1.75$，最小强度 $\varepsilon = 4\text{ksi}$。现在，假设有一个结构构件中有 5 个相同类型的焊接节点。由式（4.25），该结构构件中 5 个焊接节点的最小断裂强度的概率分布函数为

$$F_{Y_1}(y) = 1 - \exp\left[-n\left(\frac{y - \varepsilon}{w - \varepsilon}\right)^k\right]$$

这仍然是 Weibull 分布。然而，当 $n = 5$ 时，该结构构件的最小断裂强度大于 16.5ksi 的概率为

$$P(Y_1 \geq 16.5) = \exp\left[-5 \times \left(\frac{16.5 - 4}{15 - 4}\right)^{1.75}\right] = 0.002$$

这远小于例 4.21 中所示的单个节点情况下的概率 0.286。

► 7.5 本章小结

在第 6 章中，我们介绍了从观测数据样本估计概率分布参数的统计方法和相应的假设检验。本章介绍了采用同一数据样本确定或选择合适分布的经验方法，以及对所选或假定分布进行拟合优度检验的方法。

特定分布的概率纸可以用来选择合适的概率分布。根据特定概率纸上绘制的数据点是否存在线性趋势，可以确定与概率纸相关的分布是否适用于表征总体分布。

一个假定或选择的理论分布的有效性可以通过拟合优度检验来评价。两类常用的检验方法是 χ^2 检验和 Kolmogorov-Smirnov（K-S）检验。第三类检验方法——A-D 检验方法可能对于尾部较为重要的假定分布的拟合优度检验更适合。不过，所有这些检验都依赖于给定的显著性水平，而这在很大程度上是主观的。但无论如何，这些检验方法是统计上很有用的，特别是对于鉴别两个或两个以上待定分布模型的相对有效度。

最后，需要强调的是，当涉及极值问题时，往往可以采用极值分布渐近形式中的一类。对于这类应用，渐近形式的不变性具有重要意义。

►习题

7.1 钢板断裂韧性的数据列于表 E7.1。在例 7.1 中，这些数据画在了正态概率

纸上。

(a) 将同一数据集绘制在对数正态概率纸上，如果数据点具有线性趋势，则通过数据点画一条直线。

(b) 基于（a）画出的直线，估计断裂韧性的中值和标准差。

7.2 某一小镇过去 20 年内的年度最大风速 V 记录如下：

年	风速 V(kph)	年	风速 V(kph)
1980	78.2	1990	78.4
1981	75.8	1991	76.4
1982	81.8	1992	72.9
1983	85.2	1993	76
1984	75.9	1994	79.3
1985	78.2	1995	77.4
1986	72.3	1996	77.1
1987	69.3	1997	80.8
1988	76.1	1998	70.6
1989	74.8	1999	73.5

(a) 制作极值 I 型（Gumbel）分布的概率纸，将上述数据绘制于该概率纸上。

(b) 若存在线性趋势，试在概率纸上画一条通过数据点的直线，并确定极值分布的参数。

(c) 在 2‰ 显著性水平下对年最大风速进行极值 I 型分布的 χ^2 拟合优度检验。

7.3 对 15 根 ♯5 钢筋的极限应变进行了测量，数据如下表（数据来源：Allen，1972）：

钢筋编号	极限应变 U（按%）	钢筋编号	极限应变 U（按%）	钢筋编号	极限应变 U（按%）
1	19.4	6	17.9	11	16.1
2	16	7	17.8	12	16.8
3	16.6	8	18.8	13	17
4	17.3	9	20.1	14	18.1
5	18.4	10	19.1	15	18.6

(a) 将上述数据绘制在正态和对数正态概率纸上，通过肉眼观察这些数据点，试问这两类可能的分布哪一类更适合表示钢筋极限应变的概率分布？

(b) 在 2‰ 的显著性水平下对正态和对数正态分布进行 χ^2 检验，并基于上述结果，确定哪一个分布更适合表示钢筋极限应变的概率分布？

(c) 对上述两类分布进行 Kolmogorov-Smirnov 检验，并根据检验结果确定两类分布的相对有效度。

7.4 指数分布常用于刻画机械设备或机器的工作寿命（直到失效（或故障）的时间）。为了验证某类柴油发动机的工作寿命分布，对大量的发动机组件进行了测试，其工作寿命（小时）记录如下表。

柴油发动机的失效时间（h）

0.13	121.58	2959.47	02.34
0.78	672.87	124.09	393.37
3.55	62.09	85.28	84.09
14.29	656.04	380.00	646.01
54.85	735.89	298.58	412.03
216.40	895.80	678.13	813.00
1296.93	1057.57	861.93	39.10
952.65	470.97	1885.22	633.98
8.82	151.44	862.93	658.38
29.75	163.95	1407.52	855.95

(a) 制作指数概率纸，并将上述发动机工作寿命数据绘制在概率纸上。

(b) 如果上述数据点呈现线性趋势，试估计这类发动机的最小和平均工作寿命。

(c) 在显著性水平 5% 下，进行 χ^2 检验以评价指数分布的有效性。

(d) 作为对比，在显著性水平 5% 条件下对同一分布进行 Kolmogorov-Smirnov 检验。

7.5 每分钟到达收费站的车辆数量记录如下：

0，3，1，2，0，1，1，1，2，0，1，4，3，1，1，0，0，1，0，2，2，0，1，0，0

(a) 假定车辆到达收费站的到达率为泊松过程，试估计平均到达率。

(b) 进行 χ^2 检验，确定泊松分布在显著性水平 1% 下的有效性。

7.6 随机变量 X 服从瑞利分布，其概率密度函数为

$$f_X(x) = \begin{cases} \dfrac{x}{\alpha^2} e^{-\frac{1}{2}(x/\alpha)^2}; & x \geqslant 0 \\ 0; & x < 0 \end{cases}$$

式中，参数 α 为众值或变量 X 最可能的取值。

(a) 制作 Rayleigh 分布的概率纸。该概率纸上直线的斜率是什么？

(b) 下表给出了车致公路桥梁构件应变的观测数据。试将其标注到上述 Rayleigh 概率纸上。

(c) 根据上述 (a) 和 (b) 的结果，对采用 Rayleigh 分布刻划公路桥活荷载导致应变的分布适用性的评价结论为何？进行显著性水平 1% 下的 K-S 检验，以判定 Rayleigh 分布的有效性。

(d) 如果可能，从 (b) 的结果中确定最可能的应变值。

应变量测值(micro in/in)		
(数据来源：W. H. Walker)		
48.4	52.7	42.4
47.1	44.5	146.2
49.5	84.8	115.2
116.0	52.6	43.0
84.1	53.6	103.6
99.3	33.5	64.7
108.1	43.8	69.8
47.3	56.3	44.0
93.7	34.5	36.2
36.3	62.8	50.6
122.5	180.5	167.0

7.7 美国 Ohio 河 Cicinnati Pool 监测的 20 摄氏度时氧化率的数据 K 如下表（数据来源：Kothandaraman，1968）。

K 的范围（每天）	观测样本数
0.000-0.049	1
0.050-0.099	11
0.100-0.149	20
0.150-0.199	23
0.200-0.249	15
0.250-0.299	11
0.300-0.349	2

(a) 若采用正态分布对 Ohio 河 Cicinnati Pool 的氧化率进行建模，试估计分布的均值和标准差。

(b) 在显著性水平 5％下，对建议分布的拟合优度进行 χ^2 检验。

7.8 随机变量 X 在区间 a 和 $a+r$ 内服从三角分布，概率密度函数如下：

$$f_X(x) = \begin{cases} \dfrac{2(x-a)}{r^2}; & a \leqslant x \leqslant a+r \\ 0; & 其他 \end{cases}$$

(a) 对三角分布确定合适的标准变量 S。

(b) 制作相应的概率纸，并说明概率纸上在 $F_S(0)$ 和 $F_S(1.0)$ 处对应的 X 值？

(c) 假设观测到 X 的样本值如下：

36	32	34	71
18	69	45	66
56	71	53	58
64	50	55	53
72	28	62	48
			75

试将上述数据绘制到三角分布概率纸上，并从中估计 X 的最小值和最大值。

7.9 从美国芝加哥地铁项目获得 13 份原状黏土试样的抗剪强度（千磅/每平方英尺，ksf）如下（数据来源：Peck，1940）：

黏土的剪切强度，ksf				
0.35	0.42	0.49	0.70	0.96
0.40	0.43	0.58	0.75	
0.41	0.48	0.68	0.87	

(a) 将上述数据绘制到对数正态概率纸上，并通过这些数据点画一条直线（若存在线性趋势）；

(b) 从 (a) 中画出的直线估计分布的参数；

(c) 采用 Kolmogorov-Smirnov 检验进行显著性水平 2％下的对数正态分布拟合优度检验。另用 Anderson-Darling 检验进行显著性水平 2.5％下对数正态分布的拟合优度检验。

7.10 轿车在十字路口的停车标识前要停下，而且必须等待足够长的时间才可以通过或转弯。可接受的等待时间 G （以秒为单位）随驾驶员不同而不同：有些驾驶员更敏捷或更冒险，而有些则可能更加谨慎或迟缓。在同一座城市内几个相似的十字路口，获得如下记录：

可接受的时间段 G，(sec)	观测数据的数目
0.5-1.5	0
1.5-2.5	6
2.5-3.5	34
3.5-4.5	132
4.5-5.5	179
5.5-6.5	218
6.5-7.5	183
7.5-8.5	146
8.5-9.5	69
9.5-10.5	30
10.5-11.5	3
11.5-12.5	0

(a) 绘制上述可接受等待时间观测数据的直方图；

(b) 从上述直方图，判断正态或对数正态分布哪个是更好的可接受时间分布模型；

(c) 从观测数据估计可接受等待时间的样本均值和样本标准差。可用表中第一列数据区间的平均值为观测数据；

(d) 对正态和对数正态分布进行显著性水平 1‰ 的 χ^2 拟合优度检验，并在此基础上确定这两类分布哪一类更适合进行可接受等待时间 G 的建模。

7.11 第 1 章表 1.1 给出了某分水岭区域年降雨量的测量数据，如下表：

降雨量观测值,in		
43.30	54.49	58.71
53.02	7.38	42.96
63.52	40.78	55.77
45.93	45.05	41.31
48.26	50.37	58.83
50.51	54.91	48.21
49.57	51.28	44.67
43.93	39.91	67.72
46.77	53.29	43.11
59.12	67.59	

(a) 基于第 1 章图 1.1 所示的直方图，对数正态或 Gamma 分布可能是该分水岭区域年降雨量比较合理的分布模型。试在对数正态概率纸上标出这些数据。

(b) 假设采用 Gamma 分布，并利用矩方法估计其参数。

(c) 通过上述两类分布的 χ^2 拟合优度检验，确定哪一类分布更适合用于年降雨量建模。

7.12 第 8 章表 E8.3 给出了桩的沉降观测数据和相应的理论计算数据。基于这些数据，可得到沉降观测值与计算值之比如下：

沉降观测值与计算值之比				
0.12	0.97	0.86	1.14	0.94
2.37	0.88	.92	1.01	0.99
1.02	1.04	0.99	0.87	0.52
0.94	1.06	1.38	1.04	1.18
1.00	0.86	0.82	0.84	1.09

沉降的观测值与计算值之比是计算方法精度的度量。从以上数据我们可以看到该比值具有显著的变异性。

(a) 假设该比值为高斯随机变量，将这些数据标注在正态概率纸上，并观察数据点是否存在线性趋势；

(b) 如果存在线性趋势，试通过数据点画一条直线，并从该直线估计均值和标准差。同时，在显著性水平 5% 下对正态分布进行 χ^2 拟合优度检验。

(c) 反之，若在（b）中不存在线性趋势，则将上述数据标注在不同的概率纸、如对数正态概率纸上，确定该分布模型用于进行上述比值建模的适用性，并进行显著性水平 2% 下的拟合优度检验。

7.13 在第 8 章例 8.8 中，表 E8.8 给出了瑞士阿尔卑斯山冰川湖泊的平均深度，这里整理如下：

冰川湖泊的平均深度，m		
2.9	12.0	33.3
5.0	13.6	27.9
4.7	28.6	46.9
7.1	18.6	50.0
10.4	34.3	83.3

显然，冰川湖泊的平均深度具有高度变异性。若上述数据对于冰川湖泊具有一般意义上的代表性，试确定可用于冰川湖泊深度建模的适当分布，同时通过拟合优度检验验证所选的分布型式。

▶参考文献

Allen, D. E., "Statistical Study of the Mechanical Properties of Reinforcing Bars," *Building Research Note*, No. 85, National Research Council, Ottawa, Canada, April 1972.

Anderson, T. W., and Darling, D. A. (1954), "A Test of Goodness-of-Fit," *Jour. of America Statistical Association*. 49, 765–769.

Cusens, A. R., and Wettern, J. H., "Quality Control in Factory-Made Precast Concrete," *Civil Engineering and Public Works Review*, Vol. 54, 1959.

D'Agostino, R. B., and Stephens, M. S., *Goodness-of-Fit Technique*. Marcel Dekker, Inc., New York and Basel, 1986.

Epstein, B., and Lomnitz, C., "A Model for the Occurrence of Large Earthquakes," *Nature*, August 1966, pp. 954–956.

Gumbel, E. J., "Statistical Theory of Extreme Values and Some Practical Applications," *Applied Mathematics Series 33*, National Bureau of Standards, Washington, D.C., February 1954.

Hazen, A., *Flood, Flows, A Study in Frequency and Magnitude*, J. Wiley & Sons, Inc., New York, 1930.

Hoel, P. G., *Introduction to Mathematical Statistics*, 3rd ed., J. Wiley & Sons, Inc., New York, 1962.

Kies, J. A., Smith, H. L., Romine, H. E., and Bernstein, M., "Fracture Testing of Weldments," ASTM *Special Publ. No. 381*, 1965, pp. 328–356.

Kimball, B. F., "Assignment of Frequencies to a Completely Ordered Set of Sample Data," *Transactions*, American Geophysical Union, Vol. 27, 1946, 843–846.

Kothandaraman, V., "A Probabilistic Analysis of Dissolved Oxygen-Biochemical Oxygen Demand Relationship in Streams," Ph.D. Dissertation, University of Illinois at Urbana-Champaign, 1968.

Lockhart, R. A., and Stephens, M. A. "Goodness-of-Fit Tests for the Gamma Distribution," Technical Report, Department of Mathematics and Statistics, Simon Fraser University, British Columbia, Canada, 1985.

Pearson, E. S., and Hartley, H. O., *Biometrika Tables for Statisticians*, Vol. 2. Cambridge University Press, New York, 1972.

Peck, R. B., "Sampling Methods and Laboratory Tests for Chicago Subway Soils," *Proc. Purdue Conf. on Soil Mechanics and Its Applications*, Lafayette, IN, 1940.

Petitt, A. N., "Testing the Normality of Several Independent Samples Using the Anderson-Darling Statistic." *Jour. Roy. Stat. Soc. C 26*, 156–161, 1977.

Stephens, M. A. "Goodness-of-Fit for the Extreme Value Distribution," *Biometrika*, Vol. 64, 1977, pp. 583–588.

第8章

回归分析与相关分析

▶ 8.1 前言

当有两个或多个变量时，这些变量之间可能存在某种关系。在具有随机性的情况下，两个变量之间的关系将是不唯一的。当一个变量取某个值时，另一个变量可能在一个范围内取值。因此，需要采用概率性描述来给出两个变量间的关系。当变量间的概率关系是将一个随机变量的均值和方差表达为另外一个变量相应量的函数时，这种分析称为回归分析。当在分析中只限于线性均值函数时，则称为线性回归。不过，回归分析一般是非线性的。从回归分析中得到的线性或非线性关系并不必然代表了变量间的因果关系，也即变量间可能没有任何因果关联。但是，在已知控制变量数值的基础上，上述关系可以用于预测另一个变量的值或者统计信息。

对于线性回归，两个随机变量的线性相关程度可以用统计相关性来衡量，特别地，可以采用 3.3.2 节定义的相关系数来衡量。当相关系数比较大，接近 $\pm$ 1.0 时，利用一个变量（控制变量）的数值信息来预测另外一个变量的数值将有很高的可信度。根据一系列观测数据来计算相关系数称为相关分析。

在本章中，我们首先讨论方差为常量时的线性回归，包括确定回归方程的条件方差和置信区间，并进行相关分析。然后，将其推广到非定常方差时的线性回归分析、非线性回归分析和多元回归分析。最后，介绍了回归分析的工程应用。

▶ 8.2 线性回归分析基础

8.2.1 常方差时的回归分析

当两个变量 X、Y 的数据对画在二维坐标图上时，这些数据对表现为一些散点，如图 8.1 所示。这种图称为散点图。

在图 8.1 所示的情况中，可以看到变量 Y 的可能值区间随着变量 X 值的增加而增加，反之亦然。但当确切知道变量 X 的值，如 $X = x$ 时，另一个变量 Y 的确切信息并未可知。可以想象，Y 的取值范围是由一个概率分布来控制的。从图 8.1 中我们可以看到 Y 的均值会随着 X 值增加而增加，如果该关系是线性关系，即可给出如下线性回归方程：

$$E(Y\,|\,X=x)=\alpha+\beta x \tag{8.1}$$

其中 α 和 β 是常数，也称为回归系数，也即直线方程的截距和斜率。方程（8.1）就是熟知的回归方程，代表了 Y 关于 X 的回归关系。回归系数 α 和 β 必须能从已有数据中估计得出。

从图 8.1 的数据散点图可见，Y 的方差、即当 $X=x$ 时 Y 的条件方差 $\mathrm{Var}\,(Y\,|\,X=x)$ 依赖于 X 的值。一般而言，该条件方差随着 X 的变化而变化。这里我们先考虑 $\mathrm{Var}\,(Y\,|\,X=x)$ 是常数的情况。

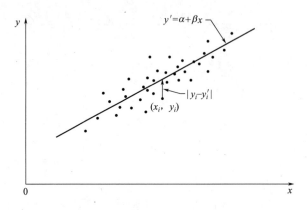

图 8.1　两个变量 X 和 Y 的散点图

从散点图上的数据点不难想象，有许多回归系数不同的直线可将 Y 的均值表示为 X 的线性函数。"最好"的直线可能是从这些数据点中通过且具有最小累积误差的直线。为了得到这条特定的直线，从图 8.1 中我们注意到对于每个数据点 $(x_i,\ y_i)$，可以给出观测值 y_i 与候选直线上点 x_i 对应的 $y_i'=\alpha+\beta x_i$ 之间的绝对误差 $|y_i-y'_i|$。对于样本数为 n 的数据对 $[(x_1,\ y_1),\ (x_2,\ y_2),\ \cdots,\ (x_n,\ y_n)]$，所有数据点总的绝对误差可以用总的累积平方误差来表示，也即：

$$\Delta^2=\sum_{i=1}^{n}(y_i-y'_i)^2=\sum_{i=1}^{n}(y_i-\alpha-\beta x_i)^2 \tag{8.2}$$

然后，通过最小化（8.2）中的 Δ^2，我们可以得到具有最小二乘误差的直线，从而得到用于求解 α 和 β 的方程：

$$\frac{\partial\Delta^2}{\partial\alpha}=\sum_{i=1}^{n}-2(y_i-\alpha-\beta x_i)=0$$

$$\frac{\partial\Delta^2}{\partial\beta}=\sum_{i=1}^{n}-2x_i(y_i-\alpha-\beta x_i)=0$$

上述过程称为最小二乘法。从 n 个样本我们可以得到 α 和 β 的最小二乘估计 $\hat{\alpha}$ 和 $\hat{\beta}$：

$$\hat{\alpha}=\frac{1}{n}\sum y_i-\frac{\hat{\beta}}{n}\sum x_i=\overline{y}-\hat{\beta}\overline{x} \tag{8.3}$$

$$\hat{\beta}=\frac{\sum x_i y_i-n\overline{x}\,\overline{y}}{\sum x_i^2-n\overline{x}^2}=\frac{\sum(x_i-\overline{x})(y_i-\overline{y})}{\sum(x_i-\overline{x})^2} \tag{8.4}$$

其中 $\sum = \sum_{i=1}^{n}$，$\overline{x}$，$\overline{y}$ 分别为 X 和 Y 的样本均值，n 为样本数。

因此，最小二乘回归方程为：

$$E(Y \mid X = x) = \hat{\alpha} + \hat{\beta}x \qquad (8.5)$$

可以简写为 $E(Y \mid x) = \hat{\alpha} + \hat{\beta}x$。

需要强调的是，上述回归方程严格来说只对 X 观测范围内的值才有效，将其外推到观测范围以外可能会导致错误的结论。

方程（8.1）或（8.5）称为 Y 关于 X 的回归方程。当给定 X 的值时，回归直线或回归方程可用来预测 Y 的均值。如果 X 和 Y 均为随机变量，我们也可以根据同样的步骤来得到 X 关于 Y 的最小二乘回归方程。此时，可以得到 $E(X \mid Y = y)$ 的回归方程，它可用于预测当 Y 值给定时 X 的均值。一般来说，$E(X \mid Y = y)$ 是与 $E(Y \mid X = x)$ 不同的线性方程，但这两条回归直线总是相交于点 $(\overline{x}, \overline{y})$。例如，在习题 8.4 中，Meadows 等（1972）得到了不同国家人均能源消耗 Y 与人均国民生产总值（GNP）产出 X 的数据。如果基于一个国家人均 GNP 产出来预测该国家的人均能源消耗，那么需要知道 Y 关于 X 的回归关系。反之，如果基于一个国家人均能源消耗来估计人均 GNP 产出，就需要 X 关于 Y 的回归关系。

8.2.2 回归分析的方差

条件方差

回归方程（8.5）用 X 的函数来预测 Y 的均值。因此，如果对 Y 的相应方差感兴趣，那么它也必然需要基于给定的 X 值，此即条件方差 $\mathrm{Var}(Y \mid X = x)$。当条件方差为常数且样本数为 n 的情况下，该方差的无偏估计为

$$s_{Y|x}^{2} = \frac{1}{n-2} \sum_{i=1}^{n} (y_i - y'_i)^2 = \frac{1}{n-2} \left[\sum_{i=1}^{n} (y_i - \overline{y})^2 - \hat{\beta}^2 \sum_{i=1}^{n} (x_i - \overline{x})^2 \right] \qquad (8.6)$$

从式（8.2）可得：

$$s_{Y|x}^{2} = \frac{\Delta^2}{n-2} \qquad (8.6a)$$

相应的条件标准差表示为 $s_{Y|x}$。

式（8.6）中的条件方差与原始样本方差 s_Y^2 的比值可以用来衡量由于考虑了方差随着 X 的变化而导致 Y 的原始方差减少的程度。该方差缩减指标可以写为：

$$r^2 = 1 - \frac{s_{Y|x}^2}{s_Y^2} \qquad (8.7)$$

从 8.3.1 节中的式（8.12）将可见 r^2 与相关系数 ρ 有密切关系。

8.2.3 回归分析的置信区间

由于回归方程（Y 关于 X 的方程）给出了当控制变量 $X = x$ 时 Y 的均值预测值，我们可能会进一步对回归方程的置信区间感兴趣，该区间给出了对真实方程的范围的某种度量。该置信区间也就是对应于不同 x_i 值时 Y 的均值估计值 $E(Y \mid X = x_i)$ 的置信区间。

由于回归系数 $\hat{\alpha}$ 和 $\hat{\beta}$ 是从 n 个有限样本估计出来的，服从自由度为 $(n-2)$ 的 t 分布（Hald，1952），因此，利用线性回归方程在 $X=x_i$ 处的值估计出来的 Y 的均值 $\overline{y}_i = E(Y|X=x_i)$ 也服从自由度为 $(n-2)$ 的 t 分布。因此，统计量

$$\frac{\overline{Y}_i - \mu_{Y|x_i}}{s_{Y|x}\sqrt{\dfrac{1}{n} + \dfrac{(x_i - \overline{x})^2}{\sum(x_i - \overline{x})^2}}}$$

服从自由度为 $(n-2)$ 的 t 分布（Hald，1952）。在此基础上，对于一些给定的 $X=x_i$，回归方程的置信水平为 $(1-\alpha)$ 的置信区间为：

$$\langle \mu_{Y|x_i} \rangle_{1-\alpha} = \overline{y}_i \pm t_{(1-\frac{\alpha}{2}),n-2} \cdot s_{Y|x} \sqrt{\frac{1}{n} + \frac{(x_i - \overline{x})^2}{\sum(x_i - \overline{x})^2}} \tag{8.8}$$

其中 $\overline{y}_i = E(Y|X=x_i)$，$s_{Y|x}$ 为式（8.6）给出的 Y 的条件标准差，$t_{(1-\frac{\alpha}{2}),n-2}$ 是自由度为 $(n-2)$ 的 t 分布变量在概率为 $(1-\frac{\alpha}{2})$ 处的分位值，可查表 A.3。在式（8.8）给出的离散点 x_i 处的置信区间中，当 $x_i = \overline{x}$（X 的均值）时，区间的范围最小。将这些沿着回归直线的离散点连接起来就可以给出回归方程的合理置信区间。

[例 8.1]

　　表 E8.1 的前两列给出了坚硬黏土的锤击次数 N 与测量得到的无侧限抗压强度 q 的观测数据。图 E8.1 绘出了样本的 10 个数据对。

　　在表 E8.1 的基础上进行计算，那么可以得到 N 和 q 的样本均值分别为：

$$\overline{N} = \frac{187}{10} = 18.7; \quad \text{和} \quad \overline{q} = \frac{21.23}{10} = 2.123 \text{ tsf}$$

相应的样本方差为：

$$s_N^2 = \frac{1}{9}(4358 - 10 \times 18.7^2) = 95.12; \quad \text{和} \quad s_q^2 = \frac{1}{9}(56.09 - 10 \times 2.123^2) = 1.22$$

同时，从表 E8.1 我们可以得到：

$$\hat{\beta} = \frac{492.77 - 10 \times 18.7 \times 2.123}{4358 - 10 \times 18.7^2} = 0.112; \quad \text{和} \quad \hat{\alpha} = 2.123 - 0.112 \times 18.7 = 0.029$$

例 8.1 计算表　　　　　　　　　　　　表 E8.1

锤击次数 N_i	抗压强度 (tsf) q_i	N_i^2	q_i^2	$N_i q_i$	$q_i' = \hat{\alpha} + \hat{\beta} N_i$	$(q_i - q_i')^2$
4	0.33	16	0.11	1.32	0.49	0.022
8	0.90	64	0.81	7.20	0.93	0.001
11	1.41	121	1.99	15.51	1.26	0.023
16	1.99	256	3.96	31.84	1.82	0.029
17	1.70	289	2.89	28.90	1.93	0.053
19	2.25	361	5.06	42.75	2.16	0.008
21	2.60	441	6.76	54.60	2.38	0.048
25	2.71	625	7.34	67.75	2.83	0.014
32	3.33	1024	11.09	106.56	3.61	0.078
34	4.01	1156	16.08	136.34	3.84	0.029
$\sum$ 187	21.23	4358	56.09	492.77		$\Delta^2 = 0.305$

注：表中的结果可以方便地写成例 8.3 中的电子表格形式。

相应的回归方程为：

$$E(q\,|\,N=N_i)=0.029+0.112N_i$$

其形状如图 E8.1 所示。

对于给定的 N，q 的条件方差为：

$$s_{q\,|\,N}^2=\frac{\Delta^2}{n-2}=\frac{0.305}{8}=0.038$$

相应的条件标准差为 $s_{q\,|\,N}=0.195\text{tsf}$。

从表 E8.1 中的计算结果，利用式（8.9）可以给出相关系数的估计：

$$\hat\rho=\frac{1}{9}\frac{492.77-10\times18.7\times2.123}{\sqrt{95.12}\sqrt{1.22}}=0.99$$

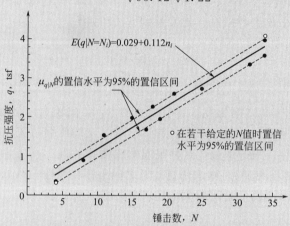

图 E8.1 坚硬黏土的无侧限抗压强度与锤击数

为了确定 q 关于 N 的回归方程具有 95% 保证率的置信区间，我们选择 $N_i=4$，11，19 和 34。从表 A.3 可以查得 $t_{0.975,8}=2.306$，由此可以得到：

$$N_i=4;\langle\mu_{q\,|\,N}\rangle_{0.95}=0.477\pm2.306\times0.195\sqrt{\frac{1}{10}+\frac{(4-18.7)^2}{(4353-10\times18.7^2)}}$$

$$=(0.210\rightarrow0.744)\text{tsf}$$

$$N_i=11;\langle\mu_{q\,|\,N}\rangle_{0.95}=1.261\pm2.306\times0.195\sqrt{\frac{1}{10}+\frac{(11-18.7)^2}{(4353-10\times18.7^2)}}$$

$$=(1.076\rightarrow1.446)\text{tsf}$$

$$N_i=19;\langle\mu_{q\,|\,N}\rangle_{0.95}=2.157\pm2.306\times0.195\sqrt{\frac{1}{10}+\frac{(19-18.7)^2}{(4353-10\times18.7^2)}}$$

$$=(2.015\rightarrow2.299)\text{tsf}$$

$$N_i=34;\langle\mu_{q\,|\,N}\rangle_{0.95}=3.837\pm2.306\times0.195\sqrt{\frac{1}{10}+\frac{(34-18.7)^2}{(4353-10\times18.7^2)}}$$

$$=(3.562\rightarrow4.112)\text{tsf}$$

图 E8.1 中给出了在上述给定的 N 离散值处的置信区间。由此可以构造 q 关于 N 的线性回归方程具有 95% 保证率的置信区间，其上界和下界如图 E8.1 中的虚线所示。

▶ 8.3　相关分析

　　从直观上看，如果条件标准差 $s_{Y|x}$ 很小（接近于 0），我们可以认为对于给定的 X，线性回归方程为 Y 提供了一个很好的估算值。但表征两个随机变量 X、Y 之间线性关系程度的更好的统计测度是相关系数，即式（3.72）给出的 $\rho_{X,Y} = \text{Cov}(X，Y)/(\sigma_X\sigma_Y)$，其中 $\text{Cov}(X，Y)$ 是 X 与 Y 的协方差。在后面的式（8.12）中，我们可以看到 $\rho_{X,Y}$ 与 $s_{Y|x}$ 有关。在本质上，相关系数是对基于一组样本数据的线性回归方程拟合优度的度量。因此，当给定 X 值时，Y 的均值估计的精度将依赖于相关系数。

8.3.1　相关系数的估计

　　对于 n 个观测数据对，相关系数可估计如下：

$$\hat{\rho}_{X,Y} = \frac{1}{n-1} \frac{\sum_{i=1}^{n}(x_i - \overline{x})(y_i - \overline{y})}{s_X s_Y} = \frac{1}{n-1} \frac{\sum_{i=1}^{n}x_i y_i - n\overline{x}\,\overline{y}}{s_X s_Y} \quad (8.9)$$

其中：$\overline{x}$，$\overline{y}$，s_X 和 s_Y 分别是 X、Y 的样本均值和样本标准差。由式（3.73），ρ 的值在 -1 和 $+1$ 之间变化。如果得到的 $\hat{\rho}_{X,Y}$ 比较大（接近 ± 1.0），就表明 X 与 Y 之间有很强的线性相关性。图 8.2 中是土的压缩系数和孔隙率之间的线性回归方程，它可以很好地说明这种很强的线性相关性。反之，如果 $\hat{\rho}_{X,Y}$ 非常小或者接近于 0（不相关），则表明 X、Y 之间不存在线性关系。图 8.3 所示的胶合板断裂模量和弹性模量之间的关系是一个典型的例子。

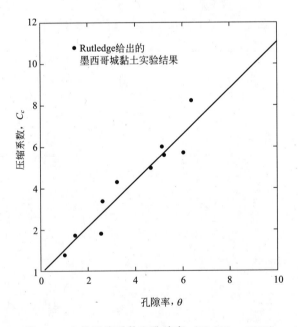

图 8.2　土的压缩系数和孔隙率（Nishida，1956）

　　从式（8.4）和（8.9）可以给出相关系数的估计值为

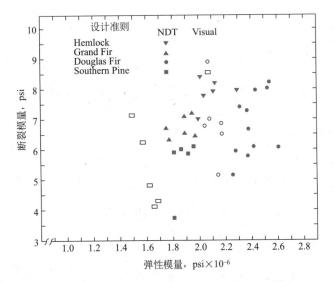

图 8.3　胶合板的断裂模量和弹性模量（Galligan & Snodgrass，1970）

$$\hat{\rho} = \frac{\sum (x_i - \overline{x})(y_i - \overline{y})}{\sum (x_i - \overline{x})^2} \left[\frac{s_X}{s_Y} \right] = \hat{\beta} \frac{s_X}{s_Y} \tag{8.10}$$

或者

$$\hat{\beta} = \hat{\rho} \frac{s_Y}{s_X} \tag{8.10a}$$

式（8.10a）给出了相关系数 ρ 的估计值与回归直线斜率 β 之间非常有用的关系。进一步，将（8.10a）代入（8.6）可以给出：

$$s_{Y|x}^2 = \frac{1}{n-2} \left[\sum (y_i - \overline{y})^2 - \hat{\rho}^2 \frac{s_Y^2}{s_X^2} \sum (x_i - \overline{x})^2 \right] = \frac{n-1}{n-2} s_Y^2 (1 - \hat{\rho}^2) \tag{8.11}$$

根据上式，我们可以得到

$$\hat{\rho}^2 = 1 - \frac{n-2}{n-1} \frac{s_{Y|x}^2}{s_Y^2} \tag{8.12}$$

当 n 很大时，可以看到 $\hat{\rho}^2$ 等于式（8.7）中的 r^2。基于此，我们可以认为较大的 $|\hat{\rho}|$ 意味着与线性回归方程对应的条件方差会有较大程度的降低，因而 Y 关于 X 的回归方程能够给出 Y 的更精确估计值。

8.3.2　正态变量的回归分析

从理论上讲，相关系数 ρ 的定义是针对具有联合正态分布的两个相关随机变量的。而且，线性模型假定和线性回归中隐含的方差恒定实质上是服从联合正态分布的两个总体的内在特性。从上述观点出发，当我们进行 Y 关于 X 的常方差线性回归并估计回归系数和相关系数时，我们实际上隐含地假定了所考察的总体是服从正态分布的。

从例 3.35 可知，如果两个随机变量 X 和 Y 服从联合正态分布，$X = x$ 时 Y 的条件均值和条件方差如下式所示：

$$E(Y \mid X = x) = \mu_Y + \rho \frac{\sigma_Y}{\sigma_X}(x - \mu_X) \tag{8.13}$$

$$\mathrm{Var}(Y \mid X = x) = \sigma_Y^2(1 - \rho^2) \tag{8.14}$$

其中 ρ 是两个变量的相关系数。因此，式（8.13）和（8.14）清楚地表明：当两个变量服从联合正态分布时，Y 关于 X 的回归方程是具有常数条件方差的线性方程，也即独立于 x。同样，X 关于 Y 的回归方程也是独立于 y 且具有常数条件方差的线性方程。特别地，对于 Y 关于 X 的回归方程，我们看到（8.13）的线性方程是式（8.1）的另一种表达形式，其中斜率 $\beta = \rho \dfrac{\sigma_Y}{\sigma_X}$，截距为 $\alpha = \mu_Y - \beta\mu_X$。

[例 8.2]

在第 6 章的例 6.12 中，我们给出了 Monocacy 河在 25 次暴风雨中的降水量与相应的径流量数据。水文学中感兴趣的是根据降水量来预测河流的径流量。为此，需要径流量关于降水量的回归关系。如果用 Y 表示径流量，X 表示降水量，我们将估计回归系数的计算过程列于表 E8.2 中。

根据表 E8.2，可得到变量 X、Y 的样本均值分别为：

$$\bar{x} = \frac{53.89}{25} = 2.16; \quad \bar{y} = \frac{20.05}{25} = 0.80$$

相应的样本方差为：

$$s_X^2 = \frac{1}{24}(153.44 - 25 \times 2.16^2) = 1.533; \quad s_Y^2 = \frac{1}{24}(24.68 - 25 \times 0.80^2) = 0.362$$

因此，回归系数为：

$$\hat{\beta} = \frac{59.24 - 25 \times 2.16 \times 0.80}{153.44 - 25(2.16)^2} = 0.435; \quad 和 \quad \hat{\alpha} = 0.80 - 0.435 \times 2.16 = -0.140$$

线性回归方程如图 E8.2 所示。

例 8.2 的计算表　　　　　　　　　　　　　　　　　　　　　　表 E8.2

风暴编号	降水量 x_i(in.)	流量 y_i(in.)	$x_i y_i$	x_i^2	y_i^2	$y_i' = \hat{\alpha} + \hat{\beta}x_i$	$(y_i - y_i')^2$
1	1.11	0.52	0.58	1.23	0.270	0.343	0.0313
2	1.17	0.40	0.47	1.37	0.160	0.369	0.0009
3	1.79	0.97	1.74	3.20	0.941	0.637	0.1110
4	5.62	2.92	16.40	31.60	8.526	2.280	0.4000
5	1.13	0.17	0.19	1.28	0.029	0.351	0.0328
6	1.54	0.19	0.29	2.37	0.036	0.530	0.1158
7	3.19	0.76	2.43	10.15	0.578	1.245	0.2360
8	1.73	0.66	1.14	2.99	0.436	0.612	0.0023
9	2.09	0.78	1.63	4.37	0.608	0.770	0.0001
10	2.75	1.24	3.41	7.55	1.538	1.059	0.0328

风暴编号	降水量 x_i(in.)	流量 y_i(in.)	x_iy_i	x_i^2	y_i^2	$y_i' = \hat{\alpha} + \hat{\beta}x_i$	$(y_i - y_i')^2$
11	1.20	0.39	0.47	1.44	0.152	0.381	0.0001
12	1.01	0.30	0.30	1.02	0.090	0.299	0.0000
13	1.64	0.70	1.15	2.69	0.490	0.574	0.0158
14	1.57	0.77	1.21	2.46	0.593	0.544	0.0511
15	1.54	0.59	0.91	2.37	0.348	0.530	0.0036
16	2.09	0.95	1.99	4.36	0.902	0.770	0.0326
17	3.54	1.02	3.62	12.55	1.040	1.400	0.1442
18	1.17	0.39	0.46	1.37	0.152	0.368	0.0004
19	1.15	0.23	0.26	1.32	0.053	0.360	0.0169
20	2.57	0.45	1.16	6.60	0.202	0.980	0.2810
21	3.57	1.59	5.66	12.74	2.528	1.415	0.0306
22	5.11	1.74	8.90	26.18	3.028	2.084	0.1185
23	1.52	0.56	0.85	2.31	0.314	0.521	0.0015
24	2.93	1.12	3.28	8.58	1.254	1.135	0.0002
25	2.93	0.64	0.74	1.34	0.410	0.365	0.0755
$\sum = $ 53.89	20.05	59.24	153.44	24.678		$\Delta^2 = $ 1.7350	

对任意给定的降水量，径流量的常数条件方差为：

$$s_{Y|x}^2 = \frac{\Delta^2}{n-2} = \frac{1.735}{25-2} = 0.075$$

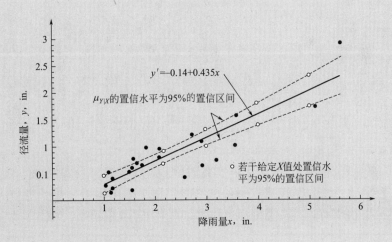

图 E8.2 河流径流量关于降水量的数据点和回归方程

其条件标准差为 $s_{Y|x} = \sqrt{0.075} = 0.274$in 。在本例中，根据式 (8.9)，我们可以得到相关系数：

$$\hat{\rho} = \frac{1}{24} \frac{59.24 - 25 \times 2.16 \times 0.80}{\sqrt{1.533}\sqrt{0.362}} = 0.898$$

　　假定对给定的降水量河流径流量是一个正态变量，我们可以给出给定降水量下特定径流量的出现概率。例如，当暴风雨时降水量为 4in 时，Monocacy 河的径流量大于 2in 的概率可用如下方式计算得到。

　　当降水量 $x = 4$in 时，平均径流量为：

$$E(Y \mid X = 4) = -0.14 + 0.435 \times 4 = 1.6\text{in}.$$

因此，当降水量 $x = 4$in 时，径流量 Y 服从 $N(1.6, 0.274)$in 的正态分布。故径流量超过 2in 的概率为：

$$P(Y > 2 \mid X = 4) = 1 - \Phi\left[\frac{2 - 1.6}{0.274}\right] = 1 - 0.928 = 0.072$$

　　我们还可以建立具有 95% 置信水平的置信区间。为此，先选定五个降水量的值 $x_i = 1.0$，2.16，3.0，4.0 和 5.0in。然后，查表 A.3 可以得到 $t_{0.975, 23} = 2.069$。根据式 (8.8)，上述五个 x_i 值处的 Y 置信区间分别为：

$$x_i = 1.0 : \langle \mu_{Y \mid 1.0} \rangle_{0.95} = 0.295 \pm 2.069 \times 0.274 \sqrt{\frac{1}{25} + \frac{(1.0 - 2.16)^2}{153.44 - 25 \times 2.16^2}}$$
$$= (0.138 \to 0.452)\text{in}.$$

$$x_i = 2.16 : \langle \mu_{Y \mid 2.16} \rangle_{0.95} = 0.800 \pm 2.069 \times 0.274 \sqrt{\frac{1}{25} + \frac{(2.16 - 2.16)^2}{153.44 - 25 \times 2.16^2}}$$
$$= (0.687 \to 0.913)\text{in}.$$

$$x_i = 3.0 : \langle \mu_{Y \mid 3.0} \rangle_{0.95} = 1.165 \pm 2.069 \times 0.274 \sqrt{\frac{1}{25} + \frac{(3.0 - 2.16)^2}{153.44 - 25 \times 2.16^2}}$$
$$= (1.027 \to 1.303)\text{in}$$

$$x_i = 4.0 : \langle \mu_{Y \mid 4.0} \rangle 0.95 = 1.600 \pm 2.069 \times 0.274 \sqrt{\frac{1}{25} + \frac{(4.0 - 2.16)^2}{153.44 - 25 \times 2.16^2}}$$
$$= (1.368 \to 1.832)\text{in}.$$

$$x_i = 5.0 : \langle \mu_{Y \mid 5.0} \rangle_{0.95} = 2.035 \pm 2.069 \times 0.274 \sqrt{\frac{1}{25} + \frac{(5.0 - 2.16)^2}{153.44 - 25 \times 2.16^2}}$$
$$= (1.746 \to 2.324)\text{in}.$$

由此给出了径流量关于降水量的回归直线具有 95% 置信水平的置信区间，如图 E8.2 所示。从图中可见，沿着回归直线，具有 95% 置信水平的置信区间最窄处出现在降水量 X 的均值位置、即 $\bar{x} = 2.16$in 处。

[例 8.3]

　　表 E8.3 中第 3 列给出了在不同荷载下观测到的群桩沉降（Viggiani, 2001），第 4 列是利用 Viggiani（2001）建议的非线性模型计算得到的群桩沉降。我们可以对观测沉降值 Y 关于计算沉降值 X 进行回归分析，计算过程总结在表 E8.3 中。

例 8.3 的数据和计算表　　　　　　　　　　　　　　　表 E8.3

编号	荷载 mn	观测沉降 y_i,mm	计算沉降 x_i,mm	y_i^2	x_i^2	$x_i y_i$	$y_i' = 0.038 + 1.064 x_i$	$(y_i' - y_i)^2$
1	0.22	0.7	5.9	0.49	34.81	4.13	6.316	31.539
2	1.2	64	27	4096	729	1728	28.728	1244.11
3	0.89	5	4.9	25	24.01	24.5	5.252	0.064
4	0.44	25	26.6	625	707.56	665	28.34	11.156
5	0.44	29.5	29.4	870.25	864.36	867.3	31.32	3.312
6	1.35	3.8	3.9	14.44	15.21	14.82	4.188	0.15
7	1.93	5.9	6.7	34.81	44.89	39.53	7.167	1.605
8	0.49	38.1	36.8	1452.61	1354.24	1402.08	39.193	1.195
9	1.3	185	175	34,225	30,625	32,375	186.238	1.533
10	5.09—8.9	28.1	32.7	789.61	1069.29	918.87	34.831	45.306
11	0.06—0.26	0.6	0.7	0.36	0.49	0.42	0.783	0.033
12	0.66	29.2	31.9	852.64	1017.61	931.48	33.98	22.848
13	0.76	32	32.4	1024	1049.76	1036.8	34.511	6.305
14	0.82	5.4	3.9	29.16	15.21	21.06	4.188	1.469
15	0—1.25	3.6	4.4	12.96	19.36	15.84	4.72	1.254
16	3.93	35.9	31.6	1288.81	998.56	1134.44	33.66	5.018
17	0.47	11.6	11.5	134.56	132.25	133.4	12.274	0.454
18	0.41	12.7	14.6	161.29	213.16	185.42	15.572	8.248
19	1.02	46	44.4	2116	1971.36	2042.4	47.28	1.638
20	0.24	3.8	4.5	14.44	20.25	17.1	4.826	1.053
21	0.105	4.9	5.2	24.01	27.04	25.48	5.571	0.45
22	1.65	11.7	11.8	136.89	139.24	138.06	12.593	0.797
23	0.598	1.83	3.49	3.35	12.18	6.39	3.751	3.489
24	0.68	9.43	8	88.92	64	75.44	8.55	0.744
25	0.95	6.6	6.05	43.56	36.6	39.91	6.475	0.016
Σ		600.36	563.34	48064.2	41185.4	43842.9		1393.79

从表 E8.3 中，我们得到 Y 和 X 的样本均值和样本标准差分别为：

$$\overline{y} = \frac{600.36}{25} = 24.014 \text{mm}; \quad \overline{x} = \frac{563.34}{25} = 22.534 \text{mm}$$

$$s_Y = \sqrt{\frac{1}{24}(48064.16 - 25 \times 24.014^2)} = 37.44 \text{ mm}$$

$$s_X = \sqrt{\frac{1}{24}(41185.44 - 25 \times 22.534^2)} = 34.45 \text{mm}$$

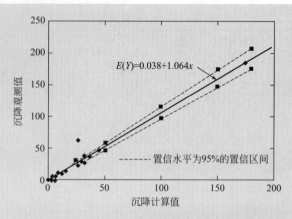

图 E8.3 观测沉降与计算沉降的数据点和回归分析

根据式（8.3）和（8.4），我们可以给出 Y 关于 X 的回归方程中相应的回归系数为：

$$\hat{\beta} = \frac{43842.89 - 25 \times 24.014 \times 22.534}{41185.44 - 25 \times 22.534^2} = 1.064；和$$

$$\hat{a} = 24.014 - 1.064 \times 22.535 = 0.038$$

表 E8.3 中第三列和第四列的数据绘制在图 E8.1 中。

因此，Y 关于 X 的线性回归方程为：

$$E(Y \mid X = x) = 0.038 + 1.064x$$

从式（8.9）可以得到相关系数为：

$$\hat{\rho} = \frac{1}{24} \left[\frac{43842.89 - 25 \times 24.014 \times 22.534}{37.44 \times 34.45} \right] = 0.98$$

这表明观测沉降值和计算沉降值有非常高的相关性。给定 X 时，Y 的条件标准差可由式（8.6a）给出：

$$s_{Y \mid x} = \sqrt{\frac{1393.79}{23}} = 7.784 \text{mm}$$

可见 $s_{Y \mid x}$ 的值比无条件标准差 $s_Y = 37.44 \text{mm}$ 小得多。

根据式（8.8）还可以构建具有 95% 置信水平的回归直线置信区间。为此，我们首先给出在选定离散点 $x_i = 25 \text{mm}$，50mm，100mm，150mm 和 180mm 处相应的具有 95% 置信水平的置信区间。查表 A.3 可以得到 $t_{0.975, 23} = 2.069$。

$$x_i = 25 \text{mm}： \langle \mu_Y \rangle_{.95} = 26.600 \pm 2.069 \times 7.784 \sqrt{\frac{1}{25} + \frac{(25 - 22.534)^2}{(41185.4 - 25 \times 22.534^2)}}$$

$$= (23.38 \to 29.82) \text{mm}$$

$$x_i = 50 \text{mm}： \langle \mu_Y \rangle_{.95} = 53.238 \pm 2.069 \times 7.784 \sqrt{\frac{1}{25} + \frac{(50 - 22.534)^2}{(41185.4 - 25 \times 22.534^2)}}$$

$$= (49.08 \to 57.39) \text{mm}$$

$$x_i = 100\text{mm}: \langle \mu_Y \rangle_{.95} = 106.44 \pm 2.069 \times 7.784 \sqrt{\frac{1}{25} + \frac{(100 - 22.534)^2}{(41185.4 - 25 \times 22.534^2)}}$$

$$= (98.38 \rightarrow 114.50)\text{mm}$$

$$x_i = 150\text{mm}: \langle \mu_Y \rangle_{.95} = 159.64 \pm 2.069 \times 7.784 \sqrt{\frac{1}{25} + \frac{(150 - 22.534)^2}{(41185.4 - 25 \times 22.534^2)}}$$

$$= (147.06 \rightarrow 172.22)\text{mm}$$

$$x_i = 180\text{mm}: \langle \mu_Y \rangle_{.95} = 191.56 \pm 2.069 \times 7.784 \sqrt{\frac{1}{25} + \frac{(180 - 22.534)^2}{(41185.4 - 25 \times 22.534^2)}}$$

$$= (176.19 \rightarrow 206.92)\text{mm}$$

分别对上述计算得到的置信区间下限和上限值进行连线，可得到回归直线具有 95％置信水平的置信区间，如图 E8.3 中的虚线所示。

▶ 8.4 非常数方差情况下的线性回归

随着控制变量的变化，观测数据散点图的离散性有时差异很大。在此情况下，回归方程的条件方差或者条件标准差不再是常数，而可能是控制变量的一个函数。8.2.1 节中的回归分析可以推广到条件方差发生变化的情况。为此，条件方差可以表示为：

$$\text{Var}(Y \mid X = x) = \sigma^2 g^2(x) \tag{8.15}$$

其中 σ 是待定常数，$g(x)$ 是预先确定的 x 的函数。

同样，对于 Y 关于 X 的线性回归，可以给出

$$E(Y \mid X = x) = \alpha + \beta x$$

其中回归系数 α 和 β 不同于式（8.1）给出的值。在这里，可以合理地假定处于小条件方差区间的数据点要比处于大条件方差区间的数据点有更高的权重。在此前提下，我们将其权重定义为条件方差的倒数：

$$w'_i = \frac{1}{\text{Var}(Y \mid X = x_i)} = \frac{1}{\sigma^2 g^2(x_i)}$$

由此可以给出总的平方误差为：

$$\Delta^2 = \sum_{i=1}^{n} w_i (y_i - \alpha - \beta x_i)^2$$

从而，回归系数 α 和 β 的最小二乘估计变为：

$$\hat{\alpha} = \frac{\sum w_i y_i - \hat{\beta} \sum w_i x_i}{\sum w_i} \tag{8.16}$$

和

$$\hat{\beta} = \frac{\sum w_i (\sum w_i x_i y_i) - (\sum w_i x_i)(\sum w_i y_i)}{\sum w_i (\sum w_i x_i^2) - (\sum w_i x_i)^2} \tag{8.17}$$

其中

$$w_i = \sigma^2 w_i{'} = \frac{1}{g^2(x_i)}$$

对于样本数为 n 的情况，σ^2 的无偏估计为：

$$s^2 = \frac{\sum w_i(y_i - \hat{\alpha} - \hat{\beta}x_i)^2}{n-2} = \frac{\sum w_i(y_i - \overline{y_i})^2}{n-2} \tag{8.18}$$

因此，根据式 (8.15)，$X = x$ 时，Y 条件方差的估计值为

$$s_{Y|x}^2 = s^2 \cdot g^2(x) \tag{8.19}$$

或者

$$s_{Y|x} = sg(x) \tag{8.19a}$$

相关系数和置信区间

式 (8.9) 和 (8.10) 的相关系数对于当前情形依然有效。特别地，式 (8.10) 依然正确，其中 $\hat{\beta}$ 由式 (8.17) 给出，即 $\hat{\rho} = \hat{\beta}\dfrac{s_X}{s_Y}$，其中 s_X 和 s_Y 分别为 X 和 Y 的样本标准差。同样，相应的置信区间可以由式 (8.8) 给出，其中，$\overline{y_i} = E(Y|X = x_i)$ 根据回归系数由式 (8.16) 和 (8.17) 计算的回归方程给出，而式 (8.19a) 和 (8.18) 则给出 $s_{Y|x} = g(x)\sqrt{\dfrac{\sum w_i(y_i - \overline{y_i})^2}{n-2}}$。

[例 8.4]

利比亚的 18 个储罐观测到的最大沉降与最大沉降差数据如图 E8.4 所示。从图中可见沉降差的分散度随着最大沉降量的增大而线性增大。因此，可以假定最大沉降差 Y 的条件标准差是随最大沉降 X 线性增长，即 $g(x) = x$，$\mathrm{Var}(Y|X = x) = \sigma^2 x^2$ 和 $w_i = \dfrac{1}{x_i^2}$。

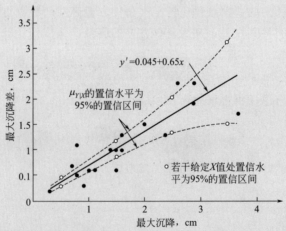

图 E8.4　利比亚储罐沉降量（数据来源于 Lambe and Whitman，1969）

计算的细节列在表 E8.4 中。从表 E8.4 中可以得到 X 和 Y 的样本均值和样本方差分别为：

$$\overline{x} = \frac{29.7}{18} = 1.65; \overline{y} = \frac{19.9}{18} = 1.11$$

和

$$s_X = \sqrt{\frac{1}{17}(63.49 - 18 \times 1.65^2)} = 0.923; s_Y = \sqrt{\frac{1}{17}(28.87 - 18 \times 1.11^2)} = 0.627$$

同时，根据式（8.16）和（8.17）可以得到回归系数为：

$$\hat{\beta} = \frac{22.38 \times 12.42 - 15.84 \times 11.31}{22.38 \times 18 - 15.84^2} = 0.65; \hat{\alpha} = \frac{11.31 - 0.65 \times 15.84}{22.38} = 0.045$$

因此，Y 关于 X 的线性回归方程为：

$$E(Y \mid x) = 0.045 + 0.65x$$

例 **8.4** 计算表　　　　　　　　　　　　　表 **E8.4**

水罐最大沉降差

编号沉降量

i	x_i(cm)	y_i(cm)	w_i	$w_i x_i$	$w_i y_i$	$w_i x_i y_i$	$w_i x_i^2$	$w_i(y_i - \overline{y_i})^2$
1	0.3	0.2	11.11	3.33	2.22	0.67	1.0	0.0178
2	0.7	0.7	2.04	1.43	1.43	1.00	1.0	0.0816
3	0.8	0.5	1.56	1.25	0.78	0.62	1.0	0.0066
4	0.8	1.1	1.56	1.25	1.72	1.37	1.0	0.4465
5	0.9	0.3	1.23	1.11	0.37	0.33	1.0	0.1339
6	1.0	0.6	1.00	1.00	0.60	0.60	1.0	0.0090
7	1.1	0.6	0.83	0.91	0.50	0.55	1.0	0.0212
8	1.4	1.0	0.51	0.71	0.51	0.71	1.0	0.0010
9	1.5	1.0	0.44	0.67	0.44	0.66	1.0	0.0002
10	1.6	1.0	0.39	0.63	0.39	0.62	1.0	0.0028
11	1.6	1.3	0.39	0.63	0.51	0.81	1.0	0.0180
12	2.0	1.5	0.25	0.50	0.38	0.75	1.0	0.0060
13	2.4	1.3	0.17	0.42	0.22	0.53	1.0	0.0158
14	2.6	2.3	0.15	0.38	0.35	0.90	1.0	0.0479
15	2.9	1.9	0.12	0.34	0.23	0.66	1.0	0.0001
16	2.9	2.3	0.12	0.34	0.28	0.80	1.0	0.0164
17	3.7	1.7	0.07	0.27	0.12	0.44	1.0	0.0394
18	1.5	0.6	0.44	0.67	0.26	0.40	1.0	0.0776
Σ	29.7	19.9	22.38	15.84	11.31	12.42	18.0	0.9418

根据式（8.18），σ^2 的估计为：

$$s^2 = \frac{0.9418}{18 - 2} = 0.0589$$

从式（8.19a）可得 Y 的条件方差是 X 的函数，即：

$$s_{Y \mid x} = x \sqrt{0.0589} = 0.243x .$$

在本例中，式（8.10）给出的相关系数估计值为

$$\hat{\rho} = \hat{\beta} \frac{s_X}{s_Y} = 0.65 \frac{0.923}{0.627} = 0.96$$

回归方程相应的置信区间得到如下。选取离散点 $x = 0.5$，1.5，2.5 和 3.5。当置信水平为 90% 时，从表 A.2 可以得到 $t_{0.95, 16} = 1.746$。再根据式 (8.8)，针对所取离散点，各点相应的置信区间为：

$x_i = 0.5$：$\langle \mu_{Y|x} \rangle_{0.90}$

$$= 0.370 \pm 1.746(0.243 \times 0.5) \sqrt{\frac{1}{18} + \frac{(0.5 - 1.65)^2}{(63.49 - 18 \times 1.65^2)}}$$

$$= (0.288 \rightarrow 0.451)$$

$x_i = 1.5$：$\langle \mu_{Y|x} \rangle_{0.90}$

$$= 0.975 \pm 1.746(0.243 \times 1.5) \sqrt{\frac{1}{18} + \frac{(1.5 - 1.65)^2}{(63.49 - 18 \times 1.65^2)}}$$

$$= (0.823 \rightarrow 1.127)$$

$x_i = 2.5$：$\langle \mu_{Y|x} \rangle_{0.90}$

$$= 1.670 \pm 1.746(0.243 \times 2.5) \sqrt{\frac{1}{18} + \frac{(2.5 - 1.65)^2}{(63.49 - 18 \times 1.65^2)}}$$

$$= (1.326 \rightarrow 2.014)$$

$x_i = 3.5$：$\langle \mu_{Y|x} \rangle_{0.90}$

$$= 2.320 \pm 1.746(0.243 \times 3.5) \sqrt{\frac{1}{18} + \frac{(3.5 - 1.65)^2}{(63.49 - 18 \times 1.65^2)}}$$

$$= (1.512 \rightarrow 3.122)$$

利用所选离散点 x_i 处的置信区间，可以构建最大不均匀沉降关于最大沉降回归方程具有 90% 置信水平的置信区间，如图 E8.4 所示。

▶ 8.5 多元线性回归

一个因变量可能是多个独立或者控制变量的函数。在此情况下，如果这些变量是随机的，则因变量的均值和方差也将是独立变量的函数。当假定均值函数是线性的，那么这种回归分析就称为多元线性回归。多元线性回归分析是 8.2 节中双变量回归分析的推广。

假设感兴趣的因变量 Y 是 k 个随机变量 X_1，X_2，$\cdots$，X_k 的线性函数。在 $X_1 = x_{i1}$，$X_2 = x_{i2}$，$\cdots$，$X_k = x_{ik}$；$i = 1, 2, \cdots, n$ 处 Y 的均值可写为：

$$y_i{}' = \beta_0 + \beta_1 x_{i1} + \beta_2 x_{i2} + \cdots + \beta_k x_{ik} \tag{8.20}$$

其中，对每个 i，β_0，β_1，$\cdots$，β_k 是从观测数据 $(x_{i1}, x_{i2}, \cdots, x_{ik})$ 得出的常数回归系数。对任意的 i，在给定 x_{i1}，x_{i2}，$\cdots$，x_{ik} 处，Y 的条件方差可假定为常数，即：

$$\mathrm{Var}(Y|x_{i1}, x_{i2}, \cdots, x_{ik}) = \sigma^2 \tag{8.21}$$

或者是 $(x_{i1}, x_{i2}, \cdots, x_{ik})$ 的函数

$$\mathrm{Var}(Y|x_{i1}, x_{i2}, \cdots, x_{ik}) = \sigma^2 g^2(x_{i1}, x_{i2}, \cdots, x_{ik}) \tag{8.22}$$

此时，根据样本数为 n 的观测数据 $(x_{i1}, x_{i2}, \cdots, x_{ik}, y_i)$，$i = 1, 2, \cdots, n$，

可利用回归分析来估计 β_0，β_1，$\cdots$，β_k 和 σ^2。

式（8.20）可以方便地写成矩阵形式：

$$\mathbf{y}' = \mathbf{X}\boldsymbol{\beta} \tag{8.20a}$$

其中 $\mathbf{y}' = \{y_1', y_2', \cdots, y_n'\}^T$ 是一个向量，y_i' 由式（8.20）给出；$\boldsymbol{\beta} = (\beta_0, \beta_1, \cdots, \beta_k)^T$ 是回归系数向量；$\mathbf{X}$ 是一个 $n \times (k+1)$ 矩阵（n 行，$k+1$ 列矩阵）。

$$\mathbf{X} = \begin{bmatrix} 1 & x_{11} & x_{12} & \cdots & x_{1k} \\ 1 & x_{21} & x_{22} & \cdots & x_{2k} \\ \vdots & \vdots & & & \\ \vdots & \vdots & & & \\ 1 & x_{n1} & x_{n2} & \cdots & x_{nk} \end{bmatrix}$$

首先考虑条件方差是常数的情况。对于 n 个数据点，总的平方误差为：

$$\Delta^2 = \sum_{i=1}^{n} (y_i - y_i')^2 = \sum_{i=1}^{n} [y_i - \beta_0 - \beta_1 x_{i1} - \cdots - \beta_k x_{ik}]^2 \tag{8.23}$$

然后，基于最小二乘法，可以通过最小化 Δ^2 得到如下线性方程组来给出 β_j，$j = 0, 1, 2, \cdots, k$ 的估计值：

$$\frac{\partial \Delta^2}{\partial \beta_0} = \sum_{i=1}^{n} [y_i - \hat{\beta}_0 - \hat{\beta}_1 x_{i1} - \cdots - \hat{\beta}_k x_{ik}] = 0$$

$$\frac{\partial \Delta^2}{\partial \beta_1} = \sum_{i=1}^{n} x_{i1} [y_i - \hat{\beta}_0 - \hat{\beta}_1 x_{i1} - \cdots - \hat{\beta}_k x_{ik}] = 0 \tag{8.24}$$

$$\vdots$$

$$\frac{\partial \Delta^2}{\partial \beta_k} = \sum_{i=1}^{n} x_{ik} [y_i - \hat{\beta}_0 - \hat{\beta}_1 x_{i1} - \cdots - \hat{\beta}_k x_{ik}] = 0$$

式（8.24）包括 $k+1$ 个方程，未知数为 $k+1$ 个回归系数。同样，采用矩阵形式，式（8.24）可改写为：

$$\mathbf{X}^T \mathbf{X} \hat{\boldsymbol{\beta}} = \mathbf{X}^T \mathbf{y} \tag{8.24a}$$

其中 $\mathbf{y} = \{y_1, y_2, \cdots, y_n\}$ 是 Y 的观测值向量；T 代表矩阵转置。

对式（8.24a）两边左乘 $\mathbf{X}^T \mathbf{X}$ 的逆矩阵，可以得到回归系数的最小二乘估计为：

$$\hat{\boldsymbol{\beta}} = (\mathbf{X}^T \mathbf{X})^{-1} \mathbf{X}^T \mathbf{y} \tag{8.25}$$

其中 $\hat{\beta} = \{\beta_0, \beta_1, \cdots, \beta_k\}$ 是 $k+1$ 维向量。由此我们可以给出多元回归方程的矩阵形式：

$$\mathbf{y}' = \mathbf{X}\hat{\boldsymbol{\beta}} \tag{8.26}$$

式（8.26）的标量形式表示如下 k 个多元回归方程：

$$y_i' = \hat{\beta}_0 + \sum_{j=1}^{k} \hat{\beta}_j x_{ij}; i = 1, 2, \cdots, n; j = 1, 2, \cdots, k \tag{8.26a}$$

其中 $\hat{\beta}_0$ 和 $\hat{\beta}_j$ 是 $\hat{\boldsymbol{\beta}}$ 的元素。

对于给定的 X_1，X_2，$\cdots$，X_k 值，Y 的条件方差的无偏估计为：

$$s_{Y|x_1,x_2,\cdots,x_k}^2 = \frac{\Delta^2}{n-k-1} = \frac{\sum_{i=1}^{n}(y_i - y_i')^2}{n-k-1} \tag{8.27}$$

其中 y_i' 由式（8.26a）给出。Y 的原始方差的减少量同样可由式（8.7）中的 r 来计算，此时宜用 $s_{Y|x_1,\cdots,x_k}$ 代替式中的 $s_{Y|x}$。

[例 8.5]

公路设计时确定冰冻深度的一个重要因素是场地的年平均温度。表 E8.5a 给出了西弗吉尼亚州的十个不同气象站的年平均温度记录。

西弗吉尼亚州年平均气温（数据来自于 **Moulton & Schaub, 1969**）

表 E8.5a

气象站	海拔(英尺)	北纬(度)	年平均气温(华氏度)
Bayard	2375	39.27	47.5
Buckhannon	1459	39.00	52.3
Charleston	604	38.35	56.8
Flat Top	3242	37.58	48.4
Kearneysville	550	39.38	54.2
Madison	675	38.05	55.1
New Martinsville	635	39.65	54.4
Pickens	2727	38.66	48.8
Rainelle	2424	37.97	50.5
Wheeling	659	40.10	52.7

对于西弗吉尼亚州无气象记录的区域，公路建设场址的年平均温度可由表 E8.5a 中不同海拔和纬度位置处的气象记录信息来进行预测。

为此，假定如下的多元线性方程

$$E(Y|x_1,x_2) = \beta_0 + \beta_1 x_1 + \beta_2 x_2$$

其中 Y 为年平均温度，单位为 $^\circ F$；x_1 为海拔，单位为英尺；x_2 为北纬纬度，单位为度。

为了给出回归系数，根据表 E8.4a 可得如下矩阵和向量：

$$
\mathbf{X} =
\begin{bmatrix}
1 & 2375 & 39.27 \\
1 & 1459 & 39.00 \\
1 & 604 & 38.35 \\
1 & 3242 & 37.58 \\
1 & 550 & 39.38 \\
1 & 675 & 38.05 \\
1 & 635 & 39.65 \\
1 & 2727 & 38.66 \\
1 & 2424 & 37.97 \\
1 & 659 & 40.10
\end{bmatrix},
\quad
\mathbf{y} =
\begin{bmatrix}
47.5 \\
52.3 \\
56.8 \\
48.4 \\
54.2 \\
55.1 \\
54.4 \\
48.8 \\
50.5 \\
52.7
\end{bmatrix}
\quad \text{和} \quad
\hat{\boldsymbol{\beta}} =
\begin{bmatrix}
\hat{\beta}_0 \\
\hat{\beta}_1 \\
\hat{\beta}_2
\end{bmatrix}
$$

根据矩阵运算规则，利用式（8.24a）-（8.26）可以得到：

$$\mathbf{X}^T\mathbf{X} = \begin{bmatrix} 10 & 15350 & 388 \\ 15350 & 3.36\times10^7 & 5.92\times10^5 \\ 388 & 5.92\times10^5 & 15,061 \end{bmatrix},$$

$$(\mathbf{X}^T\mathbf{X})^{-1} = \begin{bmatrix} 357.12 & -0.0038 & -9.051 \\ -0.0038 & 1.372\times10^{-7} & 9.237\times10^5 \\ -9.051 & 9.237\times10^5 & 0.2296 \end{bmatrix}$$

和

$$\mathbf{X}^T\mathbf{y} = \begin{bmatrix} 520.7 \\ 772104 \\ 20208 \end{bmatrix}, \text{ 及 } \hat{\boldsymbol{\beta}} = (\mathbf{X}^T\mathbf{X})^{-1}(\mathbf{X}^T\mathbf{y}) = \begin{bmatrix} 121.05 \\ -0.0034 \\ -1.644 \end{bmatrix}$$

例 8.5 计算表   表 E8.5b

海拔 x_{i1}(英尺)	纬度 x_{i2}(度)	年平均气温 y_i(°F)	y_i'	$(y_i - y_i')^2$
2375	39.27	47.5	48.43	0.86
1459	39.00	52.3	51.99	0.10
604	38.35	56.8	55.97	0.69
3242	37.58	48.4	48.27	0.02
550	39.38	54.25	4.45	0.06
675	38.05	55.15	6.22	1.25
635	39.65	54.45	3.72	0.46
2727	38.66	48.8	48.24	0.31
2424	37.97	50.5	50.41	0.01
659	40.10	52.7	52.89	0.04
$\sum$	15350	388.01	520.7	$\Delta^2 = 3.80$

因此，回归系数为 $\beta_0 = 121.05$、$\beta_1 = -0.0034$ 和 $\beta_2 = -1.644$。从而得到 Y 关于 X_1 和 X_2 的多元线性回归方程为：

$$y' = E(Y|x_1, x_2) = 121.05 - 0.0034x_1 - 1.644x_2$$

根据上述回归方程，我们将计算结果总结在表 E8.5b 中。从这些结果我们可以得出：样本均值分别为

$$\bar{x}_1 = \frac{15350}{10} = 1,535; \bar{x}_2 = \frac{388.01}{10} = 38.80; \bar{y} = \frac{520.7}{10} = 52.07$$

样本标准差分别为

$$s_{X_1} = \sqrt{\frac{1}{9}(33552622 - 10\times1535^2)} = 1054 \text{ 英尺};$$

$$s_{X_2} = \sqrt{\frac{1}{9}(15,061 - 10\times38.80^2)} = 0.87 \text{ 度，和}$$

$$s_Y = \sqrt{\frac{1}{9}(27,202 - 10\times52.07^2)} = 3.15 \text{ °F}$$

进而，由式（8.27）可得 Y 的条件标准差为：

$$s_{Y|x_1·x_2} = \sqrt{\frac{3.80}{10-2-1}} = 0.74°F$$

　　将上述方程应用于西弗吉尼亚州 Gary 市，其海拔为 1426 英尺，纬度为北纬 37.37°。故可得该市年平均温度为：

$$E(Y|1426,37.37) = 121.3 - 0.0034 \times 1426 - 4.65 \times 37.37 = 54.80°F$$

其条件标准差为 0.74°F 。

　　如果 Gary 市的年平均温度服从正态分布，其温度的 10% 分位值 $y_{0.10}$ 可由下式给出：

$$P(Y < y_{0.10}) = \Phi\left[\frac{y_{0.10} - 54.80}{0.74}\right] = 0.10$$

由此可得 $y_{0.10} = 54.80 + 0.74\Phi^{-1}(0.10) = 54.80 - 0.74 \times 1.28 = 53.9°F$ 。

多元相关

　　在多元回归中，因变量 Y 是两个或者多个独立或者控制变量的函数。因此，Y 可能与每个独立变量 X_j 均相关且具有相关系数 ρ_{Y,X_j} 。进而，每对控制变量 X_i 与 X_j 之间也可能是相互相关的且具有相关系数 ρ_{X_i,X_j} 。根据式（8.9），对样本数为 n 的观测数据，Y 与 X_j 间相关系数估计值可表示为：

$$\hat{\rho}_{Y,X_j} = \frac{1}{n-1}\frac{\sum_{i=1}^{n} x_{ij}y_i - n\bar{x}_j\bar{y}}{s_{X_j} \cdot s_Y}$$

▶ 8.6　非线性回归分析

　　工程变量之间的函数关系并不总是线性的，或者说并不总能用线性模型来进行描述。来自现场测量或实验中的观测数据在散点图上可能表现出非线性趋势。在此情况下，变量间用非线性关系描述可能是更合适的。基于观测数据确定合适的非线性关系称为非线性回归分析。

　　非线性回归分析通常基于因变量 Y 的均值是独立（或控制）变量的一个假定非线性函数，其中的待定系数必须从观测数据给出。Y 关于 X 的最简单的非线性回归方程为：

$$E(Y|x) = \alpha + \beta g(x) \tag{8.28}$$

其中 $g(x)$ 是事先给定的 x 非线性函数。例如，$g(x)$ 可以是多项式 $x + x^2$、指数函数 e^x、对数函数 $\ln x$ 或者为 x 的其他非线性函数。通常，上述表达同时伴有常值条件方差、即 $\mathrm{Var}(Y|x) =$ 常数，或者条件方差是 x 的函数 $g(x)$。

　　定义一个新的变量 $x' = g(x)$，式（8.28）变为：

$$E(Y|x') = \alpha + \beta x' \tag{8.29}$$

可见式（8.29）和（8.1）给出的线性回归方程有着同样的数学表达形式。进而，如果观测数据点 (x_i, y_i) 也变换成了 (x'_i, y_i)，则 Y 关于 X 的非线性回归就相应变成了 Y 关于 X' 的线性回归。回归系数 α 和 β 可由式（8.3）和（8.4）估

计，条件方差 $s_{Y|x'}{}^2$ 也可由式（8.6）来估计。

[例 8.6]

对 20 世纪 60 年代 15 个美国城市商业中心区域的平均日停车费数据进行了搜集，如表 E8.6 所示，对应的城市人口也列在表 E8.6 中。图 E8.6a 所示的数据散点图显然具有非线性趋势。但若用 $x'=\ln x$ 代替 x，则对应的散点图表示在图 E8.6b 中，此时它显示出线性趋势。基于这一分析，我们可以建立平均日停车费与 $\ln x$ 的线性函数模型，即如下非线性回归方程：

$$E(Y|x)=\alpha+\beta\ln x$$

其中 Y（美元）是平均日停车费（单位为 20 世纪 60 年代的美元）；x（千人）是城市人口数。

例 8.6 数据和计算总结表　　　　　　　　　　　表 E8.6

城市编号	人口 x_i（千人）	停车费 y_i（美元）	$x'_i=\ln x_i$	$x'_i y_i$	x'^2_i	y_i^2	y'_i	$(y_i-y'_i)^2$
1	190	0.50	5.25	2.62	27.5	0.25	0.51	0.000
2	310	0.48	5.74	2.75	32.9	0.23	0.63	0.023
3	270	0.53	5.60	2.97	31.3	0.28	0.60	0.005
4	320	0.58	5.77	3.35	33.3	0.34	0.63	0.003
5	460	0.60	6.13	3.68	37.6	0.36	0.72	0.014
6	340	0.67	5.83	3.91	34.0	0.45	0.65	0.000
7	380	0.69	5.94	4.10	35.3	0.48	0.68	0.000
8	520	0.75	6.25	4.69	39.1	0.56	0.75	0.000
9	310	0.80	5.74	4.59	32.9	0.64	0.63	0.029
10	400	0.80	5.99	4.79	35.9	0.64	0.69	0.012
11	470	0.81	6.15	4.98	37.9	0.66	0.73	0.006
12	840	0.92	6.73	6.19	45.3	0.85	0.87	0.003
13	1910	0.92	7.56	6.95	57.1	0.85	1.07	0.023
14	3290	1.40	8.10	11.34	65.6	1.96	1.21	0.036
15	3600	1.12	8.19	9.17	67.1	1.25	1.23	0.012
$\sum$		11.57	94.97	76.08	612.8	9.80		$\Delta^2=0.166$

从表 E8.6 中的计算结果可得到：样本均值为

$$\overline{x}'=\frac{94.97}{15}=6.33;\ \overline{y}=\frac{11.57}{15}=0.771$$

样本标准差为

$$s_{x'}=\sqrt{\frac{1}{14}(612.8-15\times6.33^2)}=0.92;\ s_Y=\sqrt{\frac{1}{14}(9.80-15\times0.771^2)}=0.25$$

然后，根据式（8.3）和（8.4），可以得到回归系数为：

$$\hat{\beta}=\frac{76.08-15\times6.33\times0.771}{612.8-15\times6.33^2}=0.244;\ \hat{\alpha}=0.771-0.244\times6.33=-0.773$$

因此，Y 关于 $\ln X$ 的回归方程为：

$$E(Y|\ln x)=-0.773+0.244\ln x$$

如图 E8.6b 所示。相应地，Y 关于 X 的非线性回归关系如图 E8.6a 所示。

当给定 $x' = \ln x$ 时，Y 的条件标准差为：

$$s_{Y|x'} = \sqrt{\frac{0.166}{15-2}} = \sqrt{0.0128} = 0.113$$

对于 Y 关于 $\ln X$ 的线性回归，相应的相关系数可由式（8.9）得到：

$$\hat{\rho} = \frac{1}{14} \frac{76.08 - 15 \times 6.33 \times 0.771}{0.92 \times 0.25} = 0.89$$

这表明 Y 和 $\ln X$ 间具有线性关系这一论断是合理的。

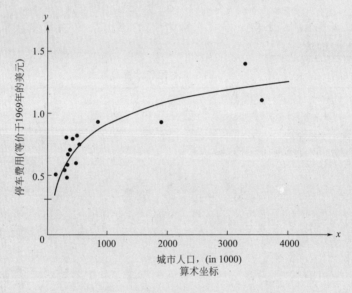

（a）停车费和人口数数据点（算术比例）和
Y 关于 X 的回归方程（数据来源于 Wynn，1969）

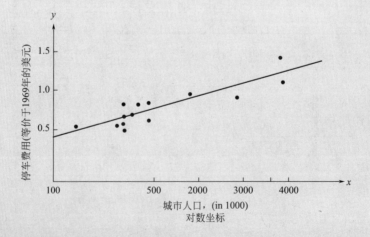

（b）停车费和人口数数据点（半对数坐标）和
Y 关于 X 的回归方程（数据来源于 Wynn，1969）

[例 8.7]

为了根据池塘的平均温度 T 预测池塘中溶解氧的平均浓度，对溶解氧浓度 DO（mg/l）和相应的温度 T（℃）进行了测量，数据总结在表 E8.7 中。在本例中，指数模型可能能够合理地描述 DO 与温度 T 之间的函数关系，即

$$DO = \alpha e^{\beta T}$$

对上述方程两边取自然对数，有

$$\ln DO = \ln\alpha + \beta T$$

因此，令 $X = T$，$Y = \ln DO$，可以建立 Y 关于 X 的线性回归方程：

$$E(Y|X) = \ln\alpha + \beta X \text{ 或者 } E(\ln DO|T) = \ln\alpha + \beta T$$

例 8.7 数据和计算总结表   表 E8.7

平均温度 x_i(℃)	平均溶解氧浓度 y_i(mg/l)	$\ln y_i'$	$x_i \ln y_i$	x_i^2	$(\ln y_i)^2$	$\ln y_i' = 3.86 - 0.11x_i$	$(\ln y_i - \ln y_i')^2$
23.2	4.2	1.44	33.41	538.2	2.07	1.31	0.0169
23.4	3.7	1.31	30.65	547.6	1.72	1.29	0.0004
23.8	3.8	1.34	31.89	566.4	1.80	1.24	0.0100
24.1	2.5	0.92	22.17	580.8	0.85	1.21	0.0841
24.4	3.1	1.13	27.57	595.4	1.28	1.18	0.0025
24.6	3.2	1.16	28.53	605.2	1.34	1.15	0.0001
25.5	2.9	1.06	27.03	650.3	1.12	1.06	0.0000
27.2	2.5	0.92	25.02	739.8	0.85	0.87	0.0025
27.3	3.0	1.10	30.03	745.3	1.21	0.86	0.0576
27.5	2.3	0.83	22.83	756.3	0.69	0.84	0.0001
28.7	1.6	0.47	13.49	823.7	0.22	0.70	0.0529
$\sum$ 279.7	32.8	11.68	292.62	7149.0	13.15		$\Delta^2 = 0.2271$

根据表 E8.7 中的计算结果，可以得到：样本均值

$$\overline{T} = \frac{279.7}{11} = 25.43 ; \overline{\ln DO} = \frac{11.68}{11} = 1.06 ,$$

样本标准差

$$s_T = \sqrt{\frac{1}{10}(7149.0 - 11 \times 25.43^2)} = 1.883 ;$$

$$s_{\ln DO} = \sqrt{\frac{1}{10}(13.15 - 11 \times 1.06^2)} = 0.281$$

还可以得到回归系数的估计值：

$$\hat{\beta} = \frac{292.62 - 11 \times 25.43 \times 1.06}{7149.0 - 11 \times 25.43^2} = -0.11 ; \ln\hat{\alpha} = 1.06 + 0.11 \times 25.43 = 3.86$$

因此，$\ln DO$ 关于 T 的线性回归方程为：

$$E(\ln DO|T) = 3.86 - 0.11T$$

该方程示于图 E8.7 的半对数图中。

DO 关于 T 的非线性回归关系为：

$$E(DO|T) = \exp(3.86 - 0.11T) = 47.5e^{-0.11T}$$

对于 $\ln DO$ 关于 T 的上述线性回归方程，相应的相关系数估计可由式 (8.9) 获得：

$$\hat{\rho} = \frac{1}{10}\left[\frac{292.62 - 11 \times 25.43 \times 1.06}{1.883 \times 0.281}\right] = -0.74$$

也可以由式 (8.10) 得到

$$\hat{\rho} = (-0.11)\frac{1.883}{0.281} = -0.74$$

当 T 给定时，$\ln DO$ 相应的条件标准差为：

$$s_{\ln DO\mid T} = \sqrt{\frac{0.2271}{11 - 2}} = 0.159$$

利用在温度 $T = 23.5°$，$25.0°$，$26.5°$，$28.0°C$ 处 $\ln DO$ 的置信区间，我们可以构建出 $\ln DO$ 关于 T 的线性回归方程的置信区间。

$$T = 23.5°C: \langle\mu_{\ln DO}\rangle_{0.95} = 1.275 \pm 2.262 \times 0.159\sqrt{\frac{1}{11} + \frac{(23.5 - 25.43)^2}{(7149 - 11 \times 25.43^2)}}$$
$$= (1.12 \to 1.43)$$

$$T = 25.0°C: \langle\mu_{\ln DO}\rangle_{0.95} = 1.110 \pm 2.262 \times 0.159\sqrt{\frac{1}{11} + \frac{(25.0 - 25.43)^2}{(7149 - 11 \times 25.43^2)}}$$
$$= (1.00 \to 1.22)$$

$$T = 26.5°C: \langle\mu_{\ln DO}\rangle_{0.95} = 0.945 \pm 2.262 \times 0.159\sqrt{\frac{1}{11} + \frac{(26.5 - 25.43)^2}{(7149 - 11 \times 25.43^2)}}$$
$$= (0.82 \to 1.07)$$

$$T = 28.0°C: \langle\mu_{\ln DO}\rangle_{0.95} = 0.780 \pm 2.262 \times 0.159\sqrt{\frac{1}{11} + \frac{(28.0 - 25.43)^2}{(7149 - 11 \times 25.43^2)}}$$
$$= (0.59 \to 0.97)$$

根据上述四个 T 对应的区间，线性回归直线具有 95% 置信水平的置信区间如图 E8.7 所示。

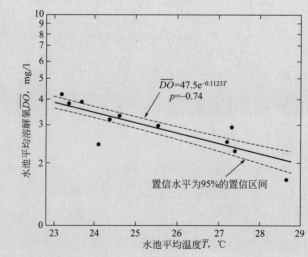

图 E8.7 溶解氧浓度和温度关系（数据来源于 Butts，Schnepper & Evans，1970）

[例8.8]

在山区，冰川湖水暴涨是主要关注的危险。山洪爆发的最大流量和影响距离是冰川湖体积的函数。利用遥感数据可以得到湖的面积 A，同时利用冰川湖平均深度 D 的经验数据，可以获得湖的体积。瑞士 Alps 地区的数据如表 E8.8 中所示（Huggel 等，2002）。

本例中，回归关系是 $\log D$ 关于 $\log A$ 的关系，即

$$\log D = \alpha + \beta \log A$$

在 log-log 空间这是线性关系。具体计算细节总结在表 E8.8 中。

例8.8数据和计算总结表   表 E8.8

湖名	面积 A,m²×10⁶	深度 D,m	$x_i = \log A_i$	$y_i = \log D_i$	$x_i y_i$	x_i^2	y_i^2	y_i'	$(y_i - y_i')^2$
Ice Cave Lake	0.0035	2.9	3.5441	0.4624	1.6388	12.56	0.2138	0.5428	0.0065
Gruben Lake 5	0.01	5	4	0.699	2.796	16	0.4886	0.732	0.001
Crusoe-Baby Lake	0.017	4.7	4.2304	0.6721	2.8432	17.8962	0.4517	0.8276	0.0242
Gruben Lake 3	0.021	7.1	4.3222	0.8512	3.6791	18.6814	0.7245	0.8657	0.0002
Gruben Lake 1	0.023	10.4	4.3617	1.017	4.4358	19.0244	1.0343	0.8821	0.0182
MT' Lake	0.0416	12	4.6191	1.0792	4.9849	21.336	1.1646	0.9889	0.0082
Lac d' Arsine	0.059	13.6	4.7708	1.1335	5.4077	22.7605	1.2848	1.0519	0.0066
Nostetuko Lake	0.2622	28.6	5.4186	1.4564	7.8916	29.3612	2.1211	1.3207	0.0184
Between Lake	0.4	18.8	5.6021	1.2742	7.1382	31.3835	1.6236	1.3968	0.015
Abmachimai Lake	0.565	34.3	5.752	1.5353	8.831	33.0855	2.3571	1.4591	0.0058
Gjanupsvatn	0.6	33.3	5.7782	1.5224	9	33.3876	2.3177	1.4699	0.0028
Quongzonk Co	0.753	27.9	5.8768	1.4456	8.4955	34.5368	2.0898	1.5109	0.0043
Laguna Paron	1.6	46.9	6.2041	1.6712	10.3683	38.4908	2.7929	1.6467	0.0006
Summit Lake	5	50	6.699	1.699	11.3816	44.8766	2.8866	1.8521	0.0234
Phontom Lake	6	83.3	6.7781	1.9206	13.018	45.9426	3.6887	1.8849	0.0013
Σ	15.3553	378.8	77.9572	18.4391	101.706	419.323	25.2398	6.8946	$\Delta^2 = 0.1365$

从表8.8中可以得到湖的面积和深度的样本均值为：

$$\overline{A} = \frac{15.355}{15} = 1.024 \times 10^6\, \text{m}^2 \; ; \; 和\; \overline{D} = \frac{378.8}{15} = 25.25\, \text{m}$$

$\log A$ 和 $\log D$ 的样本标准差分别为：

$$s_{\log A} = \sqrt{\frac{1}{14}\left[(419.323) - 15\left(\frac{77.957}{15}\right)^2\right]} = 1.006,$$

$$s_{\log D} = \sqrt{\frac{1}{14}\left[(25.240) - 15\left(\frac{18.439}{15}\right)^2\right]} = 0.429$$

回归系数的估计为：

$$\hat{\beta} = \frac{101 - 15 \times \frac{77.957}{15} \times \frac{18.439}{15}}{419.323 - 15 \times \left(\frac{77.957}{15}\right)^2} = 0.415;$$

$$\hat{\alpha} = \frac{18.439}{15} - 0.415 \times \frac{77.957}{15} = -0.928$$

因此，$\log D$ 关于 $\log A$ 的回归方程为：

$$E(\log D \mid \log A) = -0.928 + 0.415\log A$$

如果采用原始变量平均深度 D 和面积 A，相应的非线性回归方程为：

$$D = 0.118A^{0.415}$$

图 E8.8 给出了数据点和上述 $\log D$ 关于 $\log A$ 的线性回归方程。

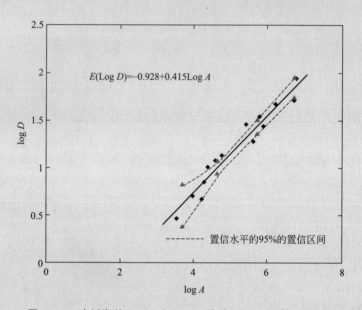

图 E8.8 冰川湖的 $\log D$ 和 $\log A$ 关系 （Huggel 等，2002）

$\log D$ 关于 $\log A$ 的回归方程的相关系数可由式 (8.9) 给出：

$$\hat{\rho} = \frac{101 - 15\left(\dfrac{77.957}{15}\right)\left(\dfrac{18.439}{15}\right)}{1.006 \times 0.429} = 0.86$$

当 $\log A$ 给定时，相应 $\log D$ 的条件标准差为：

$$s_{\log D \mid \log A} = \sqrt{\frac{0.1365}{15 - 2}} = 0.102$$

根据如下选定的 A 值处 $\log D$ 的置信区间，可以构建出 $\log D$ 关于 $\log A$ 的回归方程具有 95％置信水平的置信区间。

$A = 5000\text{m}^2$ （$\log A = 3.699$）：

$$\langle \mu_{\log D} \rangle_{.95} = 0.607 \pm 2.160 \times 0.102\sqrt{\frac{1}{15} + \frac{(3.699 - 5.197)^2}{(419.323 - 15 \times 5.197^2)}}$$

$$= (0.383 \to 0.831)$$

或

$$\langle \mu_D \rangle_{.95} = (2.41 \to 6.78)\text{m}$$

$A = 50000\text{m}^2$ （$\log A = 4.699$）：

$$\langle \mu_{\log D} \rangle_{.95} = 1.022 \pm 2.160 \times 0.102 \sqrt{\frac{1}{15} + \frac{(4.699 - 5.197)^2}{(419.323 - 15 \times 5.197^2)}}$$

$$= (0.958 \rightarrow 1.086)$$

或

$$\langle \mu_D \rangle_{.95} = (9.08 \rightarrow 12.19) \text{m}$$

$A = 500000 \text{m}^2 \ (\log A = 5.699)$

$$\langle \mu_{\log D} \rangle_{.95} = 1.437 \pm 2.160 \times 0.102 \sqrt{\frac{1}{15} + \frac{(5.699 - 5.197)^2}{(419.323 - 15 \times 5.197^2)}}$$

$$= (1.373 \rightarrow 1.501)$$

或

$$\langle \mu_D \rangle_{.95} = (23.60 \rightarrow 31.70) \text{m}$$

$A = 5000000 \text{m}^2 \ (\log A = 6.699)$

$$\langle \mu_{\log D} \rangle_{.95} = 1.852 \pm 2.160 \times 0.102 \sqrt{\frac{1}{15} + \frac{(6.699 - 5.197)^2}{(419.323 - 15 \times 5.197^2)}}$$

$$= (1.747 \rightarrow 1.957)$$

或

$$\langle \mu_D \rangle_{.95} = (55.85 \rightarrow 90.57) \text{m}$$

式（8.28）中非线性函数形式可推广为如下一般形式：

$$E(Y|x) = \alpha + \beta_1 g_1(x) + \beta_2 g_2(x) + \cdots + \beta_k g_k(x) \tag{8.30}$$

其中 $g_j(x)$，$j = 1, 2, \cdots, k$ 是事先给定的独立变量 x 的函数。式（8.30）的一个典型例子是如下多项式关系：

$$E(Y|x) = \alpha + \beta_1 x + \beta_2 x^2 + \cdots + \beta_k x^k \tag{8.31}$$

注意到将式（8.30）中多项式每一项用相应的变量 $z_j = g_j(x)$ 来代替时，式（8.30）成为：

$$E(Y|x) = \alpha + \beta_1 z_1 + \beta_2 z_2 + \cdots + \beta_k z_k \tag{8.32}$$

因此，在原始数据集合的基础上，通过给出每个转换变量 $z_j = g_j(x)$ 的值，式（8.30）中的非线性问题就变成了式（8.32）中的多元线性回归问题，从而可以应用前述 8.5 节中的求解过程。

▶ 8.7 回归分析在工程中的应用

回归分析已经广泛应用于各个工程领域中，有时用以给出两个（多个）变量之间的经验关系，有时用以验证理论关系并根据观测数据估计其中的常数。工程变量之间必要的理论关系往往难以从理论分析得到。在此情况下，需要基于实验和现场观测数据来经验地建立变量间的关系。例如，通过绘制材料疲劳寿命观测值 N（破坏时的应力循环次数）的对数与应力幅 S（最大应力减去最小应力）的对数之间的数据图，可以观察到两者之间的线性趋势，如图 8.4 所示。

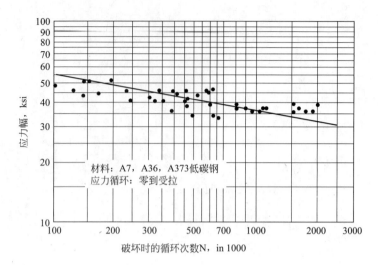

图 8.4 低碳钢疲劳的 S-N 关系（数据来源于 W. H. Munse）

这种线性趋势可以用线性回归方程表示：

$$\log N = a - b\log S$$

其中常数 a 和 b 是基于观测数据集估计给出的回归系数。因此，利用这一回归方程可以得出 *S-N* 关系式：

$$NS^b = a$$

有时会出现这种情况：已经通过启发式方式假定了主要变量之间关系的数学表达式，需要利用回归分析来验证数学方程的有效性，或者在观测数据的基础上来估计参数值。例如，Smeed（1968）假定进入城市中心区域交通流（单位：标准车当量数（pcu））的峰值为：

$$Q = \alpha f A^{\frac{1}{2}}$$

其中 f 为道路占城市中心的比例；A 为城市中心的面积（单位：平方英尺）；α 为与车辆速度和道路系统效率相关的常数。基本上，这一方程是基于进入城市中心区域的交通量（pcu）与中心区域的周长是成比例这一假定导出的。图 8.5 采用对数坐标绘出了包括 20 个英国城市在内的 35 个城市的数据。

最小二乘回归表明，$\log (Q/f)$ 关于 $\log A$ 的回归直线的斜率为 0.53。同样，从图 8.5 中的回归直线可得 α 的值即为 $A = 1$ 时 Q/f 的值。

工程中也存在这样的情况：直接得到感兴趣的量（或变量）比较困难，但可以利用与其他变量之间的关系间接地得到。例如，为了确定钢梁在外边缘的最大应力，直接测试应力是很困难的。但是，如果测量梁相应外边缘的应变，然后利用材料的应力-应变关系就能给出最大应力。同样，获得某些工程变量可能比其他变量更加容易或者更加经济。例如，黏土样本的初始孔隙比可以在实验室进行测量且费用较低，但是直接测量土压缩系数的费用非常高，并且需要相当大的工作量和时间。在此情况下，如果能够建立如图 8.6 所示的土孔隙比与压缩系数之间的经验关系，我们就可以简单地通过测量土孔隙比并应用合适的回归方程来预测土的压缩系数。

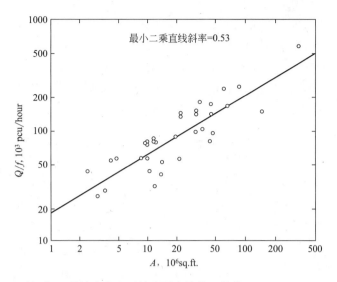

图 8.5　面积为 A 的城市中心区域交通流峰值（单位：pcu）（Miller，1970）

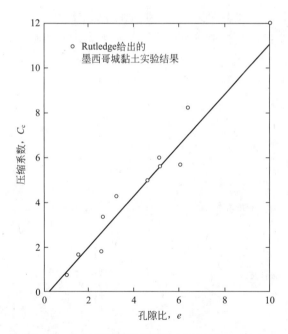

图 8.6　土压缩系数和孔隙比（Nishida，1956）

　　另外一个有关的例子是确定全养护 28d 的混凝土强度。显然，这要求 28d 后才能测试混凝土试块。就目前施工速度而言，28d 太长了。因此，为了保证质量，很需要能在早期确定混凝土强度的方法。例如，有人建议通过加速养护过程来测量相应的加速养护强度。此时，可以建立 28d 强度与加速养护强度之间的线性回归关系。图 8.7 所示是 Malhotra 和 Zoldners（1969）根据加拿大 9 个工程的数据给出的线性回归方程。

　　在交通工程方面，Heathington 和 Tuft（1971）对 Texas 州 6 个城市给出了

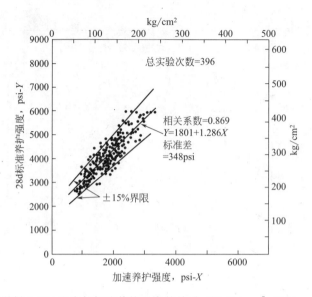

图 8.7 混凝土 28d 强度与加速养护强度的关系（Malhotra & Zoldners，1969）

短期交通流观测值和长期交通流观测值之间的线性关系。图 8.8 给出了其中的一些结果。显然，这对利用短期观测数据来预测长期交通状态是非常有益的。

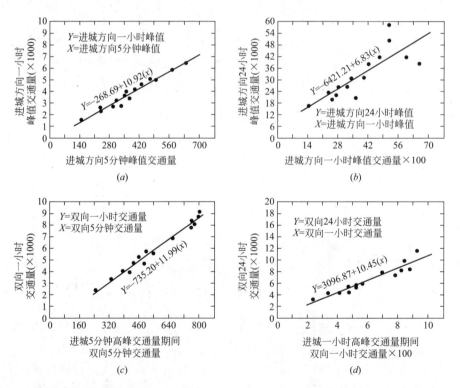

图 8.8 短期交通流和长期交通流之间关系（Heathington & Tuft，1971）

多元线性回归在工程中也有非常多的应用。例如，Martin 等（1963）采用多元线性回归来确定一个社区中每户居民的期望出行次数 Y 与汽车拥有量 X_1、人

口密度 X_2、与中心商业区的距离 X_3 和家庭收入 X_4 的函数关系：

$$E(Y|x_1,x_2,x_3,x_4)=4.33+3.89x_1-0.005x_2-0.128x_3-0.012x_4$$

对此问题，还研究了采用更少独立变量的线性回归方法。不同回归分析的结果列于表 8.1 中。从表 8.1 中的 r 值（式 8.7），我们可以看到随着回归分析中独立变量的增加，Y 的无条件方差会减少。

表 8.1

出行次数的多元回归

独立变量	回归方程	$s_{Y\mid x1,\cdots,xk}$	r(Eq. 8.7)
X_1,X_2,X_3,X_4	$y'=4.33+3.89x_1-0.005x_2-0.128x_3-0.012x_4$	0.87	0.837
X_1,X_2	$y'=3.80+3.79x_1-0.003x_2$	0.87	0.835
X_2,X_4	$y'=5.49-0.0089x_2+0.227x_4$	1.02	0.764
X_1	$y'=2.88+4.60x_1$	0.89	0.827
X_2	$y'=7.22-0.013x_2$	1.10	0.718
X_4	$y'=3.07+0.44x_4$	1.20	0.655
X_3	$y'=3.55+0.74x_3$	1.30	0.575

$y'=E(Y|x_1,\cdots,x_k)$ 为每户居民期望出行次数；

X_1（每户汽车数）为汽车拥有量；

X_2（每英亩净住宅区人口数）为人口密度；

X_3（英里）为与中心商业区距离；

X_4（千美元）为家庭收入。

非线性回归在工程中也有广泛的应用。除了前述例 8.6 和 8.8 以外，图 8.9 中所示为利用对数变换进行回归的一个应用实例。图中的数据点坐标分别为往复荷载下混凝土梁每个循环的平均应力与破坏时的循环次数的对数，图中同时给出了利用线性回归给出的 $S-N$ 关系，该关系可以用来预测混凝土梁的期望疲劳寿命。在本例中，由于混凝土的强度具有比较大的变异性，可以看到数据点有较大的离散性。

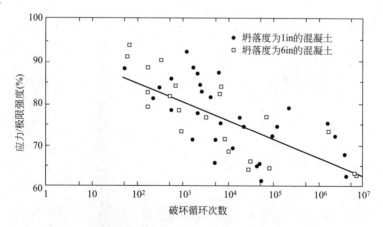

图 8.9 混凝土梁的 $S\text{-}N$ 图（Murdock & Kesler，1958）

图 8.10 为双对数变换的应用，图中数据点坐标分别为河流流量的对数和泄流距离的对数，对于对数转换后的变量可以得到一个线性回归方程。

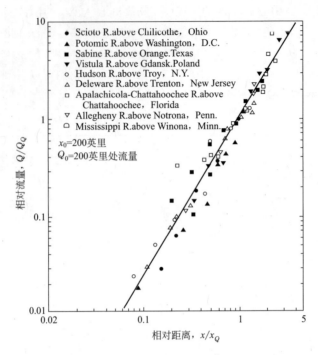

图 8.10 河流流量和泄流距离（Shull & Gloyna，1969）

图 8.11 给出了双对数变换的另一个应用，图中数据点坐标分别为最大持续风速的对数和距离飓风中心的距离，图中还给出了相应的线性回归直线。

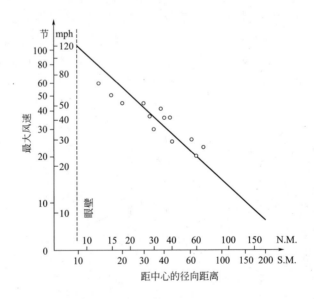

图 8.11 地面飓风剖面（Goldman & Ushijima，1974）

非线性回归中也常用多项式形式。例如，图 8.12 为车速与相应交通密度的数据点，通过回归分析可以拟合出一个三次多项式函数。

回归分析应用的其他大量例子可见第 1 章。

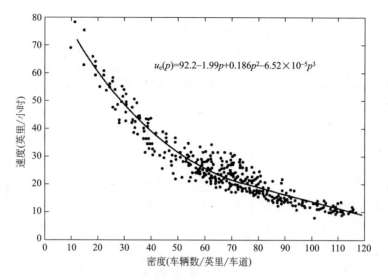

图 **8.12** 车速和交通密度关系（Payne，1973）

► 8.8 本章小结

因变量与一个或者多个独立（控制）变量之间的统计关系（特别是均值和方差）可以通过回归分析加以经验地确定。一般而言，这种回归分析局限于因变量的均值是独立变量的线性函数，其中的未知常数为回归系数。不管函数关系的形式如何，由于任何非线性关系总可以通过一定的变量变换而转换为线性函数，因此回归分析总可以限于线性回归情形。基于最小二乘法，回归分析为根据观测数据集来经验地估计回归系数提供了系统性途径。回归方程的线性程度可由相应的相关系数来衡量。比较大的相关系数（接近±1.0）意味着变量间存在着强线性关系；反之，比较小的相关系数（接近0）则意味着缺乏线性关系（尽管可能存在非线性关系）。在给定的置信水平下，还可以给出线性回归方程的置信区间。

回归分析与相关分析在许多工程领域得到应用，特别是对于需要经验地确定必要的关系时尤其重要。此外，即使从物理上分析已经知道函数形式的情况下，回归分析对于用观测数据来估计未知常数仍然是非常有用的。但需要强调的是，从回归分析中得到的关系式不一定意味着变量间存在任何因果关系，它仅仅是在观测数据的基础上建立了统计关系。

► 习题

8.1 对铝制试件进行了抗拉试验。在试验不同阶段的外加拉力与试件相应的伸长量如下表：

（a） 我们可假定拉力-伸长量的关系在施加荷载的范围内为线性关系。在此基础上，请给出铝制试件杨氏弹性模量、即应力-应变曲线的斜率的最小二乘估计。试件的截面面

积为 $0.1in^2$，长度为 10in；

(b) 当荷载为 0 时，试件的伸长量也必然为 0。因此，回归方程的截距 $\alpha=0$。在此情况下，杨氏弹性模量的最优估计是什么？

拉力 X(kip)	伸长量 $Y(10^{-3}in)$
1	9
2	20
3	28
4	41
5	52
6	63

8.2 汽车刹车距离 Y 是车速 X 的函数。下表是 12 辆汽车在不同速度下的刹车距离数据。

(a) 作出刹车距离与车速的图；

(b) 假定刹车距离是车速的线性函数，即 $E(Y|x)=\alpha+\beta x$。确定回归系数 α 和 β 以及条件标准差 $s_{Y|x}$。同时，给出 Y 和 X 之间的相关系数；

(c) 确定上述回归方程具有 90% 置信水平的置信区间。

汽车编号	车速(km/h)	刹车距离(m)
1	40	15
2	9	2
3	100	40
4	50	15
5	15	4
6	65	25
7	25	5
8	60	25
9	95	30
10	65	24
11	30	8
12	125	45

8.3 对一座公路桥梁的高峰小时车流量和全天车流量进行了 7d 的观测，观测数据如下：

高峰时间小时车流量(千辆车/小时)	每天车流量(万辆车)
1.5	0.6
4.6	3.4
3.0	2.5
5.5	2.8
7.8	4.8
6.8	6.4
6.3	5.0

(a) 做出高峰小时车流量与全天车流量的图；

(b) 估计高峰小时车流量与全天车流量的相关系数；

(c) 假定某天的车流量为 55000 辆，则高峰小时车流量超过 7000 辆/小时的概率为多少？（提示：采用合适的回归分析）

8.4 下表给出了八个不同国家人均能源消耗量与人均 GNP 产出的数据（Meadows 等，1972）。

国家编号	人均 GNP 产出 X	人均能源消耗 Y
1	600	1000
2	2700	700
3	2900	1400
4	4200	2000
5	3100	2500
6	5400	2700
7	8600	2500
8	10300	4000

上表中 X 为不同国家人均 GNP 产出（按 1972 年的美元计）；Y（千克标准煤）为人均能源消耗量。

(a) 在二维坐标图中画出数据点；

(b) 给出基于一个国家人均 GNP 产出预测人均能源消耗量的回归方程，并把回归直线画在（a）给出的图上；

(c) 确定 X 与 Y 之间的相关系数；

(d) 计算条件标准差 $s_{Y|X=x}$；

(e) 确定回归直线具有 95% 置信水平的置信区间，并在图上绘出区间的上、下界直线；

(f) 类似地，给出基于人均能源消耗量预测人均 GNP 产出的回归方程，并计算相应的条件标准差 $s_{X|Y=y}$。

8.5 对小汽车的重量（kip）和相应的单位汽油里程数（英里/加仑）的调查结果如下：

汽车编号	单位汽油里程数(英里/加仑)	重量(kip)
1	25	2.5
2	17	4.2
3	20	3.6
4	21	3.0

上述四辆车可认为是来自小汽车总体的一个随机样本。

(a) 假定小汽车的重量（kip）是正态分布（且通过概率纸估计得到），均值和标准差分别为 3.33 和 1.04。如果随机地抽取另外一辆车，其重量超过 4.5kip 的概率为多少？

(b) 利用常方差线性回归分析来回答如下问题：如果你买的车重量为 2.3kips，那么它的单位汽油里程数超过 28 英里/加仑的概率为多少？

(c) 对回归方程确定具有 95% 置信水平的置信区间，并作图表示。

8.6 测量员进行某种测量时出现的误差受到测量人员工作年限的影响，下面是 5 个测量员相应的数据：

测量员编号	工作年限 Y	测量误差 M(in)
1	3	1.5
2	5	0.8
3	10	1.0
4	20	0.8
5	25	0.5

根据上述信息回答下述问题并说明你的假定。

(a) 对于一个有 15 年工作经验的测量员，他的测量误差小于 1in 的概率为多少？（答案：0.713）

(b) 对于一个有 30 年工作经验的 65 岁测量人员，试估计他的测量误差小于 1in 的概率？请进行详细的解释。

8.7 河流中的溶解氧浓度 DO（ppm）会随着河水向下游流动的时间 T 减少（Thayer 和 Krutchkoff，1966）。下表中的数据是某河流中 DO 与 T 的一组测量值。

溶解氧浓度 \ DO(ppm)	水流时间 T(d)
0.28	0.5
0.29	1
0.29	1.6
0.18	1.8
0.17	2.6
0.18	3.2
0.1	3.8
0.12	4.7

(a) 进行 DO 关于 T 的最小二乘回归，即给出溶解氧浓度关于河水向下游流动时间的回归方程；

(b) 估计 DO 与 T 之间的相关系数，以及当给定 T 时 DO 的条件标准差；

(c) 给出具有 95% 置信水平的回归直线置信区间。

8.8 结构中混凝土的实际强度 Y 一般高于利用同一批混凝土浇筑出来的试块的强度 X。数据表明可以用下述回归方程来预测混凝土实际强度

$$E(Y \mid x) = 1.12x + 0.05(\text{ksi}); 0.1 < x < 0.5$$
$$\text{Var}(Y \mid x) = 0.0025(\text{ksi})^2$$

假定对于给定的 X 值，Y 服从正态分布。

(a) 在某工程中，若混凝土试块强度为 0.35ksi，则结构中混凝土实际强度大于要求强度 0.3ksi 的概率为多少？

(b) 若工程师遗失了混凝土试块强度的测量结果。不过，他记得强度为 0.35 或者 0.4ksi，且其可能性之比为 1 比 4。那么结构中混凝土的实际强度超过 0.3ksi 的概率为多少？

(c) 假定两个工地 A 和 B 的混凝土试块强度分别为 0.35 和 0.4ksi。那么工地 A 的结构混凝土实际强度高于工地 B 的概率为多少？（可以假定两个工地的混凝土实际强度相互统计独立）

8.9 某居住区三幢房屋的建造费用如下表所示：

楼层面积（1000ft²）	费用（千美元）
1.05	63
1.83	92
3.14	204

将上述数据绘制在 $x-y$ 坐标纸上。

(a) 利用线性回归给出房屋建造费用关于楼层面积的函数，并将其绘制在图上；

(b) 对于给定的楼层面积，估计建造费用的标准差；

(c) 费用与楼层面积的线性符合程度如何？（答案取决于相关系数）

(d) 如果想建造楼层面积为 2500ft^2 的房屋，那么建造费用不超过 180000 美元的概率为多少（基于上述信息）？这里假定对于给定的楼层面积，费用服从正态分布。

8.10 为了确定小汽车额定单位汽油里程数（英里/加仑）的可靠度，抽取 6 辆不同的小汽车在城市和公路的混合道路上行驶了同样的距离，得到了如下结果。

汽车编号	额定单位汽油里程数 （英里/加仑）	实际单位汽油里程数 （英里/加仑）
A	20	16
B	25	19
C	30	25
D	30	22
E	25	18
F	15	12

(a) 针对给定小汽车的额定单位汽油里程数，确定实际单位汽油里程数均值的线性回归方程，即确定方程 $E(Y|X=x)$。其中 Y（英里/加仑）是实际单位汽油里程数；X（英里/加仑）是额定单位汽油里程数。

(b) 对于给定的 $X=x$，估计 Y 的条件标准差 $s_{Y|x}$ 以及 X 和 Y 之间的相关系数；

(c) 假定两辆车 Q 和 R 的额定单位汽油里程数分别为 22mpg 和 24mpg，那么 Q 车的实际单位汽油里程数优于 R 车的概率为多少？

(d) 在 $x-y$ 坐标图上画出数据点和回归直线。同时，计算并画出回归直线具有 90% 置信水平的置信区间。

8.11 在例 8.3 中，我们用非线性模型来表示群桩沉降量实测值与相应计算值之间的关系（Viggiani，2001），先前的表 E8.3 给出了不同荷载水平下两者的数据（2、3、4列）。

(a) 进行沉降量计算值关于沉降量观测值的线性回归分析，即给出 $E(X|y)$；同时，估计条件标准差 $s_{X|y}$。

(b) 估计 X 与 Y 之间的相关系数。

(c) 画出回归直线。同时，确定并画出回归直线具有 95% 置信度的置信区间。

8.12 假设对美国公共交通系统收费的增长导致乘客数量的减少情况进行了调查，得到了下表所示的数据：

收费增长率，X	乘客减少率，Y	收费增长率，X	乘客减少率，Y
5	1.5	38	11.1
35	12	8	3.6
20	7.5	12	3.7
15	6.3	17	6.6
4	1.2	17	4.4
6	1.7	13	4.5
18	7.2	7	2.8
23	8	23	8

(a) 在 $x-y$ 坐标图中画出上述公共交通乘客的减少率与收费增长率的数据点；

(b) 进行美国公共交通系统中乘客减少率的期望值关于收费增长率的线性回归分析；

(c) 估计 X 和 Y 之间的相关系数。当给定收费增长率时，估计乘客减少率的标准差；

(d) 确定 (b) 中回归方程具有 90％置信水平的置信区间。

8.13 城市区域的地震损失取决于地震烈度。基于以前地震损失数据回归分析结果，某地区遭受到烈度为 I 的地震时，期望地震损失为：

$$E(D \mid I) = 10.5 + 15I$$

其中 D（百万美元）为地震损失。在所有烈度情况下，损失的条件标准差为 $s_{D \mid I} = 30$。

(a) 假定一个地区的地震损失 D 服从正态分布。当发生烈度 $I = 6$ 的地震时，地震损失超过 1.5 亿美元的概率是多少？

(b) 如果一个地区破坏性地震的烈度只有 6、7 和 8 度，相应各烈度发生的可能性分别为 0.6、0.3 和 0.1。那么当下次地震发生时，该城市区域的期望地震损失为多少？

8.14 对几根简支木梁进行了不同荷载 P 作用下的试验以确定其变形 D。测量梁跨中挠度为：

P, t	D, cm
1.4	4.8
1.7	2.9
4.0	2.0
1.2	5.5

(a) 根据上述试验结果，给出挠度关于荷载的线性回归方程并给出条件标准差（假定在所有荷载下为常量）；

(b) 对上述回归方程给出置信水平为 90％的置信区间；

(c) 在荷载 $P = 8$t 时，梁挠度的均值为多少？当挠度服从正态分布时，在此荷载下 75％分位值的挠度为多少；

8.15 对某种钢材测试得到的变形与布氏硬度数据如下：

D（变形，mm）	6	11	13	22	28	35
H（布氏硬度，kg/mm²）	68	65	53	44	37	32

(a) 估计该种钢材的变形和布氏硬度之间的相关系数；

(b) 假定布氏硬度随变形的变化为线性关系，确定回归方程 $E(H \mid D = d)$ 以及相应的常量条件标准差 $s_{H \mid d}$；

(c) 假定对给定的变形，布氏硬度是正态分布变量。当变形为 20mm 时，布氏硬度为 $40 \sim 50$kg/mm² 的概率为多少？

8.16 众所周知，汽车的刹车距离 D 取决于行驶速度 V 和道路路面状况。但即使在相同的道路条件下，对给定的车速，刹车距离也会有变异性。在干燥路面上进行了多次实验，实验结果如下：

汽车编号	刹车距离 D（英尺）	行驶速度 V（英里/小时）
1	46	25
2	6	5
3	110	60
4	46	30
5	16	10
6	75	45
7	16	15
8	76	40
9	90	45
10	32	20

（a） 估计 V 和 D 之间的相关系数。根据这一结果，我们能否有理由认为刹车距离与行驶速度具有线性关系？

（b） 将上述刹车距离与行驶速度的实验结果绘制在 $x-y$ 坐标图上；

（c） 在上图中，可以建议采用下面的非线性函数来给出刹车距离和行驶速度之间的关系：

$$E(D \mid V=v) = a + bv + cv^2$$

请估计回归系数 a、b 和 c 的值并估计条件标准差 $s_{D \mid V=v}$；

（d） 当某辆车行驶速度为 50 英里/小时时，确定其期望刹车距离。进而，如果司机希望在行驶速度为 50 英里/小时的情况下有 90% 的概率能够刹车成功，那么他需要的刹车距离为多少？

8.17 对中西部地区的七个城市的人口和每天耗水量进行了统计，数据如下：

城市编号	人口，X	总耗水量（10^6 加仑/天）
1	12000	1.2
2	40000	5.2
3	60000	7.8
4	90000	12.8
5	120000	18.5
6	135000	22.3
7	180000	31.5

（a） 根据上述观测数据，确定人均耗水量关于总人口的回归关系，即估计下述线性方程中的回归系数 α 和 β：

$$E(Y \mid x) = \alpha + \beta x$$

其中 Y 是人均耗水量。

（b） 估计常量条件标准差 $s_{Y \mid X=x}$；

（c） 确定上述回归方程具有 98% 置信水平的置信区间；

（d） 工程师想知道人口为十万的 A 市的每天耗水量。假定人口给定时人均耗水量是一个正态分布变量。基于上述回归方程，A 市每天耗水量超过 1700 万加仑的概率为多少？

8.18 河流大气复氧过程的氧化速率取决于水流平均速度以及河床平均深度，下表是 12 条河流的相关数据（Thayer & Krutchoff，1966）：

平均氧化速率 X（ppm/d）	平均速度，V（in/s）	平均速度，H（in）
2.272	3.07	3.27
1.44	3.69	5.09
0.981	2.1	4.42
0.496	2.68	6.14
0.743	2.78	5.66
1.129	2.64	7.17
0.281	2.92	11.41
3.361	2.47	2.12
2.794	3.44	2.93
1.568	4.65	4.54
0.455	2.94	9.5
0.389	2.51	6.29

假定平均氧化速率采用以下建议的非线性关系：

$$E(X \mid V, H) = \alpha V^{\beta_1} H^{\beta_2}$$

根据上述表格中的数据，确定回归系数 α，β_1 和 β_2 并估计相应的条件标准差。

8.19 某收费桥梁高峰时间通行量与 24 小时全天通行量的 14d 记录如下：

高峰时间通行量，$X(\times 10^3)$	24 小时通行量，$Y(\times 10^4)$	高峰时间通行量，$X(\times 10^3)$	24 小时通行量，$Y(\times 10^4)$
1.4	1.6	4.1	3
2.2	2.3	3.4	3
2.4	2	4.3	3.8
2.7	2.2	5.1	5.1
2.9	2.6	5.9	4.2
3.1	2.6	6.4	3.8
3.6	2.1	4.6	4.2

假定条件标准差从原点开始随 x 的变化而呈现出平方变化。

(a) 确定 Y 关于 X 的回归方程；

(b) 估计回归直线的条件标准差 $s_{Y \mid X=x}$；

(c) 确定（a）中回归方程具有 98％ 置信水平的置信区间；

(d) 如果某天早高峰时间通行量为 3500 辆，该收费桥梁当天的通行量超过 3 万辆的概率为多少？

▶参考文献

Butts, T. A., Schnepper, D. H., and Evans, R. L., "Statistical Assessment of DO in Navigation Pool," *Jour. of Sanitary Engineering,* ASCE, Vol. 96, April 1970.

Galligan, W. L., and Snodgrass, D. V., "Machine Stress Rated Lumber: Challenge to Design," *Jour. of the Structural Div.,* ASCE, Vol. 96, December 1970.

Goldman, J. L., and Ushijima, T., "Decrease in Hurricane Winds after Landfall," *Jour. of the Structural Div.,* ASCE, Vol. 100, January 1974.

Hald, A., *Statistical Theory with Engineering Applications,* J. Wiley & Sons, New York, 1952.

Heathington, K. W., and Tutt, P. R., "Traffic Volume Characteristics on Urban Freeway," *Transportation Engineering Jour.,* ASCE, Vol. 97, February 1971.

Huggel, C., Kaab, A., Haeberli, W., Teysseire, P., and Paul, F., "Remote Sensing Based Assessment of Hazards from Glacier Lake Outbursts: A Case Study in the Swiss Alps," *Canadian Geotechnical Jour.,* Vol. 39, March 2002.

Lambe, T. W., and Whitman, R. V., *Soil Mechanics,* John Wiley & Sons, Inc., New York, 1969, p. 375.

Malhotra, V. M., and Zoldners, N. G., "Some Field Experience in the Use of an Accelerated Method of Estimating 28-Day Strength of Concrete," *Jour. of American Concrete Institute,* November 1969.

Martin, B. V., Memmott, F. W., and Bone, A. J., "Principles and Techniques of Predicting Future Demand for Urban Area Transportation," Research Rept. No, 38, Dept. of Civil Engineering, MIT, Cambridge, MA, January 1963.

Meadows, D. H., Meadows, D. L., Randers, J., and Behrens, W. W., *The Limits of Growth,* Universe Books, New York, 1972.

Miller, A. J., "The Amount of Traffic Which Can Enter a City Center During Peak Periods," *Transportation Science,* ORSA, Vol. 4, 1970, pp. 409–411.

Moulton, L. K., and Schaub, J. H., "Estimation of Climatic Parameters for Frost Depth Predictions," *Jour. of Transportation Engineering,* ASCE, Vol. 85, November 1969.

Murdock, J. W., and Kesler, C. E., "Effects of Range of Stress on Fatigue Strength of Plain Concrete Beams," *Jour. of American Concrete Inst.,* Vol. 30, August 1958.

Nishida, Y. K., "A Brief Note on Compression Index of Soil," *Jour. of the Soil Mechanics and Foundation Div.,* ASCE, Vol. SM3, July 1956.

Payne, H. J., "Freeway Traffic Control and Surveillance Model," *Transportation Engineering Jour.,* ASCE, Vol. 99, November 1973.

Shull, R. D., and Gloyna, E. F., "Transport of Dissolved Water in Rivers," *Jour. of the Sanitary Engineering Div.,* ASCE, Vol. 95, December 1969.

Smeed, R. J., "Traffic Studies and Urban Congestion," *Jour. Transportation Economics and Policy,* Vol. 2, No. 1, 1968, pp. 33–70.

Thayer, R. P., and Krutchkoff, R. G., "A Stochastic Model for Pollution and Dissolved Oxygen in Streams," Water Resources Research Center, Virginia Polytechnic Inst., Blacksburg, VA, 1966.

Viggiani, C., "Analysis and Design of Piled Foundations," *Rivista Italiana di Geotecnica,* Vol. 35, 2001.

Wynn, F. H., "Shortcut Modal Split Formula," *Highway Research Record,* No. 283, Highway Research Board, National Research Council, 1969.

第9章

贝叶斯方法

▶ 9.1 前言

在工程中，我们经常要基于可得到的所有信息来进行决策。这些信息可能包括观测数据（现场或试验数据）、根据理论模型获得的信息以及专家根据经验给出的判断。不管各种信息各自的质量如何，各种不同来源和不同类型的信息都必须综合在一起。而且，当获得新的信息或数据时，可能需要对已有信息进行更新。当这些可能的信息是以统计形式给出或者含有变异性时——正如在第1章所见、实际的工程信息都是如此，那么贝叶斯方法就是综合和更新这些信息的合适工具。在本章中，我们将介绍贝叶斯方法在涉及概率与统计的典型工程问题中的应用。

在第1章中，我们指出了两种不确定性类型——固有不确定性与信息中内在的变异性有关，而认知不确定性则与知识的不完备性或预测能力的欠缺有关。固有不确定性导致需要用概率计算结果来刻画问题，而认知不确定性则导致了对上述概率计算结果本身的可信度问题。在此情况下，贝叶斯方法的作用具有两重性：（1）当对任意一种不确定性获得额外的信息或者数据时，系统地更新已有的固有不确定性和认知不确定性；（2）提供了对两类不确定性进行综合的方法，从而为决策或设计奠定基础（Ang & Tang，1984）。

概率模型的参数估计是人们关心的重要问题。与在第6章给出的经典参数估计方法不同，贝叶斯方法为参数估计提供了另外的途径。贝叶斯方法也可以应用于两个（或多个）随机变量的回归分析或相关分析中。

9.1.1 参数估计

第6章基于经典统计理论给出了对于给定概率分布的参数的点估计和区间估计方法。这一方法假定参数是未知常数，并采用样本统计量加以估计。由于估计方法不可能完善，估计误差是不可避免的。在经典方法中，可用置信区间来描述这类误差的程度。

如前所述，参数的精确估计需要大量的数据。工程中的观测数据常常很有限，此时统计估计就不得不辅以判断性信息加以补充、甚至以之代替。采用经典统计方法进行参数估计时，无法对判断性信息和观测数据进行合理的综合。

作为示例，考察一个交通工程的例子。某交通工程师想了解一个十字路口改造后的有效性如何。根据他对于类似区域和类似交通条件的经验以及交通事故模型，他估计改造后的十字路口平均事故发生率人约为每年一次。然而，当改造好的十字路口投入使用后，第一个月就发生了一起交通事故。这就可能出现两种情况：(1) 尽管刚发生了事故，交通工程师仍可能强烈坚持他的判断：这次事故只是偶然的，平均事故率仍然为每年一次；(2) 另外一种可能，工程师仅依据实际观测数据，他可能重新估计平均事故率为每月一次。从直觉上看，两种类型的信息似乎都有合理性，应该一起用来确定平均事故率。但在经典统计估计方法中，不能进行这样的分析处理。事实上，这类问题可以通过综合观测数据和判断性信息加以有效解决，这正是贝叶斯估计的任务。

贝叶斯方法从另一个角度来解决估计问题。此时，一个分布中的未知参数也假定为随机变量。由此，与参数估计有关的所有不确定性源可以综合在一起（通过全概率理论）。利用这一方法，基于直觉、经验或者间接信息的主观判断与观测数据系统地综合在一起（通过贝叶斯定理），从而给出合理的估计。当这种判断具有坚实基础时，贝叶斯方法尤其有用。在本章下述各节中我们将对贝叶斯方法的基本概念进行介绍。

▶ 9.2　基本概念-离散分布情况

在工程设计中，可得到的信息总是有限的，而主观判断常常不可避免。此时贝叶斯方法尤为重要。在进行参数估计时，我们通常会对参数的可能取值或者取值范围有一定的认识（可能是根据经验直觉给出）。而且，我们可能直觉地判断出一些值比其他的值更可能出现。为简便计，假设参数 θ 可以取一组离散数值 θ_i，$i=1, 2, \cdots, k$，相应的先验概率分布 $p_i = P(\Theta = \theta_i)$，如图 9.1 所示。其中 Θ 是随机变量，它的值表示 θ 的可能取值。

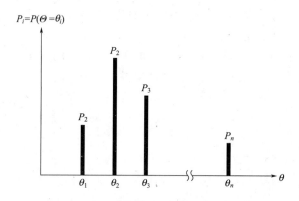

图 9.1　参数 θ 的先验概率分布

在获得一些额外信息（例如一系列测试或者试验的结果）后，可以利用贝叶斯定理来修改参数 θ 的先验假定分布。

令 ε 为试验观测结果，利用式（2.20）给出的贝叶斯定理，可以得到更新后 θ 的概率分布为：

$$P(\Theta=\theta_i \mid \varepsilon)=\frac{P(\varepsilon \mid \Theta=\theta_i)P(\Theta=\theta_i)}{\sum\limits_{i=1}^{k} P(\varepsilon \mid \Theta=\theta_i)P(\Theta=\theta_i)} \qquad i=1,2,\cdots,k \qquad (9.1)$$

式（9.1）中的各个变量解释如下：$P(\varepsilon \mid \Theta=\theta_i)$ 为 $\Theta=\theta_i$ 时试验结果为 ε 的可能性，即参数为 θ_i 时得到一个特定试验结果 ε 的条件概率；$P(\Theta=\theta_i)$ 为 $\Theta=\theta_i$ 的先验概率，即在得到试验结果 ε 之前的概率；$P(\Theta=\theta_i \mid \varepsilon)$ 为 $\Theta=\theta$ 的后验概率，即根据得到的试验结果 ε 更新后的概率。

将先验和后验概率分别记为 $P'(\Theta=\theta_i)$ 和 $P''(\Theta=\theta_i)$，则式（9.1）变为：

$$P''(\Theta=\theta_i)=\frac{P(\varepsilon \mid \Theta=\theta_i)P'(\Theta=\theta_i)}{\sum\limits_{i=1}^{k} P(\varepsilon \mid \Theta=\theta_i)P'(\Theta=\theta_i)} \qquad (9.1a)$$

因此，式（9.1a）给出了 Θ 的后验概率分布函数（通常我们用"和"来代表先验和后验信息）。

Θ 的期望值通常可以用作参数的贝叶斯估计结果，即

$$\hat{\theta}''=E(\Theta \mid \varepsilon)=\sum\limits_{i=1}^{k} \theta_i P''(\Theta=\theta_i) \qquad (9.2)$$

值得指出的是，在式（9.1）和（9.2）中，在估计参数 θ 的过程中观测数据 ε 和所有判断性信息已经通过系统性的途径综合起来了。

在贝叶斯理论的框架内，判断性信息的作用也已经反映在相关的概率计算之中。在前述例子中，估计参数 θ 时采用了主观判断信息，这种判断将反映在与基本随机变量 X 相关的概率计算之中。例如，$P(X \leqslant a)$ 可以利用式（9.1a）中的后验概率分布通过全概率定理得到，即

$$P(X \leqslant a)=\sum\limits_{i=1}^{k} P(X \leqslant a \mid \Theta=\theta_i)P''(\Theta=\theta_i) \qquad (9.3)$$

上式表示在所有可得到信息基础上事件 $(X \leqslant a)$ 的更新后的概率。需要强调的是，在式（9.3）中由参数估计误差引起的不确定性（反映在 $P''(\Theta=\theta_i)$ 中）与随机变量 X 内在的变异性已经系统地综合在一起了。比较而言，第 6 章介绍的经典统计方法难以进行这种综合，只能采用置信区间来描述参数的不确定性。

为了进一步阐述上面介绍的基本概念，下面介绍一些例子。

[例 9.1]

　　某建筑基础中的钢筋混凝土桩可能由于施工质量不良而出现缺陷。常见的缺陷包括：粘结不充分、长度不足、开裂和混凝土中存在孔洞。工程师想对某个有上百根桩的工程中有缺陷桩的比例进行估计。假定根据工程师对工程所在区域各混凝土桩供应商施工质量的了解，他估计（判断）现场有缺陷桩的比例 p 的范围为 $0.2 \sim 1.0$，最可能值为 0.4。p 的先验概率分布表示在图 E9.1a 中。这里 p 的值以 0.2 为间隔来简化说明这一问题。

　　p 的先验概率分布完全是基于工程师的判断。在此基础上，根据全概率定理，有缺陷桩的概率估计为

$$p' = (0.2)(0.3) + (0.4)(0.4) + (0.6)(0.15) + (0.8)(0.10) + (1.0)(0.05)$$
$$= 0.44$$

为了对他的判断进一步补充信息，工程师选了一根桩进行检验。检验结果表明这根桩是有缺陷的。基于该桩的检验结果，p 的概率分布可以根据式（9.1a）进行更新，此时得到的后验概率分布为：

$$P''(p = 0.2) = \frac{(0.2)(0.3)}{(0.2)(0.3) + (0.4)(0.4) + (0.6)(0.15) + (0.8)(0.1) + (0.1)(0.05)}$$
$$= 0.136$$

类似地，我们得到 p 取其他值的后验概率分布为：

$$P''(p = 0.4) = 0.364$$
$$P''(p = 0.6) = 0.204$$
$$P''(p = 0.8) = 0.182$$
$$P''(p = 1.0) = 0.114$$

图 E9.1b 为相应的后验概率分布图。

因此，式（9.2）中 p 的贝叶斯估计为

$$\hat{p}'' = E(p \mid \varepsilon) = 0.2(0.136) + 0.4(0.364) + 0.6(0.204) + 0.8(0.182) + 1.0(0.114)$$
$$= 0.55$$

在图 E9.1b 中，我们看到由于在单次检查中发现了一根有缺陷的桩，先验分布中 p_i 比较大的值对应的概率增加，从而导致 p 的估计值也变大。此时，先验估计的 0.44 变为了 $\hat{p}'' = E(p \mid \varepsilon) = 0.55$。可以看到，单根桩检查有缺陷并不意味着所有桩都有缺陷。这一结果只是使有缺陷桩比例的估计值增加了 0.11（从 0.44 增加到了 0.55）。图 E9.1c 表明了当检查连续发现有缺陷桩时 p 的概率分布的变化情况。当 $n \to \infty$，分布就趋向于 $p = 1.0$。

图 E9.1d 给出了 p 的相应贝叶斯估计。我们可以看到，当连续发现 6 根有缺陷的桩后，p 的估计值为 0.9。如果连续发现很多有缺陷的桩，p 的贝叶斯估计就趋近于 1，这也是经典估计方法的结果。此时，有大量的观测数据，因而可以取代任何先验的判断。但由于在一般情况下观测数据是有限的，因而先验判断也将很重要，其信息已经合适地反映在贝叶斯估计过程中。需要指出的是，如果对参数取某特定值有强烈信心，那么参数的先验分布范围将非常窄。在此情况下，需要大量的观测信息才能推翻先验判断。

现在假定该建筑的每根主要柱子是由三根桩组成的群桩共同支撑。当一个群桩中所有桩都有缺陷时，该柱子将会出现沉降问题。考虑仅进行一根桩测试并发现有缺陷之后的情况，根据图 E9.1b 的后验概率分布，利用式（9.3），当 X 表示有缺陷桩的数量时，则主要柱子出现沉降问题的概率为：

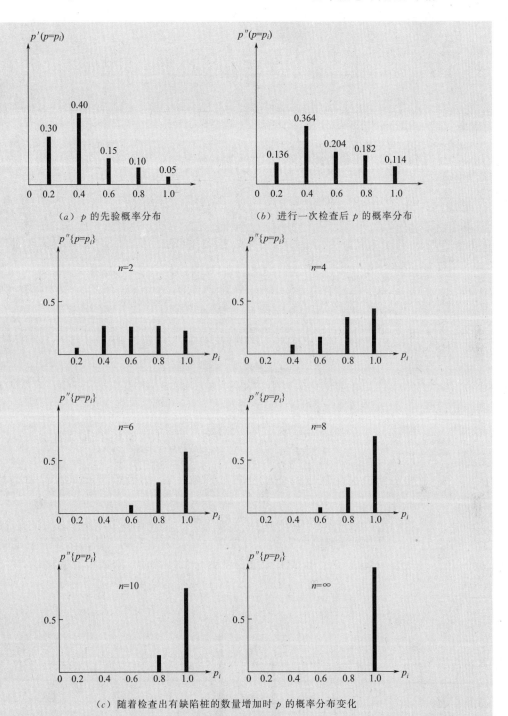

（c）随着检查出有缺陷桩的数量增加时 p 的概率分布变化

$$P(X=3)=P(X=3|p=0.2)P''(p=0.2)+P(X=3|p=0.4)P''(p=0.4)$$
$$+\cdots+P(X=3|p=1.0)P''(p=1.0)$$
$$=(0.2)^3(0.136)+(0.4)^3(0.364)+(0.6)^3(0.204)+(0.8)^3(0.182)$$
$$+(1)(0.114)$$
$$=0.255$$

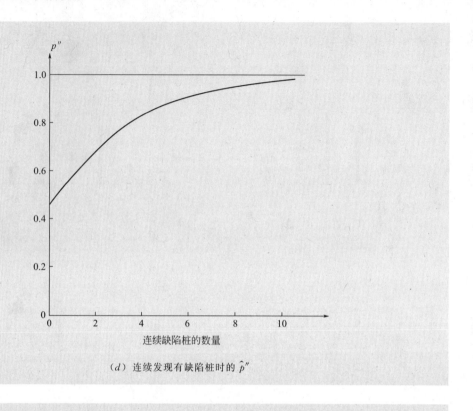

（d）连续发现有缺陷桩时的 $\hat{p}''$

[例 9.2]

　　某交通工程师想了解改造过的十字路口的平均交通事故发生率 ν。假定根据他对类似道路和交通状况的经验，他推断事故率应为每年 1－3 次，平均每年 2 次，假定的先验分布如图 E9.2。事故的发生可以假定为泊松过程。

　　在十字路口改造完成后的第一个月有一次事故发生。

　　（a）根据观测到的第一个月发生一次交通事故这一信息来更新 ν 的估计；

　　（b）利用（a）的结果确定在今后 6 个月不发生交通事故的概率。

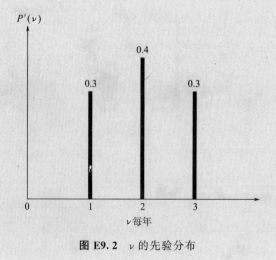

图 E9.2　ν 的先验分布

解： （a）令 ε 代表事件"一个月内发生了一次交通事故"。根据式（9.1a），后验概率为：

$$P''(\nu=1) = \frac{P(\varepsilon \mid \nu=1)P'(\nu=1)}{P(\varepsilon \mid \nu=1)P'(\nu=1)+P(\varepsilon \mid \nu=2)P'(\nu=2)+P(\varepsilon \mid \nu=3)P'(\nu=3)}$$

$$= \frac{e^{-1/12}(1/12)(0.3)}{e^{-1/12}(1/12)(0.3)+e^{-1/6}(1/6)(0.4)+e^{-1/4}(1/4)(0.3)} = 0.166$$

这里应注意到：对于给定的 ν，观察到的事件的发生概率与指数概率密度函数中当时间取 1 个月时的值成正比。类似地，

$$P''(\nu=2)=0.411$$
$$P''(\nu=3)=0.423$$

因此，更新后的 ν 值为 $\nu''=E(\nu \mid \varepsilon)=(0.166)(1)+(0.411)(2)+(0.423)(3)=2.26$ 次事故/年。

（b）令 A 为事件"今后 6 个月不发生交通事故"，则：

$$P(A)$$
$$= P(A \mid \nu=1)P''(\nu=1)+P(A \mid \nu=2)P''(\nu=2)+P(A \mid \nu=3)P''(\nu=3)$$
$$=e^{-1/2}(0.166)+e^{-1}(0.411)+e^{-3/2}(0.423)$$
$$=0.346$$

▶ 9.3 连续分布情况

9.3.1 通用公式

在 9.2 节中，参数 θ（如例 9.1 中的 p 以及例 9.2 中的 v）的取值为一组离散值采用。这一专门假定是为了更简单地阐述贝叶斯估计中的概念。

但在许多情况下，参数的可能取值是连续的。因此，在贝叶斯估计中应将参数合理地假定为连续随机变量。在此情况下，与式（9.1）～（9.3）类似地可以给出如下相应的结果。

令分布中的参数 Θ 为随机变量，其先验概率密度函数 $f'(\theta)$ 如图 9.2 所示。Θ 处于区间 θ_i 和 $\theta_i+\Delta\theta$ 的先验概率为 $f'(\theta_i)\Delta\theta$。

如果得到一个试验观测结果 ε，就可以利用贝叶斯定理来更新先验分布 $f'(\theta)$，从而得到 θ 处于区间 $(\theta_i, \theta_i+\Delta\theta)$ 的后验概率为：

$$f''(\theta_i)\Delta\theta = \frac{P(\varepsilon \mid \theta_i)f'(\theta_i)\Delta\theta}{\sum_{i=1}^{k}P(\varepsilon \mid \theta_i)f'(\theta_i)\Delta\theta}$$

其中 $P(\varepsilon \mid \theta_i)=P(\varepsilon \mid \theta_i<\theta \leqslant \theta_i+\Delta\theta)$。

两边取极限，上式变为：

$$f''(\theta) = \frac{P(\varepsilon \mid \theta)f'(\theta)}{\int_{-\infty}^{\infty}P(\varepsilon \mid \theta)f'(\theta)\mathrm{d}\theta} \tag{9.4}$$

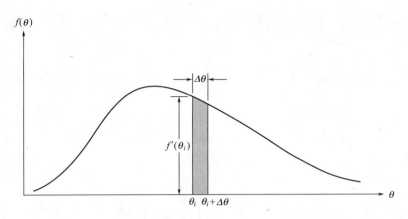

图 9.2　参数Θ的连续先验分布

$P(\varepsilon|\theta)$ 是条件概率，或者说是假定参数值为 θ 时试验结果为 ε 的似然性。因此，$P(\varepsilon|\theta)$ 是 θ 的函数，一般称为 θ 的似然函数，可以用 $L(\theta)$ 来表示。式（9.4）中的分母与 θ 无关，它是一个归一化常数，以使得 $f''(\theta)$ 是一个概率密度函数。因此，式（9.4）也可以表示为：

$$f''(\theta) = kL(\theta)f'(\theta) \tag{9.5}$$

其中 $k = \left[\int_{-\infty}^{\infty} L(\theta)f'(\theta)d\theta\right]^{-1}$ 是归一化常数；$L(\theta)$ 是假定参数为 θ 时，试验结果为 ε 的似然函数。

从式（9.5）可以看出，先验分布和似然函数都对后验分布有贡献。因此，与离散分布类似，判断性信息与观测数据以恰当的方式系统地综合在了一起，前者体现在 $f'(\theta)$ 中，后者则包含在 $L(q)$ 中。

离散分布情况下式（9.2）的期望值常用作参数 θ 的点估计值。因此，在观测数据为 ε 时，参数 θ 更新后的估计值为：

$$\hat{\theta}'' = E(\Theta|\varepsilon) = \int_{-\infty}^{\infty} \theta f''(\theta)d\theta \tag{9.6}$$

参数估计的不确定性包含在随机变量的概率计算中。例如，如果 X 是随机变量，其概率分布中的参数为 θ，则有：

$$P(X \leqslant a) = \int_{-\infty}^{\infty} P(X \leqslant a|\theta)f''(\theta)d\theta \tag{9.7}$$

从物理上看，式（9.7）是以参数 θ 后验概率为权重的 $(X \leqslant a)$ 的平均概率。

［例 9.3］

再来考虑例 9.1 中的问题，其中关注的是现场有缺陷桩的比例。在这里我们假定概率 p 是一个连续随机变量。如果没有关于 p 的（先验）真实信息，可以假定其服从均匀先验分布（称为弥散先验分布），即

$$f'(p) = 1.0 \qquad 0 \leqslant p \leqslant 1$$

在单个桩检查发现其有缺陷的基础上，似然函数就是事件 $\varepsilon = $ “选择进行检查的 1 根桩是有缺陷”的概率，即 p。因此，根据式（9.5），p 的后验

分布为：

$$f''(p) = kp(1.0) \qquad 0 \leqslant p \leqslant 1$$

这里的归一化常数为：

$$k = \left[\int_0^1 p\,\mathrm{d}p \right]^{-1} = 2$$

因此，p 的后验概率密度函数为：

$$f''(p) = 2p \qquad 0 \leqslant p \leqslant 1$$

从而 p 的贝叶斯估计为：

$$\hat{p}'' = E(p \mid \varepsilon) = \int_0^1 p \cdot 2p\,\mathrm{d}p = 0.667$$

如果依次检查了 n 根桩，其中 r 根桩有缺陷，似然函数即为 n 根被检查的桩中有 r 根有缺陷的概率。如果有缺陷的桩的比例、或等价地每根桩有缺陷的概率为 p，并且假定桩之间是相互统计独立的，则似然函数是二项分布函数，即

$$L(p) = \begin{bmatrix} n \\ r \end{bmatrix} p^r (1-p)^{n-r}$$

进而，利用弥散先验分布，可得 p 的后验分布变为：

$$f''(p) = k \begin{bmatrix} n \\ r \end{bmatrix} p^r (1-p)^{n-r} \qquad 0 \leqslant p \leqslant 1$$

其中

$$k = \left[\int_0^1 \begin{bmatrix} n \\ r \end{bmatrix} p^r (1-p)^{n-r}\,\mathrm{d}p \right]^{-1}$$

因此，贝叶斯估计值为

$$\hat{p}'' = E(p \mid \varepsilon) = \frac{\int_0^1 p \begin{bmatrix} n \\ r \end{bmatrix} p^r (1-p)^{n-r}\,\mathrm{d}p}{\int_0^1 \begin{bmatrix} n \\ r \end{bmatrix} p^r (1-p)^{n-r}\,\mathrm{d}p}$$

$$= \frac{\int_0^1 p^{r+1} (1-p)^{n-r}\,\mathrm{d}p}{\int_0^1 p^r (1-p)^{n-r}\,\mathrm{d}p}$$

对上式重复进行分部积分可得

$$\hat{p}'' = \frac{r+1}{n} \frac{\int_0^1 (p^n - p^{n+1})\,\mathrm{d}p}{\int_0^1 (p^{n-1} - p^n)\,\mathrm{d}p} = \frac{r+1}{n+2}$$

从上述结果可见随着检查次数 n 的增加（比例 r/n 保持为常数），p 的贝叶斯估计趋向经典估计结果，即

$$\frac{r+1}{n+2} \rightarrow \frac{r}{n} \qquad \text{当 } n \text{ 很大时}$$

[例 9.4]

　　某工程师在太平洋上一个新近开发的岛上设计一个抗风的临时结构。工程师感兴趣的是年最大风速不超过 120km/h 的概率 p。岛上年最大风速记录只有最近五年的，其中超过 120km/h 的只有一次。该区域范围内另外一个岛有更长历史的风速记录，但该岛离新岛有一定距离。通过比较研究两个岛的地理条件，工程师从这个更长的记录中推断出新岛上 p 的均值为 2/3，变异系数为 27％。由于 p 在 0～1 之间，可以假定其先验分布为 β 分布（与上述统计特征一致）

$$f'(p) = 20p^3(1-p) \qquad 0 \leqslant p \leqslant 1$$

　　此时，在五年内出现一次年最大风速超过 120km/h 的似然函数为：

$$L(p) = \binom{5}{4} p^4(1-p)$$

　　因此，p 的后验概率密度函数为

$$f''(p) = kL(p)f'(p) = k\left[\binom{5}{4}p^4(1-p)\right][20p^3(1-p)] = 100kp^7(1-p)^2$$

其中

$$k = \left[\int_0^1 100p^7(1-p)^2 \mathrm{d}p\right]^{-1} = 3.6$$

故而有

$$f''(p) = 360p^7(1-p)^2 \qquad 0 \leqslant p \leqslant 1$$

　　在本例中，先验概率分布等价于假定每 4 年超过 1 次，而后验分布则相当于每 9 年内超过 2 次。事实上，上述后验分布等价于在弥散先验分布情况下在 9 年内观测到了 2 次超过的情况。该例也可以说明贝叶斯方法的一个特性——除了观测数据信息、源信息对估计过程也是有用的。

　　图 E9.4 说明了似然函数与参数 p 的先验和后验分布之间的关系。不难注意到后验分布比先验分布和似然函数都更加"尖"。这意味着后验分布中的信息比先验分布和似然函数都多。

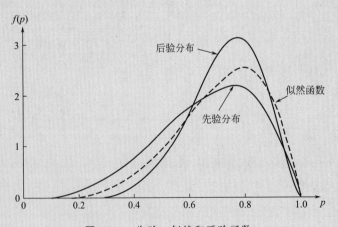

图 E9.4 先验、似然和后验函数

[例9.5]

地震的发生可以用平均发生率为 v 的泊松过程来模拟。假定区域 A 的历史记录表明过去 t_0 年内发生了 n_0 次地震，则相应的似然函数可写为：

$$L(v)=P(t_0 \text{ 年内发生了 } n_0 \text{ 次地震 } |v)=\frac{(vt_0)^{n_0}}{n_0!}e^{-vt_0} \quad v \geqslant 0$$

如果没有其他的信息来估计 v，可以假定 v 为先验均匀分布。这意味着 $f'(v)$ 独立于 v 的取值，因此它可以合并到归一化常数 k 中。因此，v 的后验分布变为

$$f''(v)=kL(v)=k\frac{(vt_0)^{n_0}}{n_0!}e^{-vt_0} \quad v \geqslant 0$$

通过归一化，可得 $k=t_0$。可将得到的 $f''(v)$ 与式（3.44）中的 Gamma 分布概率密度函数进行对比（随机变量为 v），可见 v 的后验分布服从 Gamma 分布。这样，事件（$E=$ 区域 A 中未来 t 年内发生 n 次地震）的概率可以由式（9.7）给出：

$$P(E)=\int_0^\infty P(E|v)f''(v)\mathrm{d}v=\int_0^\infty \frac{(vt)^n}{n!}e^{-vt}\cdot\frac{t_0(vt_0)^{n_0}}{n_0!}e^{-vt_0}\mathrm{d}v$$

$$=\left[\int_0^\infty \frac{(t+t_0)[v(t+t_0)]^{n+n_0}}{(n+n_0)!}e^{-v(t+t_0)}\mathrm{d}v\right]\frac{(n+n_0)!}{n!\,n_0!}\frac{t^n t_0^{(n_0+1)}}{(t+t_0)^{n+n_0+1}}$$

由于括号内的积分式是 Gamma 分布函数，积分结果为 1。故有：

$$P(E)=\frac{(n+n_0)!}{n!\,n_0!}\frac{t^n t_0^{(n_0+1)}}{(t+t_0)^{n+n_0+1}}=\frac{(n+n_0)!}{n!\,n_0!}\frac{(t/t_0)^n}{(1+t/t_0)^{n+n_0+1}}$$

这一结果最早是由 Benjamin（1968）给出的。

为了进行数值示例，假定区域 A 的历史记录表明在过去 60 年内有 2 次烈度超过 VI 度（MM 烈度表）的地震发生，则未来 20 年内不会发生烈度超过 VI 度的地震的概率为：

$$P(E)=\frac{(0+2)!}{0!\,2!}\frac{(20/60)^0}{(1+20/60)^3}=0.42$$

9.3.2 贝叶斯更新过程的特殊应用

贝叶斯更新过程一个令人感兴趣的应用是检查和探测材料缺陷（Tang，1973）。金属结构中的疲劳和断裂破坏经常是由于节点（焊接）或金属基体中未检测到的缺陷和裂缝的扩展造成的。定期检查和维修可以通过限制已有缺陷的尺寸来最小化断裂破坏的风险。然而，经常使用的缺陷探测方法、如无损检测方法并不总是完善的，因此在检测中可能难以发现所有缺陷。

检测到缺陷的概率一般会随着缺陷尺寸和检测设备性能的提升而增大。图9.3 给出了超声方法的检测能力曲线。因此，即使对一个结构进行了检测且所有检测到的缺陷都进行了修复，仍然不能确保不存在大于给定尺寸的缺陷。

假设用一个无损检测设备来检测结构中的一组焊缝，并对所有检测到的缺陷都进行了完全修复。在此情况下，焊缝中仍然存在的缺陷就是未检测到的缺陷。

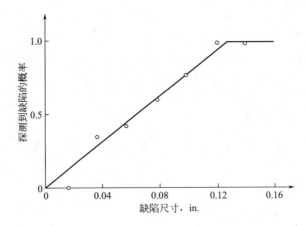

图 9.3 探测能力与实际缺陷深度（数据来源于 Packman 等，1968）

令 X 为缺陷尺寸，D 为事件"检测到一个缺陷"。因此，当缺陷没有被检测到时，缺陷尺寸（如深度）在 x 和（$x+dx$）之间的概率为：

$$P(x < X \leqslant x + dx \,|\, \overline{D}) = \frac{P(\overline{D} \,|\, x < X \leqslant x + dx)P(x < X \leqslant x + dx)}{P(\overline{D})}$$

上式可以表示为概率密度函数的形式：

$$f_X(x \,|\, \overline{D}) = kP(\overline{D} \,|\, x)f_X(x) \qquad (9.8)$$

其中 $f_X(x)$ 是检测和维修前缺陷尺寸的分布，而 $f_X(x|\overline{D})$ 是进行了检测和维修后缺陷尺寸的分布。同时，$P(\overline{D}|x) = 1 - P(D|x)$，其中 $P(D|x)$ 是检测出深度为 x 的缺陷的概率，可用如图 9.3 所示检测能力曲线给出的函数来表示。比较式（9.8）和式（9.5），我们可以发现式（9.8）与式（9.5）有相同的形式，对应的等价表达如下：

$$f_X(x \,|\, \overline{D}) \sim 后验分布$$

$$P(\overline{D}|x) \sim 似然函数$$

$$f_X(x) \sim 先验分布$$

[例 9.6]

作为一个例子，假定一组焊缝中缺陷深度 X 的初始（先验）分布为如下三角形分布（图 E9.6）

$$f_X(x) = \begin{cases} 208.3x; & 0 < x \leqslant 0.06 \\ 20 - 125x; & 0.06 < x \leqslant 0.16 \\ 0; & x > 0.16 \end{cases}$$

假设无损检测设备的检测能力曲线如图 9.3 所示，其数学表达式为：

$$P(D \,|\, x) = \begin{cases} 0; & x \leqslant 0 \\ 8x; & 0 < x \leqslant 0.125 \\ 1.0; & x > 0.125 \end{cases}$$

将 X 的每个区间对应的表达式代入式（9.8），我们可以得到更新后的缺陷深度概率密度函数：

$$f_X(x \mid \overline{D}) = \begin{cases} 0 & x \leqslant 0 \\ k(1-8x)(208.3x) & 0 < x \leqslant 0.06 \\ k(1-8x)(20-125x) & 0.06 < x \leqslant 0.125 \\ 0 & x > 0.125 \end{cases}$$

归一化后，可写为：

$$f_X(x \mid \overline{D}) = \begin{cases} 0 & x \leqslant 0 \\ 495x - 3964x^2 & 0 < x \leqslant 0.06 \\ 47.6 - 678x + 2379x^2 & 0.06 < x \leqslant 0.125 \\ 0 & x > 0.125 \end{cases}$$

上述先验、似然和后验函数都画在图 E9.6 中。从中可以看到似然函数作为图 9.3 的补函数，相当于一个过滤器。它去除了全部大于 0.125in 的缺陷，也去掉了许多剩下的较大缺陷。因此，在检测和维修过后，缺陷深度分布向较小缺陷尺寸一侧移动。

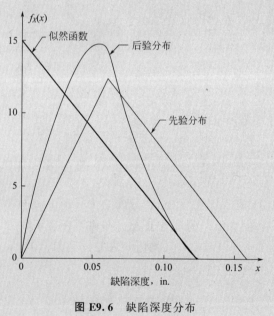

图 E9.6　缺陷深度分布

▶9. 4　抽样理论中的贝叶斯概念

9. 4. 1　一般公式

如果式（9.4）中的试验结果 ε 为一组观测值（x_1，x_2，…，x_n），该组值代表了概率密度函数为 $f_X(x)$ 的总体 X 的一个随机样本（见 6.2.1 节）。当分布中的参数为 θ 时，获得这组特定值的概率为：

$$P(\varepsilon \mid \theta) = \prod_{i=1}^{n} f_X(x_i \mid \theta) dx$$

那么，如果 θ 的先验概率密度函数为 $f'(\theta)$，由式（9.4）可知相应的后验概率密度函数变为：

$$f''(\theta) = \frac{\left[\prod_{i=1}^{n} f_X(x_i \mid \theta) dx\right] f'(\theta)}{\int_{-\infty}^{\infty} \left[\prod_{i=1}^{n} f_X(x_i \mid \theta) dx\right] f'(\theta) d\theta} = kL(\theta) f'(\theta) \tag{9.9}$$

其中的归一化常数为：

$$k = \left[\int_{-\infty}^{\infty} \left(\prod_{i=1}^{n} f_X(x_i \mid \theta)\right) f'(\theta) d\theta\right]^{-1}$$

似然函数 $L(\theta)$ 为 X 在（$x_1, x_2, \cdots, x_n$）处概率密度函数之积，即

$$L(\theta) = \prod_{i=1}^{n} f_X(x_i \mid \theta) \tag{9.10}$$

利用式（9.9）给出的 θ 的后验概率密度函数，我们可以采用式（9.6）来给出参数 θ 的贝叶斯估计。有意思的是，式（9.10）的似然函数就是此前利用经典极大似然估计法得到的式（6.7）。进而，如果假定了弥散先验分布（如下述例 9.13 中的情况），式（9.9）所示的后验分布的众值将给出极大似然估计。

9.4.2 正态分布抽样

当高斯分布总体的标准差 σ 已知时，由式（9.10）可知参数 μ 的似然函数为：

$$L(\mu) = \prod_{i=1}^{n} \frac{1}{\sqrt{2\pi}\sigma} \exp\left[-\frac{1}{2}\left(\frac{x_i - \mu}{\sigma}\right)^2\right] = \prod_{i=1}^{n} N_\mu(x_i, \sigma)$$

其中 $N_\mu(x_i, \sigma)$ 表示均值为 x_i、标准差为 σ 时 μ 的概率密度函数。可以证明，均值为 x_i、标准差为 σ_i 的 m 个正态分布概率密度函数之积仍然是正态分布的概率密度函数（Tang，1971），其均值和方差分别为：

$$\mu* = \frac{\sum_{i=1}^{m}(\mu_i/\sigma_i^2)}{\sum_{i=1}^{m}1/\sigma_i^2} \quad \text{和} \quad (\sigma*)^2 = \frac{1}{\sum_{i=1}^{m}1/\sigma_i^2} \tag{9.11}$$

因此，似然函数 $L(\mu)$ 成为：

$$L(\mu) = N_\mu\left[\frac{\sum_{i=1}^{n}(x_i/\sigma^2)}{\sum_{i=1}^{n}(1/\sigma^2)}, \frac{1}{\sqrt{\sum_{i=1}^{n}(1/\sigma^2)}}\right] = N_\mu\left[\frac{(1/\sigma^2)\sum_{i=1}^{n}x_i}{n/\sigma^2}, \frac{1}{\sqrt{n/\sigma^2}}\right]$$

$$= N_\mu\left[\overline{x}, \frac{\sigma}{\sqrt{n}}\right] \tag{9.12}$$

其中 $\overline{x}$ 是式（6.1）中的样本均值。

无先验信息的情况

当没有 μ 的先验信息时，可以假定弥散先验分布。在此情况下，可以得到 μ 的后验分布为：

$$f''(\mu) = kL(\mu) = kN_{\mu}\left[\overline{x}, \frac{\sigma}{\sqrt{n}}\right] = N_{\mu}\left[\overline{x}, \frac{\sigma}{\sqrt{n}}\right] \tag{9.13}$$

其中 k 在归一化后等于 1.0。因此，没有先验信息时，μ 的后验分布是一个高斯分布，均值为样本均值 $\overline{x}$，标准差为 $\sigma/\sqrt{n}$。

利用贝叶斯估计来得到 μ 的期望值，可由式（9.6）得：

$$\mu'' = E(\mu \mid \varepsilon) = \overline{x}$$

这就是说，样本均值 $\overline{x}$ 是总体均值的点估计。不难注意到这与经典估计式（6.1）完全相同的。因此，在没有先验信息时，贝叶斯方法和经典估计方法将给出相同的总体均值。但从概念上讲，采用贝叶斯方法进行估计的基本思想与经典方法非常不同。式（9.13）表明 μ 的后验分布是均值为 $\overline{x}$、标准差为 $\sigma/\sqrt{n}$ 的高斯分布，而 6.2 节的经典方法则认为样本均值 $\overline{X}$ 服从均值为 μ、标准差为 $\sigma/\sqrt{n}$ 的高斯分布。

先验信息的重要性

与经典方法不同，通过显式地引入先验分布 $f'(\mu)$，在用贝叶斯方法估计参数 μ 时可以包含先验判断信息的影响。下面我们用高斯分布总体的情况加以说明。

当 X 为方差已知的高斯变量时，为了数学上的方便，可以假设其先验分布为高斯分布（9.4.4 节）。假设 $f'(\mu)$ 为 $N(\mu', \sigma')$，那么利用式（9.12）中的似然函数，μ 的后验分布变为

$$f''(\mu) = kL(\mu)f'(\mu) = kN_{\mu}\left[\overline{x}, \frac{\sigma}{\sqrt{n}}\right]N_{\mu}(\mu', \sigma')$$

上式为两个正态分布概率密度函数之积。同样，从式（9.11）可知 $f''(\mu)$ 也是高斯分布，其均值为

$$\mu'' = \frac{[\overline{x}/(\sigma/\sqrt{n})^2] + [\mu'/(\sigma')^2]}{[1/(\sigma/\sqrt{n})^2] + [1/(\sigma')^2]} = \frac{\overline{x}(\sigma')^2 + \mu'(\sigma^2/n)}{(\sigma')^2 + (\sigma^2/n)} \tag{9.14}$$

标准差为

$$\sigma'' = \sqrt{\frac{(\sigma')^2(\sigma^2/n)}{(\sigma')^2 + (\sigma^2/n)}} \tag{9.15}$$

在此情况下，利用式（9.6）中 μ 的贝叶斯估计，可以得到

$$\hat{\mu}'' = \mu''$$

也就是说，均值的贝叶斯估计是先验均值 μ' 和样本均值 $\overline{x}$ 的加权平均，相应的权重如式（9.14）所示为各自方差的倒数。正如所预期的，对于样本数为 n 的大样本情况，后验分布均值接近于样本均值。但如果判断信息的基础较弱（即比较大的 s'）或者样本总体表现出比较小的离散性时（即比较小的 σ），后验分布的均值也接近于样本的均值。在这样的情况下，抽样方案将会更加有效。

式（9.14）是如何将先验信息和观测数据系统地组合在一起以估计均值 μ 的一个例子。

值得注意的是，式（9.15）给出的 μ 的后验分布的方差总是小于*$(\sigma')^2$ 和 (σ^2/n)。这意味着，后验分布的方差总是小于先验分布和似然函数的方差。

基于 μ 的后验分布、即 $N_\mu(\mu'', \sigma'')$，利用式（9.14）和（9.15），还可以给出 μ 位于 a 和 b 之间的概率为

$$P(a < \mu \leqslant b) = \int_a^b f''(\mu)\,\mathrm{d}\mu$$

9.4.3 估计的误差

参数 θ 估计中的任何误差都可以与随机变量 X 内在的变异性综合在一起，从而得到 X 的总的不确定性。考虑到 θ 估计的误差，X 的概率密度函数变为（利用全概率公式）：

$$f_X(x) = \int_{-\infty}^{\infty} f_X(x \mid \theta) f''(\theta)\,\mathrm{d}\theta \qquad (9.16)$$

当一个高斯变量 X 的 σ 已知而 μ 从观测数据估计得到时，有：

$$f_X(x) = \int_{-\infty}^{\infty} f_X(x \mid \mu) f''(\mu)\,\mathrm{d}\mu$$

其中 $f_X(x \mid \mu) = N_X(\mu, \sigma)$，$f''(\mu)$ 由式（9.13）给出。可以再次看到（Tang，1971），上述积分给出的是正态概率密度函数

$$f_X(x) = N(\overline{x}, \sqrt{\sigma^2 + \sigma^2/n}) \qquad (9.17)$$

[例 9.7]

某收费桥梁刚刚通车。在过去两周中，10 个工作日高峰时间的交通记录表明平均车流量为 1535 辆/小时。假定高峰时间的车流量服从正态分布，标准差为 164 辆/小时。基于上述观测信息，根据式（9.13）可以得出高峰时间车流量均值 μ 的后验分布为 N（1535，$164/\sqrt{10}$）或 N（1535，51.9）辆/小时。因此，μ 的点估计为 1535 辆/小时。

μ 在 1500 和 1600 之间的概率为：

$$P(1500 < \mu \leqslant 1600) = \Phi\left(\frac{1600 - 1535}{51.9}\right) - \Phi\left(\frac{1500 - 1535}{51.9}\right)$$
$$= \Phi(1.253) - \Phi(-0.674)$$
$$= 0.6445$$

---

* 由于 $(\sigma')^2 \geqslant 0$，$\sigma^2/n \geqslant 0$，有

$$(\sigma')^2\left(\sigma'^2 + \frac{\sigma^2}{n}\right) \geqslant (\sigma')^2\left(\frac{\sigma^2}{n}\right)$$

$$(\sigma')^2 \geqslant \frac{(\sigma')^2(\sigma^2/n)}{(\sigma')^2 + \sigma^2/n} = \sigma''^2$$

类似地，可以证明 $(\sigma'')^2 \leqslant \sigma^2/n$.

人们更感兴趣的是在给定工作日高峰时间车流量的概率（而不仅仅是其均值）。假定对于当前的收费程序，如果一天高峰时间车流量超过 1700 辆/小时就会出现问题。那么由式（9.17）可知在任意给定的某天出现这种情况的概率为：

$$P(X > 1700) = 1 - \Phi\left[\frac{1700 - 1535}{\sqrt{(164)^2 + (51.9)^2}}\right]$$
$$= 1 - \Phi(0.958)$$
$$= 0.169$$

换言之，当前收费系统在大约 17% 的工作日的高峰时间不能满足要求。可以看到 μ 的估计误差已经包含在上述概率的计算之中。

现在假定在收费桥通车之前，已经利用相关模型来模拟预测了该桥高峰时间的车流量。基于模拟结果，工作日高峰时间平均车流量的置信水平为 90% 的置信区间为 1500 ± 100。如何利用这一信息和车流量的观测数据来估计 μ？

假定前述模拟结果为先验高斯分布，则高峰时间车流量均值 μ 的先验分布为 $N(1500, 60.8)$ 辆/小时。进而，利用式（9.14）和（9.15），μ 的后验分布也是高斯分布，其均值和标准差为

$$\mu'' = \frac{1535(60.8)^2 + 1500(51.9)^2}{(60.8)^2 + (51.9)^2} = 1520 \ \text{辆/小时}$$

$$\sigma'' = \sqrt{\frac{(60.8)^2(50.9)^2}{(60.8)^2 + (51.9)^2}} = 39.5 \ \text{辆/小时}$$

因此，模拟结果的信息综合起来可得高峰时间平均车流量的均值估计为 1520 辆/小时，相应的标准差为 39.5 辆/小时。

[例 9.8]

对施工中的桥墩顶部高度（相对于固定的基准点）重复进行了 5 次测量，结果分别为：20.45m、20.38m、20.51m、20.42m、20.46m。

假定测量误差服从均值为 0、标准误差为 0.08m 的高斯分布。

（a）在给定的测量结果基础上估计桥墩的真实高度；

（b）假定先前有测量人员测量过桥墩的高度，估计为 20.42 ± 0.02m（即测量的均值为 20.42m、标准差为 0.02m）。利用这一额外信息来估计一下桥墩的高度。

解：

测量和航拍中估计真实的尺寸 δ 等价于估计随机变量的均值（6.2.3 节）。测量误差一般都假定为零均值高斯分布。这意味着一组测量结果即为正态分布总体中的一个样本。因此，9.4.2 节得到的结果可以用于测量和航拍中的几何尺寸估计。

（a）5 次测量样本均值为：

$$\bar{d} = \frac{1}{5}(20.45 + 20.38 + 20.51 + 20.42 + 20.46) = 20.444\text{m}$$

样本的标准差为 0.08m。

因此，基于 5 次观测结果，桥墩的真实高度服从高斯分布 $N(20.444, 0.08/\sqrt{5})$ 或 $N(20.444, 0.036)$m. 采用测量和航拍领域的习惯表达，桥墩的高度为 20.444 ± 0.036m。

（b）在具有先验信息时，上述信息可通过 δ 的先验分布整合在一起。在本例中，利用其他人员估计的桥墩高度，δ 的先验分布可以表示为 $N(20.42, 0.020)$m。利用式（9.14）和（9.15），桥墩高度的贝叶斯估计为：

$$\hat{d}'' = \frac{(20.420)(0.036)^2 + (20.444)(0.020)^2}{(0.036)^2 + (0.020)^2} = 20.426\text{m}$$

相应的标准差为：

$$\sigma_d'' = \sqrt{\frac{(0.036)^2(0.020)^2}{(0.036)^2 + (0.020)^2}} = 0.017\text{m}$$

［例 9.9］

某河流最近 5 年的年最大流量记录如下：

$$21.5, 19.2, 23.4, 20.1, 18.1(100\text{m}^3/\text{sec})$$

基于附近其他河流的数据，河流的年最大流量可以用对数正态分布来描述。假定对数正态分布的参数 ζ 可以用上面 5 个样本值来进行估计，过程如下。

上述数据的自然对数分别为 3.07、2.96、3.15、、3.00 和 2.90，从中我们可知样本均值 $\bar{x} = 3.016$，样本标准差 $\zeta = 0.097$。

若没有任何先验信息，则由式（9.13）可得 λ 的后验分布为 $N(\bar{x}, \zeta/\sqrt{5})$，即 $N(3.016, 0.097/\sqrt{5}) = N(3.016, 0.043)$。

但如果有先验信息，就可以将其和 λ 的先验分布综合起来。例如，假设 $f'(\lambda)$ 的分布为 $N(2.9, 0.06)$，那么由式（9.14）和（9.15）可知，后验分布 $f''(\lambda)$ 为正态分布，其均值为：

$$\mu_\lambda'' = \frac{3.016(0.06)^2 + 2.9(0.043)^2}{(0.06)^2 + (0.043)^2} = 2.98$$

标准差为：

$$\sigma_\lambda'' = \sqrt{\frac{(0.06)^2(0.043)^2}{(0.06)^2 + (0.043)^2}} = 0.035$$

也就是说，在后一种情况下，λ 的后验分布为 $N(2.98, 0.035)$。

9.4.4 共轭分布

利用式（9.5）或者（9.9）来推导参数的后验分布时，如果根据随机变量的概率分布适当地选择参数的分布类型，就可以实现数学上的极大简化。在 9.4.2 节我们看到：高斯随机变量 X 的 σ 已知的情况下，假定 μ 的先验分布也是高斯分布，那么 μ 的后验分布仍然是高斯分布。对于离散情形，在例 9.4 中也可以类似地看到，该例中的随机变量服从二项分布，分布中的参数 p 的先验分布假定为标准 Beta 分布（参数 $q'=4$，$r'=2$），由此得到的 p 的后验分布也是标准 Beta 分布，更新后的参数为 $q''=8$，$r''=3$。

这样成对的分布采用贝叶斯理论中的术语称为"共轭对"或者"共轭分布"。采用随机变量分布的共轭分布作为参数的先验分布，一般可以方便地得到与先验分布有着同样数学形式的后验分布。因此，通过选择合适的共轭分布对可以实现极大的数学简化。表 9.1 总结了常见分布的共轭分布对。

需要强调的是，共轭分布仅仅是为了数学上的便利和简化来进行选择的。对于具有特定分布的随机变量，如果没有其他依据来选择先验分布，就可以采用其共轭先验分布。但如果有依据来支持某种特定的先验分布，那么不管数学上复杂与否，都应该采用该先验分布。

共 轭 分 布   表 9.1

基本随机变量	参数	参数的先验与后验分布
二项分布 $$p_X(x) = \binom{n}{x}\theta^x(1-\theta)^{n-x}$$	θ	Beta 分布 $$f_\Theta(\theta) = \frac{\Gamma(q+r)}{\Gamma(q)\Gamma(r)}\theta^{q-1}(1-\theta)^{r-1}$$
指数分布 $$f_X(x) = \lambda e^{-\lambda x}$$	λ	Gamma 分布 $$f_\Lambda(\lambda) = \frac{v(v\lambda)^{k-1}e^{-v\lambda}}{\Gamma(k)}$$
正态分布 $$f_X(x) = \frac{1}{\sqrt{2\pi}\sigma}\exp\left[-\frac{1}{2}\left(\frac{x-\mu}{\sigma}\right)^2\right]$$（已知 σ）	μ	正态分布 $$f_M(\mu) = \frac{1}{\sqrt{2\pi}\sigma_\mu}\exp\left[-\frac{1}{2}\left(\frac{\mu-\mu_\mu}{\sigma_\mu}\right)^2\right]$$
正态分布 $$f_X(x) = \frac{1}{\sqrt{2\pi}\sigma}\exp\left[-\frac{1}{2}\left(\frac{x-\mu}{\sigma}\right)^2\right]$$	μ，σ	Gamma－正态分布 $$f(\mu,\sigma) = \left\{\frac{1}{\sqrt{2\pi}\sigma/n}\exp\left[-\frac{1}{2}\left(\frac{\mu-m}{\sigma/\sqrt{n}}\right)^2\right]\right\}\cdot$$ $$\left\{\frac{[(n-1)/2]^{(n+1)/2}}{\Gamma[(n+1)/2]}\left(\frac{\mu}{\sigma^2}\right)^{(n-1)/2}\exp\left(-\frac{n-1}{2}\frac{\mu}{\sigma^2}\right)\right\}$$
泊松分布 $$p_X(x) = \frac{(\mu t)^x}{x!}e^{-\mu t}$$	μ	Gamma 分布 $$f_M(\mu) = \frac{v(v\mu)^{k-1}}{\Gamma(k)}e^{-v\mu}$$
对数正态分布 $$f_X(x) = \frac{1}{\sqrt{2\pi}\zeta x}\exp\left[-\frac{1}{2}\left(\frac{\ln x-\lambda}{\zeta}\right)^2\right]$$（已知 ζ）	λ	正态分布 $$f_\Lambda(\lambda) = \frac{1}{\sqrt{2\pi}\sigma}\exp\left[-\frac{1}{2}\left(\frac{\lambda-\mu}{\sigma}\right)^2\right]$$

续表

参数的均值和方差	后验统计量
$E(\Theta) = \dfrac{q}{q+r}$ $\text{Var}(\Theta) = \dfrac{qr}{(q+r)^2(q+r+1)}$	$q'' = q' + x$ $r'' = r' + n - x$
$E(\lambda) = \dfrac{k}{\nu}$ $\text{Var}(\lambda) = \dfrac{k}{\nu^2}$	$\nu'' = \nu' + \sum_i x_i$ $k'' = k' + n$
$E(\mu) = \mu_\mu$ $\text{Var}(\mu) = \sigma_\mu^2$	$\mu_\mu'' = \dfrac{\mu_\mu'(\sigma^2/n) + \bar{x}\sigma_\mu'^2}{\sigma^2/n + (\sigma_\mu')^2}$ $\sigma_\mu'' = \sqrt{\dfrac{(\sigma_\mu')^2(\sigma^2/n)}{(\sigma_\mu')^2 + \sigma^2/n}}$
$E(\mu) = m$ $\text{Var}(\mu) = \dfrac{u\nu}{(\nu-2)n} \quad \nu > 2$ $E(\sigma) = \sqrt{\dfrac{u\nu}{2}}\,\dfrac{\Gamma\left[(\nu-1)/2\right]}{\Gamma\left[\nu/2\right]} \quad \nu > 1$ $\text{Var}(\sigma) = \dfrac{u\nu}{\nu-2} - E^2(\sigma) \quad \nu > 2$	$n'' = n' + n$ $m'' = (n'm' + nm)/n''$ $v'' = v' + v + 1$ $u'' = \left[(v'u' + n'm'^2) + (vu + nm^2) - n''m''^2\right]/v''$
$E(\mu) = \dfrac{k}{\nu}$ $\text{Var}(\mu) = \dfrac{k}{\nu^2}$	$\nu'' = \nu' + t$ $k'' = k' + x$
$E(\lambda) = \mu$ $\text{Var}(\lambda) = \sigma^2$	$\mu'' = \dfrac{\mu'(\zeta^2/n) + \sigma^2\ln\bar{x}}{\zeta^2/n + \sigma^2}$ $\sigma'' = \sqrt{\dfrac{\sigma^2(\zeta^2/n)}{\sigma^2 + \zeta^2/n}}$

[例 9.10]

　　焊接接头缺陷的发生可以用平均发生率为每米焊缝 μ 个缺陷的泊松过程来描述。用一个功能强大的设备（假定它不会漏掉任何明显的缺陷）进行了实际检测，在 9.2m 焊缝上检测到了 5 个缺陷。但根据以前对相似类型焊缝的经验，平均缺陷率会随着特定工序的工艺质量的不同而变化。基于这一信息，工程师认为在当前的工序中平均缺陷率的均值为 0.5 个/m，变异系数为 40%。利用观测数据和先前经验得出的信息来确定这类焊缝中 μ 的均值和变异系数。

　　由于给定长度焊缝中缺陷的数目可以用泊松分布来描述，根据表 9.1，可以方便地采用它的共轭分布——Gamma 分布来作为参数 μ 的先验分布。利用上述信息以及 3.2.8 节（亦可见表 9.1 中的第 4 列）给出的 Gamma 分布的均值和方差，我们得到 μ 的均值为：

$$E'(\mu)=\frac{k'}{v'}=0.5$$

变异系数为：

$$\delta'(\mu)=\frac{\sqrt{k'/v'^2}}{k'/v'}=\frac{1}{\sqrt{k'}}=0.4$$

因此，Gamma 分布的先验参数为 $k'=6.25$，$v'=12.5$。

μ 的后验分布也是 Gamma 分布。从表 9.1 中（第 5 列）先验和后验分布统计特征值之间的关系，利用样本数据，可得到后验 Gamma 分布中参数 k'' 和 v'' 的估计为：$x=5$ 个缺陷，$t=9.2m$，故

$$k''=k'+x=6.25+5=11.25$$
$$v''=v'+t=12.5+9.2=21.7$$

因此，平均缺陷率 μ 更新后的均值和变异系数为：

$$E''(\mu)=\frac{k''}{v''}=\frac{11.25}{21.7}=0.52 \text{ 个缺陷 /m}$$

$$\delta''(\mu)=\frac{1}{\sqrt{k''}}=\frac{1}{\sqrt{11.25}}=0.30$$

[例 9.11]

假设某河流的最高洪水水位 H 可以用如下指数分布来描述：

$$f_H(h)=\lambda e^{-\lambda h} \qquad h \geqslant 0$$

在指定的地点没有洪水发生的正式记录。但当地居民回忆说近年只发生过两次洪水，洪水中河流水位至少为 5in。假定不同洪水中河流的水位是统计独立的，而且没有其他信息来估计参数 λ。

（a）基于给定的信息确定 λ 的分布、均值以及 H 的变异系数；

（b）下次洪水时河流水位超过 5in 的概率为多少？

（c）在一段时间后，在指定地点发生了 3 次洪水，洪水中河流最高水位记录分别为 3、4、5in。利用这些新信息，λ 更新后的分布是什么？均值和变异系数是多少？

解：

（a）在这里，由于观测信息是指超过（而不是精确等于）给定值，贝叶斯更新中的共轭概念无法应用，而需要从基本更新公式（9.5）出发。本例中的似然函数为用 λ 表达的两次洪水中河流水位超过 5in 的概率。对于 1 次洪水，河流水位超过 5in 的概率为：

$$p=P(H>5)=1-F_H(5)=e^{-5\lambda}$$

因此，当 "$\varepsilon=$ 两次洪水河流水位超过 5in" 时，似然函数变为：

$$L(\lambda)=P(e \mid \lambda)=p^2=(e^{-5\lambda})^2=e^{-10\lambda}$$

假定采用式（9.5）中的弥散先验分布，更新后 λ 的后验分布变为：

$$f''(\lambda)=k\,e^{-10\lambda}$$

归一化后，可得到 $k=10$，则 λ 的后验分布变为：

$$f''(\lambda)=10\,e^{-10\lambda}\,;\lambda\geqslant 0$$

因此，f'' 是另外一个参数为 10 的指数分布，相应的均值和变异系数分别为 0.1 和 1。注意到这也是一个参数为 $v=10$，$k=1$ 的 Gamma 分布（表 9.1）。

（b）对于下次洪水中水位超过 5in 的概率，要在 λ 所有可能值上进行积分，从而得到更新后的概率为

$$P''(H>5)=\int_0^\infty P''(H>5\mid\lambda)f''(\lambda)\mathrm{d}\lambda=\int_0^\infty e^{-5\lambda}(10e^{-10\lambda})\mathrm{d}\lambda$$

$$=\frac{10}{15}\int_0^\infty 15e^{-15\lambda}\mathrm{d}\lambda=0.667$$

（c）由于基本随机变量 X 是洪水中的河流水位且服从指数分布，（a）中得到的 Gamma 分布（$v'=10$，$k'=1$）可以作为参数 λ 的合适的先验分布来进行信息更新。利用表 9.1 中的公式，λ 的后验分布也服从 Gamma 分布，参数为

$$v''=v'+\sum x_i=10+3+4+5=22 \text{ 和 } k''=k'+n=1+3=4$$

因此，我们得到更新后 λ 的后验概率密度函数为

$$f''(\lambda)=(22^4/4!)\lambda^3 e^{-22\lambda}=9761\lambda^3 e^{-22\lambda}\,;\lambda\geqslant 0$$

其均值和变异系数分别为 $4/22=0.182$ 和 $1/2=0.5$。

▶9.5　两个参数的估计

前面章节中描述的贝叶斯方法可以推广到多个参数的情形。考虑两个参数的情形，记需要估计的两个参数为 θ_1 和 θ_2。此时，式（9.5）中的通用贝叶斯更新方程变为：

$$f''(\theta_1,\theta_2)=kL(\theta_1,\theta_2)f'(\theta_1,\theta_2) \tag{9.18}$$

其中 $f'(\theta_1,\theta_2)$ 和 $f''(\theta_1,\theta_2)$ 分别为 θ_1 和 θ_2 的先验和后验联合概率密度函数；$L(\theta_1,\theta_2)$ 是对给定 θ_1 和 θ_2 值观测信息的似然函数。如果 θ_1 和 θ_2 是统计独立的，$f'(\theta_1,\theta_2)$ 可以表示为 $f'(\theta_1)\cdot f'(\theta_2)$，从而较容易确定先验联合分布。但从后述例子可以发现，通过似然函数综合观测信息后，θ_1 和 θ_2 并不一定继续保持统计独立。同样，k 是归一化常数，用来确保后验联合分布 $f''(\theta_1,\theta_2)$ 是一个概率密度函数，它可以从下式得到：

$$\int_{-\infty}^\infty\int_{-\infty}^\infty f''(\theta_1,\theta_2)\mathrm{d}\theta_1\mathrm{d}\theta_2=1$$

或

$$\int_{-\infty}^\infty\int_{-\infty}^\infty kL(\theta_1,\theta_2)f'(\theta_1,\theta_2)\mathrm{d}\theta_1\mathrm{d}\theta_2=1 \tag{9.19}$$

当确定了 θ_1 和 θ_2 的联合概率密度函数后，θ_1 和 θ_2 的边缘分布可以由式（3.67）和（3.68）得到：

$$f''(\theta_1)=\int_{-\infty}^\infty f''(\theta_1,\theta_2)\mathrm{d}\theta_2 \tag{9.20a}$$

$$f''(\theta_2) = \int_{-\infty}^{\infty} f''(\theta_1, \theta_2) \mathrm{d}\theta_1 \tag{9.20b}$$

进而，相应的贝叶斯估计可以从下式得到：

$$\hat{\theta}_1'' = E''(\theta_1) = \int_{-\infty}^{\infty} \theta_1 f''(\theta_1) \mathrm{d}\theta_1 \tag{9.21a}$$

$$\hat{\theta}_2'' = E''(\theta_2) = \int_{-\infty}^{\infty} \theta_2 f''(\theta_2) \mathrm{d}\theta_2 \tag{9.21b}$$

[例 9.12]

在某类土层里经常会发现砾石。这些砾石可以用空间域内每单位体积土平均发生率为 m 的泊松过程来描述。为了获取给定土层中砾石密度的信息，工程师用钻杆（截面积可以忽略）对土层进行了 40in 深的钻孔。如果钻杆没有遇到任何砾石，土层中砾石的平均出现率 μ 为多少？

很明显，砾石的尺寸对解释观测结果有影响。为了简化问题，我们可以假定场地处的砾石是球形，半径均为 R。不过，不同场地的砾石半径 R 差异很大。在钻孔试验前，砾石的半径 R 据信为服从 $1\sim4$in 之间的均匀分布，此外没有其他关于参数 μ 的信息。我们感兴趣的是根据钻孔试验结果确定 μ 和 R 的更新分布。

R 的先验概率密度函数为区间 $1\sim4$in 上的常数 $1/3$。假定 μ 为弥散先验分布，那么 $f'(\mu)$ 可以简单地归并到归一化常数中去。事件"沿着钻孔没有遇到任何砾石"等价于"没有发现任何砾石的中心离钻杆距离小于 $R=r$"。因此，似然函数等价于在圆柱体积 $40\pi r^2$ 的土体中发生次数为零的概率。由于砾石中心是一个单位体积中平均发生率为 μ 的泊松过程，故似然函数为：

$$L(\varepsilon \mid \mu, r) = P(X = 0 \text{ 在半径为 } r \text{ 的 40in 高的圆柱体内} \mid \mu)$$
$$= \exp[-(40\pi r^2 \cdot \mu)] \quad 1 \leqslant r \leqslant 4; -\infty < \mu < \infty$$

更新后 μ 和 R 的联合分布变为：

$$f''(\mu, r) = \frac{k}{4-1} \exp[-(40\pi r^2 \cdot \mu)]$$

其中 k 可从下式获得：

$$k = \left[\frac{1}{3} \int_1^4 \int_0^{\infty} e^{-\mu r^2 (40)} \mathrm{d}\mu \mathrm{d}r \right]^{-1} = \left[\frac{1}{3} \int_1^4 \frac{1}{40\pi r^2} \mathrm{d}r \right] = 40\pi(4) = 160\pi$$

因此有

$$f''(\mu, r) = \frac{160\pi}{3} e^{-40\pi\mu r^2}; 1 \leqslant r \leqslant 4; 0 \leqslant \mu \leqslant \infty$$

由此可以得到砾石半径的边缘概率密度函数为

$$f''(r) = \int_0^{\infty} \frac{160\pi}{3} \cdot e^{-40\pi\mu r^2} \mathrm{d}\mu = \frac{4}{3r^2}$$

其均值为：

$$E''(R) = \int_1^4 r \cdot \frac{4}{3r^2} \mathrm{d}r = \frac{4}{3}\ln 4 = 1.85\text{ft.}$$

半径 R 的先验和更新后的后验边缘分布如图 E9.12a 所示。

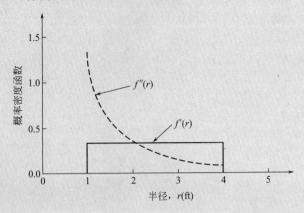

（a）砾石半径的先验和更新后的分布

因此，基于观测到的事件"40in 钻杆没有遇到砾石"，砾石半径的期望值从 2.5in 减少到 1.85in。

类似地，平均发生率 μ 的边缘分布可以通过变量变换得到，如下式所示：

$$f''(\mu) = \sqrt{\frac{1}{40}} \frac{160\pi}{3\sqrt{\mu}} \left[\Phi(4\sqrt{80\pi\mu}) - \Phi(\sqrt{80\pi\mu}) \right]$$

这是一个减函数，如图 E9.12b 所示。从中可以得到相应更新后的砾石平均出现率为 0.0035 每立方英尺。为了保证该土层中只有较少和较小的砾石，需要发生如下事件："用 1 根或者多根钻杆进行更深的钻孔而没有发现砾石"。

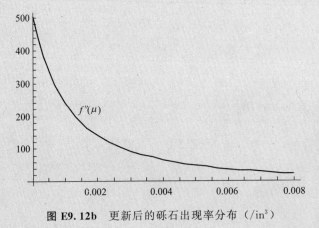

图 E9.12b　更新后的砾石出现率分布（/in³）

土层中的地质异常经常会引发地基失效。因此，通过现场勘察来发现这类异常至关重要。如例 9.12 所示，贝叶斯方法可以系统地将现场勘察结果和判断信息综合起来以推断相应的特征值，如相关异常介质的出现概率或频率和尺寸的分布。关于这方面更多文献可见 Tang 等人的论文（1983，1986，1990，1991，1993）。

[例 9.13]

对花旗松木材的抗弯强度进行了一组 10 次试验，结果表明样本均值为 6ksi、样本标准差为 1.2ksi。试验前，基于以前对这种材料的经验，工程师认为这种木材的平均抗弯强度的均值为 5ksi、变异系数为 16.3%；抗弯强度标准差的均值为 1.253ksi，变异系数为 52.3%。假定抗弯强度服从正态分布 $N(\mu, \sigma)$。

现在，工程师希望综合试验结果和他此前的估计来更新参数 μ 和 σ 的先验估计。为简化起见，我们在更新过程中采用共轭方法。由于需要同时估计 μ 和 σ，根据表 9.1，采用伽马—正态联合分布作为先验估计将比较方便。伽马—正态分布有四个参数 m、u、n 和 v，其中 $v = n - 1$。第一步是估计符合工程师先前经验的先验参数。

总结来说，先验信息为：$E'(\mu) = 5$；$\delta'(\mu) = 0.163$；$E'(\sigma) = 1.253$；$\delta'(\sigma) = 0.523$。通过采用表 9.1 中第 4 列的公式，我们可以估计出 m'、u'、n' 和 v' 的值分别为 5、1、3 和 4。

接下来，我们将采用表 9.1 中的第 5 列综合先验信息和观测信息。前述观测信息统计特征值为：$n = 10$；$\bar{x} = 6$；$s = 1.2$；$v = n - 1 = 9$。因此，我们得到：

$$n'' = n' + n = 3 + 10 = 13$$

$$m'' = (n'm' + n\bar{x}) \frac{1}{n''} = (3 \times 5 + 10 \times 6) \frac{1}{13} = 5.769$$

$$v'' = v' + v + 1 = 4 + 9 + 1 = 14$$

$$u'' = \frac{1}{v''} \left[(v'u' + n'm'^2) + (vs^2 + n\bar{x}^2) - n''m''^2 \right]$$

$$= \frac{1}{14} \left[(4 \times 1 + 3 \times 5^2) + (9 \times 1.2^2 + 10 \times 6^2) - 13 \times 5.769^2 \right] = 1.379$$

最后，利用表 9.1 中的第 4 列公式来给出后验统计特征值，可得：

$$E''(\mu) = m'' = 5.769$$

$$\text{Var}''(\mu) = \frac{u''v''}{(v'' - 2)n''} = \frac{1.379 \times 14}{(14 - 2)13} = 0.124$$

因此，相关系数为：$\delta''(\mu) = \dfrac{\sqrt{0.124}}{5.769} = 0.061$。

更新后的均值为 5.769ksi，位于先验估计和样本均值之间。同时注意到表征 μ 不确定性的变异系数从 16.3% 减少到了 6.1%。对于估计的标准差 s，利用表 9.1 中第 4 列公式进行数学处理可得到更新后的均值和标准差分别为 1.242ksi 和 0.257ksi。因此，s 的不确定性水平、即 s 的变异系数也从 52.3% 减少为 20.7%。

▶ 9.6 贝叶斯回归和相关分析

9.6.1 线性回归

在第 8 章中我们介绍了回归分析的经典方法，以刻画两个（或者多个）变量之间的统计关系。对于两个变量 X、Y 在常方差下线性回归的情况，式（8.1）—（8.6）给出了所需要的关系式。为了说明的方便，在这里总结如下。

线性回归方程为：

$$E(Y \mid x) = \alpha + \beta x \tag{9.22}$$

常数条件方差为：

$$\mathrm{Var}(Y \mid x) = \sigma^2 \tag{9.23}$$

其中参数 α、β 和 σ^2 从一组采样数据估计得到。基于最小二乘方法估计这些参数的公式为：

$$\hat{\beta} = \frac{\sum x_i y_i - n\overline{x}\,\overline{y}}{\sum x_i^2 - n\overline{x}^2} \tag{9.24}$$

$$\hat{\alpha} = \overline{y} - \hat{\beta}\overline{x} \tag{9.25}$$

在给定 x 时，Y 的均值函数变为：

$$E(Y \mid x) = \hat{\alpha} + \hat{\beta}x \tag{9.26}$$

并且：

$$\hat{\sigma}^2 = \frac{\sum (y_i - \overline{y})^2 - \beta^2 \sum (x_i - \overline{x})^2}{n - 2} \tag{9.27}$$

其中 $\sum = \sum\limits_{i=1}^{n}$，$n$ 为样本大小，$\overline{x}$ 和 $\overline{y}$ 分别为 x_i 和 y_i 的样本均值。当样本数据有限时，这些参数 α、β 和 σ^2 的估计值可能会有显著的误差（或认知不确定性）。因此，式（9.26）的均值估计函数也将包含这些误差。进而，对给定的 x，Y 预测值的整体变异性除了回归直线中 σ^2 的离散性外，还将反映这种认知不确定性。根据本章介绍的贝叶斯方法，参数 α、β、σ^2 和 $E(Y \mid x)$ 本身可以当作随机变量。因此，这些由于样本误差导致的认知不确定性可以直接考虑到概率分析之中。

当给定 α、β 和 σ^2，同时 Y 在给定 x 处服从均值和方差由式（9.26）和（9.27）给出的正态分布时，那么在给定的一组 x_i 处观测到的一组值 y_i 的似然函数为：

$$L(\alpha, \beta, \sigma^2) = \prod_{i=1}^{n} \frac{1}{\sqrt{2\pi}\sigma} e^{-\frac{1}{2}\left(\frac{y_i - \alpha - \beta x_i}{\sigma}\right)^2} \tag{9.28}$$

通过综合似然函数以及根据式（9.18）给出的参数先验分布，参数更新后的分布为：

$$f''(\alpha, \beta, \sigma^2) = kL(\alpha, \beta, \sigma^2) f'(\alpha, \beta, \sigma^2) \tag{9.29}$$

上式可以用来确定均值函数 $\theta_x = E(Y \mid x)$ 的更新分布，如下所示：

$$f''(\theta_x) = \iiint f''(\theta_x \mid \alpha, \beta, \sigma^2) f''(\alpha, \beta, \sigma^2) \mathrm{d}\alpha \, \mathrm{d}\beta \mathrm{d}\sigma \tag{9.30}$$

以及在给定 x 时 Y 的更新分布：

$$f''(Y_x) = \iiint N_Y(\alpha + \beta x, \sigma) f''(\alpha, \beta, \sigma^2) \mathrm{d}\alpha \, \mathrm{d}\beta \mathrm{d}\sigma \tag{9.31}$$

其中 $N_Y(\alpha + \beta x, \sigma)$ 为 Y 的正态概率密度函数，均值为 $(\alpha + \beta x)$、标准差为 σ。虽然采用相容先验分布可能很有帮助，但上述公式很难给出解析式。故一般需要用数值方法来得到有关结果。对于基于数据库进行预测的情况（即对包括 σ 在内的回归系数没有任何先验信息），Tang（1980）给出了一组有用的结果：

$$E(\theta_x) = \alpha + \beta x \qquad (9.32)$$

$$\mathrm{Var}(\theta_x) = \frac{n-1}{n-3}\left[\frac{1}{n}\left\{1 + \frac{n}{n-1}\frac{(x-\overline{x})^2}{s_x^2}\right\}\right]\sigma^2 \qquad (9.33)$$

其中 α、β 和 σ^2 是根据式（9.24）—（9.27）利用观测结果统计量给出的，s_x^2 为每个 x_i 的样本方差。可以看到，回归直线中的认知不确定性取决于由 $(x-\overline{x})^2/s_x^2$ 来衡量的外推程度以及计算回归直线时的数据点数 n。较大的外推程度或者较小的样本数将导致比较大的方差 $\mathrm{Var}(\theta_x)$。系数 $(n-1)/(n-3)$ 代表在估计基本离散性 σ^2 时不确定性的贡献。随着采样点的增加，其作用将会消失。在分析给定 x 时 Y 的预测值的全部不确定性时这些参数上的不确定性可以与基本离散性综合在一起。事实上，通过利用 Raiffa 和 Schlaifer（1961）给出的一个公式，针对一般正态回归过程，Tang（1980）给出了

$$\mathrm{Var}(Y\,|\,x) = \frac{n-1}{n-3}(1+\gamma)\sigma^2 \qquad (9.34)$$

其中 γ 表示式（9.33）中方括号中的值。它代表了均值函数或回归方程的方差对不确定性的贡献。正如所预期的，在极端情况下，当 n 趋于无穷大时，$\mathrm{Var}(Y\,|\,x)$ 将趋近于 σ^2，因为此时认知不确定性不重要了。Y 的期望值依然为式（9.32）中回归方程给出的值。

[例 9.14]

考虑例 8.2 中的降雨量-径流量数据，这里 α、β 和 σ^2 都已经确定，$\alpha = -0.14$、$\beta = 0.435$ 和 $\sigma^2 = 0.075$。因此，对于降雨量为 x（in）的暴雨，径流量的均值为：

$$E(Y\,|\,x) = -0.14 + 0.435x$$

根据式（9.26），其方差可以从式（9.34）得到，其中的 γ 为式（9.33）方括号中的值。因此，方差为：

$$\mathrm{Var}(Y\,|\,x) = \frac{24}{22}\left[1 + \left[\frac{1}{25}\left\{1 + \frac{25}{24}\frac{(x-2.16)^2}{36.8}\right\}\right]\right]0.075$$

例如，对于降雨量为 4in 的暴雨，径流量的均值为：

$$E(Y\,|\,x=4) = 0.14 + (0.435)(4) = 1.6\,\mathrm{in}$$

方差为：

$$\mathrm{Var}(Y\,|\,x=4) = \frac{24}{22}\left[1 + \left[\frac{1}{25}\left\{1 + \frac{25}{24}\frac{(4-2.16)^2}{36.8}\right\}\right]\right]0.075 = 0.0854\,\mathrm{in}^2$$

如果基本离散度 σ^2 假定等于 0.075，那么不确定的 σ^2 就没有任何贡献。因此，式（9.34）中的 $\mathrm{Var}(Y\,|\,x)$ 变为 $(1+\gamma)0.075$，从而给出在 $x=4$ 处 Y 的方差为 0.078。径流量 Y 将服从正态分布。当降雨量为 4in 时，径流超过 2in 的概率可由下式得到

$$P(Y > 2 \mid x = 4) = 1 - \Phi\left[\frac{2 - 1.6}{\sqrt{0.078}}\right] = 1 - \Phi(0.435) - 0.332$$

9.6.2　回归参数的更新

在实际应用中通常很少根据不同来源的信息更新统计参数 α、β 和 σ^2。例如，用来估计这些参数的已有数据可能会与新数据简单地混合起来进行贝叶斯回归分析，从而得到回归方程的均值和方差。但如果没有前一组数据信息，就需要进行判断来给出一组等价的关键统计参数以描述前一组数据中的信息。

可以参考 Lee（1989）提出的实用程序来进行这一工作。更一般的情况可能是在随机变量 Y 的数据很有限的情况下估计 Y 的均值。为了补充这些数据或者为了得到 Y 的均值的初步估计值，可以考察 Y 与其他变量之间是否存在回归关系。例如，考虑例 9.13 中在降雨量为 4in 的暴雨下径流量 Y 的值。假设在降雨量为 4in 的暴雨时观测到的径流量值只有 2 个。在此情况下，贝叶斯回归分析可以用来给出 $E(Y \mid x = 4)$ 的先验均值和方差，这些值可以直接利用降雨量为 4in 的暴雨时观测到的径流量来进行更新。下述例中的更新将仅是对 $x=4$ 时随机变量 Y 的均值的更新。

[例 9.15]

如果在 2 次降雨量为 4in 的暴雨中观测到某处的径流量分别为 1.5in 和 2.5in，那么对于降雨量为 4in 的暴雨，平均径流量的均值和方差分别为多少？

令 θ_4 代表降雨量为 4in 的暴雨时的平均径流量。从例 8.2 或 9.14 中关于径流量—降雨量的贝叶斯回归分析中，可以得到 θ_4 的均值为：

$$E(\theta_4) = -0.14 + (0.435)(4) = 1.60 \text{ in}$$

方差为：

$$\text{Var}(\theta_4) = \frac{24}{22}\left[\frac{1}{25}\left\{1 + \frac{25}{24}\frac{(4 - 2.16)^2}{36.8}\right\}\right]0.075 = 0.0036 \text{ in}^2$$

这两个值将作为 θ_4 的先验统计。对于直接测量得到的值我们有 $\bar{y} = 2$。假定在 $x=4$ 时径流量 Y 的值服从方差为 0.075 的正态分布，那么 θ_4 更新后的统计量可以由式（9.14）和（9.15）给出：

$$E''(\theta_4) = \frac{(2)(0.0036) + (1.60)(0.075/2)}{(0.0036) + (0.075/2)} = 1.64$$

$$\text{Var}''(\theta_4) = \frac{(0.0036)(0.075/2)}{(0.0036) + (0.075/2)} = 0.0033$$

我们可以发现更新后的均值更接近 1.6 而不是 2，这表明直接测量得到的径流量与回归方程给出的值相比具有较小的权重。

9.6.3　相关分析

两个正态随机变量 X 和 Y 之间的相关性可以用相关系数 ρ 来衡量。考虑 X、Y 的均值和方差均假定已知的简单情况。ρ 的似然函数即为对于给定的 μ_X、μ_Y、

σ_X 和 σ_Y 观测到 n 对数值 (x_i, y_i)，$(i = 1, \cdots, n)$ 的概率。因此，

$$
\begin{aligned}
L(\rho) &= \prod_{i=1}^{n} f_{Y|x}(y_i \mid x_i) f_X(x_i) \\
&= \prod_{i=1}^{n} \frac{1}{\sqrt{2\pi}\sigma_{Y|x}} \exp\left\{-\frac{1}{2}\left[\frac{y_i - \mu_{Y|x_i}}{\sigma_{Y|x}}\right]^2\right\} \frac{1}{\sqrt{2\pi}\sigma_X} \exp\left\{-\frac{1}{2}\left[\frac{x_i - \mu_X}{\sigma_X}\right]^2\right\}
\end{aligned}
$$

(9.35)

其中

$$
\mu_{Y|x_i} = \mu_Y + \rho \frac{\sigma_Y}{\sigma_X}(x_i - \mu_X)
$$

(9.36)

$$
\sigma_{Y|x}^2 = \sigma_Y^2(1 - \rho^2)
$$

(9.37)

采用贝叶斯更新方程，更新后的相关系数分布由下式给出：

$$
f''(\rho) = k L(\rho) f'(\rho)
$$

(9.38)

当假定先验分布 $f'(\rho)$ 时即可求解上式。

即使对于这种简单的情况，由于先验分布的数学表达式不清楚，进行上述更新所需的数学分析过程也是非常繁琐的。人们通常不得不利用数值或者近似方法进行求解。例如，Lee（1989）基于双曲正切变量代换给出了一种近似方法。

[例 9.16]

例 9.13 中的数据表明 Monocacy 河的径流量与降雨量有明显的关联。假定可以到相关系数的先验信息，确定相关系数更新后相应的分布。这里将基于式（9.36）～（9.38）采用数值计算进行分析。在搜集降雨量－径流数据前，考虑采用三种不同的先验分布来描述相关系数信息。三种分布分别为：

情况（a）：0～1 之间的上三角分布

情况（b）：0～1 之间的均匀分布

情况（c）：0.5～1 之间的均匀分布

对上述三种先验分布，更新后（后验）的分布的结果如图 E9.16 所示。表 E9.16 中给出了综合观测数据前和综合后相关系数的统计信息。由于观测数据包含 25 对实测结果且数据具有明显的线性趋势，ρ 的后验分布由观测数据主导。因而在此情况下，不同的先验分布假定对更新后的分布及统计信息影响很小。

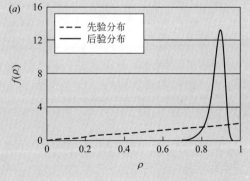
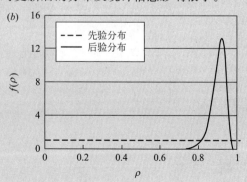

图 E9.16 相关系数的先验和后验分布

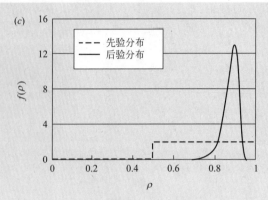

图 E9.16　相关系数的先验和后验分布（续）

相关系数的先验和后验统计信息　　　　　表 E9.16

| | 先　　验 | | 后　　验 | |
	μ'	σ'	μ''	σ''
(a)	0.667	0.056	0.88289	0.001296
(b)	0.50	0.083	0.881315	0.001386
(c)	0.75	0.021	0.881321	0.001383

▶ 9.7　本章小结

　　在工程规划与设计过程中，判断性假设和推断信息通常是有用而且必要的。这种先验信息的重要性及其在估计过程中的作用（与观测到的数据相综合）形成了贝叶斯统计的内容。本章介绍了贝叶斯方法的基本概念，并特别着重介绍了其在抽样和估计问题中的应用。这些概念可以推广到许多工程应用中，包括在贝叶斯统计决策中的应用，可参见 Ang 和 Tang（1984）的文章。

　　从哲学上讲，贝叶斯方法和经典方法在处理概率和统计问题上有着根本的区别。在贝叶斯方法中，概率是一种信任度的表示；而在经典方法中，概率严格上来讲是一种相对频率的度量。此外，在参数估计中贝叶斯方法假定参数是随机变量，而在经典方法中认为它是一个未知常数。

　　在工程规划和设计中，贝叶斯方法有以下优势：

　　1. 为对以概率形式表达的工程判断和观测数据进行综合提供了合理的框架；

　　2. 正如第 1 章所论，系统地整合了由于随机性导致的不确定性（固有不确定性）和由于估计和预测误差造成的不确定性（认知不确定性）；

　　3. 为系统地更新信息提供了合理步骤。

▶习题

　　9.1　对一个新结构进行验证性试验。假定最大验证荷载处于合理的较高水平，计算表明该结构能承受这一荷载的概率为 90%。但人们觉得上述计算结果只有 70% 的可能性是可靠的，有 25% 的可能性其真实概率为 0.5，甚至有 5% 的可能性其真实概率仅为 0.1。

(a) 在验证性试验进行前，结构能承受该荷载的期望概率为多少？

(b) 如果仅进行了一个结构的验证性试验。在最大验证荷载下，它没有出现破坏，请确定能承受这一荷载的概率的更新分布。

(c) 在验证性试验后，能承受该荷载的期望概率为多少？

(d) 如果进行了 3 个结构的验证性试验，在最大验证荷载下，有 2 个结构安全而另外一个结构发生了破坏，确定该类结构能承受这一荷载的更新期望概率。

9.2 有人研发了一种新型垃圾处理方式。为了评估其有效性，对这一处理过程进行了一段时间的试运行。每天对该处理过程的结果进行检测以查看是否满足指定的标准。假设各天的处理结果是统计独立的，每天的处理结果达标的概率为 p。如果先验概率分布函数如下图所示，在以下每个观测结果情况下，确定 p 的后验分布。

(a) 试运行期间第 1d 的处理结果没有达标；

(b) 在 3d 试运行期间，仅有 1d 的处理结果未达标；

(c) 在 3d 试运行期间，头两天处理结果满足要求，但第 3d 没有达标。

对上述每种情况，确定 p 的贝叶斯估计。（答案：0.536，0.617，0.617）

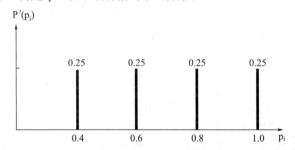

9.3 通过改变几何设计来改造某危险街道路口、以减少事故率和伤亡率。为了简化，假定事故率和伤亡率可以划分为高值 H 和低值 L。因此可能出现下面的几种情况：$H_A H_F$（高事故、高伤亡率），$H_A L_F$，$L_A H_F$，和 $L_A L_F$。初步分析发现这四种情况的相对可能性之比为 3：3：2：2。

采用事故发生率预测模型、如 Tharp 模型，可对该路口改造后的可能事故进行更好的分析。由于预测模型可能的不准确性，预测的情况可能实际上不会出现。而且，正确预测的概率将取决于实际条件，下表给出了相应的条件概率。

预测结果 ＼ 实际结果	$H_A H_F$	$H_A L_F$	$L_A H_F$	$L_A L_F$
$H'_A H'_F$	0.30	0.40	0.20	0.25
$H'_A L'_F$	0.30	0.30	0.20	0.25
$L'_A H'_F$	0.20	0.20	0.50	0.25
$L'_A L'_F$	0.20	0.10	0.10	0.25

(a) 模型预测结果为 $H'_A H'_F$ 的概率为多少？

(b) 假定模型预测结果为 $H'_A H'_F$，改造后路口的实际情况为 $H_A H_F$ 的概率为多少？

(c) 如果模型预测结果为 $L'_A L'_F$，更新后的四种可能情况的相对可能性之比为多少？

9.4　利用某仪器来检查一组测量结果的精度。但该仪器只能记录三个读数，即 $x=$ 1、2 或 3。读数 $x=2$ 意味着此前的测量结果在容差范围内，而 $x=1$ 和 $x=3$ 则分别表明测量结果偏低和偏高。假设随机变量 X 的分布如下：

$$p_X(x_i) = \begin{cases} \dfrac{1-m}{2}, & \text{当 } x_i = 1 \\[2mm] m, & \text{当 } x_i = 2 \\[2mm] \dfrac{1-m}{2}, & \text{当 } x_i = 3 \end{cases}$$

其中 m 为参数。对于一组特定的测量结果，工程师估计 m 的值为 0.4 或者 0.8 的可能性相同。在检查一组测量结果时，第一个结果是 $x=2$。

(a) 工程师对 m 的分布进行修改后的分布是什么？

(b) 估计后续三个测量结果中至少有两个是正确的概率为多少？

9.5　某工程师计划在森林中建一个小木屋。森林中的原木尺寸大致相同。他假设每根原木的抗弯承载力 M 服从 Rayleigh 分布：

$$f_M(m) = \frac{m}{\lambda^2} e^{-(1/2)(m/\lambda)^2} \qquad m \geqslant 0$$

其中 λ 为分布中的众值参数。

根据以前对类似原木的经验，他认为 λ 有 0.4 的概率为 4kip·ft、0.6 的概率为 5kip·ft。由于对这些主观上的概率估计并不完全满意，他决定设法获取参数 λ 的更好信息。由于时间有限，原木供应也有限，他只能对两根原木进行简单的现场加载试验来得到抗弯承载力。两个试验的结果分别为 4.5kip·ft 和 5.2kip·ft。

(a) 确定 λ 的后验分布（离散分布）？

(b) 利用 λ 的后验分布，导出原木抗弯承载力 M 的分布；

(c) M 小于 2kip·ft 的概率为多少？

9.6　某测量仪器每次测量的绝对误差 E（cm）服从图 9.6 所示的三角形分布，其中 α 表示误差上限。

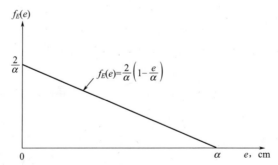

进行了两次测量，误差分别为 1cm 和 2cm。

(a) 在两次测量前，假定 α 有相同的可能性为 2cm 和 3cm，请确定 α 更新后的分布。同时，基于这一更新分布估计 α 的值；

(b) 假定 α 的先验分布为 2~3cm 之间的均匀分布，确定并画出 α 更新后的分布并给出 α 的相应贝叶斯估计。

(c) 当 α 的先验分布为 2～3cm 之间的三角形分布，在坐标轴为 2 时为最大值，重复（b）中的工作。

9.7 假定例 9.2 中平均事故率 v 的先验概率密度函数为：

$$f'(v) = \frac{0.271}{v} \qquad 0.5 \leqslant v \leqslant 20$$
$$= 0 \qquad\qquad\qquad 其他$$

(a) 在开通的第一个月出现了一次事故，以此为基础来确定 v 的后验概率密度函数。

(b) 比较出现（a）中观测结果之前和之后"一个月无事故"的概率。

9.8 在习题 9.1 中，假定能承受最大荷载的概率的先验密度函数如下：

（ⅰ）$p = 0$ 到 0.9 之间的均匀分布；

（ⅱ）$p = 0.9$ 到 1.0 之间的均匀分布；

（ⅲ）p 超过 0.9 的可能性大于 p 小于 0.9 的可能性，这两种情况的相对可能性之比为 7∶3。

(a) 确定 p 的先验概率密度函数；

(b) 如果对 3 个结构进行了验证性试验且所有 3 个结构在最大验证荷载下都没有坏，确定 p 的后验概率密度函数并作图表示。

(c) 在（b）的结果基础上，p 的估计值为多少？

9.9 城市火灾的发生可以用泊松过程来模拟。假定火灾平均发生率 v 为每年 15～20 次。每年平均发生 20 次火灾的可能性是每年平均发生 15 次火灾可能性的 2 倍。

(a) 确定明年将发生 20 次火灾的概率；

(b) 如果明年正好发生了 20 次火灾，v 的更新后的概率分布函数是什么？

(c) 在（b）的情况下，在后年发生 20 次火灾的概率为多少？

9.10 在危险环境中进行特定类型工程的施工，发生两次事故之间的时间间隔 T（d）服从以下指数分布：

$$f_T(t) = \lambda e^{-t\lambda} \qquad t \geqslant 0$$

其中的参数 λ 取决于现场监理的水平。据信 λ 可能是 1/5 或 1/10，其相对可能性为 1∶2。某工程现场从工程开工起，分别在第 2d 和第 5d 发生了事故。

(a) 更新后 λ 为 1/10 的概率为多少？

(b) 在第 2 次事故后至少 10d 内无事故的概率为多少？

(c) 在第 2 次事故后，假定从开工算起直到第 15d 工程施工都没有发生第 3 次事故。此时 λ 为 1/10 的概率为多少？

(d) 在接下来的 10d（即第 15d 至 25d）中，如果事故次数超过了一个特定的值 n_c，人们将更趋向于认为 λ 是 1/5、而不是 1/10，请确定 n_c 的临界值。

(e) 假定实际上 λ 可以取连续值、而不是离散值 1/5 或 1/10。利用（a）中给出的同样信息（即第 2d 和第 5d 发生事故）来确定 λ 的概率密度函数。

9.11 在土工织物中会出现孔洞，孔洞的出现可以模拟为平均出现率为 M 个/英亩的泊松过程。基于以前对这类织物的经验，假定 M 均值为 10 个/英亩，变异系数为 50%。对 0.6 英亩的场地进行检查只发现了一个孔洞。

(a) 在上述检查结果的基础上，确定该场地上织物孔洞平均出现率 M 更新后的均值和变异系数；

(b) 在这片合成织物的剩下 0.4 英亩上没有任何孔洞的概率为多少？

9.12 考虑土样平均压缩系数服从 $N(\mu, \sigma)$ 分布并且假定 σ 为 0.16。对四个试样进行实验室测试，得到了以下压缩系数值：0.75，0.89，0.91 和 0.81。

(a) 如果除了观测数据外没有其他信息，μ 的后验分布为多少？

(b) 假设先验信息表明，μ 服从高斯分布，均值为 0.8、变异系数为 25%。当考虑该先验信息时，μ 的后验分布是什么？

(c) 利用（b）中数据，μ 小于 0.95 的概率为多少？（答案：0.938）

9.13 某乘客经常来往于旧金山和洛杉矶之间。后来，他开始记录每次飞行的时间。他对前五次飞行的平均时间进行了计算，结果为 65min。假设飞行时间 T 是高斯随机变量且标准差已知为 10min。

(a) 基于已有数据，μ_T 的后验分布是什么？

(b) 该乘客现正在从旧金山到洛杉矶的航班上。巧合的是，在他身边的乘客也记录了飞行时间。从他前 10 次飞行时间记录得出的平均飞行时间为 60min。假设两个乘客在以前从未乘过同一个航班。根据这一额外信息，μ_T 更新后的分布是什么？

(c) 他们当前航班飞行时间超过 80min 的概率为多少？

9.14 对一个角度进行 6 次测量的结果如下：

$$32°04' \qquad 32°05'$$
$$31°59' \qquad 31°57'$$
$$32°01' \qquad 32°00'$$

假定测量误差是零均值的高斯随机变量，每次测量的标准差可用上述 6 次测量的样本标准差来表示。

(a) 估计角度的值；

(b) 后来，工程师发现以前测量过该角度，测量记录为 32°00′±2′。利用两组测量结果来估计真实的角度值。

9.15 三个测量员利用三套设备对距离 L 各自独立地进行了测量。测量结果分别为 2.15、2.20 和 2.18km。假定三个结果标准误差之比为 1：2：3。当测量误差假定为零均值高斯随机变量时，在三组测量结果基础上估计真实距离 L。

9.16 当进行钢筋混凝土构件抵抗极限荷载的设计时，经常会采用承载力折减系数 ϕ。假定结构构件是一根梁且按纯弯进行设计，通常其折减系数 ϕ 取 0.9。一个委员会正在研究将 ϕ 增加到 0.95 时对梁在极限荷载作用下破坏概率的影响。利用 $\phi=0.95$ 对 12 根梁进行了设计，每根梁都在实验室进行了极限承载力试验。希望由此估计失效概率 p。

假定以前的经验表明 p 的均值为 0.1，标准差为 0.06。实验室试验结果表明 12 根梁在极限荷载下只有 1 根破坏，建议合适的 p 的先验分布并根据这些数据确定均值和方差。

9.17 某新型建筑材料正在测试其抗火性能。两个试样的试验结果表明其中一个在暴露于火场 2h 后出现了严重破坏，而另外一个则在 3h 后才破坏。假定材料破坏时受火持续时间 T 服从正态分布 $N(\mu, 0.5)$。在试验前，根据理论研究预期该材料破坏时的平均受火时间 μ 为 3h，变异系数为 20%。

(a) 确定这种材料破坏时平均受火时间均值和变异系数的更新值；

(b) 基于上述观测信息，用这种材料建造的墙体发生破坏时的受火时间不足 1h 的概率为多少?

9.18 某承包商正尝试在投标时采用新的定价策略。利用这一新的策略，他预期中标的概率 p 为 0.5，方差为 0.05.

(a) 确定概率 p 的合适概率密度函数;

(b) 假定承包商利用这种新的定价策略对四个工程进行了投标。头两个工程开标结果为，一个中标而另外一个没中。p 更新后的分布是什么?

(c) 承包商在剩下的两个工程中都能中标的概率为多少?

9.19 某种施工设备发生两次故障的时间间隔服从均值为 $1/\lambda$ 的指数分布，其中制造商给出的平均额定故障率 λ 的均值为 0.5/年，其变异系数为 20%。某承包商有两台这种施工设备。观测到两台设备出现故障时工作时间分别为 12 个月和 18 个月。利用共轭方法来确定参数更新后的均值和变异系数。

9.20 一次地震后在一座混凝土桥面板上发现了裂缝。为了进行桥梁状态评估，对裂缝尺寸进行了测量。假设测量了 6 条裂缝，其长度如下:

编　号	裂缝长度(cm)
1	3
2	5
3	最多 6
4	4
5	至少 4
6	8

假定裂缝长度服从参数为 λ 的指数分布:

$$f_X(x) = \lambda e^{-\lambda x}$$

假设没有其他关于裂缝长度的信息，确定参数 λ 的概率密度函数。

9.21 某工程师搬到了一个新城市。他发现该城市位于有龙卷风的地区。他对该城市龙卷风的信息搜集如下:

（ⅰ）在近 20 年内有 2 次龙卷风;

（ⅱ）这两次龙卷风的最大风速分别为 190 和 160kph;

（ⅲ）根据另外一个独立的信息来源可知，该区域的龙卷风最大风速在 145～175kph 之间的概率为 95%;

（ⅳ）龙卷风的最大风速标准差可假定为 15kph;

（ⅴ）龙卷风的发生可以假定服从泊松分布;

（ⅵ）一次龙卷风的最大风速可假定服从正态分布;

假定没有其他信息。该工程师打算在该城市居住 5 年，他估计他居住的房子能抵抗 120kph 的风速而不出现破坏。

请回答下面问题:

(a) 该城市在未来 5 年中遭受龙卷风的概率为多少?

(b) 下次龙卷风最大风速超过 220kph 的概率为多少?

(c) 他的房子在未来 5 年中不会发生破坏的概率为多少?

9.22 在核电站运行过程中的一类特定事故可能导致放射性物质泄露，这将对周围环境带来危险。令 X （km）为事故发生时威胁健康风险程度低于可接受水平的区域距离核电站的距离。X 的概率分布是如下所示的均匀分布：

$$f_X(x) = \frac{1}{h} \qquad 0<x<h$$

其中 h 是参数，表示放射性物质最大可能扩散范围。基于理论研究，h 的先验分布为：

$$f'_H(h) = 0.003h^2 \qquad 0<h<10$$

(a) 基于给定信息，确定危险区域的期望距离；（答案：3.75）

(b) 假定已经发生过一次事故，观测表明危险区域扩散到了 4km 的地方。那么现在 h 的范围为多少？

(c) 确定 H 更新后的分布；（答案：$f_H''(h) = 0.023h$，$4<h<10$）

(d) 在下次事故中，危险区域不超过 4km 的概率为多少？（答案：0.571）

9.23 灌浆土钉经常用来加强边坡以避免失稳破坏。然而，在某些情况下，往往难以实现沿着整个土钉的全部灌浆。对于某项工程，工程师基于他以前对地质条件和施工人员的了解，他估计灌浆长度占总长度比例为 0.75～0.95 的可信度为 95%。为了改善他的估计，工程师以某工序中的四根土钉作为样本进行了测试。得到的长度灌浆率平均值为 0.89，标准差为 0.06。

(a) 确定该场地土钉灌浆率平均值更新后的均值和变异系数。要说明采用的假定。

(b) 施工许可需要监理机构检查和测试后才能批准。假定监理机构选择了两根土钉作为样本进行测试。满足以下两个条件方可接受：

1. 样本平均长度灌浆率至少必须为 0.85；

2. 测试的最小长度灌浆率不得小于 0.83。

(c) 工程师认为哪个条件更严格（在该场地遇到的可能性更小）。

9.24 对于习题 9.13，假定 T 的标准差未知，5 次旅行的样本标准差为 10min。基于这些观测数据，确定 μ_T 和 σ_T 的后验统计结果。

9.25 考虑第 8 章习题 10 中 6 辆小汽车额定里程和实际里程。基于贝叶斯回归，一辆额定里程为 24 英里/加仑的小汽车实际里程数小于 18 英里/加仑的概率为多少？如果 σ^2 的离散度假设为 1.73 英里/加仑，该概率将会变为多少？

▶参考文献

Ang, A. H-S., and Tang, W., *Probability Concepts in Engineering Planning and Design—Decision Risk and Reliability*, Vol II. John Wiley & Sons, New York, 1984.

Benjamin, J. R. "Probabilistic Model for Seismic Force Design." *Jour. of Structural Division*, ASCE, Vol. 94, May 1968, pp. 1175–1196.

Halim, I. S., and Tang, W. H. "Bayesian Method for Characterization of Geological Anomaly," *Proceedings, ISUMA 1990, The First International Symposium on Uncertainty Modeling and Analysis*, Maryland, pp. 585–594, 1990.

Halim, I. S., and Tang, W. H. "Reliability of Undrained Clay Slope Considering Geologic Anomaly," *Proceedings, ICASP*, 1991, Mexico City, pp. 776–783.

Halim, I. S., and Tang, W. H. "Site Exploration Strategy for Geologic Anomaly Characterization," *Jour. of Geotechnical Engineering, ASCE*, Vol. 119, No. GT2, pp. 195–213, February 1993.

Lee, Peter M., *Bayesian Statistics: An Introduction*, Edward Arnold Publisher, London, 1989.

Packman, P. F., Pearson, H. S., Owens, J. S., and Marchese, G. B., "The Applicability of a Fracture Mechanics—Nondestructive Testing Design Criteria." *Technical Report, AFML-TR-68-32*, Air Force Materials Laboratory, Wright-Patterson Air Force Base, Ohio, May 1968.

Raiffa, H., and Schlaifer, R. *Applied Statistical Decision Theory*. Division of Research, Harvard Business School, Boston, MA., 1961.

Tang, W. H., "A Bayesian Evaluation of Information for Foundation Engineering Design," *Proc., 1st International Conference on Applications of Statistics and Probability*, Hong Kong Univ. Press, Sept. 1971, pp. 173–185.

Tang, W. H. "Bayesian Frequency Analysis," *Jour. of the Hydraulics Division, ASCE*, Vol. 106, No. HY7, 1980, pp. 1203–1218.

Tang, W. H., and Saadeghvaziri, A. "Updating Distribution of Anomaly Size and Fraction," in *Recent Advances in Engineering Mechanics and Their Impact on Civil Engineering Practice*, Vol. II, edited by W. F. Chen and A. D. M. Lewis, 1983, pp. 895–898.

Tang, W. H., and Quek, S. T. "Statistical Model of Boulder Size and Fraction," *Jour. of Geotechnical Engineering, ASCE*, Vol. 1, 1986.

附录A

概率表

标准正态概率表（第 1 页，共 4 页） $\Phi(x) = \dfrac{1}{\sqrt{2\pi}} \displaystyle\int_{-\infty}^{x} e^{-y^2/2} \mathrm{d}y$　表 A. 1

x	$\Phi(x)$	x	$\Phi(x)$	x	$\Phi(x)$
0. 00	0. 500000000	0. 40	0. 655421742	0. 80	0. 788144601
0. 01	0. 503989356	0. 41	0. 659097026	0. 81	0. 791029912
0. 02	0. 507978314	0. 42	0. 662757273	0. 82	0. 793891946
0. 03	0. 511966473	0. 43	0. 666402179	0. 83	0. 796730608
0. 04	0. 515953437	0. 44	0. 670031446	0. 84	0. 799545807
0. 05	0. 519938806	0. 45	0. 673644780	0. 85	0. 802337457
0. 06	0. 523922183	0. 46	0. 677241890	0. 86	0. 805105479
0. 07	0. 527903170	0. 47	0. 680822491	0. 87	0. 807849798
0. 08	0. 531881372	0. 48	0. 684386303	0. 88	0. 810570345
0. 09	0. 535856393	0. 49	0. 687933051	0. 89	0. 813267057
0. 10	0. 539827837	0. 50	0. 691462461	0. 90	0. 815939875
0. 11	0. 543795313	0. 51	0. 694974269	0. 91	0. 818588745
0. 12	0. 547758426	0. 52	0. 698468212	0. 92	0. 821213602
0. 13	0. 551716787	0. 53	0. 701944035	0. 93	0. 823814458
0. 14	0. 555670005	0. 54	0. 705401484	0. 94	0. 826391220
0. 15	0. 559617692	0. 55	0. 708840313	0. 95	0. 828943874
0. 16	0. 563559463	0. 56	0. 712260281	0. 96	0. 831472393
0. 17	0. 567494932	0. 57	0. 715661151	0. 97	0. 833976754
0. 18	0. 571423716	0. 58	0. 719042691	0. 98	0. 836456941
0. 19	0. 575345435	0. 59	0. 722404675	0. 99	0. 838912940
0. 20	0. 579259709	0. 60	0. 725746882	1. 00	0. 841344746
0. 21	0. 583166163	0. 61	0. 729069096	1. 01	0. 843752355
0. 22	0. 587064423	0. 62	0. 732371107	1. 02	0. 846135770
0. 23	0. 590954115	0. 63	0. 735652708	1. 03	0. 848494997
0. 24	0. 594834872	0. 64	0. 738913700	1. 04	0. 850830050
0. 25	0. 598706326	0. 65	0. 742153889	1. 05	0. 853140944
0. 26	0. 602568113	0. 66	0. 745373085	1. 06	0. 855427700
0. 27	0. 606419873	0. 67	0. 748571105	1. 07	0. 857690346
0. 28	0. 610261248	0. 68	0. 751747770	1. 08	0. 859928910
0. 29	0. 614091881	0. 69	0. 754902906	1. 09	0. 862143428
0. 30	0. 617911422	0. 70	0. 758036348	1. 10	0. 864333939
0. 31	0. 621719522	0. 71	0. 761147932	1. 11	0. 866500487
0. 32	0. 625515835	0. 72	0. 764237502	1. 12	0. 868643119
0. 33	0. 629300019	0. 73	0. 767304908	1. 13	0. 870761888
0. 34	0. 633071736	0. 74	0. 770350003	1. 14	0. 872856849
0. 35	0. 636830651	0. 75	0. 773372648	1. 15	0. 874928064
0. 36	0. 640576433	0. 76	0. 776372708	1. 16	0. 876975597
0. 37	0. 644308755	0. 77	0. 779350054	1. 17	0. 878999516
0. 38	0. 648027292	0. 78	0. 782304562	1. 18	0. 880999893
0. 39	0. 651731727	0. 79	0. 785236116	1. 19	0. 882976804

标准正态概率表（第 2 页，共 4 页）$\Phi(x) = \dfrac{1}{\sqrt{2\pi}} \displaystyle\int_{-\infty}^{x} e^{-y^2/2}\,dy$ 表 A.1

x	$\Phi(x)$	x	$\Phi(x)$	x	$\Phi(x)$
1.20	0.884930330	1.70	0.955434537	2.20	0.986096552
1.21	0.886860554	1.71	0.956367063	2.21	0.986447419
1.22	0.888767563	1.72	0.957283779	2.22	0.986790616
1.23	0.890651448	1.73	0.958184862	2.23	0.987126279
1.24	0.892512303	1.74	0.959070491	2.24	0.987454539
1.25	0.894350226	1.75	0.959940843	2.25	0.987775527
1.26	0.896165319	1.76	0.960796097	2.26	0.988089375
1.27	0.897957685	1.77	0.961636430	2.27	0.988396208
1.28	0.899727432	1.78	0.962462020	2.28	0.988696156
1.29	0.901474671	1.79	0.963273044	2.29	0.988989342
1.30	0.903199515	1.80	0.964069681	2.30	0.989275890
1.31	0.904902082	1.81	0.964852106	2.31	0.989555923
1.32	0.906582491	1.82	0.965620498	2.32	0.989829561
1.33	0.908240864	1.83	0.966375031	2.33	0.990096924
1.34	0.909877328	1.84	0.967115881	2.34	0.990358130
1.35	0.911492009	1.85	0.967843225	2.35	0.990613294
1.36	0.913085038	1.86	0.968557237	2.36	0.990862532
1.37	0.914656549	1.87	0.969258091	2.37	0.991105957
1.38	0.916206678	1.88	0.969945961	2.38	0.991343681
1.39	0.917735561	1.89	0.970621002	2.39	0.991575814
1.40	0.919243341	1.90	0.971283440	2.40	0.991802464
1.41	0.920730159	1.91	0.971933393	2.41	0.992023740
1.42	0.922196159	1.92	0.972571050	2.42	0.992239746
1.43	0.923641490	1.93	0.973196581	2.43	0.992450589
1.44	0.925066300	1.94	0.973810155	2.44	0.992656369
1.45	0.926470740	1.95	0.974411940	2.45	0.992857189
1.46	0.927854963	1.96	0.975002105	2.46	0.993053149
1.47	0.929219123	1.97	0.975580815	2.47	0.993244347
1.48	0.930563377	1.98	0.976148236	2.48	0.993430881
1.49	0.931887882	1.99	0.976704532	2.49	0.993612845
1.50	0.933192799	2.00	0.977249868	2.50	0.993790335
1.51	0.934478288	2.01	0.977784406	2.51	0.993963442
1.52	0.935744512	2.02	0.978308306	2.52	0.994132258
1.53	0.936991636	2.03	0.978821730	2.53	0.994296874
1.54	0.938219823	2.04	0.979324837	2.54	0.994457377
1.55	0.939429242	2.05	0.979817785	2.55	0.994613854
1.56	0.940620059	2.06	0.980300730	2.56	0.994766392
1.57	0.941792444	2.07	0.980773828	2.57	0.994915074
1.58	0.942946567	2.08	0.981237234	2.58	0.995059984
1.59	0.944082597	2.09	0.981691100	2.59	0.995201203
1.60	0.945200708	2.10	0.982135579	2.60	0.995338812
1.61	0.946301072	2.11	0.982570822	2.61	0.995472889
1.62	0.947383862	2.12	0.982996977	2.62	0.995603512
1.63	0.948449252	2.13	0.983414193	2.63	0.995730757
1.64	0.949497417	2.14	0.983822617	2.64	0.995854699
1.65	0.950528532	2.15	0.984222393	2.65	0.995975411
1.66	0.951542774	2.16	0.984613665	2.66	0.996092967
1.67	0.952540318	2.17	0.984996577	2.67	0.996207438
1.68	0.953521342	2.18	0.985371269	2.68	0.996318892
1.69	0.954486023	2.19	0.985737882	2.69	0.996427399

标准正态概率表(第 3 页,共 4 页)$\Phi(x) = \dfrac{1}{\sqrt{2\pi}} \displaystyle\int_{-\infty}^{x} e^{-y^2/2} \mathrm{d}y$ 表 A.1

x	$\Phi(x)$	x	$\Phi(x)$	x	$\Phi(x)$
2.70	0.996533026	3.20	0.999312862	3.70	0.999892200
2.71	0.996635840	3.21	0.999336325	3.71	0.999896370
2.72	0.996735904	3.22	0.999359047	3.72	0.999900389
2.73	0.996833284	3.23	0.999381049	3.73	0.999904260
2.74	0.996928041	3.24	0.999402392	3.74	0.999907990
2.75	0.997020237	3.25	0.999422975	3.75	0.999911583
2.76	0.997109932	3.26	0.999442939	3.76	0.999915043
2.77	0.997197185	3.27	0.999462263	3.77	0.999918376
2.78	0.997282055	3.28	0.999480965	3.78	0.999921586
2.79	0.997364598	3.29	0.999499063	3.79	0.999924676
2.80	0.997444807	3.30	0.999516576	3.80	0.999927652
2.81	0.997522925	3.31	0.999533520	3.81	0.999930517
2.82	0.997598818	3.32	0.999549913	3.82	0.999933274
2.83	0.997672600	3.33	0.999565770	3.83	0.999935928
2.84	0.997744323	3.34	0.999581108	3.84	0.999938483
2.85	0.997814039	3.35	0.999595942	3.85	0.999940941
2.86	0.997881795	3.36	0.999610288	3.86	0.999943306
2.87	0.997947641	3.37	0.999624159	3.87	0.999945582
2.88	0.998011624	3.38	0.999637571	3.88	0.999947772
2.89	0.998073791	3.39	0.999650537	3.89	0.999949878
2.90	0.998134187	3.40	0.999663071	3.90	0.999951904
2.91	0.998192856	3.41	0.999675186	3.91	0.999953852
2.92	0.998249843	3.42	0.999686894	3.92	0.999955726
2.93	0.998305190	3.43	0.999698209	3.93	0.999957527
2.94	0.998358939	3.44	0.999709143	3.94	0.999959259
2.95	0.998411130	3.45	0.999719707	3.95	0.999960924
2.96	0.998461805	3.46	0.999729912	3.96	0.999962525
2.97	0.998511001	3.47	0.999739771	3.97	0.999964064
2.98	0.998558758	3.48	0.999749293	3.98	0.999965542
2.99	0.998605113	3.49	0.999758490	3.99	0.999966963
3.00	0.998650102	3.50	0.999767371		
3.01	0.998693762	3.51	0.999775947		
3.02	0.998736127	3.52	0.999784227		
3.03	0.998777231	3.53	0.999792220		
3.04	0.998817109	3.54	0.999799936		
3.05	0.998855793	3.55	0.999807384		
3.06	0.998893315	3.56	0.999814573		
3.07	0.998929706	3.57	0.999821509		
3.08	0.998964997	3.58	0.999828203		
3.09	0.998999218	3.59	0.999834661		
3.10	0.999032397	3.60	0.999840891		
3.11	0.999064563	3.61	0.999846901		
3.12	0.999095745	3.62	0.999852698		
3.13	0.999125968	3.63	0.999858289		
3.14	0.999155261	3.64	0.999863681		
3.15	0.999183648	3.65	0.999868880		
3.16	0.999211154	3.66	0.999873892		
3.17	0.999237805	3.67	0.999878725		
3.18	0.999263625	3.68	0.999883383		
3.19	0.999288636	3.69	0.999887873		

标准正态概率表(第 4 页,共 4 页)$\Phi(x) = \dfrac{1}{\sqrt{2\pi}} \displaystyle\int_{-\infty}^{x} e^{-y^2/2} \, \mathrm{d}y$ 表 A.1

x	$1-\Phi(x)$	x	$1-\Phi(x)$	x	$1-\Phi(x)$
4.0	3.17E-05	6.0	9.87E-10	8.0	6.66E-16
4.1	2.07E-05	6.1	5.30E-10	8.1	2.22E-16
4.2	1.33E-05	6.2	2.82E-10	8.2	1.11E-16
4.3	8.54E-06	6.3	1.49E-10	8.3	0
4.4	5.41E-06	6.4	7.77E-11	8.4	0
4.5	3.40E-06	6.5	4.02E-11	8.5	0
4.6	2.11E-06	6.6	2.06E-11	8.6	0
4.7	1.30E-06	6.7	1.04E-11	8.7	0
4.8	7.93E-07	6.8	5.23E-12	8.8	0
4.9	4.79E-07	6.9	2.60E-12	8.9	0
5.0	2.87E-07	7.0	1.28E-12		
5.1	1.70E-07	7.1	6.24E-13		
5.2	9.96E-08	7.2	3.01E-13		
5.3	5.79E-08	7.3	1.44E-13		
5.4	3.33E-08	7.4	6.81E-14		
5.5	1.90E-08	7.5	3.19E-14		
5.6	1.07E-08	7.6	1.48E-14		
5.7	5.99E-09	7.7	6.77E-15		
5.8	3.32E-09	7.8	3.11E-15		
5.9	1.82E-09	7.9	1.44E-15		

表 A. 2

二项分布的概率分布函数 $\sum_{k=0}^{x}\binom{n}{k}p^k(1-p)^{n-k}$

p	$n=2$ $x=0$	2 1	3 0	3 1	3 2	4 0	4 1	4 2	4 3	5 0	5 1	5 2	5 3	5 4
0.01	0.9801	0.9999	0.9703	0.9997	1	0.9606	0.9994	1	1	0.9510	0.9990	1	1	1
0.05	0.9025	0.9975	0.8574	0.9927	0.9999	0.8145	0.9860	0.9995	1	0.7738	0.9774	0.9988	1	1
0.10	0.8100	0.9900	0.7290	0.972	0.999	0.6561	0.9477	0.9963	0.9999	0.5905	0.9185	0.9914	0.9995	1
0.15	0.7225	0.9775	0.6141	0.9393	0.9966	0.522	0.8905	0.9880	0.9995	0.4437	0.8352	0.9734	0.9978	0.9999
0.20	0.6400	0.9600	0.5120	0.8960	0.9920	0.4096	0.8192	0.9728	0.9984	0.3277	0.7373	0.9421	0.9933	0.9997
0.25	0.5625	0.9375	0.4219	0.8438	0.9844	0.3164	0.7383	0.9492	0.9961	0.2373	0.6328	0.8965	0.9844	0.9990
0.30	0.4900	0.9100	0.3430	0.7840	0.9730	0.2401	0.6517	0.9163	0.9919	0.1681	0.5282	0.8369	0.9692	0.9976
0.35	0.4225	0.8775	0.2746	0.7182	0.9571	0.1785	0.5630	0.8735	0.9850	0.1160	0.4284	0.7648	0.9460	0.9947
0.40	0.3600	0.8400	0.2160	0.6480	0.9360	0.1296	0.4752	0.8208	0.9744	0.0778	0.3370	0.6826	0.9130	0.9898
0.45	0.3025	0.7975	0.1664	0.5748	0.9089	0.0915	0.3910	0.7585	0.9590	0.0503	0.2562	0.5931	0.8688	0.9815
0.50	0.2500	0.7500	0.1250	0.5000	0.8750	0.0625	0.3125	0.6875	0.9375	0.0313	0.1875	0.5000	0.8125	0.9687
0.55	0.2025	0.6975	0.0911	0.4253	0.8336	0.0410	0.2415	0.6090	0.9085	0.0185	0.1312	0.4069	0.7438	0.9497
0.60	0.1600	0.6400	0.0640	0.3520	0.7804	0.0256	0.1792	0.5248	0.8704	0.0102	0.0870	0.3174	0.6630	0.9222
0.65	0.1225	0.5775	0.0429	0.2818	0.7254	0.0150	0.1265	0.4370	0.8215	0.0053	0.0540	0.2352	0.5716	0.8840
0.70	0.0900	0.5100	0.0270	0.2160	0.6570	0.0081	0.0837	0.3483	0.7599	0.0024	0.0308	0.1631	0.4718	0.8319
0.75	0.0625	0.4375	0.0156	0.1563	0.5781	0.0039	0.0508	0.2617	0.6836	0.0010	0.0156	0.1035	0.3672	0.7627
0.80	0.0400	0.3600	0.0080	0.1040	0.4880	0.0016	0.0272	0.1808	0.5904	0.0003	0.0067	0.0579	0.2627	0.6723
0.85	0.0225	0.2775	0.0034	0.0608	0.3859	0.0005	0.0120	0.1095	0.4780	0.0001	0.0022	0.0266	0.1648	0.5563
0.90	0.0100	0.1900	0.0010	0.0280	0.2710	0.0001	0.0037	0.0523	0.3439	0	0.0005	0.0086	0.0815	0.4095
0.95	0.0025	0.0975	0.0001	0.0073	0.1426	0	0.0005	0.0140	0.1855	0	0	0.0012	0.0226	0.2262
0.99	0	0.0199	0	0	0.0297	0	0	0.0006	0.0394	0	0	0	0.0010	0.0490

二项分布的概率分布函数 $\sum\limits_{k=0}^{x}\binom{n}{k}p^{k}(1-p)^{n-k}$

表 A.2（续）

p	$n=6$ $x=0$	6 1	6 2	6 3	6 4	6 5	8 0	8 1	8 2	8 3	8 4	8 5	8 6	8 7
0.01	0.9415	0.9985	1	1	1	1	0.9227	0.9973	0.9999	1	1	1	1	1
0.05	0.7351	0.9672	0.9978	0.9999	1	1	0.6634	0.9428	0.9942	0.9996	1	1	1	1
0.10	0.5314	0.8857	0.9842	0.9987	0.9999	1	0.4305	0.8131	0.9619	0.995	0.9996	1	1	1
0.15	0.3771	0.7765	0.9527	0.9941	0.9996	1	0.2725	0.6572	0.8948	0.9786	0.9971	0.9998	1	1
0.20	0.2621	0.6554	0.9011	0.983	0.9984	0.9999	0.1678	0.5033	0.7969	0.9437	0.9896	0.9988	0.9999	1
0.25	0.178	0.5339	0.8306	0.9624	0.9954	0.9998	0.1001	0.3671	0.6785	0.8862	0.9727	0.9958	0.9996	1
0.30	0.1176	0.4202	0.7443	0.9295	0.9891	0.9993	0.0576	0.2553	0.5518	0.8059	0.942	0.9887	0.9987	0.9999
0.35	0.0754	0.3191	0.6471	0.8826	0.9777	0.9982	0.0319	0.1691	0.4278	0.7064	0.8939	0.9747	0.9964	0.9998
0.40	0.0467	0.2333	0.5443	0.8208	0.959	0.9959	0.0168	0.1064	0.3154	0.5941	0.8263	0.9502	0.9915	0.9993
0.45	0.0277	0.1636	0.4415	0.7447	0.9308	0.9917	0.0084	0.0632	0.2201	0.477	0.7396	0.9115	0.9819	0.9983
0.50	0.0156	0.1094	0.3438	0.6563	0.8906	0.9844	0.0039	0.0352	0.1445	0.3633	0.6367	0.8555	0.9648	0.9961
0.55	0.0083	0.0692	0.2553	0.5585	0.8364	0.9723	0.0017	0.0181	0.0885	0.2604	0.523	0.7799	0.9368	0.9916
0.60	0.0041	0.041	0.1792	0.4557	0.7667	0.9533	0.0007	0.0085	0.0498	0.1737	0.4059	0.6846	0.8936	0.9832
0.65	0.0018	0.0223	0.1174	0.3529	0.6809	0.9246	0.0002	0.0036	0.0253	0.1061	0.2936	0.5722	0.8309	0.9681
0.70	0.0007	0.0109	0.0705	0.2557	0.5798	0.8824	0.0001	0.0013	0.0113	0.058	0.1941	0.4482	0.7447	0.9424
0.75	0.0002	0.0046	0.0376	0.1694	0.4661	0.822	0	0.0004	0.0042	0.0273	0.1138	0.3215	0.6329	0.8999
0.80	0.0001	0.0016	0.017	0.0989	0.3446	0.7379	0	0.0001	0.0012	0.0104	0.0563	0.2031	0.4967	0.8322
0.85	0	0.0004	0.0059	0.0473	0.2235	0.6229	0	0	0.0002	0.0029	0.0214	0.1052	0.3428	0.7275
0.90	0	0.0001	0.0013	0.0159	0.1143	0.4686	0	0	0	0.0004	0.005	0.0381	0.1869	0.5695
0.95	0	0	0.0001	0.0022	0.0328	0.2649	0	0	0	0	0.0004	0.0058	0.0572	0.3366
0.99	0	0	0	0	0.0015	0.0585	0	0	0	0	0	0	0.0027	0.0773

表 A. 2（续，$n=10$）

二项分布的概率分布函数 $\sum\limits_{k=0}^{x}\binom{n}{k}p^{k}(1-p)^{n-k}$

p	$x=0$	1	2	3	4	5	6	7	8	9
0.01	0.9044	0.9957	0.9999	0.9999	1	1	1	1	1	1
0.05	0.5987	0.9139	0.9885	0.999	0.9999	1	1	1	1	1
0.10	0.3487	0.7361	0.9298	0.9872	0.9984	0.9999	1	1	1	1
0.15	0.1969	0.5443	0.8202	0.95	0.9901	0.9986	0.9999	1	1	1
0.20	0.1074	0.3758	0.6778	0.8791	0.9672	0.9936	0.9991	0.9999	1	1
0.25	0.0563	0.244	0.5256	0.7759	0.9219	0.9803	0.9965	0.9996	1	1
0.30	0.0282	0.1493	0.3828	0.6496	0.8497	0.9527	0.9894	0.9984	0.9999	1
0.35	0.0135	0.086	0.2616	0.5138	0.7515	0.9051	0.974	0.9952	0.9995	1
0.40	0.006	0.0464	0.1673	0.3823	0.6331	0.8338	0.9452	0.9877	0.9883	0.9999
0.45	0.0025	0.0233	0.0996	0.266	0.5044	0.7384	0.898	0.9726	0.9955	0.9997
0.50	0.001	0.0107	0.0547	0.1719	0.377	0.623	0.8281	0.9453	0.9893	0.999
0.55	0.0003	0.0045	0.0274	0.102	0.2616	0.4956	0.734	0.9004	0.9767	0.9975
0.60	0.0001	0.0017	0.0123	0.0548	0.1662	0.3669	0.6177	0.8327	0.9536	0.994
0.65	0	0.0005	0.0048	0.026	0.0949	0.2485	0.4862	0.7384	0.914	0.9865
0.70	0	0.0001	0.0016	0.0106	0.0473	0.1503	0.3504	0.6172	0.8507	0.9718
0.75	0	0	0.0004	0.0035	0.0197	0.0781	0.2241	0.4744	0.756	0.9437
0.80	0	0	0.0001	0.0009	0.0064	0.0328	0.1209	0.3222	0.6242	0.8926
0.85	0	0	0	0.0001	0.0014	0.0099	0.05	0.1798	0.4557	0.8031
0.90	0	0	0	0	0.0001	0.0016	0.0128	0.0702	0.2639	0.6513
0.95	0	0	0	0	0	0.0001	0.001	0.0115	0.0861	0.4013
0.99	0	0	0	0	0	0	0	0.0001	0.0043	0.0956

二项分布的概率分布函数 $\displaystyle\sum_{k=0}^{x}\binom{n}{k}p^k(1-p)^{n-k}$

表 A.2 （续, $n=15$）

p	$x=0$	1	2	3	4	5	6	7	8	9	10	11	12	13	14
0.01	0.8601	0.9904	0.9996	1	1	1	1	1	1	1	1	1	1	1	1
0.05	0.4633	0.829	0.9638	0.9945	0.9994	0.9999	1	1	1	1	1	1	1	1	1
0.10	0.2059	0.549	0.8159	0.9444	0.9873	0.9978	0.9997	1	1	1	1	1	1	1	1
0.15	0.0874	0.3186	0.6042	0.8227	0.9383	0.9832	0.9964	0.9994	0.9999	1	1	1	1	1	1
0.20	0.0352	0.1671	0.398	0.6482	0.8358	0.9389	0.9819	0.9958	0.9992	0.9999	1	1	1	1	1
0.25	0.0134	0.0802	0.2361	0.4613	0.6865	0.8516	0.9434	0.9827	0.9958	0.9992	0.9999	1	1	1	1
0.30	0.0047	0.0353	0.1268	0.2969	0.5155	0.7216	0.8689	0.95	0.9848	0.9963	0.9993	0.9999	1	1	1
0.35	0.0016	0.0142	0.0617	0.1727	0.3519	0.5643	0.7548	0.8868	0.9578	0.9876	0.9972	0.9995	0.9999	1	1
0.40	0.0005	0.0052	0.0271	0.0905	0.2173	0.4032	0.6098	0.7869	0.905	0.9662	0.9907	0.9981	0.9997	1	1
0.45	0.0001	0.0017	0.0107	0.0424	0.1204	0.2608	0.4522	0.6535	0.8182	0.9231	0.9745	0.9937	0.9989	0.9999	1
0.50	0	0.0005	0.0037	0.0176	0.0592	0.1509	0.3036	0.5	0.6964	0.8491	0.9408	0.9824	0.9963	0.9995	1
0.55	0	0.0001	0.0011	0.0063	0.0255	0.0769	0.1818	0.3465	0.5478	0.7392	0.8796	0.9576	0.9893	0.9983	0.9999
0.60	0	0	0.0003	0.0019	0.0093	0.0338	0.095	0.2131	0.3902	0.5968	0.7827	0.9095	0.9729	0.9948	0.9995
0.65	0	0	0.0001	0.0005	0.0028	0.0124	0.0422	0.1132	0.2452	0.4357	0.6481	0.8273	0.9383	0.9858	0.9984
0.70	0	0	0	0.0001	0.0007	0.0037	0.0152	0.05	0.1311	0.2784	0.4845	0.7031	0.8732	0.9647	0.9953
0.75	0	0	0	0	0.0001	0.0008	0.0042	0.0173	0.0566	0.1484	0.3135	0.5387	0.7639	0.9198	0.9866
0.80	0	0	0	0	0	0.0001	0.0008	0.0042	0.0181	0.0611	0.1642	0.3518	0.602	0.8329	0.9648
0.85	0	0	0	0	0	0	0.0001	0.0006	0.0036	0.0168	0.0617	0.1773	0.3958	0.6814	0.9126
0.90	0	0	0	0	0	0	0	0	0.0003	0.0022	0.0127	0.0556	0.1841	0.451	0.7941
0.95	0	0	0	0	0	0	0	0	0	0.0001	0.0006	0.0055	0.0362	0.171	0.5367
0.99	0	0	0	0	0	0	0	0	0	0	0	0	0.0004	0.0096	0.1399

表 A. 2 (续, $n=20$)

二项分布的概率分布函数 $\sum_{k=0}^{x} \binom{n}{k} p^k (1-p)^{n-k}$

p	$x=0$	1	2	3	4	5	6	7	8	9	10	11	12	13	14	15	16	17	18	19
0.01	0.818	0.983	0.999	1	1	1	1	1	1	1	1	1	1	1	1	1	1	1	1	1
0.05	0.358	0.736	0.925	0.984	0.997	1	1	1	1	1	1	1	1	1	1	1	1	1	1	1
0.10	0.122	0.392	0.677	0.867	0.957	0.989	0.998	1	1	1	1	1	1	1	1	1	1	1	1	1
0.15	0.039	0.176	0.405	0.648	0.83	0.933	0.978	0.994	0.999	1	1	1	1	1	1	1	1	1	1	1
0.20	0.012	0.069	0.206	0.411	0.63	0.804	0.913	0.968	0.99	0.997	0.999	1	1	1	1	1	1	1	1	1
0.25	0.003	0.024	0.091	0.225	0.415	0.617	0.786	0.898	0.959	0.986	0.996	0.999	1	1	1	1	1	1	1	1
0.30	8E-04	0.008	0.036	0.107	0.238	0.416	0.608	0.772	0.887	0.952	0.983	0.995	0.999	1	1	1	1	1	1	1
0.35	2E-04	0.002	0.012	0.044	0.118	0.245	0.417	0.601	0.762	0.878	0.947	0.98	0.994	0.999	1	1	1	1	1	1
0.40	0	5E-04	0.004	0.016	0.051	0.126	0.25	0.416	0.596	0.755	0.873	0.944	0.979	0.994	0.998	1	1	1	1	1
0.45	0	1E-04	9E-04	0.005	0.019	0.055	0.13	0.252	0.414	0.591	0.751	0.869	0.942	0.979	0.994	0.999	1	1	1	1
0.50	0	0	2E-04	0.001	0.006	0.021	0.058	0.132	0.252	0.412	0.588	0.748	0.868	0.942	0.979	0.994	0.999	1	1	1
0.55	0	0	0	3E-04	0.002	0.006	0.021	0.058	0.131	0.249	0.409	0.586	0.748	0.87	0.945	0.981	0.995	0.999	1	1
0.60	0	0	0	0	3E-04	0.002	0.007	0.021	0.057	0.128	0.245	0.404	0.584	0.75	0.874	0.949	0.984	0.996	1	1
0.65	0	0	0	0	0	3E-04	0.002	0.006	0.02	0.053	0.122	0.238	0.399	0.583	0.755	0.882	0.956	0.988	0.998	1
0.70	0	0	0	0	0	0	3E-04	0.001	0.005	0.017	0.048	0.113	0.228	0.392	0.584	0.763	0.893	0.965	0.992	0.999
0.75	0	0	0	0	0	0	0	2E-04	9E-04	0.004	0.014	0.041	0.102	0.214	0.383	0.585	0.775	0.909	0.976	0.997
0.80	0	0	0	0	0	0	0	0	1E-04	6E-04	0.003	0.01	0.032	0.087	0.196	0.37	0.589	0.794	0.931	0.989
0.85	0	0	0	0	0	0	0	0	0	0	2E-04	0.001	0.006	0.022	0.067	0.17	0.352	0.595	0.824	0.961
0.90	0	0	0	0	0	0	0	0	0	0	0	1E-04	4E-04	0.002	0.011	0.043	0.133	0.323	0.608	0.878
0.95	0	0	0	0	0	0	0	0	0	0	0	0	0	0	3E-04	0.003	0.016	0.076	0.264	0.642
0.99	0	0	0	0	0	0	0	0	0	0	0	0	0	0	0	0	0	0.001	0.017	0.182

置信水平为（1-α）＝p 时 t 分布的临界值　　　　表 A.3

自由度	p＝0.900	p＝0.950	p＝0.975	p－0.990	p－0.995	p＝0.999
1	3.0777	6.3138	12.7062	31.8205	63.6567	318.3088
2	1.8856	2.9200	4.3027	6.9646	6.9248	22.3271
3	1.6377	2.3534	3.1824	4.5407	5.8409	10.2145
4	1.5332	2.1318	2.7764	3.7469	4.6041	7.1732
5	1.4759	2.0150	2.5706	3.3649	4.0321	5.8934
6	1.4398	1.9432	2.4469	3.1427	3.7074	5.2076
7	1.4149	1.8946	2.3646	2.9980	3.4995	4.7853
8	1.3968	1.8595	2.3060	2.8965	3.3554	4.5008
9	1.3803	1.8331	2.2622	2.8214	3.2498	4.2968
10	1.3722	1.8125	2.2281	2.7638	3.1693	4.1437
11	1.3634	1.7959	2.2001	2.7181	3.1058	4.0247
12	1.3562	1.7823	2.1788	2.6810	3.0545	3.9296
13	1.3502	1.7709	2.1604	2.6503	3.0123	3.8520
14	1.3450	1.7613	2.1448	2.6245	2.9768	3.7874
15	1.3406	1.7531	2.1314	2.6025	2.9467	3.7328
16	1.3368	1.7459	2.1199	2.5835	2.9208	3.6862
17	1.3334	1.7396	2.1098	2.5669	2.8982	3.6458
18	1.3304	1.7341	2.1009	2.5524	2.8784	3.6105
19	1.3277	1.7291	2.0930	2.5395	2.8609	3.5794
20	1.3253	1.7247	2.0860	2.5280	2.8453	3.5518
21	1.3232	1.7207	2.0796	2.5176	2.8314	3.5272
22	1.3212	1.7171	2.0739	2.5083	2.8188	3.5050
23	1.3195	1.7139	2.0687	2.4999	2.8073	3.4850
24	1.3178	1.7109	2.0639	2.4922	2.7969	3.4668
25	1.3163	1.7081	2.0595	2.4851	2.7874	3.4502
26	1.3150	1.7056	2.0555	2.4786	2.7787	3.4350
27	1.3137	1.7033	2.0518	2.4727	2.7707	3.4210
28	1.3125	1.7011	2.0484	2.4671	2.7633	3.4082
29	1.3114	1.6991	2.0452	2.4620	2.7564	3.3962
30	1.3104	1.6973	2.0423	2.4573	2.7500	3.3852
31	1.3095	1.6955	2.0395	2.4528	2.7440	3.3749
32	1.3086	1.6939	2.0369	2.4487	2.7385	3.3653
33	1.3077	1.6924	2.0345	2.4448	2.7333	3.3563
34	1.3070	1.6909	2.0322	2.4411	2.7284	3.3479
35	1.3062	1.6896	2.0301	2.4377	2.7238	3.3400
36	1.3055	1.6883	2.0281	2.4345	2.7195	3.3326
37	1.3049	1.6871	2.0262	2.4314	2.7154	3.3256
38	1.3042	1.6806	2.0244	2.4286	2.7116	3.3190
39	1.3036	1.6849	2.0227	2.4258	2.7079	3.3128
40	1.3031	1.6839	2.0211	2.4233	2.7045	3.3069
45	1.3006	1.6794	2.0141	2.4121	2.6896	3.2815
50	1.2987	1.6759	2.0086	2.4033	2.6778	3.2614
55	1.2971	1.6703	2.0040	2.3961	2.6682	3.2451
60	1.2958	1.6706	2.0003	2.3901	2.6603	3.2317
70	1.2938	1.6794	1.9944	2.3808	2.6479	3.2108
80	1.2922	1.6759	1.9901	2.3739	2.6387	3.1953
90	1.2910	1.6750	1.9867	2.3685	2.6316	3.1833
∞	1.2824	1.6449	1.9600	2.3264	2.5759	3.0903

概率水平为 α 时 χ^2 分布的临界值　　　　表 A.4

自由度	$\alpha=0.001$	$\alpha=0.005$	$\alpha=0.01$	$\alpha=0.025$	$\alpha=0.05$	$\alpha=0.10$	$\alpha=0.20$
1	0	0	0.0002	0.0010	0.0039	0.0158	0.0642
2	0.0020	0.0100	0.0201	0.0506	0.1026	0.2107	0.4463
3	0.0243	0.0717	0.1148	0.2158	0.3518	0.5844	1.0052
4	0.0908	0.2070	0.2971	0.4844	0.7107	1.0636	1.6488
5	0.2102	0.4117	0.5543	0.8312	1.1455	1.6103	2.3425
6	0.3811	0.6757	0.8721	1.2373	1.6354	2.2041	3.0701
7	0.5985	0.9893	1.2390	1.6899	2.1673	2.8331	3.8223
8	0.8571	1.3444	1.6465	2.1797	2.7326	3.4895	4.5936
9	1.1519	1.7349	2.0879	2.7004	3.3251	4.1682	5.3801
10	1.4787	2.1559	2.5582	3.2470	3.9403	4.8652	6.1791
11	1.8339	2.6032	3.0535	3.8157	4.5748	5.5778	6.9887
12	2.2142	3.0738	3.5706	4.4038	5.2260	6.3038	7.8073
13	2.6172	3.5650	4.1069	5.0088	5.8919	7.0415	8.6339
14	3.0407	4.0747	4.6604	5.6287	6.5706	7.7895	9.4673
15	3.4827	4.6009	5.2293	6.2621	7.2609	8.5468	10.3070
16	3.9416	5.1422	5.8122	6.9077	7.9616	9.3122	11.1521
17	4.4161	5.6972	6.4078	7.5642	8.6718	10.0852	12.0023
18	4.9048	6.2648	7.0149	8.2307	9.3905	10.8649	12.8570
19	5.4068	6.8440	7.6327	8.9065	10.1170	11.6509	13.7158
20	5.9210	7.4338	8.2604	9.5908	10.8508	12.4426	14.5784
21	6.4467	8.0337	8.8972	10.2829	11.5913	13.2396	15.4446
22	6.9830	8.6427	9.5425	10.9823	12.3380	14.0415	16.3140
23	7.5292	9.2604	10.1957	11.6886	13.0905	14.8480	17.1865
24	8.0849	9.8862	10.8564	12.4012	13.8484	15.6587	18.0618
25	8.6493	10.5197	11.5240	13.1197	14.6114	16.4734	18.9398
26	9.2221	11.1602	12.1981	13.8439	15.3792	17.2919	19.8202
27	9.8028	11.8076	12.8785	14.5734	16.1514	18.1139	20.7030
28	10.3909	12.4613	13.5647	15.3079	16.9279	18.9392	21.5880
29	10.9861	13.1211	14.2565	16.0471	17.7084	19.7677	22.4751
30	11.5880	13.7867	14.9535	16.7908	18.4927	20.5992	23.3641
31	12.1963	14.4578	15.6555	17.5387	19.2806	21.4336	24.2551
32	12.8107	15.1340	16.3622	18.2908	20.0719	22.2706	25.1478
33	13.4309	15.8153	17.0735	19.0467	20.8665	23.1102	26.0422
34	14.0567	16.5013	17.7891	19.8063	21.6643	23.9523	26.9383
35	14.6878	17.1918	18.5089	20.5694	22.4650	24.7967	27.8359
36	15.3241	17.8867	19.2327	21.3359	23.2686	25.6433	28.7350
37	15.9653	18.5858	19.9602	22.1056	24.0749	26.4921	29.6355
38	16.6112	19.2889	20.6914	22.8785	24.8839	27.3430	30.5373
39	17.2616	19.9959	21.4262	23.6543	25.6954	28.1958	31.4405
40	17.9164	20.7065	22.1643	24.4330	26.5093	29.0505	32.3450
45	21.2507	24.3110	25.9013	28.3662	30.6123	33.3504	36.8844
50	24.6739	27.9907	29.7067	32.3574	34.7643	37.6886	41.4492
55	28.1731	31.7348	33.5705	36.3981	38.9580	42.0596	46.0356
60	31.7383	35.5345	37.4849	40.4817	43.1880	46.4589	50.6406
65	35.3616	39.3831	41.4436	44.6030	47.4496	50.8829	55.2620
70	35.3616	43.2752	45.4417	48.7576	51.7393	55.3289	59.8978
75	42.7573	47.2060	49.4750	52.9419	56.0541	59.7946	64.5466
80	46.5199	51.1719	53.5401	57.1532	60.3915	64.27778	69.2069
90	54.1552	59.1963	61.7541	65.6466	69.1260	73.2911	78.5584
100	61.9179	67.3276	70.0649	74.2219	77.9295	82.3581	87.9453

置信水平为 (1-α) =p 时 χ² 分布的临界值　　　表 A.4（续）

自由度	p=0.800	p=0.900	p=0.950	p=0.975	p=0.990	p=0.995	p=0.999
1	1.6424	2.7055	3.8415	5.0239	6.6349	7.8794	10.8276
2	3.2189	4.6052	5.9915	7.3778	9.2103	10.5966	13.8155
3	4.6416	6.2514	7.8147	9.3484	11.3449	12.8382	16.2662
4	5.9886	7.7794	9.4877	11.1433	13.2767	14.8603	18.4668
5	7.2893	9.2364	11.0705	12.8325	15.0863	16.7496	20.5150
6	8.5581	10.6446	12.5916	14.4494	16.8119	18.5476	22.4577
7	9.8032	12.0170	14.0671	16.0128	18.4753	20.2777	24.3219
8	11.0301	13.3616	15.5073	17.5345	20.0902	21.9550	26.1245
9	12.2421	14.6837	16.9190	19.0228	21.6660	23.5894	27.8772
10	13.4420	15.9872	18.3070	20.4832	23.2093	25.1882	29.5883
11	14.6314	17.2750	19.6751	21.9200	24.7250	26.7568	31.2641
12	15.8120	18.5493	21.0261	23.3367	26.2170	28.2995	32.9095
13	16.9848	19.8119	22.3620	24.7356	27.6882	29.8195	34.5282
14	18.1508	21.0641	23.6848	26.1189	29.1412	31.3193	36.1233
15	19.3107	22.3071	24.9958	27.4884	30.5779	32.8013	37.6973
16	20.4651	23.5418	26.2962	28.8454	31.9999	34.2672	39.2524
17	21.6146	24.7690	27.5871	30.1910	33.4087	35.7185	40.7902
18	22.7595	25.9894	28.8693	31.5264	34.8053	37.1565	42.3124
19	23.9004	27.2036	30.1435	32.8523	36.1909	38.5823	43.8202
20	25.0375	28.4120	31.4104	34.1696	37.5662	39.9968	45.3147
21	26.1711	29.6151	32.6706	35.4789	38.9322	41.4011	46.7970
22	27.3015	30.8133	33.9244	36.7807	40.2894	42.7957	48.2679
23	28.4288	32.0069	35.1725	38.0756	41.6384	44.1813	49.7282
24	29.5533	33.1962	36.4150	39.3641	42.9798	45.5585	51.1786
25	30.6752	34.3816	37.6525	40.6465	44.3141	46.9279	52.6197
26	31.7946	35.5632	38.8851	41.9232	45.6417	48.2899	54.0520
27	32.9117	36.7412	40.1133	43.1945	46.9629	49.6449	55.4760
28	34.0266	37.9159	41.3371	44.4608	48.2782	50.9934	56.8923
29	35.1394	39.0875	42.5570	45.7223	49.5879	52.3356	58.3012
30	36.2502	40.2560	43.7730	46.9792	50.8922	53.6720	59.7031
31	37.3591	41.4217	44.9853	48.2319	52.1914	55.0027	61.0983
32	38.4663	42.5847	46.1943	49.4804	53.4858	56.3281	62.4872
33	39.5718	43.7452	47.3999	50.7251	54.7755	57.6484	63.8701
34	40.6756	44.9032	48.6024	51.9660	56.0609	58.9639	65.2472
35	41.7780	46.0588	49.8018	53.2033	57.3421	60.2748	66.6188
36	42.8788	47.2122	50.9985	54.4373	58.6192	61.5812	67.9852
37	43.9782	48.3634	52.1923	55.6680	59.8925	62.8833	69.3465
38	45.0763	49.5126	53.3835	56.8955	61.1621	64.1814	70.7029
39	46.1730	50.6598	54.5722	58.1201	62.4281	65.4756	72.0547
40	47.2685	51.8051	55.7585	59.3417	63.6907	66.7660	73.4020
45	52.7288	57.5053	61.6562	65.4102	69.9568	73.1661	80.0767
50	58.1638	63.1671	67.5048	71.4202	76.1539	79.4900	86.6608
55	63.5772	68.7962	73.3115	77.3805	82.2921	85.7490	93.1675
60	68.9721	74.3970	79.0819	83.2977	88.3794	91.9517	99.6072
65	74.3506	79.9730	84.8206	89.1771	94.4221	98.1051	105.9881
70	79.7146	85.5270	90.5312	95.0232	100.4252	104.2149	112.3169
75	85.0658	91.0615	96.2167	100.8393	106.3929	110.2856	118.5991
80	90.4053	96.5782	101.8795	106.6286	112.3288	116.3211	124.8392
90	101.0537	107.565	113.1453	118.1359	124.1163	128.2989	137.2084
100	111.6667	118.498	124.3421	129.5612	135.8067	140.1695	149.4493

K-S 检验中显著性水平为 α 时 D_n^α 的临界值   表 A. 5

自由度＝n	$\alpha=0.20$	$\alpha=0.10$	$\alpha=0.05$	$\alpha=0.01$
5	0.45	0.51	0.56	0.67
10	0.32	0.37	0.41	0.49
15	0.27	0.30	0.34	0.40
20	0.23	0.26	0.29	0.36
25	0.21	0.24	0.27	0.32
30	0.19	0.22	0.24	0.29
35	0.18	0.20	0.23	0.27
40	0.17	0.19	0.21	0.25
45	0.16	0.18	0.20	0.24
50	0.15	0.17	0.19	0.23
＞50	$1.07/\sqrt{n}$	$1.22/\sqrt{n}$	$1.36/\sqrt{n}$	$1.63/\sqrt{n}$

Anderson-Darling 拟合优度检验的临界值

显著性水平 α 下正态分布的 Anderson-Darling 检验中 c_α 的临界值

(μ 和 σ 是从大小为 n 的样本估计出来的)   表 A. 6a

显著性水平 α	a_α	b_0	b_1
0.2	0.5091	-0.756	-0.39
0.1	0.6305	-0.75	-0.8
0.05	0.7514	-0.795	-0.89
0.025	0.8728	-0.881	-0.94
0.01	1.0348	-1.013	-0.93
0.005	1.1578	-1.063	-1.34

显著性水平 α 下指数分布的 Anderson-Darling 检验中 c_α 的临界值

(参数 λ 是从大小为 n 的样本估计出来的)   表 A. 6b

显著性水平 α	c_α
0.25	0.736
0.20	0.816
0.15	0.916
0.10	0.162
0.05	1.321
0.025	1.591
0.01	1.959
0.005	2.244
0.0025	2.534

显著性水平 α 下 Gamma 分布的 Anderson-Darling 检验中 c_α 的临界值

（参数是从样本数据中估计出来的）　　　　　表 A. 6c

k	显著性水平 α					
	0.25	0.10	0.05	0.025	0.01	0.005
1	0.486	0.657	0.786	0.917	1.092	1.227
2	0.477	0.643	0.768	0.894	1.062	1.190
3	0.475	0.639	0.762	0.886	1.052	1.178
4	0.473	0.637	0.759	0.883	1.048	1.173
5	0.472	0.635	0.758	0.881	1.045	1.170
6	0.472	0.635	0.757	0.880	1.043	1.168
8	0.471	0.634	0.755	0.878	1.041	1.165
10	0.471	0.633	0.754	0.877	1.040	1.164
12	0.471	0.633	0.754	0.876	1.038	1.162
15	0.470	0.632	0.754	0.876	1.038	1.162
20	0.470	0.632	0.753	0.875	1.037	1.161
∞	0.470	0.631	0.752	0.873	1.035	1.159

显著性水平 α 下 Gumbel 分布和 Weibull 分布的 Anderson-Darling 检验中 c_α 的临界值

（参数是从大小为 n 的样本估计出来的）　　　　　表 A. 6d

显著性水平 α	c_α
0.25	0.474
0.10	0.637
0.05	0.757
0.025	0.877
0.01	1.038

附录B

组合公式

在涉及离散与有限样本空间的概率问题中，对事件及其样本空间的定义需要进行样本点集合或子集的计数。因此，常需用到组合分析技术。这里将择要给出组合分析的基本知识。

▶ B.1 基本关系

若依次有 k 个位置，有 n_1 个不同元素可以放入位置1、n_2 个不同元素可以放入位置2、$\cdots$、n_k 个不同元素可以放入位置 k，则 k 个元素构成的不同序列的总数为

$$N(k\,|\,n_1,n_2,\cdots,n_k)=n_1 n_2 \cdots n_k \tag{B.1}$$

[例]

(1) 若某工程设计中含有三个参数 ϕ_1，ϕ_2，ϕ_3，其可能取值个数分别为 2，3，4，则可行设计的个数有

$$N(3\,|\,2,3,4)=2\times3\times4=24$$

(2) 在 x，y，z 轴构成的三维笛卡尔坐标系中，若每个轴上有 10 个离散值，例如 $x=0$，1，2，$\cdots$，9，那么坐标位置的总数为

$$N(3\,|\,10,10,10)=10^3=1000$$

▶ B.2 有序序列

若某集合中含有 n 个不同元素，则含有 k 个元素的有序序列或排列的数目是

$$(n)_k=n(n-1)(n-2)\cdots(n-k+1)=\frac{n!}{(n-k)!} \tag{B.2}$$

事实上，有 n 个元素可以占用该有序序列的第一个位置，但仅有剩下的 $(n-1)$ 个元素可以占用第二个位置，仅有 $(n-2)$ 个元素可以占用第三个位置，如此等等。因此，根据基本关系式 (B.1)，有

$$(n)_k=N(k\,|\,n,n-1,n-2,\cdots,n-k+1)$$

此即式（B.2）。

[例]

　　（1）不含有重复数字的 4 位数的总个数是

$$(10)_4 = 10 \times 9 \times 8 \times 7 = 5040$$

　　但若数字是可重复的，则 4 位数的总个数将是（10）^{4}＝10000，这时 0000 也被认为是一个 4 位数。

　　（2）从一个离散样本空间（总体）中依次取样时，存在有放回抽样和无放回抽样两种方式，即从一个总体中抽取一个样本后，在下次抽样前将该样本放回总体或不放回总体之中。从有 n 个元素的总体中抽取长度为 r 的有序序列时，有放回抽样有 n^r 种可能性，而无放回抽样的有序样本数目为 $(n)_r$。

▶ B.3　二项式系数

　　在有 n 个不同元素的集合中，含有 k 个不同元素的子集的可能数目由二项式系数给出

$$\begin{pmatrix} n \\ k \end{pmatrix} = \frac{(n)_k}{k!} \tag{B.3}$$

应该强调，在式（B.2）中，k 个元素的次序是非常重要的（即同样元素的不同顺序构成了不同的序列或排列），而在式（B.3）中次序是无关的。在有 k 个元素的集合中，元素的位置可以置换 $k!$ 次，因此，由式（B.2）可得含有 k 个元素子集（不考虑次序）的可能数目为式（B.3）。

　　式（B.3）仅对 $k \leqslant n$ 是有意义的。由式（B.2）和（B.3）还可得

$$\begin{pmatrix} n \\ k \end{pmatrix} = \frac{n!}{k!\,(n-k)!} \tag{B.3a}$$

从式（B.3）中可见

$$\begin{pmatrix} n \\ k \end{pmatrix} = \begin{pmatrix} n \\ n-k \end{pmatrix} \tag{B.4}$$

　　式（B.3）或（B.3a）就是二项式系数，因为它是 $(x+y)^n$ 的二项式展开的精确系数，即

$$(x+y)^n = \begin{pmatrix} n \\ 0 \end{pmatrix} x^n y^0 + \begin{pmatrix} n \\ 1 \end{pmatrix} x^{n-1} y + \begin{pmatrix} n \\ 2 \end{pmatrix} x^{n-2} y^2 + \cdots + \begin{pmatrix} n \\ n \end{pmatrix} x^0 y^n$$

[例]

　　（1）从有 n 个元素的总体中取出 r 个元素的取样方式有 $\begin{pmatrix} n \\ r \end{pmatrix}$ 种。除了不考虑次序外，这与无放回抽样的情况完全相同。因此，取样方式的数目为

$$\frac{(n)_r}{r!} = \binom{n}{r}$$

　　（2）从编号分别为 1，2…，25 的 25 个混凝土棱柱体中取出 5 个棱柱体的可能方式为

$$\binom{25}{5} = \frac{25!}{5!\ 20!} = 53120$$

▶ B. 4　多项式系数

　　若将 n 个不同元素分为分别含有 k_1，k_2，$\cdots$，k_r 个元素的 r 个不同集合，且 $k_1 + k_2 + \cdots + k_r = n$，则这样 r 个集合的形成方式数目由多项式系数给出

$$\binom{n}{k_1, k_2, \cdots, k_r} = \frac{n!}{k_1!\ k_2!\ \cdots k_r!} \tag{B.5}$$

在 n 个元素中，第一个集合中的 k_1 个元素选取方式有 $\binom{n}{k_1}$ 种。从余下的（$n - k_1$）个元素中选取第二个集合中的 k_2 个元素的方式有 $\binom{n - k_1}{k_2}$ 种，如此等等。因此，将 n 个元素划分为各含有 k_1，k_2，$\cdots$，k_r 个元素的 r 个不同集合的方式有

$$\binom{n}{k_1} \binom{n - k_1}{k_2} \cdots \binom{n - k_1 - k_2 - \cdots - k_{r-2}}{k_{r-1}} \binom{k_r}{k_r} = \frac{n!}{k_1!\ k_2!\ \cdots k_r!}$$

[例]

　　（1）在给定的地震区中，设未来 10 年中可能发生烈度为 V、VI 和 VII 度（根据 MM 烈度表）的 6 次地震。发生 3 次烈度为 V 的地震、2 次烈度为 VI 的地震和 1 次烈度为 VII 的地震构成的不同地震序列的数目为

$$\frac{6!}{3!\ \times 2!\ \times 1!} = 60$$

　　（2）设某建筑工程公司在一工程项目中想要 3 种施工装备，包括 2 台推土机、4 台压路机和 6 台反铲挖土机共 12 件装备。该公司获得上述装备的不同序列数目为

$$\frac{12!}{2!\ \times 4!\ \times 6!} = 13860$$

▶ B. 5　Stirling 公式

　　Stirling 公式是近似计算一个大数的阶乘的重要而有用的方法

$$n! = \sqrt{2\pi}\,(n)^{n+\frac{1}{2}}e^{-n} \qquad\qquad (B.6)$$

式（B.6）的推导可见 Feller（1957）[①]. 该近似式甚至对于小到 10 的 n 值其精度也非常高（误差小于 1%）。

---

① Feller，W.，*An Introduction to Probability Theory and Its Application*，Vol. I, 2nd Ed.，J. Wiley and Sons, New York，1957

附录C

泊松分布的推导

在第 3 章 3.2.6 节中，我们看到泊松分布描述了在给定时间或空间区间某随机事件发生次数的概率分布。它是一类计数过程——泊松过程 $X(t)$ 的结果，该过程是时间（或空间）中事件随机发生的模型。

泊松过程模型基于如下假设：

1. 在任意时间点（或空间点）事件至多发生一次。换言之，在小时间段 Δt 内事件发生 n 次的概率是 $O(\Delta t)^n$ 的同阶量；

2. 在不重叠的时间（或空间）里事件的发生是统计独立的，此即独立增量性。

3. 一个事件在微小时间段（t，$t+\Delta t$）内发生的概率与 Δt 成正比，即

$$P[X(\Delta t)=1]=\nu\Delta t$$

其中 ν 是比例常数。

根据上述假设 2，由全概率定理，我们有

$$\begin{aligned} P[X(t+\Delta t)=x]=&P[X(t)=x]P[X(\Delta t)=0]\\ &+P[X(t)=x-1]P[X(\Delta t)=1]\\ &+P[X(t)=x-2]P[X(\Delta t)=2]+\cdots \end{aligned}$$

记 $p_x(t)=P[X(t)=x]$，并注意到 $P[X(t)=0]=\{1-P[X(t)=1]-P[X(t)=2]-\cdots\}$，根据上述假设 1 和假设 3 可得

$$\begin{aligned} p_x(t+\Delta t)=&p_x(t)[1-\nu\Delta t-O(\Delta t)^2-\cdots]\\ &+(\nu\Delta t)p_{x-1}(t)+O(\Delta t)^2 p_{x-2}(t)+\cdots \end{aligned}$$

忽略高阶项，上式成为

$$\frac{p_x(t+\Delta t)-p_x(t)}{\Delta t}=-\nu p_x(t)+\nu p_{x-1}(t)$$

在极限情况下，令 $\Delta t\rightarrow 0$，有如下关于 $p_x(t)$ 的微分方程

$$\frac{dp_x(t)}{dt}=-\nu p_x(t)+\nu p_{x-1}(t) \tag{C.1}$$

值得注意，该方程在 $x\geqslant 1$ 的情况下成立。对 $x=0$，式（C.1）成为

$$\frac{dp_0(t)}{dt}=-\nu p_0(t) \tag{C.2}$$

若计数过程在 $t=0$ 时刻开始，则方程（C.1）和（C.2）的初始条件为

$$p_0(0) = 1.0 \text{ 和 } p_x(0) = 0$$

在上述第一个初始条件下，方程（C.2）的解为：当 $x=0$ 时，

$$p_0(t) = e^{-\nu t}$$

而当 $x \geqslant 1$ 时，方程（C.1）的解为

$$p_1(t) = \nu t e^{-\nu t} \; ; \; p_2(t) = \frac{(\nu t)^2}{2!} e^{-\nu t}$$

对一般的 x，有

$$p_x(t) = \frac{(\nu t)^x}{x!} e^{-\nu t} \qquad\qquad (C.3)$$

这就是泊松分布的概率分布，其中 ν 是事件的平均发生率。

索引

A

校译者后记

由两位美国国家工程院院士、A. H-S. Ang（洪华生）先生和 Wison H. Tang（邓汉忠）先生合著的《Probability Concepts in Engineering Planning and Design（工程规划与设计中的概率概念）》第 1 卷和第 2 卷的第一版分别出版于 1975 年和 1984 年。著作甫一出版，即在学术界与工程界产生了巨大的影响，陆续培养了世界范围内的几代工科学生、学者和工程师。今天，这两卷本著作已经成为工程可靠性和工程风险分析与决策领域的经典名著。

早在 1979 年，洪华生先生就应邀来华，在中国建筑科学研究院进行了为期两周的讲学。来自全国数十所高校、科研院所和工程单位的 300 余位教师、研究人员和工程师有幸成为这一系列讲座的听众。讲义《结构可靠性和基于概率的设计讲座》，后由中国建筑科学研究院编译成油印本散发。这一系列讲座，为我国随后有组织地系统开展工程结构安全度与可靠度研究培养了中坚力量、并为我国在 1984 年正式颁布的《建筑结构设计统一标准（GBJ68-84）》中全面引入可靠度设计理念做了重要的技术准备，对我国工程安全与结构可靠度领域的研究和发展产生了深远影响。自此以后近四十年来，洪先生持续关注我国在相关领域的研究进展，与我国几代学者保持密切合作、建立了深厚的友谊。

经过三十余年的进一步研究和探索、特别是现代力学与计算能力的迅速发展，人们对工程安全性有了更为理性而深入的把握。结合现代力学分析方法、计算手段与数据获取和处理工具，人们在工程结构设计中拥有了更为强大的能力。同时，人们也更加深刻地认识到：工程中的不确定性是不可避免的。工程设计，在本质上是基于可靠性与风险的决策，这一观念已经深入人心。科学反映与定量刻划工程中的不确定性、发展工程可靠性理论与基于风险的决策理论，越发重要而迫切。

两卷本的《Probability Concepts in Engineering Planning and Design》第一版由原广播电影电视部设计院总工程师、国家设计大师孙芳垂先生等翻译、分别于 1985 年和 1991 年由冶金工业出版社出版。2007 年，Ang 和 Tang 先生出版了第 1 卷的第二版，并更名为《Probability Concepts in Engineering》。该书对第一版的基本内容进行了大幅更新与重组，但依然保持了原书撰写的基本风格。书中将工程可靠性与风险决策的基本思想、以及基本的概率模型和具体方法，融合到来自土木与环境工程实际中丰富多彩、明白易懂的实例之中，读时润物无声、读后余味无穷，在潜移默化中使读者牢固建立工程可靠性与基于风险决策的核心思想并掌握基本原理。

今天，我国在工程可靠性相关领域的研究已经得到国内学术界与工程界的重视，并开始在国际上产生重要影响。在过去 30 年中，我国也出版了一系列工程可靠性的学术专著与教材。尽管如此，能够起到与本书类似作用的著作尚不多见。为此，我们决定将这一名著再度翻译为中文，以期对本领域的大学教师、学生与工程师们的教学、研习或工程应用有所裨益。

对于这样一本经典著作的翻译，我们深感责任重大。在翻译过程中，我们既力求文字准确，又希望译本不仅意思通顺、而且能够多少保留一些原版的神韵。全书的翻译由陈建兵、彭勇波、刘威和艾晓秋完成，其中陈建兵翻译前言、目录、第 1 章、第 4 章和附录，艾晓秋翻译第 2 章和第 3 章，彭勇波翻译第 5 章、第 6 章和第 7 章，刘威翻译第 8 章和第 9 章。全书由陈建兵统稿，李杰审校。

感谢洪先生在我们翻译过程中给予的热情关心和指导，洪先生还专门为中文版撰写了序言。在本书翻译工程中，我们还曾向岩土工程、交通工程、环境工程、水利工程等学科的专家咨询，在此一并致以衷心的谢意。同时，感谢中国建筑工业出版社的赵梦梅编审、董苏华编审的热情帮助。

尽管我们做出了努力，但依然难免存在错误和疏漏，恳请读者不吝指正，以期在今后得到改进和完善。

陈建兵、李杰
2017 年春月
于同济园